中国茶文化教程

ZHONGGUO CHA WENHUA JIAOCHENG

周圣弘　罗爱华◎主编

高等学校公共选修课程教材

中国出版集团

世界图书出版公司

广州·上海·西安·北京

图书在版编目 (CIP) 数据

中国茶文化教程 / 周圣弘，罗爱华主编 . —广州：
世界图书出版广东有限公司，2016.7（2025.1重印）
　ISBN 978-7-5192-1664-1

　Ⅰ.①中… Ⅱ.①周… ②罗… Ⅲ.①茶文化—中国—
高等学校—教材 Ⅳ.① TS971

　中国版本图书馆 CIP 数据核字 (2016) 第 174608 号

中国茶文化教程

责任编辑　张梦婕
出版发行　世界图书出版广东有限公司
地　　址　广州市新港西路大江冲25号
http:// www.gdst.com.cn
印　　刷　悦读天下（山东）印务有限公司
规　　格　710mm×1000mm　1/16
印　　张　19.75
字　　数　364 千
版　　次　2016 年 7 月第 1 版　　2025 年 1 月第 4 次印刷
ISBN　978-7-5192-1664-1/TS · 0067
定　　价　88.00 元

版权所有，翻版必究

《中国茶文化教程》
撰稿成员

周圣弘　罗爱华　马小玲　王　芳

王飞权　冯　花　肖玉蓉　易　磊

前　言

中国是茶的故乡和茶文化的发祥地。中国茶文化，是中华传统文化的有机组成部分。在大学生中推广茶文化，利用茶文化的功能和作用提升大学生的文化修养和精神品位，对拓宽高等教育内涵和弘扬中国传统文化均有积极的作用。

茶文化源远流长，包罗万象。它包括茶的历史发展，茶的发现和利用，茶区人文环境，茶业科技，茶的生产和流通，茶类和茶具的发生和演变，饮茶习俗，茶道、茶艺、茶德，茶对社会生活的影响，茶事文学艺术以及茶的传播等。这些内容，可以有体系地形成一门在大学生中开设的文化教育通识课程。

茶文化之美在于物质美和精神美。物质之美在于茶的色、香、味。茶色怡人，茶香悠远，茶味甘醇，带给人们生理的愉悦之感；精神之美则是茶事的意境之美。美的意境，将人从烦恼紧张的情绪带入一个闲适冲淡的氛围中。因茶而产生的诗词书画等艺术作品，则是意境美的升华。

茶文化中蕴涵了丰富的哲理：儒家的中庸和谐、道家的道法自然、佛家的清寂禅悟思想。

儒家哲学的中庸和谐思想的核心是"和"。"和"，是事物两端间的平衡，是恰到好处，是理性节制。中庸不是调和和折中，是对立中求统一，是事物内部矛盾双方及与外部之间保持一种相对稳定、有序的存在状态。茶文化中蕴含了儒家的中庸和谐思想。儒士多饮茶，就是迷恋饮茶时的和谐意境。儒家将之引入茶文化，主张在饮茶中沟通思想，创造和谐气氛。

"道法自然"，出自《老子》第二十五章，其语意是抽象哲学范畴的"道"要"法""自然"，且须"法""自然"，万物皆应效法自然，并从中汲取规律适应自然。自然是道家最尊崇的哲学层次。在茶文化中，饮茶是人与自然的直接交流。从茶汤的品饮中，感受大地山川等自然之物的奇妙；从茶饮活动中，体味真香真味真气的微妙变化，进而领悟自然的真谛，享受人与自然相互交融的美感。

佛教在推动茶叶生产和茶文化发展方面功不可没，它势必规定和影响着中国茶道精神内涵。佛家追求纯和境界。禅宗之要义是不借助、不追求且不为任何东西所滞累，在一种绝对的虚静状态中直接进入禅的境界，专心静虑，顿悟成佛。茶的本性质朴、清淡、纯和，与佛教精神有相通之处，因此能被佛家所接受。中国茶道追求心无杂念，专心静虑，心地纯和，忘却自我和现实存在，这些茶道精神是源自于佛家思想的。可以说，品茗的重要性对于禅佛，远远超过儒、道二家。而"吃茶去"这一禅林法语所暗藏的丰富禅机，"茶禅一味"的哲理概括所浓缩的深刻含义，都成为茶文化发展史上的思想精蕴。

茶文化精神内涵的另一方面，是通过品茶陶冶情操，修身养性。茶性温和，饮茶使人保持一种清醒自然的状态，是一种人与自然的精神交流。古代人品高洁的君子通常在饮茶中寄托自己高风亮节的精神追求。饮茶亦成为一种高雅的时尚，同时也是一种陶冶情操和交流友谊的方式。烹茶、煮茶对器具、水品都要求严格，需要十分洁净，不能有其他物质掺杂其中。因此，人们常将茶与人品相关联，强调茶的君子特性，可见茶对人品修养的影响。在茶文化中，强调茶的君子品质对大学生素质教育中的德育教育大有裨益。通过对茶质朴的君子品性进行阐释，教育大学生培养自审和宽以待人的品质。以茶中的君子之道告诫大学生克服性格中的个人弱点，以宽厚、包容的心态对待他人，形成健全的人格品质。

茶文化的精神功能还在于引导和修正因现代社会高速发展引发的"快餐文化"所带来的负面影响。"快餐文化"是现代社会中工业文明极度发达的产物，在给生活带来方便快捷的同时，也容易产生功利主义、享乐主义的价值观，给人的价值取向带来负面影响。茶文化有厚重的文化底蕴，有质朴平和的精神品质，在大学生中加强茶文化教育，有利于发掘传统文化中的思想精髓，促进大学生充分理解和谐思想，理解人与自然的相互包容，从而摒弃浮躁，踏实做事，认真做人。

茶文化的美学功能，对培养大学生的审美有积极的引导作用。当前大学生处在一个信息时代，多元的审美思潮影响着大学生的美学意识。在纷繁的审美意识中，让大学生保持一种积极、健康的审美态度需要多方面的共同努力。运用茶文化中传统的美学功能为大学生审美树立一个良好的标志，引导他们对传统文化审美的认同和接受，提高他们的审美层次。

通过对茶文化的推广，可以增进大学生对茶文化中养生功能的理解。让他们了解饮茶对缓解个人紧张压力，排解心中烦闷，形成平和稳定的心理状态都有一定帮助。而且通过饮茶可以体味到自然世界的淳朴之美，达到返璞归真的精神境界。茶中含有蛋白质、氨基酸等，具有提神醒脑、消除疲劳、帮助消化等功能，有助于养生和强身健体。

在大学生中开展茶文化的素质教育，对于传承和弘扬茶文化有重要的意义。中华文化内涵丰富、异彩纷呈，但大多发源于农业文明并随之演变发展。随着现代化发展的加速，工业文明成为社会的主导。在此进程中，中华文化中的许多精华正在逐步被人淡忘或消失。茶文化在当前快节奏的社会生活中，其影响力也正在逐渐缩小。各种速食、速溶的饮食产品日益占领人们的日常生活。如果当茶已成为一种奢侈品或者说饮茶亦成为一种高档消费行为时，那么传统的茶文化就与我们渐行渐远。因此在大学生中传播茶文化，培养茶文化延续的种子，是保证优秀传统文化能一直传承下去的重要途径。

目　录

第一章　茶文化：掀起你的盖头来①

中国是茶的故乡，茶文化的发祥地。茶，位居全球三大饮料（茶、咖啡、可可）之最，是世界上最受欢迎、最大众化、最有益于身心健康的天然饮料。如今，茶已成为中国民众的举国之饮。茶的发现和利用，不但推进了中国的文明进程，而且极大地丰富了全世界的物质、精神和道德生活。

第一节　茶文化的定义和内涵

茶文化，在中国绵延数千年，是中华传统文化的一个重要分支。但茶文化作为一门学科提出，却是个新生事物。社会的发展和科技的进步，使当今社会物质文明和精神文明得到广泛的融会，学科间渗透交叉产生了许多边缘新兴学科，科学在两门学科的交界处是最有前途的。茶文化，就是其中之一。

一、茶文化的定义

文化是一种社会现象，它是人类社会形成以后出现的一种社会形态。

"文化"一词，广义来说，是指人类在社会实践过程中所创造的物质、精神财富的总和。狭义来说，是指社会的意识形态，即人类所创造的精神财富，如文学、艺术、教育、科学等，也包括社会制度和组织机构等。

作为一种历史现象，任何社会都有与其相适应的文化，并随着社会物质生产的发展而发展。作为意识形态的文化，是一定的政治与经济的反映，它同时又作用于一定社会的政治和经济。但对"文化"一词的说法，尚无定论。鉴于此，什么叫"茶文化"，它与"文化"一样，目前仍众说纷纭。

一般认为，茶文化就是人类在发展、生产和利用茶的过程中，以茶为载体，表达人与自然，以及人与人之间产生的种种理念、信仰、思想感情、意识形态的总和。

① 本章第一、二节，主要参考了姚国坤著《茶文化概论》（浙江摄影出版社 2004 年 9 月版）第 1—7 页的内容。第四节，主要参考了余悦的《中国茶文化研究的当代历程和未来走向》（《江西社会科学》2005 年第 7 期）一文的部分内容。

所以，茶文化是人类在社会发展过程中所创造的有关茶的物质财富和精神财富的总和。它以茶为载体，反映出明确的精神内容，是物质文明和精神文明高度和谐统一的产物。[①]

有学者从"大文化"观点出发，认为一切出自人类创造的物质和精神现象均称为文化，认为茶文化的含义应包括茶业的物质生产、流通活动和人类各种饮茶方式的精神内涵，包含所有关于茶领域的物质和精神两个方面；也有学者认为，茶文化是以茶为题材的物质文化、制度文化和精神文化的集合；更有学者认为，茶文化应该是在研究茶和茶的应用过程中所产生的文化和社会现象。[②]

二、茶文化的内涵

茶文化包含丰富的内涵，它包括茶的历史发展，茶的发现和利用，茶区人文环境，茶业科技，茶的生产和流通，茶类和茶具的发生和演变，饮茶习俗，茶道、茶艺、茶德，茶对社会生活的影响，茶事文学艺术以及茶的传播等。其表现形式，一般认为可归纳为四个方面。

1. 物质形态

又称为茶的物态文化，如茶的历史文物，茶文化遗迹，各类茶书、茶画、茶事雕刻、茶类和各种茶具，茶歌、茶舞、茶戏、饮茶及茶艺表现，茶的种植和加工、茶制品等。

2. 制度形态

又称茶的制度文化，如茶政、茶法、茶税、纳贡、茶马互市等。

3. 行为形态

又称茶的行为文化，包括客来敬茶，婚嫁茶礼，丧葬茶事，以茶祭祀以及饮茶过程。

4. 精神形态

又称茶的心态文化，如茶禅一味，茶道，茶德，茶礼，及以茶养性、以茶育德、以茶待客、以茶养廉等。

第二节　茶文化的性质和特点

研究茶文化，不但要从自然科学角度研究其自然属性，还要从社会科学角度研究其社会文化属性。茶文化已不局限于茶本身，而是围绕着茶所产生的一系列物质的、精神的、习俗的、心理的、行为的现象。所以，作为一种文化现象的茶文化，有其自身的特性和特点。

---

① 姚国坤.茶文化概论 [M].浙江摄影出版社，2004（2）.
② 姚国坤.茶文化概论 [M].浙江摄影出版社，2004（2）.

一、茶文化的性质

简单说来，茶文化就是人类在发展、生产和利用茶的过程中，表达人们在饮茶、用茶过程中产生的各种观念形态。也有学者认为，从"大文化"视角来看，与其他文化一样，茶文化作为一种文化现象，有其普遍属性，即茶文化的特性。大致说来，主要包括以下四个方面。

1. 茶文化的社会性

饮茶是人类美好的物质享受与精神品赏。随着社会文明的进步，饮茶文化已渗透到社会的各个领域、层次、角落和生活的各个方面。富贵之家过的是"茶来伸手，饭来张口"的生活，贫穷人家过的是"粗茶淡饭"的日子，但都离不开茶。"人生在世，一日三餐茶饭"是不可省的，即便是祭天祀地拜祖宗，也得奉上茶与酒，把茶提到与饭等同的位置。"人不可无食，但也需要有茶"，无论是皇族显贵，还是平民百姓，都离不开茶。所不同的，只是对茶的要求和饮茶方式不同罢了，而对茶的推崇和需求，却是一致的。

唐代，随着茶业的发展，茶已成为社会经济、社会文化中一门独立的学问。饮茶遍及大江南北、塞外边疆。而文成公主入藏，带去饮茶之风，使茶与佛教进一步融合，西藏喇嘛寺因此出现规模空前的盛会。宋代，民间饮茶之风大盛，宫廷内外，到处"斗茶"。为此，朝廷重臣蔡襄写了《茶录》以公天下；徽宗赵佶也乐于茶事，写就《大观茶论》一册。皇帝为茶著书立说，这在中外茶文化发展史上是绝无仅有的。明代，太祖为严肃茶政，斩了贩运私茶出塞的爱婿欧阳伦。清代，八旗子弟饱食终日，无所事事，坐茶馆玩鸟，成了他们消磨时间的重要方式。所有这些，道出了茶在皇室贵族中的重要位置。而历代文人墨客、社会名流以及宗教界人士，更是以茶洁身自好。他们烹茶煮水，品茗论道，吟诗作画，对茶文化的发展起了推波助澜的作用。至于平民百姓，居家茶饭不可或缺。即使是粗茶淡饭，茶也是必需品。"开门七件事，柴米油盐酱醋茶"，说的就是这个意思。

2. 茶文化的广泛性

茶文化是一种范围广泛的文化，它雅俗共赏，各得其所。茶文化的发展历史告诉我们：茶的最初发现，传说是"神农尝百草"，始知茶有解毒功能和治病作用，才为人们所利用的；殷周时期，茶已成为贡品；秦汉时期，茶的种植、贸易、饮用已逐渐扩展开来；魏晋南北朝时期，出现了许多以茶为"精神"的文化现象；盛唐时期，茶已成为"不问道俗，投钱取饮"之物。唐代物质生活的相对丰富，使人们有条件以茶为本体，去追求更多的精神享受和营造艺术美的生活。随着茶的物质文化的发展，茶的精神文化和制度文化向着广度延伸和深度发展，逐渐形成了固有的道德风尚和民族风情，成为精神生活的重要组成部分。爱茶文人的创作，为后人留下了许多与茶相关的文学艺术作品。此外，茶还与宗教等学科紧密相关，茶文化是范围广阔的文化，浸润众多领域和方向，这是茶文化的一个重要特征。

3. 茶文化的民族性

据史料记载，茶文化始于中国古代的巴蜀族人，在发展过程中逐渐形成了以汉族茶文化为主体的茶文化，并传播发展。每个国家、每个民族，都有自己独特的历史、文化、个性，并通过其特殊的生活、习俗加以表现出来，这就是茶文化的民族性。

中国是一个多民族的国家，五十六个民族都有自己多姿多彩的茶俗，蒙古族的咸奶茶、维吾尔族的奶茶和香茶、苗族和侗族的油茶、侗族的盐茶，主要追求的是以茶作食，茶食相融；土家族的擂茶、纳西族的"龙虎斗"，主要追求的是强身健体，以茶养生；白族的三道茶、苗族的二宜茶，主要追求的是借茶喻世，讲为人处世的哲理；傣族的竹筒香茶、傈僳族的响雷茶、回族的罐罐茶，主要追求的是精神享受，重在饮茶情趣；藏族的酥油茶、布朗族的酸茶、鄂温克族的奶茶，主要追求的是以茶为引，意在示礼联谊。尽管各民族的茶俗有所不同，但按照中国人的习惯，凡有客人进门，不管是否需要饮茶，主人敬茶是少不了的，不敬茶往往被认为是不礼貌的。再从大范围看，各国的茶艺、茶道、茶礼、茶俗，同样也是既有区别又有联系，所以说茶文化是民族的，也是世界的。

4. 茶文化的区域性

"十里不同风，百里不同俗。"中国地广人多，由于受历史文化、生活环境、社会风情的影响，形成了中国茶文化的区域性。如在饮茶的过程中，以烹茶方法而论，有煮茶、点茶和泡茶之分；以饮茶方法而论，有品茶、喝茶和吃茶之别；以用茶目的而论，有生理需要、传情联谊和生活追求之说。再如中国的大部分地区，饮茶的基本方式是直接用开水冲泡茶叶，无须加入薄荷、葱姜等佐料，推崇的是清饮。对茶叶的品质要求，有一定的区域性。如南方人喜欢喝绿茶，北方人崇尚花茶，福建、广东、台湾人欣赏乌龙茶，西南地区推崇普洱茶，边疆兄弟民族爱饮用黑茶紧压茶，等等。就世界范围而言，欧洲人钟情的是加奶加糖的红茶，西非和北非的人们最爱喝的是加薄荷或柠檬的绿茶。这就是茶文化区域性的反映。

二、茶文化的特点

茶文化的发展史告诉我们：茶文化总是先满足人们物质生活的需求，再满足其精神需要。在这个过程中，那些与社会不相适应的东西常常会被淘汰，但更多的是产生和发展。它不但使茶文化的内容得到不断充实和丰富，而且使茶文化由低级走向高级，进而形成自己的个性。所以，茶文化与其他文化相比，具有一些自身的特点，主要表现在以下四个"结合"上。

1. 物质与精神的结合

茶作为一种物质，它的形态是异常丰富的；茶作为一种文化，有着深邃的内涵和文化的超越性。唐代卢仝认为，饮茶可以进入"通仙灵"的奇妙境地；宋代苏轼认为"从来佳茗似佳人"；杜耒说可以"寒夜客来茶当酒"；明代顾恺之谓"人不可一日无茶"；近代鲁迅说品茶是一种"清福"。科学家爱因斯坦组织的奥林比亚科学院每晚例会，用边饮茶休息、边学习议论的方式研究学问，被称为"茶杯精神"；法国大文豪巴尔扎克赞美茶"精细如拉塔基亚烟丝，包黄如威尼斯金子，未曾品尝即已幽香四溢"；日本高僧荣西禅师称茶"上通诸大境界，下资人伦"；华裔英国籍女作家韩素音说："茶是独一无二的真正文明饮料，是礼貌和精神纯洁的化身。"随着物质的丰富，精神生活也随之提升，经济的发展促进茶文化的高涨，今天世界范围内出现的茶文化热，就是最好的证明。

2. 高雅与通俗的结合

茶文化是雅俗共赏的文化。在发展过程中，它表现出雅和俗两个方向，并在两者的统一中向前发展。历史上王公贵族的茶宴，僧侣士大大的斗茶，大家闺秀的分茶，是上层社会高雅的精致文化，从中派生出茶的文学、戏曲、书画、雕塑等门类，是有很高欣赏价值的艺术作品，所以又有"琴棋书画诗酒茶"之说，这是茶文化高雅性的表现。而民间的饮茶习俗具有大众化和通俗化，老少咸宜，贴近生活，贴近社会，贴近百姓，并由此产生了茶的神话故事、传说、谚语等，所以，也有"柴米油盐酱醋茶"之说，这就是茶文化的通俗性所致。但精致高雅的茶文化是通俗的茶文化经过吸收提炼，从而升华达到的。如果没有粗朴、通俗的民间茶文化土壤，高雅茶文化也就失去了生存的基础。所以，茶文化是劳动人民创造的，但上层对高雅茶文化的推崇，又对茶文化的发展和普及起到了推进作用，并在很大程度上左右着茶和茶文化的发展。

3. 功能与审美的结合

茶在满足人类物质生活方面，表现出广泛的实用性。在中国，茶是生活必需品之一，食用、治病、解渴与养生，都需要用到茶。茶在多种行业中的广泛应用，更为世人瞩目。茶与文人雅士结缘：杯茶在手，观察颜色，品味苦劳，体会人生；或品茶益思，联想翩翩，文思泉涌。多少文人学士为得到一杯佳茗，宁愿"诗人不做做茶农"，可见，在精神需求方面，茶表现出了广泛的审美性。茶的绚丽多姿，茶文学艺术的五彩缤纷，茶艺、茶道、茶礼的多姿多彩，满足了人们的审美需要，它集物质与精神、休闲与娱乐、观赏与文化于一体，给人以美的享受。

4.实用与娱乐的结合

茶文化的实用性,决定了茶文化的功利性。随着茶的深加工和综合利用的发展,茶的开发利用已渗透到多种行业。近年来,多种形式的茶文化活动展开,其最终目标就是"茶文化搭台,茶经济唱戏",促进地方经济的发展。其实,这也是茶文化功利性与娱乐性相结合的体现。

总之,茶文化蕴含着进步的历史观和世界观,它以平和的心态,去实现人类的理想和目标。

第三节　茶对中外文化的影响

一、茶对中国文化的影响

茶又名"茗"、"荼",最早产于中国巴蜀地区,从南向北、从西向东传播,现已成为世界三大饮料之一。

我国早有饮茶之风,茶文化源远流长。中国3 000年前的周代就已发现茶树并饮用茶叶。在传说中的尧舜禹时代,茶被用作能解百毒的灵药。《神农本草》:"神农尝百草,日遇七十二毒,得荼而解之。"秦代以前,茶只是当作一种药材,被称为"苦荼",它对人的大脑和心脏能起兴奋作用,并可清热解渴。到西汉,茶开始成为人们生活中的饮料。三国魏晋南北朝时,饮茶之风出现。到唐代,茶已成为人们生活的必需品,与柴米油盐酱醋一起成为人们日常生活的"开门七件事",有"茶为食物,无异米盐"。一部茶文化史,就是中国文明发展的一个缩影。

1.茶与日常生活

中国茶文化深邃久远、博大精深。以茶待客会友,以茶馈礼,以茶定亲,以茶贸易,以茶示廉明志,以茶养性怡情,民情风俗与茶不可分离。民间有待客敬茶、三餐泡茶、馈赠送茶、聘礼包茶、结婚大茶、斋月散茶、节日宴茶、喜庆品茶等茶俗,还有"早茶一盅,一天威风;午茶一盅,劳动轻松;晚茶一盅,提神去痛;一日三盅,雷打不动"的茶谚。茶是我国各族人民日常活动中不可或缺的物件,是民间礼俗、礼仪最重要的载体。它深深地植根于人们的生产生活、丧葬祭祀、人生伦理及日常交际之中,并被不断礼仪化,形成"以茶待客表敬意","以茶赠友寓情谊","以茶论婚嫁","以茶祭祀","以茶丧葬"等茶礼习俗。客来敬茶,是秦汉以来的礼俗。客人来了,可以不招待饭菜,但不能不泡茶。江西宜春地区流行"客来不筛茶,不是好人家"的俗谚。泰顺有"茶哥米弟,茶前酒后"的说法,把茶看得比米和酒还重要。藏族和蒙古族有"宁可一日无粮,不可一日无茶"之说。以茶祭祀的风俗,古已有之。据考证,最迟在魏晋南北朝时期就出现了。唐以后,历代朝廷荐社稷、祭宗庙神灵时必备茶。茶不仅被看作"礼敬"的表征，而且用来喻示友谊。茶用于交友赠友，是因为它是极清纯之物，是坚贞、高尚、廉洁的象征，历代文人称其为"苦节君"。饮茶体现了一种和谐，成为礼敬、友谊和团结的象征。"吃讲茶"的风俗，据说起源于朱元璋起兵反元时期，双方发生争执就到茶馆或第三者家中，边喝茶边心平气和地评理，消除误会和矛盾。茶在民间礼俗中如此重要，其原因除了我国是茶的故乡外，更重要的是：首先，茶的特性及自然功用与我国传统文化、民间风俗的许多内容如"天人合一"思想相吻合，在民间风俗中同样强调"和谐"、"尊让"；其次，茶能在民间生活中迅速礼俗化；再次，人们在礼仪化的过程中发现，茶是"礼"的最佳载体。茶礼俗是中国文化的历史沉淀。

茶文化是中国饮食文化之一。风情各异的茶俗、茶礼及制茶法，使人们的生活更加丰富多彩。苗族和瑶族有虫茶：苗族先用茶叶喂养大米中的米蛀虫，排出一粒粒黑色粪便，便是虫茶，成为出口的特产茶；云南大理白族三道茶：第一道是苦茶，第二道是甜茶，第三道是回味茶，寓意"吃苦在前，享乐在后，友情难忘"；侗族三杯茶：第一杯糖果茶，第二杯糖辣椒茶，第三杯蜜饯茶；布依族打油茶：黄豆、玉米花、糯粑、芝麻放入油锅，用大火炒黄，后与炒好的茶叶一起配上清水、葱姜、盐等煮沸去渣成茶水饮用。还有拉祜族竹筒茶，回族八宝茶，布朗族酸茶（入土发酵一个月），傣族烤茶，畲族新娘茶（新娘向宾客敬献新娘茶），彝族盐巴茶和罐罐茶，蒙古族的奶茶，土家族的甜酒茶。撒拉族和回族的麦茶，藏族的酥油茶，四川成都的盖碗茶，广东潮汕地区的男子工夫茶和女子的女子茶，等等。在茶文化的发展、进化过程中，制茶工序不断完善，产品质量不断提高，制茶法先后有唐饼茶、宋团茶、明叶茶、明泡茶、清沏茶等，可以制出绿茶、红茶、黄茶、黑茶、白茶和乌龙茶等。中国的茶文化，反映了不同民族不同的思维方式和民族风情。

2. 茶与婚姻

茶文化在生活中一个显著的特征，就是茶在婚姻中起重要作用。旧时把整个婚姻的礼仪总称为"三茶六礼"。其中"三茶"，指订婚时的"下茶"，结婚时的"定茶"，洞房时的"合茶"。故"三茶六礼"成为明媒正娶的代名词，茶为明媒正娶之信物。在不少地区，茶礼几乎成为婚俗的代名词，它象征纯洁、坚贞和多子多福。"茶性最洁"寓意爱情纯洁无瑕；"茶不移本"喻示爱情坚贞不移；"植必生子"、"茶树多籽"表示子孙繁盛、家庭幸福。"十里不同风，百里不同俗"。在浙江西部婚俗中，媒人说媒俗称"食茶"。在回族婚俗中，男方请媒人去说亲称"说茶"，成功后，拿茶叶等礼物去感谢媒人，称"谢媒茶"。定亲时，茶也为必备礼物，甘肃东乡族定亲时男方送给女方几包细茶作为定亲礼品，称"订茶"。拉祜族人订婚时，别的可以不带，唯有茶是万万不能少的，"没有茶就不能算结婚"。湖北的黄陂、孝感一带，男方的礼品中必须有茶和盐。因为茶产自于山，盐出自于海，表"山盟海誓"之意。在江苏的婚俗中，新郎需在堂屋饮茶三次方可接新娘上轿，此茶称"开门茶"。福建的畲族婚俗流行喝"宝塔茶"，用红漆樟木八角茶盘捧出五碗茶，叠成宝塔形状。在青海甘肃等地的撒拉族，迎娶新娘途经各个村庄时，曾与新娘同村的妇女们端出茯茶，盛情招待新娘及送亲者，称"敬新茶"。浙江南部的畲族有"吃蛋茶"风俗。湖南醴陵等地方新娘新郎要向长辈献茶，新婚夫妻入洞房要喝"合枕茶"。黄河流域，有的地区在男家托媒说亲过程中也有以茶待媒之俗，女子家若以茶招待，则是应允婚事的表示。贵州侗族中有"退茶"的婚娶习俗，姑娘若不愿意包办婚姻，选准时机和路线，带上茶叶放于未婚夫家堂屋桌上，表明意愿后转身就走，跑得脱就解除婚约。可见，茶能当男女婚嫁的月老。茶之所以在婚姻中有如此重要的地位，一是因为它气味芬芳，味道醇郁，预示着新婚夫妇生活美满，情致高雅。二是因为古人认为茶只能直播，不能移栽，所以又将茶称为"不迁"。"下茶"表示爱情专一，"一女不食两家茶"。三是茶树开花结籽多，中国传统信奉多子多福，送茶礼则有预祝婚后多子多福之意。这些茶俗，反映了中华民族不同的审美观念和性格特征。

3.茶与文学艺术

中国文学作品中有不少茶文化的描写，它们丰富了中国的文学艺术宝库，使中华茶文化更加璀璨夺目。历代文人墨客对茶情有独钟，一边品茶，一边著文吟诗作画。在明清小说中，关于品茶生活的描写比比皆是，《三国演义》、《水浒传》、《西游记》、《金瓶梅》、《红楼梦》、《儒林外史》、《老残游记》、《镜花缘》等都记载有丰富多彩的茶事活动。这既是现实生活的一种反映，又是中国茶文化对文学艺术创作产生重大影响的具体表现。白居易的"游罢睡一觉，觉来茶一瓯"，表达了诗人的性格特征。他在《萧员外寄蜀新茶》中叹道："蜀茶寄到但惊新，渭水煎来始觉珍"，抒发了诗人对友谊的珍重。陆羽专心茶道，后人称赞他，卖茶者敬为茶神，饮茶者颂为茶仙，事茶者奉为茶圣。他在写罢《茶经》后感慨："宁可终身不饮酒，不可三餐无饮茶。"乾隆皇帝说，"君不可一日无茶"。著名作家老舍也说，"品罢功夫茶几盏，只慕人间不慕仙"。苏东坡一生酷爱酒茶，他于茶中求得清醒、清雅、清适和清高，深得茶之三昧：茶有君子之品格，佳人之妙质，离人之风度，诗禅之韵味。宋代茶词与其他众多的酒词、应歌词、节序词和寿词一样，具有社交、娱乐和抒情三种功能。茶词是一种词学现象，同时也成了宋代多姿多态的茶礼茶俗的有机组成部分，丰富了茶文化的表现形态与内涵。"酌泉煮茗"是金代文人雅士崇尚之举。麻九畴有《和伯玉食蒉酱韵》："诘问冰茶者，何如羔酒乎？"元好问有《醉后走笔》："建茶三碗冰雪香，离骚九歌日月光。"清朝黄炳的《采茶曲》犹如十二幅自然与人文景观交融的采茶水粉画，生动勾勒出一年各月的茶景、人景，散发着芬芳浓郁而又古朴亲切的茶文化气息，给人以充分的想象空间，并能借以抒发浪漫的生活情趣。

4. 茶与宗教信仰

茶自人类发现以来，早已淡化了最初的药用和饮食意义。茶与宗教联系相当紧密，与中国的儒教、道教和佛教等联系起来，更加丰富了中华茶文化。如道教有以茶飨客的风尚，道士们说，由尹喜向老子献上一杯茶，就是最初的茶仪。中国伊斯兰教徒生活在高原寒冷地带，认识到饮茶不仅能生津止渴，而且有解油腻、助消化的功能。佛教传入中国后，禅宗创造了饮茶文化的精神意境，即通过饮茶意境的创造，把禅宗的哲学精神与茶结合起来。茶具有兴奋止渴功能，很适合佛教徒守戒坐禅的需要。唐朝由于禅风甚烈，夜间不睡不食只许饮茶，禅教徒们说，达摩在少林面壁时割下眼皮扔到远处堕地而成茶树，使自己在默祷时不打瞌睡，保持头脑清醒。

茶文化萌芽于生产力低下、生活单调的古代中国，从茶的发现与利用开始就带有神秘色彩。茶作为我国传统文化缩影的一种载体，主要表现为：中国传统文化精髓儒、道、佛与品茶相互融合，创立了我国的茶道精神，丰富了中国茶文化的思想内涵。在中国茶文化中，无论儒、道、佛何种信仰，都具有追求质朴、自然、清净、无私、平和的思想内涵，又具有浪漫色彩。人们品茶悟道，茶心、人心、道心相互交融在一起，形成一种超凡脱俗的茶文化灵性。茶能使人净化心灵，性情幽雅，高扬人格。古人云：茶是儒，是仁、义、礼、智、信；茶是佛，是来世净土的精神寄托；茶是道，是乐天知足的自我心灵安慰；茶是和，充满着怡性温柔，至善至美；茶是静，蓄含着清淡天和，养精蓄锐。唐代僧人皎然的"三饮诗"："一饮涤昏寐，情思爽朗满天地；再饮清我神，忽如飞雨洒轻尘；三饮便得道，何须苦心破烦恼"，表现出"茶禅一味"。

在茶中"顿悟"，在茶的"悟"中执着，在茶中寻求豁达、明朗、理智，达到"迷即众生，悟即是佛"的禅境。

茶，初由药用而后饮用而艺用进而禅用，一边品茶，一边论道、讲法或清谈，成了一种时尚与习俗。以儒学为主体，构成中国传统的茶文化体系。儒家思想核心是"尚仁贵中"，"中"即中庸，要求人们不偏不倚地看待世界，这恰是茶的本性，反映了中国人的性格，即努力清醒地、理智地看待世界，不卑不亢，执着持久；"仁"为仁爱，强调人与人相助相依，多友谊与理解。将儒家思想引入茶道，主张以茶为媒，沟通思想，创造和睦气氛，同时平和地认识世界，追求精神上的和谐与平静。道家虽强调"无为"、"避世"思想，将空灵贯穿于茶文化之中，注重茶的养生之法，使茶艺达到相当的境界，但他们与儒家的"入世"思想是相辅相成的。

二、茶对外国文化的影响

中国茶文化以其特有的魅力向周边乃至世界辐射，对世界茶文化影响深远。

茶叶和饮茶习惯从5世纪起开始传播到国外，17世纪起传遍全球，逐步发展成世界性茶文化。英语的"茶"（tea），发音来自福建方言（ti）；而土耳其人的"茶"（cay），发音则源自中国北方方言。开始人们只喝"绿茶"，即茶树的叶子。"红茶"（black tea）是一种欧美人喜欢的黑茶，据说是唐代的陆羽发明的。中国茶禅文化传入日本，于是有了日本"茶道"；传入英国，产生了"下午茶"；传入欧美，出现了"基督禅"。16世纪欧洲天主教传教士葡萄牙神父克鲁士从中国返回欧洲后，介绍中国茶的饮用可以治病。意大利传教士利玛窦、法国传教士特莱康等也相继学得中国的饮茶习俗，向欧洲广为传播。荷兰是欧洲最早饮茶的国家之一，并称茶叶为"百草"（治百病的药），茶成为中国对世界所做的一项重要贡献。

1. 日本茶道

"茶道"（Tea Ceremony）是日本文化的代表与结晶，它起源于16世纪。富商千利休（1522—1591年）集茶道各流派之大成，把饮茶习惯与禅宗教义相结合，发展成茶道。按其教义，茶道乃终生修养之道。千利休曾用"和、敬、清、寂"四个字来概括"茶道"精神。"和"，就是人们相互友好，彼此合作，保持和平；"敬"，指尊敬老人和爱护晚辈；"清"，即清洁，清净，不仅眼前之物要清洁，而且心灵要清净；"寂"，就是达到茶道的最高审美境界——幽闲。"和、敬、清、寂"为日本茶道的理念，是从佛教的茶礼中演化出来的。日本茶道崇尚的"和、敬、清、寂"，是沿袭宋徽宗《大观茶记》提出的"清、和、淡、静"。《大观茶记》以"清和淡静"为品茶的境地。"清和淡静"与日本茶道的"和敬清寂"相比，崇尚"清和"，两者相同，不同之处是日本茶道的"敬寂"，反映了日本人的道德观念和审美意识。而《大观茶记》的"淡静"，即淡泊明志、宁静致远，符合中华文化的传统精神。可以说，日本的茶道是在中国茶文化的基础上，融和了日本自己的民族精神发展起来的。中国茶文化从奈良时代（710—794）开始传播到日本，当时是将茶作为药品使用。805年，日本僧人最澄、空海留学唐朝，将茶籽和饮茶习惯带回日本。日本嵯峨天皇815年6月命令畿内、近江（滋贺）、丹波（京都）、播磨（兵库）等地种茶，发展茶文化。日本入宋僧人荣西大力提倡禅宗，是日本禅宗的始祖。他撰写了《吃茶养生记》（1211年），推广饮茶风尚，其目的是为了给日本人提供防治疾病、养生延年的知识。

他认为中国医学理论有五味入五脏，而日本人的饮食习惯大多只有酸、甘、辛、咸四味，缺苦味。苦入心，心为五脏之主，缺苦味则心有所伤。茶味苦，故为养生之仙丹，延年之妙药。茶道强调严格的程序和规范。根据举行时间，一般分为四种茶道：朝茶（上午 7 时）、饭后茶（上午 8 时）、清昼茶（中午 12 点）和夜话茶（下午 6 点）。茶道包括主人迎客、客人进茶、主人烧茶、主客饮茶、客人谢茶、主人送客等程序。茶会是茶道的主要组成部分，茶会有各种各样的名称，立冬时品尝本年度内采的茶，这种茶会称"新茶品茗会"；每逢夜长的季节，在微暗的灯光下举行的茶会，称为"夜话"；在下了一场雪的情况下举行的茶会，称"赏雪"；新春时节举行的茶会，称"初釜"；立春之日举办的茶会，称"节分釜"；到樱花林中去举办的茶会，称"赏花"；立夏时，关闭茶席上的地炉，改用茶炉，这时的茶会，称"初茶鼎"；早晨举行的茶会，称"晨茶"；以赏月为主要目的的茶会，称"赏月"；晚秋时节使用旧茶举办的茶会，称"余波茶"。茶道很注重器具的艺术欣赏，茶道用器具可分为四类：接待用器具，茶席用器具，院内用器具，洗茶器用器具。日本茶道对国民素质的培养和提高大有裨益，众所周知，日本礼仪多，日本女性温柔贤淑，这种性格有茶道教育和熏陶的功劳。品茶的人置身于一种极其安静的环境之中，目视着茶道师的一道道程序，嗅闻着淡淡的幽香，品尝着又苦又甜的茶和点心的滋味，认真地欣赏茶碗的精湛工艺，虽然不能超凡脱俗、绝尘出世，但至少被茶道的静谧减少了不少心猿意马，不得不收敛起浮躁的一切，在平和之中经受一次短暂的灵魂洗礼。

2. 英美茶俗

中国茶叶 17 世纪传入英国，从此，饮茶习俗逐渐在英国形成。300 多年来，英国社会无不深受茶的影响。茶在英国具有特殊的地位，至今人们对茶的喜欢胜于咖啡，茶是英国人消耗量最大的饮料，占 45%。平均每个英国人每天至少要喝 3 杯半的茶，全国每天要喝掉近 2 亿杯。茶不但是英国人主要的饮料，也在历史文化中扮演了重要角色。英国在 1644 年开始有茶的记录。当初英国水手自东方回国时，都会带几包"奇怪的树叶"回去馈赠亲友，茶因此进入伦敦的咖啡馆。在英国，因茶而产生的传统有许多，像"茶娘"（tea maiden）、"喝茶时间"（tea time）、"下午茶"（afternoon tea）、"茶座"（tea house）及"茶舞"（tea dancing）等。茶娘的传统源自 300 多年前东印度公司一位管家的太太，当时该公司每次开会，都由她泡茶服侍，这一传统模式持续下来。喝茶时间已逾 200 年历史，起初是老板让上早班的工人在上午略事休息，并供应一些茶点，有的老板甚至下午也提供，这个传统就一直流传下来。

下午茶，起源于 19 世纪初期，据说由一位名叫柏福德的公爵夫人首创。它简单又有情趣，后来上流社会纷纷仿效，遂成习俗。几乎同一时期，三明治也开始问世，这两样东西便结合起来。另外英国还有一种 high tea 或 meat tea，是下午五至六时之间有肉食、冷盘的正式茶点。茶馆自 1864 年成立后开始风靡英国，成为另一项传统。

中国茶叶传播到世界其他地区，成为人们生活中重要的饮料之一。生活在极地的因纽特人是美洲饮茶最多的居民。在北极漫长的白昼，办事也饮茶，客人来了也饮茶，人均每天要喝三四公升茶水，茶成了爱斯基摩人不可或缺的生命和精神的食粮。现在有不少美国人也喜爱饮茶，他们最爱喝的是"冰茶"，美国人饮茶力求快速，"速溶茶"便应运而生。"速溶茶"是把茶汁、柠檬汁和白糖混合，经喷雾干燥或在真空中冰冻结晶升华而成的"茶精"。美国是世界上速溶茶消费量最大的国家。在美国，茶会作为一种"与众不同的聚会"，因而具有"不寻常改变的效果"而受商界人士的青睐。尽管美国人最喜欢喝的饮料是咖啡而不是茶，但是茶在美国历史上却有着相当重要的一页。"波士顿倾茶案"引发了美国独立战争。在加勒比海的巴巴多斯，因盛产甘蔗而享有"甜蜜之岛"的美名。吃厌了甜食，于是出现了一种略带薄荷清凉的饮料，即在西印度群岛负有盛名的"莫比"茶，它是用一种名叫"莫比"的树叶泡制而成的。南美的"马蒂茶"是世代相传的最佳饮料。它产于阿根廷和乌拉圭，主要成分是咖啡因，可增强大脑皮层活力，并消除疲劳。近年来，巴西等国也大量种植茶叶，它将与此地传统的马蒂茶平分秋色。由此可见，茶不但对中国文化而且对世界文化也产生了深远影响。

第四节　当代中国茶文化研究的历程

自 20 世纪 80 年代以来的三十多年，是中国茶文化研究最为兴盛的时期。

这些年来，中国茶文化研究不仅以专著数量的众多、论文大量的涌现为学界所注目，更因其学科意识的自觉、论述域界的扩大、学术深度的拓进而成为里程碑。

中国传统的围绕着茶的著述，内容较为驳杂；而在现代，以茶的育种、栽培、制作等科学技术内容为主的研究，形成从属于农业学科的茶学。新时期以来的三十多年，这种情况发生了根本性的变化。以人文社会科学为主要内容的部分，逐步从茶学的构架中脱颖而出，演进成具有独特个性的茶文化学。而且，随着茶叶加工的精致、市场销售的变化，也促成了茶业学，亦称茶业经营学或茶叶商品学的分野。可以说，这种三个子学科三足鼎立的状况，是中国茶文化研究当代历程最重要、最有变革性的事件，也为其未来走向规范了最基本最核心的路径，中国茶文化学科的构建从可能变成现实。

当代中国茶文化研究是历史的继承和发展，是在前人基础上的累积和前行，也是从传统学术向当代学术形态的变革与演进。2002 年，江西余悦先生把茶文化论文的写作粗略地分为三个阶段：一是传统论说文体，即从唐代至清代的漫长时期；二是现代茶学论文，1912 年 1 月至 1978 年底；第三阶段，新时期以来的茶文化论文，1978 年底至今，这个过程还在延续中。[①] 这种划分，也大体适用于中国茶文化研究的

---

① 余悦.含英咀华现茶魂——茶文化论文综说 [M].农业考古，2002（2）.

进程。

　　按照这种划分，第一阶段可以说是中国茶文化研究的奠基期。中国也是世界上第一本茶书——唐代陆羽《茶经》——的问世，成为中国茶文化确立期的标志之一，也成为中国茶文化研究进入学术视野的标杆。先秦和其后虽有一些关于茶和茶事的文字，但基本上是零散记述，到陆羽《茶经》才形成体系和规模。这本只有 7 000 多字的茶书，由于其原创性和系统性，也由于其传布广和影响大，至今被视为茶方面的"百科全书式"的著作，也是研究茶史者和茶文化者绕不开的经典。从唐代到清末，我们能够见到和已知的茶书约 100 种。这些茶书，有综合性的也有专题性的，内容相当烦杂。除此之外，还有数量较多的茶文，以论说、序跋、奏议为多，而纯学术意义上的少见。比较而言，清代赵懿《蒙顶茶说》、震钧的《茶说》、《时务报》的《论茶》则颇有学术意味。

　　现代茶的研究，主要集中在茶学、茶业的探索。以 1949 年为界，无论前期还是后期，都没能突破这一构架。为中国茶业奋斗七十余年的吴觉农先生从 1921 年起就发表论文，但在建国前，除茶树原产地问题因谈茶史可列入茶文化外，其余多为中国茶业改革、华茶贸易、祁红复兴计划、茶树栽培及茶园经营管理等；而建国后，则只有《湖南茶叶史话》（1964 年）和《四川茶叶史话》（1978 年）两文也因是茶史，可纳入茶文化研究范畴。而晚年大力倡导"中国茶德"的庄晚芳先生，从 1936 年到 1978 年所发表的论文，也大多瞩目茶树品种改良和茶叶专卖、毛茶评价与检验、茶叶贸易、茶树栽培等方面，直到 1978 年才发表《陆羽和〈茶经〉》与《略谈王褒的〈僮约〉》等茶文化研究的论文。至于茶的著作，建国前的十多种茶书中，仅有胡山源编的《古今茶事》录入了一些古代茶文化的内容；建国后至 1978 年间的 30 余种茶书，偶有一二可见茶文化内容，其余均为茶学和茶业的范畴。

　　新时期以来的茶文化研究，细究起来，大致可划分为三个阶段：

　　茶文化的复兴和茶文化研究的重视，是随着社会经济的变化而变化的。在中国，1977 年台湾地区出现第一家茶艺馆，中国茶艺热兴起，因应大众对茶文化知识的需要，一些茶文化的普及图书也包括一些研究性的著作随之出现。如张宏庸编的《陆羽全集》、《陆羽茶经译丛》、《陆羽研究资料汇编》、《陆羽图录》、《陆羽书录》和《茶艺》，吴智和的《中国传统的茶品》、《中国茶艺》、《中国茶艺论丛》、《明清时代饮茶生活》，廖宝秀著《从考古出土饮器论唐代的饮茶文化》、《宋代吃茶法与茶器之研究》等，都有相当的学术价值。同时，台湾还出版了一些大陆学者撰写的茶书，如李传轶编选的《中国茶诗》，吕维新、蔡嘉德著《从唐诗看唐人茶道生活》，朱自振、沈汉著《中国茶酒文化史》等。而在香港，相当一部分有影响的茶书系由内地学人撰写，如陈彬藩的《茶经新篇》、《古今茶话》，陈文怀的《茶的品饮艺术》，韩其楼的《紫砂壶全书》等。

　　20 世纪 80 年代以来，随着经济建设和茶产业的需要及中国传统文化的复兴与弘扬，茶文化在国内引起关注并逐渐兴起。1980年后，庄晚芳等编著的《饮茶漫话》，张芳赐等译释的《茶经浅释》，陈椽编著的《茶业通史》，刘昭瑞著《中国古代饮茶艺术》，陆羽研究会编《茶经论稿》等，都是复兴初期有一定影响的研究和普及之作。特别是吴觉农主编的《茶经述评》，更是权威之作。庄晚芳先生也发表《中国茶文化的发展与传播》（1982年）、《日本茶道与径山茶宴》（1983年）、《茶叶文化和清茶一杯》（1986年）、《中国茶德》（1989年）、《略谈茶文化》（1989年）等论文或短论，为新时期茶文化研究推波助澜。这一阶段，茶文化研究者大多是茶学与茶业界人士，主要是从茶史、茶艺等层面切入研究。

20世纪八九十年代之交，是新时期茶文化研究的重要转型期。1989年9月，在北京举办的"茶与中国文化展示周"，有33个国家和地区的人士参加活动；1990年9月，茶人之家基金会在杭州成立，旨在弘扬茶文化，促进茶文化、科技、教育、生产和贸易的发展；1990年10月，设在杭州的中国茶叶博物馆基本建成并开放；1990年起，"首届国际茶文化学术研讨会"召开并形成每两年举行一次国际性的茶文化研讨会的惯例，与此同时还抓住契机，先设立国际茶文化学术研讨会常设委员会，后在此基础上成立中国国际茶文化研究会，从此，全国各地种种国际性、全国性或专题性的茶文化活动及学术研讨会纷纷举行，极大地推动了茶文化研究的开展。1991年4月，由王冰泉、余悦主编的《茶文化论》和王家扬主编的《茶的历史与文化》两本论文集出版，集中发表了一批有影响的茶文化论文。也是这一年，江西社科院主办、陈文华主编的《农业考古》杂志推出《中国茶文化专号》，此后每年出版两期，成为国内唯一公开出版的茶文化研究刊物。茶文化有分量的学术论文，大多刊登在这份杂志上。适逢其时，社会科学院系统和高等院校的一些人文社会科学研究人员，长期坚持茶文化研究，运用哲学、文学、艺术、历史、文化、民俗、民族、文献、考古等多学科的知识和多角度的研究，拓展了中国茶文化研究的领域和视野，撰写和发表了许多有独到见解、有影响力的茶文化论文与著作。如余悦主编的《中华茶文化丛书》（10本）、《茶文化博览丛书》（5本），沈冬梅的《宋代茶文化》等，都是这一阶段有代表性的著作。

作为这一阶段研究的亮点之一，一批颇有价值和为研究者带来便利的资料性著作与工具书问世。1981年11月由农业出版社出版的，陈祖槼、朱自振编的《中国茶叶历史资料选辑》，虽然仅有40多万字，却因应一时之需受到欢迎。而陈彬藩、余悦、关博文主编的《中国茶文化经典》，洋洋250万字，成为收录古代茶文化资料最全面的资料集。国内茶学界唯一的中国工程院院士陈宗懋先生虽然以茶叶文化研究享誉海内外，却以极大的热情主编《中国茶经》和《中国茶叶大辞典》这两部大型著作，虽然由茶学家主持却有相当部分关于茶文化的内容与研究成果。此外，还有朱世英主编的《中国茶文化辞典》等。

21世纪到来之后，中国茶文化研究进行了深入的反思。凯亚先生曾就研究状况分析利弊得失，不无担忧地提出改变"我国现代茶学在理论探索上的贫困现象"[①]。提升茶文化研究的整体水平，加强茶文化学科建设，提到了新世纪的面前。近十多年来，突破性的研究成果少见，但偶尔也有耀眼的光芒。如陈文华的《长江流域茶文化》，关剑平的《茶与中国文化》，滕军先有《日本茶道文化概论》，后有《中日茶文化交流史》，朱自振、沈冬梅等的《中国古代茶书集成》，周圣弘的《中国茶文学的文化阐释》，均为厚重之作。中国国际茶文化研究会也意识到加强学术研究的重要，于2005年成立茶文化研究专业委员会，有组织有计划地完成一批研究课题。江西省社会科学院也把"中国茶文化研究"作为重点学科，集中力量和经费进行学术研究攻关。"板凳要坐十年冷，文章不写一句空。"也许这一段时间相对的空寂，正是中国茶文化研究在重新集聚力量，在进行一场带有战略性的前哨战。这一阶段，正是中国茶文化研究的突破期。

小　　结

茶文化是人类在社会发展过程中所创造的有关茶的物质财富和精神财富的总和。它以茶为载体，反映出明确的精神内容，是物质文明和精神文明高度和谐统一的产物。

茶文化包含丰富的内涵，它包括茶的历史发展，茶的发现和利用，茶区人文环境，茶业科技，茶的生产和流通，茶类和茶具的发生和演变，饮茶习俗，茶道、茶艺、茶德，茶对社会生活的影响，茶事文学艺术以及茶的传播等。其表现形式，可归纳为四个方面：物质形态、制定形态、行为形态、精神形态。

茶文化作为一种文化现象，有其普遍属性，即茶文化的特性。大致说来，主要包括四个方面：社会性、广泛性、民族性、区域性。

茶文化的特点主要表现在四个"结合"上：物质与精神的结合、高雅与通俗的结合、功能与审美的结合、实用与娱乐的结合。

思考题：

1. 茶文化的内涵主要包括哪些内容？
2. 茶文化的特点表现在几个方面？

---

① 凯亚. 略论我国现代茶学在理论探索上的贫困现象 [J]. 农业考古, 1999（4）.

第二章　中国：世界茶叶的故乡

茶是大自然送给华夏民族最珍贵最健康的礼物，偶然被神农氏发现。这片东方神奇的树叶，从它被发现时起，就展现了非凡的功能，拯救了中华民族的农业之祖和医药之祖，从此中国人开始了对茶的利用及栽培。茶同时也赋予了中国人神圣的使命，那就是将这种灵叶传遍世界各地，保护全世界人的健康，中国人不负所托，在经历了从咀嚼鲜叶、生煮羹饮、晒干收藏到蒸青做饼之后，茶不只是一种简单的饮料了，除了能解渴能养身，还能给人以美的享受，就是这种美丽吸引了各国到中国的旅游者、使者和商贸家，他们在回国时就将茶叶、茶籽和茶的做法带回了自己的国家，然后再通过各国商贸往来传至世界各国，所以世界各国的茶树和饮茶风俗都是直接或间接起源于中国。

第一节　中国：世界茶树的发源地

一、世界茶树起源争论阶段

20世纪60年代以前，对于茶树起源于哪里一直是学术界争论不休的问题，大家各自持有自己的观点，都有理论和事实的依据，所以谁也说服不了谁，就产生了4种观点：原产印度说；二元论；多元论；原产中国说。

1. 原产印度说

1824年，驻印度的英国的勃鲁士少校在印度的阿萨姆发现了野生茶树，树高10米，国外有的学者以此为凭对中国是茶树的原产地提出了异议，他们认为印度才是茶树的原产地，其依据除了野生大茶树的发现，还有印度也是古文明国之一，当时印度茶叶的名气比中国茶还要响。

这是一场由英国人引发的争论，印度的茶叶就是由于英国才有大的发展，早在印度成为英国的殖民地之前，英国就盛行饮茶之风，1757—1849年英国政府通过东印度公司进行的一系列侵略印度的战争，为了满足英国对茶叶大量需求，东印度公司 1780 年把我国茶籽传入印度种植，并从中国聘请技术人员，在印度大力发展茶业。至 19 世纪后叶印度已成为世界茶叶大国，茶叶产量和出口排名世界第一，以红茶为主，所产红茶品质优异，20 世纪初号称世界四大著名红茶（祁门红茶、阿萨姆红茶、大吉岭红茶、锡兰高地红茶）中印度占了两席。所以，英国人引发这样一场争论是偶然也是必然，必然是茶树原产印度说有助于进一步提升印度茶叶的国际地位，英国可以从中获利，偶然是野生大茶树的发现给了他们这样的契机。

2. 二元论

部分学者提出印度是茶树原产地的观点后，遭到我国和其他国家一些学者的反驳，依据是我国是最早有关茶的文字记载的国家，并引发原地产争论。1919 年印尼植物学家科恩·司徒在乔治·瓦特分类的基础上将茶树分为 4 个变种：武夷变种、中国大叶变种、掸邦变种、阿萨姆变种，在此基础上提出茶树起源的二元论说，即茶树在形态上的不同可分为两个原产地：一为大叶种，原产于中国西藏高原的东部（包括四川，云南）一带，以及越南、缅甸、泰国、度阿萨姆等地；一为小叶种，原产于中国东部和东南部。

3. 多元论

1935 年威廉·乌克斯提出多元论，认为凡是自然条件适合而又有野生植被的地方都是茶树原产地，包括泰国北部、缅甸东部、越南、中国云南、印度阿萨姆。威廉·乌克斯在他的《茶叶全书》（1937 年）的第一章"茶之起源"里开篇便这样写道："茶之起源，远在中国古代，历史既久，事迹难考"，此话看似作者对中国茶叶的发展历史做了大量研究才得出的结论，实则不然，作者既没有对中国茶叶做切实研究，也没有对云南境内的生态气候做过考察。在本章的后面作者又这样叙述："自然茶园在东南亚洲之季候风区域，至今多数野生植物中，尚可发见野生茶树，暹罗北部之老挝（Laos-Stte 或 Shan）、东缅甸、云南、上交趾支那及英领印度之森林中，亦尚有野生或原始之茶树。因此茶可视为东南亚洲（包括印度与中国在内）部分之原有植物，在发现野生茶树之地带，虽有政治上之境界，别为印度、缅甸、暹罗、云南、交趾支那等，但究系一种人为界线。在人类未虑及划分此界线以前，该处早成为一原始之茶园，其茶叶气候及雨量状况，均配合适当，以促进茶树之自然繁殖。"[①]

4. 原产中国说

自古以来世界各国学者认为茶是原产于中国的，中国人也是这么认为的，对于这种公认的事情大家觉得似乎没有研究的必要和研究价值，所以在茶树原产地引起

① 凯亚.世界茶坛上一幕极断之怪状——兼评（美）威廉·乌克斯《茶叶全书》中关于茶树溯源的偏见与妄说 [J].农业考古，2001（02）：274-279.

争论前，大家从没想过要去寻找茶树原产中国的证据和理论。1824 年茶树原产印度说的观点被提出来后，并拥有一大批追随者时，国人才感觉到一向认可的真理遭到了前所未有的挑战，有的学者遂开始了翻阅史料典籍、到云贵高原实地考察，为茶树原产中国找出确切依据。

（1）严谨的学术论文：当代茶圣吴觉农先生在这方面做出巨大贡献。1919 年，吴觉农留学日本期间就注意收集资料，回国后专心研究，于 1923 年撰写了《茶树原产地考》，该文对茶树起源于中国做了论证。这是自有文献记载以来第一篇运用史实驳斥勃鲁士"茶树原产于印度"的观点；该文同时也批判了 1911 年出版的《日本大辞典》关于"茶的自生地在印度阿萨姆"的错误解释。1979 年，吴觉农又发表了《中国西南地区是世界茶树的原产地》一文，他认为，茶树原产地是茶树在这个地区发生发展的整个历史过程，既包括它的祖先后裔，也包括它的姊妹兄弟。因此，他应用古地理、古气候、古生物学的观点研究得出，我国西南地区原处于劳亚古北大陆的南缘，面临泰提斯海。在地质史上的喜马拉雅运动以前，这里气候温热，雨量充沛，地球上种子植物发生、滋长，不断演化，是许多高等植物的发源地，茶树属被子植物纲 Angiospermae，双子叶植物亚纲 Bicotyledoneae，山茶目 Theales，山茶科 Theaceae，茶属 Camillia，茶种 C.Sinensis。通过植物分类学系统，可以找到它的亲缘。山茶科植物共有 23 属，380 余种，分布在我国西南的有 260 多种。就茶属来说，已发现的约 100 种，我国西南地区即有 60 多种，符合起源中心在某一地区集中的立论。其次，吴觉农认为，喜马拉雅运动开始，我国西南地区形成了川滇纵谷和云贵高原，分割出许多小地貌和小气候区，原来生长在这里的茶种植物，被分别安置在寒带、温带、亚热带和热带气候中，各自向着与环境相适应的方向演化。位置在河谷下游多雨的炎热地带，演化成为掸部种；适应河谷中游亚热带气候演化成云南—川、黔大叶种；处于河谷斜坡温带气候的，则逐步筛选出耐寒、耐旱、耐荫的小叶种。只有我国西南地区才具备引起种内变异的外部条件，但都是同一个祖先传下来的后代。[①]

（2）野生大茶树：我国野生大茶树有 4 个集中分布区：一是滇南、滇西南；二是滇、桂、黔毗邻区；三是滇、川、黔毗邻区；四是粤、赣、湘毗邻区，少数散见于福建、台湾和海南。主要集结在 30°线以南，其中尤以 25°线附近居多，并沿着北回归线向两侧扩散，这与山茶属植物的地理分布规律是一致的，它对研究山茶属的演变途径有着重要的价值。据不完全统计，现在全国已有 10 个省区 198 处发现有野生大茶树。其中云南省树干直径在 100 厘米以上的就有十多株，思茅地区镇源县九甲区和平乡千家寨发现野生茶树群落数千亩（1 亩≈ 666.67 平方米）。

下面就介绍几株非常著名的野生大茶树：① 1961 年在海拔 1 500 米的云南省勐海县巴达的大黑山密林中，发现一株树高 32.12 米（前几年，树的上部已被大风吹倒，

---

① 吴觉农 . 中国西南地区是世界茶树的原产地 [J]. 茶叶，1979（01）.

现高 14.7 米），胸径 2.9 米的野生大茶树，估计树龄已达 1 700 年左右；②在云南省澜沧县帕令山原始森林中，有一株树高 21.6 米，树干胸径 1.9 米的野生大茶树；③镇沅大茶树：所在地海拔 2 450 米，乔木树型，树姿直立，分枝较稀，树高 25.6 米，树幅 22 米，基部干径 1.12 米，胸径 0.89 米；④邦崴过渡型古茶树：澜沧县富东乡邦崴村，有一株树高 11.8 米，树幅 9 米，树干基部 1.14 米，年龄在 1 000 岁左右的大茶树，经多位专家鉴定，这株既有野生大茶树花果形态特征，又有栽培茶树芽叶枝梢特点的茶树为古老过渡型大茶树，这一发现填补了茶叶演化史上的一个重要缺环，同时也是中国是世界茶叶起源地和发祥地、云南思茅是世界最早种茶之地的最为有力的证据。

镇沅古茶树 　　　　　　　　邦崴过渡型古茶树

二、世界茶树起源中国说

当世界茶树起源于中国的观点被所有人认可后，中国各地却开始了原产于中国哪里的争论，一致对外胜利后开始的"内战"，主要有五种观点：云贵川高原说、四川说、云南说、川东鄂西说、江浙说。[①]

1. 云贵川高原说

我国云贵川高原是茶树的原产地和茶叶发源地。这一说法所指的范围很大，所以正确性就较高了。主要有以下几个依据：①云贵高原是山茶科植物的分布中心；②云贵高原发现大量野生茶树；③云贵高原野生茶树的生化特性属于原始类型；④云贵高原发现茶籽化石。

2. 四川说

清代顾炎武《日知录》："自秦人取蜀以后，始有茗饮之事。"言下之意，秦

---

① 来源：http://zhidao.baidu.com/question/40344175.html。

人入蜀前，今四川一带已知饮茶。其实四川就在西南，四川说成立，那么西南说就成立了。

3．云南说

认为云南的西双版纳一带是茶树的发源地，这一带是植物的王国，有原生的茶树种类存在完全是可能的，但是茶树是可以原生的，而茶则是活化劳动的成果。

4．川东鄂西说

陆羽《茶经》："其巴山峡川，有两人合抱者。"巴山峡川即今川东鄂西。该地有如此出众的茶树，是否就有人将其利用成为了茶叶，没有见到证据。

5．江浙说

近年，有人提出始于以河姆渡文化为代表的古越族文化。江浙一带目前是我国茶叶行业最为发达的地区，历史若能够在此生根，倒是很有意义的话题。

第二节　中国：饮茶历史悠久的国度

神农发现茶是因为茶的解毒作用，所以茶最初是作为药用的，后来逐步发展成食用，最后方以饮用为主。

一、药食同源阶段

神农尝百草"日遇七十二毒，得茶而解之"告诉我们，人们对茶最原始的利用方法是生吃鲜叶，是作为一种可以解毒治病的药为人们所利用。茶作为药用一段时间后，人们就发现茶与普通的药材不一样，久食、多食都不会引起不适，还会令人精神奕奕，于是慢慢地将茶叶当作日常充饥的食物了。茶作为食用有很多种吃法，可以直接生吃，可以凉拌生吃，可以腌熟再吃即腌茶，我国西南边境的少数民族仍保留了这种原始传统的吃茶法，也可以做成羹汤食用。

就目前已查到的文献中可知，茶作食用始见于《晏子春秋》："婴相齐景公时，食脱粟之饭，炙三戈、五卵、茗菜而已。"晋代郭璞（276—324）的《尔雅》中对"槚，苦茶"有这样的注释："树小如栀子，冬生叶，可煮羹饮。"也说明了茶可作羹饮。《广陵耆老传》："晋元帝时，有老姥，每旦独提一器茗，往市鬻之，市人竞买，自旦至夕，其器不减。"唐代时，虽然茶主要是作为饮料，但还保持着食茶的习俗，唐代诗人储光羲曾写诗描述夏日吃茗粥的情景，此诗为《吃茗粥作》："当昼暑气盛，鸟雀静不飞。念君高梧阴，复解山中衣。数片远云度，曾不蔽炎晖。淹留膳茶粥，共我饭蕨薇。敝庐既不远，日暮徐徐归。"

二、文化茗饮阶段

至于从食用发展到饮用应该是社会进步的必然，在把茶叶做成羹汤食用时就有人发现汤汁的味道很好，而汤料吃起来会苦涩，在食物不够的情况下自然也要将汤料吃完充饥，那么当社会发展到有足够的食物可以解决饥饿后，很多人就只喝汤汁了，从某种程度上来说，这便是饮用了。从此，茶便以饮用为主出现在人们的日常生活里，最古老最原始的饮茶方法是"焙茶"，即将茶叶简单加工（放在火上烘烤成焦黄色）后放进壶内煮饮，为了改善这种饮料的风味，便开始了茶叶的加工制作，从加工方式、茶叶形状、成茶风味等方面不断加以研究改进，使茶叶加工取得了很大发展，从蒸青到炒青，从饼茶到散茶，最终演化出六大茶类。

1. 蒸青作饼

三国时期已有蒸茶作饼，并将茶饼干燥贮藏的做法，张揖《广雅》中记载："荆巴间采叶作饼，叶老者饼成以米膏出之。欲煮茗饮，先炙令赤色，捣末置瓷器中，以汤浇覆之，用葱、姜、橘子芼之。其饮醒酒，令人不眠。"到了唐代，蒸茶作饼逐渐完善，陆羽《茶经·三之造》中记载："晴，采之。蒸之，捣之，拍之，焙之，穿之，封之，茶之干矣。"

宋代仍然以蒸青作饼为主，且由于贡茶的兴起，制茶技术不断创新。宋代熊蕃的《宣和北苑贡茶录》记载："采茶北苑，初造研膏，继造蜡面。"宋徽宗的《大观茶论》记载："岁修建溪之贡，龙团凤饼，名冠天下。"赵汝砺在《北苑茶录》中详细记载了龙凤团茶的制作之法："分蒸茶、榨茶、研茶、造茶、过黄、烘茶等工序。"

2. 从饼茶到散茶

元代以前的文献中对茶叶加工制作的描述中几乎都是饼茶，虽有少量散茶，但不是主流，后来人们逐渐意识到做饼不仅麻烦，还损茶味，所以开始做散茶，如王祯《农书》中有一段关于制茶的记载："采讫，以甑微蒸，生熟得所。生则味硬，熟则味减。蒸已，用筐箔薄摊，乘湿略揉之，入焙匀布火烘令干，勿使焦。编竹为焙。裹箬复之，以收火气。"从这段话我们可以看出，蒸青后轻揉，然后烘干，并没有做饼造型的过程。但是元代饮茶之风不是很浓，所以散茶的影响力不是很大，因此，大部分学者认为散茶代替饼茶成为主流是在明代。明太祖朱元璋在洪武二十四年九月十六日下了一道诏令，废龙团贡茶而改贡散茶，以芽茶进贡，于是散茶便迅速取代了饼茶的地位。据说朱元璋很喜欢喝茶，但他出身农民，觉得唐宋的煎茶和点茶太烦琐，最方便的就是一泡就喝（"一瀹而啜"），但他又不愿承认自己玩不来高雅的东西，于是下令改饼茶为散茶，理由当然是劳民伤财。此令虽出于皇帝面子而下诏，但意义甚大，不仅使散茶成为主流，而且使直接冲泡散茶代替了宋代的点茶法，将中国的茶饮推向一个新的阶段。

3. 从蒸青到炒青

炒青技术在唐代已有之，但不多见，刘禹锡的《西山兰若试茶歌》："山僧后檐茶数丛，春来映竹抽新茸。宛然为客振衣起，自傍芳丛摘鹰嘴。斯须炒成满室香，便酌砌下金沙水……"，诗中"斯须炒成满室香"便体现了诗人当时所喝之茶并非蒸青茶，而是炒青茶。"炒青"一词最早出现于陆游的《安国院试茶》的注释中（日铸则越茶矣，不团不饼，而曰炒青，曰苍鹰爪，则撮泡矣），唐宋关于炒青之法的记载很少，而明代的多部茶书中均有炒青之法的记载，如张源著的《茶录》、许次纾著的《茶疏》、罗廪的《茶解》，可见炒青在明代时逐步取代了蒸青。

4. 从绿茶到其他茶类 ①

（1）黄茶的起源：绿茶的基本工艺是杀青、揉捻、干燥，制成的茶绿汤绿叶，故称绿茶。当绿茶炒制工艺掌握不当，如炒青杀青温度低，蒸青杀青时间过长，或杀青后未及时摊凉及时揉捻，或揉捻后未及时烘干、炒干，堆积过久，都会使叶子变黄，产生黄叶黄汤，类似后来出现的黄茶。因此黄茶的产生可能是从绿茶制法掌握不当演变而来。明代许次纾在《茶疏》（1597年）中也记载了这种演变的历史："顾彼山中不善制法，就于食铛火薪焙炒，未及出釜，业已焦枯，讵堪用哉。兼以竹造巨笥乘热便贮，虽有绿枝紫笋，辄就萎黄，仅供下食，奚堪品斗。"

（2）黑茶的起源：绿毛茶堆积后发酵，渥成黑色，这是产生黑茶的过程。明代嘉靖三年（1524），御史陈讲疏就记载了黑茶的生产："以商茶低伪，征悉黑茶，产地有限，乃第为上中二品，印烙篦上，书商名而考之。每十斤蒸晒一篦，运至茶司，官商对分，官茶易马，商茶给卖。"当时湖南安化生产的黑茶，多销运边区以换马。

《明会典》载："穆宗朱载垕隆庆五年（公元1571年）令买茶中与事宜，各商自备资本……收买珍细好茶，毋分黑黄正附，一例蒸晒，每篦（密篾篓）重不过七斤……运至汉中府辨验真假黑黄斤篦。"当时四川黑茶和黄茶是经蒸压成长方形的篦包茶，每包7斤，销往陕西汉中。崇祯十五年（1642），太仆卿王家彦的疏中也说："数年来茶篦减黄增黑，敝茗羸驵，约略充数。"上述记载表明，黑茶的制造始于明代中期。

（3）白茶的起源：清周亮工《闽小记》中介绍：清嘉庆初年（1796）福鼎人用菜茶（有性群体种）的壮芽为原料，创制白毫银针。约在1857年，福鼎大白茶茶树品种从太姥山移植到福鼎县点头镇。由于福鼎大白茶芽壮、毫显、香多，所制成品不论是外形还是品质远胜于"菜茶"，故福鼎人改用福鼎大白茶为原料加工"白毫

---

① 周巨根，朱永兴．茶学概论[M]．北京：中国中医药出版社，2008.

银针"。

（4）红茶的起源：最早的红茶生产是从福建崇安的小种红茶开始的，邹新求在《解密世界红茶起源》一文中推断红茶应起源于明朝末年，即 1567—1610 年。清代刘靖在《片刻余闲集》（1732 年）中记述："山中之第九曲尽处有星村镇，为行家萃聚所也。外有本省邵武、江西广信等处所产之茶，黑色红汤，土名江西乌，皆私售于星村各行。"自星村小种红茶创造以后，逐渐演变产生了工夫红茶。因此，工夫红茶创造于福建，以后传至安徽、江西等地。安徽祁门生产的红茶，就是 1875 年安徽余干臣从福建罢官回乡，将福建红茶制法带去的，他在至德尧渡街设立红茶庄试制成功，翌年在祁门历口又设分庄试制，以后逐渐扩大生产，从而产生了著名的"祁门工夫"红茶。

（5）乌龙茶的起源：乌龙茶的起源，学术界尚有争议，有的推论出现于北宋，有的推定始于明末，但都认为最早在福建创制。关于乌龙茶的制造，据史料记载，清代陆延灿《续茶经》所引述的王草堂《茶说》："武夷茶……茶采后，以竹筐匀铺，架于风日中，名曰晒青，俟其青色渐收，然后再加炒焙。阳羡岕片，只蒸不炒，火焙以成。松萝、龙井，皆炒而不焙，故其色纯。独武夷炒焙兼施，烹出之时，半青半红，青者乃炒色，红者乃焙色也。茶采而摊，摊而撆（摇的意思），香气发越即炒，过时不及皆不可。既炒既焙，复拣去其中老叶、枝蒂，使之一色。"《茶说》成书时间在清代初年，因此武夷茶这种独特工艺的形成，定在此时间之前。现福建武夷山武夷岩茶的制法仍保留了这种乌龙茶传统工艺的特点。

第三节　茶叶：品类与中国十大名茶

经过几千年的发展，中国的茶叶品类和品种都十分丰富，有绿茶、黄茶、白茶、青茶、红茶和黑茶基本六大茶类，是世界上茶叶种类最齐全、品种花色最多的国家。中国有句老话"茶叶喝到老，茶名记不了"，就很形象地反映了中国茶叶种类之多。

一、茶叶的分类

茶叶分类方法很多，有依发酵程度的，依茶叶形状的，依茶叶色泽的，依茶叶产地的，依茶叶加工的，依销售市场的，依栽培方法的，依茶树品种的，依窨花种类的，依包装种类的，等等。在目前普遍认可的分类法出现之前，出现过以下几种分类法：①分全发酵茶、半发酵茶和不发酵茶三类；②分不发酵茶、半发酵茶、全发酵茶；③分不发酵茶、微发酵茶、半发酵茶、全发酵茶、后发酵茶，特制茶六类；④分不发酵茶、半发酵茶、全发酵茶、提炼茶、草果茶五类；⑤分绿茶、黄茶、黑茶、白茶、青茶、红茶六类；⑥将上述六类茶归入两个"门"，即"非酶性氧化门"

和"酶性氧化门"；⑦分非氧化茶和氧化茶两类。氧化茶又分酶性与非酶氧化两类，酶性氧化茶又分全发酵茶、半发酵茶，微发酵茶三类。对于再加工茶又另外分香味茶、压制茶、速溶茶、保健茶四类。

综合上述各分类方法，虽然各有一定的理由和依据，但欠完善难自圆其说，有必要进一步商讨，如①、②、③、④的分法主要是按发酵程度来分类的，存在三方面问题：不能体现各类茶的特色；有的茶类无法按那些分法归类；将特制茶和草果茶与不发酵、微发酵等并列不妥。⑤、⑥、⑦的分法跟不上时代脚步，也太笼统。

⑤的分法虽然在现在看来是跟不上时代脚步，但是对于1979年的茶叶市场来说是一种很科学合理的分类法，由著名茶叶专家陈椽先生提出，既体现了茶叶制法的系统性，又体现了茶叶的品质。现在普遍使用的茶叶分类法就是在此基础上完善的，依据茶叶加工原理、加工方法、茶叶品质，并参考贸易习惯，将茶分为两大部分十二大茶类，如下所示：

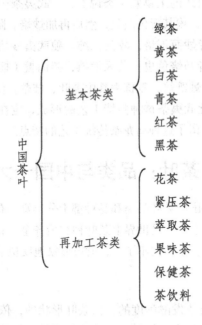

二、六大茶类的分类及品质特征

1. 绿茶的分类及品质特征

绿茶是我国产量最大、种类最多的茶类，按杀青方式不同将绿茶分为四类：炒青绿茶、烘青绿茶、蒸青绿茶和晒青绿茶。绿茶总的特征是清汤绿叶或者绿汤绿叶，但各类的绿茶又有自己的特色。

炒青绿茶品质特征：条索紧结绿润，汤色绿亮，香气高鲜持久，滋味浓厚而富有收敛性，耐冲泡。

烘青绿茶品质特征：外形条索紧直、完整，显锋毫，色泽深绿油润；内质香气清高，汤色清澈明亮，滋味鲜醇。

蒸青绿茶品质特征：干茶色泽深绿，茶汤浅绿，香气略带青气，茶汤苦涩味较重，叶底青绿。

晒青绿茶品质特征（以滇青为例）：外形条索粗壮，有白毫，色泽深绿尚油润；内质香气高，汤色黄绿明亮，滋味浓尚醇，收敛性强。

绿茶
- 炒青绿茶
  - 眉茶（炒青、特珍、珍眉、凤眉、秀眉等）
  - 珠茶（珠茶、雨茶、秀眉等）
  - 细嫩炒青（龙井、大方、碧螺春、雨花茶、松针等）
- 烘青绿茶
  - 普通烘青（闽烘青、浙烘青）
  - 细嫩烘青（黄山毛峰、太平猴魁、高桥银峰）
- 晒青绿茶（滇青、川青、陕青）
- 蒸青绿茶（煎茶、玉露等）

2. 黄茶的分类及品质特征

黄茶可分为黄芽茶（君山银针、蒙顶黄芽、霍山黄芽等）、黄小茶（鹿苑茶、北港毛尖、沩山毛尖等）和黄大茶（霍山黄大茶、广东大叶青等）三类，总的品质特征是黄汤黄叶，下面介绍几种黄茶的品质特征：

君山银针：芽头肥壮挺直匀齐，满披茸毛，色泽金黄光亮，内质香气清鲜，汤色浅黄明亮，滋味清甜爽口。

蒙顶黄芽：形状扁直，肥嫩多毫，色泽金黄，香气清纯，汤色黄亮，滋味甘醇。

鹿苑茶：条索紧直略弯，显毫，色金黄，汤色杏黄，香幽味醇。

霍山黄大茶：外形叶大梗长，梗叶相连，色泽黄褐鲜润，香气高爽有焦香似锅巴香，汤色深黄明亮，滋味浓厚。

3. 白茶的分类及品质特征

白茶可分为白毫银针、白牡丹、贡眉和寿眉，总的品质特征是白毫明显。

白毫银针：芽头肥壮，满披白毫，色泽灰绿；香气清淡，汤色浅杏黄明亮，滋味清鲜爽口。

白牡丹：外形素雅自然，色泽灰绿；毫香高长，汤色黄亮，滋味鲜醇清甜。

4. 青茶的分类及品质特征

青茶又叫乌龙茶，主要分布在福建、广东和台湾，所以按地域可分为闽北乌龙、闽南乌龙、广东乌龙和台湾乌龙。

闽北乌龙的品质特征：外形条索紧结壮实，色泽乌褐或带墨绿，或带沙绿，或带青褐，内质香气花果香馥郁、清远悠长，滋味醇厚滑润甘爽。

清香型铁观音品质特征：外形颗粒紧结重实，色泽翠绿油润；内质香气花香浓郁，汤色绿黄清澈明亮，滋味醇和清甜，叶底肥厚柔软，黄绿明亮。

传统型铁观音品质特征：外形颗粒紧结重实，内质香气具天然兰花香，汤色金黄明亮，滋味醇厚鲜爽回甘，叶底肥厚柔软，绿叶红镶边。

广东乌龙的品质特征：条索状结匀整，色泽黄褐或灰褐，内质香气具花香，有蜜韵，滋味浓醇鲜爽。

台湾乌龙有包种（文山包种、冻顶乌龙）和乌龙（台湾铁观音、白毫乌龙），品质特征如下：①文山包种：外形紧结呈条形状，整齐，墨绿油润；内质香气清新持久有自然花香，汤色蜜绿，滋味甘醇鲜爽。②冻顶乌龙：外形颗粒紧结整齐，白毫显露，色泽翠绿有光泽；香气有自然花果香，汤色蜜黄，滋味醇厚甘润，回韵强。③台湾铁观音：外形紧结卷曲成颗粒状，白毫显露，色褐油润；香气浓带坚果香，汤色呈琥珀色，滋味浓厚甘滑收敛性强；叶底淡褐嫩柔，芽叶成朵。④白毫乌龙：外形芽毫肥壮，白毫显露，色泽鲜艳带红、黄、白、绿、褐五色。香气具熟果香和蜂蜜香，汤色呈深琥珀色，滋味圆滑醇和，叶底淡褐有红边。

5. 红茶的分类及品质特征

红茶可分为工夫红茶、小种红茶和红碎茶三类，总的特征是红汤红叶。

工夫红茶品质特征：条索细紧匀齐，色泽乌润；内质汤色叶底红艳明亮，香气鲜甜，滋味甜醇。

小种红茶品质特征：条索肥壮、紧结圆直、色泽褐红润泽，汤色深红，香气高爽、有纯松烟香，滋味浓而爽口，活泼甘甜，似桂圆汤味。

红碎茶品质特征：大叶种——颗粒紧结重实，有金毫，色泽乌润或红棕，香气高，汤色红艳，滋味浓强鲜爽；中小叶种——颗粒紧实，色泽乌润或棕褐，香气高鲜，汤色尚红亮，滋味欠浓强。

6.黑茶的分类及品质特征

黑茶主要产于云南、湖南、湖北和四川，以云南的普洱和湖南的千两茶最为有名，主要特色是有陈香。

普洱茶：干茶色泽褐红，呈猪肝色；内质汤色红浓明亮，具独特陈香，滋味醇厚回甜。

千两茶：外表古朴，形如树干，采用花格篾篓捆箍包装，成茶结构紧密坚实，色泽黑润油亮，汤色红黄明净，滋味醇厚，口感纯正，常有蓼叶、竹黄、糯米香气，热喝略带红糖姜味，凉饮却有甜润之感。

三、中国十大名茶

中国是茶叶大国，其中的一个表现就是茶的品种特别多，现在全国能够叫得出名的茶叶就有 1 000 多种，在这些林林总总的茶叶中，不少是名气很大的，如果要给它们排了一下座次，不同的人会排出不同的名单来，以下我们仅罗列一种说法：

1.西湖龙井

龙井，本是一个地名，也是一个泉名，而现在主要是茶名。龙井茶产于浙江杭州的龙井村，历史上曾分为"狮、龙、云、虎"四个品类，其中多认为狮峰龙井的品质最佳。龙井属炒青绿茶，以"色绿、香郁、味醇、形美"四绝著称于世，外形光扁平直，色翠略黄似糙米色，滋味甘鲜醇和，香气幽雅清高，汤色碧绿黄莹，叶底细嫩成朵。好茶还需好水泡，"龙井茶、虎跑水"被并称为杭州双绝。冲泡龙井茶可选用玻璃杯，因其透明，茶叶在杯中逐渐伸展，一旗一枪，上下沉浮，汤明色绿，历历在目，仔细观赏，真可说是一种艺术享受。

2. 洞庭碧螺春

产于江苏吴县太湖之滨的洞庭山，碧螺春条索紧结，卷曲如螺，白毫显露，银绿隐翠，冲泡后茶味徐徐舒展，上下翻飞，茶汤银澄碧绿，清香袭人，口味凉甜，鲜爽生津，早在唐末宋初便列为贡品。

3. 黄山毛峰

产于安徽黄山，主要分布在桃花峰的云谷寺、松谷庵、吊桥阁、慈光阁及半寺周围。外形细扁微曲，状如雀舌，绿中泛黄，且带有金黄色鱼叶（俗称黄金片）；汤色清碧微黄，香如白兰，滋味醇甘，味醇回甘，叶底黄绿，匀亮成朵。

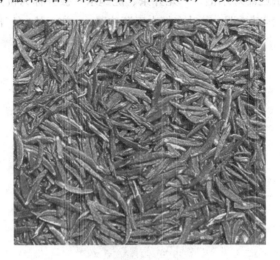

产于江西庐山，以"味醇、色秀、香馨、汤清"而著名，芽壮叶肥，白毫显露，色泽翠绿，幽香如兰，滋味深厚，鲜爽甘醇，耐冲泡，汤色明亮，饮后回味香绵。

4.庐山云雾

产于江西庐山，以"味醇、色秀、香馨、汤清"而著名，芽壮叶肥，白毫显露，色泽翠绿，幽香如兰，滋味深厚，鲜爽甘醇，耐冲泡，汤色明亮，饮后回味香绵。

5.六安瓜片

产于皖西大别山茶区，其中以六安、金寨、霍山三县所产品最佳。六安瓜片每年春季采摘，成茶呈瓜子形，因而得名，色翠绿，香清高，味甘鲜，耐冲泡。

6.君山银针

产于岳阳洞庭湖的君山岛，是十大名茶中唯一的黄茶。此茶芽头肥壮，长短大小均匀，茶芽内面呈金黄色，外层白毫显露完整，而且包裹坚实，雅称"金镶玉"，汤色杏黄，香气清鲜，叶底明亮。冲泡时尖尖向水面悬空竖立，继而徐徐下沉，头三次都如此，竖立时，如鲜笋出土，沉落时，像雪花下坠，具有很高的欣赏价值。

7. 信阳毛尖

产于河南信阳大别山，外形条索细秀，绿润圆直而多毫，内质香气清高，汤色明净，滋味醇厚，叶底嫩绿，饮后回甘生津冲泡四五次，尚保持有长久的熟栗子香。

8. 武夷岩茶

产于福建武夷山市（原崇安县），主要品种有"大红袍"、"白鸡冠"、"水仙"、"肉桂"等。外形条索紧结壮实，色泽乌褐或带墨绿，或带沙绿，或带青褐，内质香气花果香馥郁、清远悠长，滋味醇厚滑润甘爽，韵味明显，俗称"岩韵"。

9. 安溪铁观音

产于福建安溪，外形颗粒紧结重实，内质香气具天然兰花香，汤色金黄明亮，滋味醇厚鲜爽回甘，叶底肥厚柔软，绿叶红镶边，七泡有余香，俗称"音韵"。

10. 祁门红茶

简称祁红，素以香高形秀享誉国际，为世界四大高香红茶之一。产于中国安徽省西南部黄山支脉的祁门县一带。祁红外形条索紧细匀整，锋苗秀丽，色泽乌润；内质清芳并带有蜜糖香味，上品茶更蕴含着兰花香，馥郁持久；汤色红艳明亮，滋味甘鲜醇厚，叶底红亮。

第四节 茶叶：在中国和世界的传播

中国是茶树的原产地，然而，并不是所有的产茶省都是茶树的发源地，那么茶叶是怎样在国内和国外传播的呢？

一、茶在我国的传播

1. 秦汉以前：巴蜀是中国茶业的摇篮

顾炎武曾道："自秦人取蜀而后，始有茗饮之事。"认为饮茶最初是在巴蜀发展起来的，秦统一巴蜀之后才开始传播开来。这一说法，已为现在绝大多数学者认同，这也和西南地区是我国茶树原产地的说法相符合。西汉王褒的《童约》有"烹茶尽具"及"武阳买茶"两句，反映西汉时成都一带不仅饮茶成风，而且出现了专门用具和茶叶市场，由后来的文献记载看，很可能也已形成了最早的茶叶集散中心。

2. 三国两晋：长江中游成为茶业发展壮大

秦汉时期，茶叶随巴蜀与各地经济文化而传播。首先向东部、南部传播，如湖南在西汉时设了一个以茶陵为名的县，说明当时茶已传至湖南，茶陵邻近江西、广东边界，表明西汉时期茶的生产已经传到了湘、粤、赣毗邻地区。

三国、西晋，随荆楚茶叶在全国的日益发展，也由于地理上的有利条件和较好的经济文化水平，长江中游或华中地区逐渐取代巴蜀而成为茶的重要发展区。三国时，孙吴据有东南半壁江山，这一地区，也是这时我国茶业传播和发展的主要区域，此时，南方栽种茶树的规模和范围有很大的发展，而茶的饮用也流传到了北方。西晋时期《荆州土记》就记载了当时长江中游茶业的发展优势，其载曰"武陵七县通出茶，最好"，说明荆汉地区茶业的明显发展，巴蜀独冠全国的优势似已不复存在。

南渡西晋之后，北方豪门过江侨居，建康（南京）成为我国南方的政治中心。这一时期，由于上层社会崇茶之风盛行，使得南方尤其是江东饮茶和茶叶文化有了较大的发展，也进一步促进了我国茶业向东南推进。这一时期，我国东南植茶，由浙西进而扩展到了现今温州、宁波沿海一线。不仅如此，如《桐君录》所载："西阳、武昌、晋陵皆出好茗"，晋陵即常州，其茶出宜兴。表明东晋和南朝时，长江下游宜兴一带的茶业也闻名起来。三国两晋之后，茶业重心东移的趋势更加明显化了。

3. 唐代：长江中下游地区成为茶叶生产和技术中心

六朝以前，茶在南方的生产和饮用，已有一定发展，但北方饮者还不多，及至唐朝中后期，如《膳夫经手录》所载："今关西、山东，闾阎村落皆吃之，累日不食犹得，不得一日无茶。"中原和西北少数民族地区，都嗜茶成俗，市场需求大增使南方茶业得到蓬勃发展，尤其是与北方交通便利的江南、淮南茶区，茶的生产更是得到了格外发展。唐代中叶后，长江中下游茶区，不仅茶产量大幅度提高，就是制茶技术也达到了当时的最高水平。湖州紫笋和常州阳羡茶成为了贡茶就是集中体现。茶叶生产和技术的中心已经转移到了长江中游和下游，江南茶叶生产集一时之盛。当时史料记载，安徽祁门周围，千里之内，各地种茶，山无遗土。同时由于贡茶设置在江南，大大促进了江南制茶技术的提高，也带动了全国各茶区的生产和发展。由《茶经》和唐代其他文献记载来看，这时期茶叶产区已遍及今之四川、陕西、湖北、云南、广西、贵州、湖南、广东、福建、江西、浙江、江苏、安徽、河南等十四个省区，几乎达到了与我国近代茶区约略相当的局面。

4. 宋代：茶业重心由东向南移

从五代和宋朝初年起，全国气候由暖转寒，致使中国南方南部的茶业较北部更加迅速发展了起来，并逐渐取代长江中下游茶区，成为茶业的重心。主要表现在贡茶从顾渚紫笋改为福建建安茶，唐时还不曾形成气候的闽南和岭南一带的茶业，明显地活跃和发展起来。宋朝茶业重心南移的主要原因是气候的变化，长江一带早春气温较低，茶树发芽推迟，不能保证茶叶在清明前进贡到京都，而福建气候较暖，如欧阳修所说："建安三千里，京师三月尝新茶。"宋朝的茶区，基本上已与现代茶区范围相符，明清以后，茶区基本稳定，茶业的发展主要是体现在茶叶制法和各茶类兴衰演变方面。

二、茶叶向国外的传播

当今世界广泛流传的种茶、制茶和饮茶习俗，都是由我国向外传播出去的。据推测，中国茶叶传播到国外，已有 2 000 多年的历史，约于 5 世纪南北朝时，我国的茶叶就开始陆续输出至东南亚邻国及亚洲其他地区。

1. 向日本的传播

805 年，最澄禅师在中国学成归国时，将浙江天台山的茶籽带回日本，并种植在日吉神社的旁边，成为日本最古老的茶园，至今在京都比睿山的东麓还有"日吉茶园"之碑。806 年，空海法师也从中国将茶籽、饮茶方法带回日本，还带了唐代的制茶工具"条石臼"。陈椽教授编著的《茶业通史》中记载："平城天皇大同元年（公元806 年），空海弘法大师又引入茶籽及制茶方法。茶籽播种在京都高山寺和宇陀郡内牧村赤埴，带去的茶臼保存在赤埴隆寺。"815 年，曾在中国学习生活 30 年的都永忠在崇福寺亲自煎茶供奉嵯峨天皇，并受到天皇赞赏和推崇，于是中国唐代的煎茶法在日本流行开来，最澄、空海和都永忠也经常在一起研习"茶道"，形成了日本古代茶文化的黄金时代，学术界称之为"弘仁茶风"。[①] 由此可见，日本的"煎茶道"起源于我国唐朝陆羽所创的煎茶法。

到了宋代，日本禅师荣西于 1168 年和 1187 年两度来到中国学道，当时正值宋代点茶风靡时期，荣西潜心研究总结了宋代的饮茶文化及其功效，回国时也携带了很多茶籽，还将茶籽赠送给明惠上人，明惠将其种植在自然条件优越的拇尾山寺，此地所产茶因味道纯正被称为"本茶"。荣西还写成了日本第一部茶书——《吃茶养身记》，从书中的调茶法和饮茶法中可以看出，荣西将宋代的点茶法引进日本，日本的"抹茶道"由此发展起来。还值得一提的是荣西从夹山寺索得《碧崖录》和大师的"茶禅一味"手迹带回日本，在日本广为流传，并被尊奉为日本茶道之魂，如今，

---

① 徐晓村．中国茶文化 [M]．北京：中国农业大学出版社，2005．

大师手书"茶禅一味"四字真迹,仍供奉于日本奈良大德寺,成为日本茶道的稀世珍宝,日本茶道亦尊奉石门夹山寺为"茶禅祖庭"。

2. 向朝鲜的传播

据文献记载,中国茶叶传入朝鲜的时间与传入日本的时间差不多,都是在唐朝初年,朝鲜高丽时代金富轼《三国史记·新罗本纪》(第十)兴德王三年(828)十二月条记载:"冬十二月,遣使入唐朝贡,唐文宗召见于麟德殿,宴赐有差。入唐回使大廉持茶种来,王使植地理(亦称智异)山。茶自善德王有之,至此盛焉。"朝鲜史书《东国通鉴》也记载:"新罗兴德王之时,遣唐大使金氏,蒙唐文宗赐予茶籽,始种于金罗道之智异山。"

从第一段记载可知,善德王年间,朝鲜已有茶,朝鲜善德年间正值中国唐初,唐初年间,新罗有大批僧人入唐学佛,其中有30人都被载入《高僧传》,这30人中的大部分在中国的学习生活时间长达10年之久,他们在唐期间必定经常饮茶,并养成了饮茶的习惯,回国时将中国的茶和茶籽带回也就是顺理成章的事了。所以,尽管没有具体详实的文献记载,茶叶在唐初从中国传入朝鲜也是有理可循的。

曾在大唐为官的崔致远有次得到上级赏赐给他的新茶,专门为此写了一篇《谢新茶状》,其中有:"所宜烹绿乳于金鼎,泛香膏于玉瓯",可见他对唐代的煎茶法相当熟悉。回国之时(884年),他带了很多中国的茶叶和中药,回国之后,热心推广饮茶活动,在他为真鉴国师撰写的碑文中有这样一段:复以汉茗为供,以薪爨石釜,为屑煮之,曰:"吾未识是味如何?惟濡腹尔!",守真忤俗,皆此之类也。真鉴国师也曾留学于唐,对唐茶深爱之,而且将唐朝的煎茶法带回国,并煎茶礼佛。

中国宋代时,朝鲜进入高丽王朝时期,宋代的点茶法也传到了高丽,宋使徐兢在《宣和奉使高丽图经》一书中记载了高丽的茶事:"土产茶,味苦涩不可入口,惟贵中国腊茶并龙凤赐团。自锡赉之外,商贾亦通贩。故迩来颇喜饮茶,益治茶具,金花乌盏、翡色小瓯、银炉、汤鼎,皆窃效中国制度。"高丽时代李奎报的两首著名茶诗里描述的饮茶方式也是指点茶法,其一是《谢人赠茶磨》:"琢石作孤轮,回旋烦一臂。子岂不茗饮,投向草堂里。知我偏嗜眠,所以见寄耳。研出绿香尘,亦感吾子意。"其二是《仿严师》:"僧格所自高,惟是茗饮耳。好将蒙顶芽,煎却惠山水。一殴辄一话,渐入玄玄旨。此乐信清淡,何必昏昏醉。"作者在《仿严师》一诗里还用了中国茶文化的典故。高丽时期是朝鲜茶文化最辉煌的时期,朝鲜人在长期学习中国饮茶方式的过程中,将茶饮与民族文化相融合而形成了朝鲜茶文化,茶礼就是代表。

朝鲜的《李朝实录》太宗二年(1402)五月壬寅条下记载赠给明朝使臣的茶叶是雀舌茶,雀舌茶是散茶里原料较嫩的好茶,可见当时散茶冲泡法已由中国传到了朝鲜。散茶冲泡法为茶礼所吸收,据《李朝实录》记载,凡是明朝使者来朝时,一般要举行茶礼，从持瓶、泡茶、敬茶、接茶、饮茶等都有规定的程序，最后以互赠茶叶而结束。朝鲜时代中期，朝鲜茶文化一度衰落，幸有草衣禅师等人为茶礼的振兴做出重大贡献，草衣禅师研究中国茶书，并摘其要点编成《茶神传》一书，他的另一本书《东茶颂》显示了韩国茶礼的"中正"精神，这种"中正"精神正是他多年研习茶道和悟禅的结晶。

3. 向其他地区的传播

10世纪时，蒙古商队来华从事贸易时，将中国砖茶从中国经西伯利亚带至中亚以远。

15世纪初，葡萄牙商船来中国进行通商贸易，茶叶对西方的贸易开始出现。而荷兰人在1610年左右将茶叶带至了西欧，1650年后传至东欧，再传至俄、法等国。17世纪时传至美洲。

17世纪后半叶，中国茶叶随葡萄牙公主嫁到英国而引发英国饮茶风。

1684年印度尼西亚开始从我国引入茶籽试种，以后又引入中国、日本茶种及阿萨姆茶种试种，历经坎坷，直至19世纪后叶开始才有明显成效。第二次世界大战后，加速了茶的恢复与发展，并在国际市场居一席之地。

1780年印度于由英属东印度公司传入我国茶籽种植。至19世纪后叶已是"印度茶之名，充噪于世"。今日的印度是世界上茶的生产、出口、消费大国。

17世纪开始斯里兰卡开始从我国传入茶籽试种，复于1780年试种，1824年以后又多次引入中国、印度茶种扩种和聘请技术人员。所产红茶质量优异，为世界茶创汇大国。

1833年，在俄国从我国传入茶籽试种，1848年又从我国输入茶籽种植于黑海岸。1893年聘请中国茶师刘峻周并带领一批技术工人赴格鲁吉亚传授种茶、制茶技术。

1888年土耳其从日本传入茶籽试种，1937年又从格鲁吉亚引入茶籽种植。

1903年肯尼亚首次从印度传入茶种，1920年进入商业性开发种茶，规模经营则是1963年独立以后。

20世纪20年代以后，中国茶种和制茶技术传入阿根廷、几内亚、巴基斯坦、阿富汗、马里、玻利维亚等国。

目前，我国茶叶已行销世界五大洲上百个国家和地区，世界上有50多个国家引种了中国的茶籽、茶树，茶园面积247万多公顷，有160多个国家和地区的人民有饮茶习俗，饮茶人口20多亿。

4. 中国茶向外传播的途径

从前面三部分我们知道，经过1 000多年的经贸往来和文化交流，我国茶叶已经传遍世界各地，主要是通过陆路和水路进行传播，主要路线有三条：东传路线，由中国传向日本，韩国；西传的路线，由福建、广州通向南洋诸国，然后经马来半岛、印度半岛、地中海走向欧洲各国；北传路线，传入土耳其、阿拉伯国家、俄罗斯。

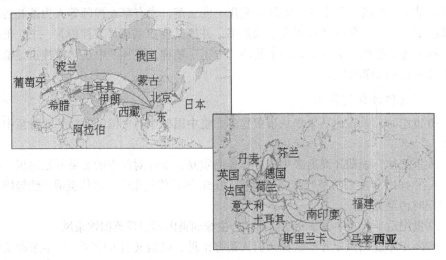

小　结

　　中国人是这个世界上最早发现和利用、栽培茶树的民族，也是第一个将茶与民族文化相结合而形成茶文化的民族，目前全球约有60个国家种植茶叶，160多个国家和地区有茶叶消费的习惯，但只有中国才是茶树的原产地，其他国家的茶叶都是直接或间接由中国传入。茶叶传入这些国家时，中国茶文化里的很多元素也为他们所接收，最直接的就是饮茶方式，随着茶叶在这些国家的发展，茶叶也渐渐成为他们生活的一部分，逐渐渗透进他们的文化里，形成了具有各国特色的茶文化。已有1 000多年历史的韩国、日本茶道都是起源于中国，而且还较完整地保留了我国唐宋饮茶文化的遗风，所以说中国茶文化是世界茶文化的摇篮，是世界文化的一颗璀璨明珠。

思考题：

　　1.关于茶树的起源，你赞同哪种观点？为什么？

　　2.请简要概述中国六大茶类的分类及其品质特征。

　　3.中国十大名茶有哪些，分别产自何处？分属何种茶类？

　　4.简述中国茶业对世界茶业的影响。

第三章　源与流：中国茶文化简史

茶的发现和利用，是中华民族为世界所做出的一项重大贡献。茶文化是以茶为载体，并通过这个载体来传播各种文化，是茶与文化的有机融合。中国茶文化，植根于悠久的中华民族传统文化中，在形成和发展的过程中，逐渐由物质文化上升到精神文化的范畴，是博大精深的中华文化的一个重要分支，对促进社会进步起到了巨大的作用。

第一节　秦以前：萌芽时期

巴蜀是一个有不同界定的地域概念，通常用巴蜀代指古代四川，其实巴蜀区远不只四川一省，还包括四川临近的地广大地区。"古代的巴蜀地区东起华之南，西至黑水流域，大概包括今天的四川和重庆，以及云南、贵州、甘肃、陕西和湖北的部分地区。"[①]

"自秦人取蜀而后，始有茗饮之事。"清初学者顾炎武在其《日知录》中指出，各地对茶的饮用，是秦国吞并巴、蜀后才慢慢传播开来的。表明中国和世界的茶叶文化，最初是在巴蜀发展为业的。顾炎武的这一结论，统一了中国历代关于茶事起源的种种说法，也为现在绝大多数学者所接受。因此，常称"巴蜀是中国茶业或茶叶文化的摇篮"。

一、茶叶的发现和利用

这一时期，是我国发现和利用茶的初始阶段。即从最早发现和利用茶，发展到开始人工栽培茶树的阶段。茶的生产和利用局限于巴蜀地区，但茶作为贡品已有记载。

我国是世界上最早发现和利用茶的国家。陆羽《茶经》称："茶之为饮，发乎神农氏，闻于鲁周公。"神农是中国 5 000 年前发明农业的传说人物，相传"神农尝百草，日遇七十二毒，得荼而解之"（荼，即今之茶）。茶是中国原始先民在寻求各种可食之物，

---

① 谢晋洋，胡美会. 巴蜀神话的影响及研究价值 [J]. 经济研究导刊，2009（4）：228-229.

治病之药的采集过程中被发现的，先为药用，以后发展为食用和饮用。[①]因此，中国发现与利用茶的历史已有5 000多年了。

茶叶用于祭祀，早在西周时即有所记载。《周礼·掌荼》中说："掌荼，掌以时聚荼以供丧事。"掌荼是一个专设部门，其职责是及时收集茶叶以供朝廷祭祀之用。当时执掌这一部门人员规模还不小，《周礼·地官司徒》中记载："掌荼，下士二人，府一人，史一人，徒二十人。"可见在周代，朝廷对以茶祭祀之事的重视。

茶叶作为贡品，《华阳国志·巴志》记载：约公元前1000多年前周武王伐纣之后，巴蜀一带已用民族首领带所产的茶叶作为"纳贡"，这是茶作为贡品的最早记述。

二、"茶"字的起源

古代文献中关于"茶"的最早记述，可追溯到《诗经》中的"荼"字。《诗经》成书于春秋时期，收录了自周初至春秋中期的诗歌305篇。在《诗经》的《谷风》、《鸱鸮》、《良耜》、《桑柔》、《出其东门》、《邶风》等诗篇中共有七处出现"荼"字，如："采荼薪樗，食我农夫。"（《豳风·七月》）"谁为荼苦？其甘如荠。"（《邶风·谷风》）等。

关于《诗经》中的"荼"字，有人认为指的是茶，也有人认为指的是"苦菜"，至今看法不一，难以统一。

邓乃明认为：《诗经》成书的时代，我国的政治、文化、经济的中心在北方，《诗经》中所记载的传说、故事、神话等大多源于北方，《诗经》是对以黄河流域为中心的社会文化的描述，而茶是南方木本植物，茶树发源地在当时属于未开化区域，因此《诗经》中的"荼"字不可能指茶。

陈橼先生认为"荼"在古代是多义词，并不专指茶。辨别古书记载，必须依据当时情形而判定所指为何物。荼除指茶外，还指苦菜、茅莠、蔈荂茶、神名、荆荼等。[②]

朱自振先生在《茶史初探》中，从音节角度进行分类，即外单音节和双音节两种。先从荼字起，对槚、蔎、荈、檟、茗进行考证。论证我国早期文献中的双音节的茶名和茶义字出自巴蜀，而且也相当肯定，我国茶的单音节名和文，极有可能也源于巴蜀双音节茶名的省称和音译的不同用字。证明了《茶经》之名荼、檟、蔎、茗、荈等字源于巴蜀上古茶的双音节方言。我国乃至全世界的茶名茶字都源于巴蜀，巴蜀是我国和世界茶业和茶文化的摇篮。[③]

① 王东明，张苏丹．中国茶文化形成过程研究 [J]．黄冈职院学报，2009，11（2）：33-35．
② 陈橼．茶业通史（第2版）[M]北京：中国农业出版社，2008：12-15．
③ 朱自振．茶史初探 [M]．北京：中国农业出版社，2008：23-28．

三、茶业的发展

巴国之西的蜀国，其境内当时亦有茶叶的生产。西汉扬雄的《方言》载："蜀人谓茶曰葭萌。"而《华阳国志·蜀志》中提道"蜀王别封弟葭萌于汉中，号苴侯，命其邑曰葭萌"。可以说蜀王之弟不仅以茶作名，还以茶名其封邑，足见这个后来盛产茶叶的地区早在先秦时代已经有了茶事活动，而且影响很大。《蜀志》还记载"什邡县，山出好茶"，南安（今四川乐山市）、武阳（今四川彭山县）"皆出名茶"，可知该地当时已有茶叶栽培之事。

秦统一中国以前，巴蜀一直是我国茶叶生产、消费和技术的中心。秦灭巴蜀之后，黄河流域才受到影响，饮茶之风遂开始流行。

第二节　汉魏六朝：发展时期

从秦、汉到南北朝，是我国茶业的发展时期。这一时期，我国茶叶的栽培区域逐渐扩大，并向东转移；茶叶亦成为商品向全国各地传播，且作为药物、饮料、贡品、祭品等被广泛应用；饮茶之风，遍及南方。

公元前59年，西汉蜀人王褒所写的《僮约》是反映我国古代茶业的最早记载。内有"武阳买茶"及"烹茶尽具"之句，武阳即今四川省彭山县，说明在秦汉时期，四川产茶已初具规模，制茶方面也有改进，茶叶具有色、香、味的特色，并分为药用、丧用、祭祀用、食用，或为上层社会的奢侈品，像武阳那样的茶叶集散市场已经形成了。[①]

秦汉统一全国后，随着巴蜀与各地经济、文化交流的增强，茶的加工、种植首先向东部和南部渐次传播开来。[②]据《路史》引《衡州图经》载："茶陵者，所谓山谷生茶茗也"，也就是以其地出茶而名县的。

汉代，人们对茶的保健作用、药用功效已经有了相当的了解。东汉华佗《食论》"苦茶久食益思。"[③]东汉增广《神农本草》的《神农本草经》："茶味苦，饮之使人益思、少卧、轻身、明目。"西汉文学家司马相如的《凡将篇》记载了当地21味中草药材："乌喙、桔梗、芫华、款冬、贝母、木蘖、蒌芩、芩草、芍药、桂、漏芦、蜚廉、雚菌、荈诧、白敛、白芷、菖蒲、芒消、莞、椒、茱萸"，其中荈诧就是指茶。

三国时，荆楚一带的茶类生产基本达到和巴蜀相同的程度或水平，魏人张揖在《广雅》中提道："荆巴间采茶作饼，成以米膏出之，若饮，先炙令色赤，捣末置瓷器中，以汤浇覆之，用葱、姜、橘子芼之，其饮醒酒，令人不眠。"这里将当时的采茶、制茶、

① 吴英藩. 我国茶史考略 [J]. 蚕桑茶叶通迅, 1996（1）：37-39.

② 陈宗懋. 中国茶经 [M]. 上海：上海文化出版社，2008：12.

③ 王缋叔，王冰莹. 茶经·茶道·茶药方 [M]. 西安：西北大学出版社，1996：253-284.

煮茶和茶的功效做了说明。"采茶作饼,成以米膏出之",应该视为我国最早有关制茶的记载,也表明三国及以前,我国所制茶叶为饼茶。

进入三国魏晋南北朝时期,饮茶之风在长江流域有了更大的发展,有关文献记载也逐渐增多,出现了以茶为专门对象的文学作品。如西晋文学家左思的《娇女诗》中"止为茶荈剧,吹嘘对鼎鑑"和张载《登成都白菟楼》中的"芳茶冠六清,溢味播九区"等诗句。此外,饮茶之风渐渐深入各阶层人们的日常生活,饮茶已不仅仅是为了解渴,它开始产生社会功能,成为宴会、待客、祭祀的工具,同时茶与精神结合,成为表达情操、精神的手段。

西晋时,皇家和世家大族,荒淫无耻,斗奢比富,腐化到了极点。流亡到江南以后,有些人鉴于过去失国的教训,一改奢华之风,倡导以简朴为荣。[1]如《晋中兴书》记载吴兴太守陆纳招待卫将军谢安,"所设惟茶果而已"。他侄子陆俶怕太过寒酸,就自作主张准备了丰盛的酒菜,破坏了陆纳表示廉洁的意图,结果被陆纳打了四十大板。[2]

魏晋以降,天下纷乱,文人学士尚玄论清谈之风。这些清谈家从最初的品评人物到后来的以谈玄为主,终日谈说,以茶助兴,产生了许多茶人。至东晋后,佛学盛行,玄、佛趋于合流。而玄学从以老庄思想糅合儒家经义发展成糅合了儒、道、佛三者的思想体系。茶以其清淡、虚静的本性和抗睡疗病的功能广受宗教徒的青睐。可见,玄学对奠定中国茶道思想体系方面有着不可忽略的作用。

第三节　隋唐宋元：兴盛时期

历史上的隋、唐、宋、元,是我国封建社会的鼎盛时期,也是我国茶业的兴盛时期。栽茶规模和范围不断扩大;生产贸易中心转移到长江下游的浙江、福建一带;饮茶风气在全国普及;有关茶书著作相继问世。

一、唐代茶文化

唐朝是茶文化历史变迁的一个划时代的时期,茶史专家朱自振写道:"在唐一代,茶去一划,始有茶字;陆羽作经,才出现茶学;茶始收税,才建立茶政;茶始边销,才开始有边茶的生产和贸易。"总而言之,是在唐代,茶叶生产才发展壮大,茶文化也才真正形成。唐代茶文化在我国茶文化发展史上占有重要的地位,主要表现在以下方面。

1. 全民饮茶蔚然成风

隋唐初期,茶事活动得到进一步发展,饮茶之风在北方地区传播开来,王公贵

---

① 陈宗懋. 中国茶经 [M]. 上海:上海文化出版社,2008:13.

② （南北朝）何法盛.《中兴书》,原书佚,引（宋）李《太平御览》卷867.

族开始以饮茶为时髦。封演《封氏闻见记》记载："开元中，泰山灵岩寺有降魔师，大兴禅教，学禅务于不寐，又不夕食，皆许其饮茶。人自怀挟，到处煮饮。从此转相仿效，遂成风俗。自邹、齐、沧、棣，渐至京邑，城市多开店铺，煎茶卖之。不问道俗，投钱取饮。其茶自江淮而来，舟车相继。所在山积，色额甚多。"就是说，到盛唐，由于佛教禅宗允许僧人饮茶，而此时又正是禅宗迅速普及的时期，世俗社会的人们对僧人的饮茶也加以仿效，从而加快了饮茶的普及，并很快成为流行于整个社会的习俗。[①]

2. 茶学著作相继问世

唐德宗建中元年（780），陆羽将其所著之《茶经》修订出版，这是世界上第一部茶叶专著。千百年来，历代茶人对茶文化的各个方面进行了无数次的尝试和探索，直至《茶经》诞生后茶方大行其道，饮茶也才由南方特有的一种区域性文化现象变成全国性的"比屋之饮"，因此它的出现具有划时代的意义。首先，它用"茶"这一统一名称取代了以往各时代、各地区对茶的诸多称谓；其次，在此书中陆羽概括了茶的自然和人文科学双重内容，从品茶名、论茶具、采茶法、煮茶水、煎茶术、饮茶法、茶产地等几个方面总结了中国自周秦至唐千百年来的饮茶经验，探讨了中国特有的饮茶艺术。同时陆羽首次把我国儒、道、佛的思想文化与饮茶过程融为一体，首创中国茶道精神。这一点，在"茶之器"中反映十分突出，无论一只炉、一只釜，皆深寓我国传统文化之精髓。[②]

更重要的是《茶经》不仅阐发了饮茶的养生功用，而且明确地将它提升到精神文化层次，开中国茶道的先河。[③]《茶经》的出现，使天下人皆知茶，对于茶叶知识的广泛传播、茶叶生产的发展都起到了很大的推动作用。

自陆羽之后，唐人又发展了《茶经》的思想，如苏廙著《十六汤品》、张又新著的《煎茶水记》、温庭筠作《采茶录》等。

3. 产茶区域辽阔

进入唐代以后，茶叶生产迅速发展，茶区进一步扩大，仅陆羽《茶经》就记载有42州1郡产茶。[④]另据其他史料补充记载，还有30多个州也产茶，因此统计结果，唐代已约有80个州产茶。[⑤]产茶的区域遍及今天的川、渝、陕、鄂、皖、赣、浙、苏、湘、黔、桂、粤、闽、滇等14个省区，与今日茶区的范围大体相当，已初步形成我

---

① 何哲群. 唐代茶文化的形成与兴盛 [J]. 辽宁行政学院学报，2008（3）：169-170.

② 王玲. 中国茶文化 [M]. 北京：外文出版社，1998.

③ 尹邦志，杨俊. 茶道"四谛"略议 [J]. 成都理工大学学报（社科版），2007，15（3）：12-16.

④ 刘勤晋. 茶文化学 [M]. 北京：中国农业出版社，2005：22.

⑤ 程启坤. 中国茶文化的历史与未来 [J]. 中国茶叶，2008（7）：8-10.

国茶叶生产的格局。

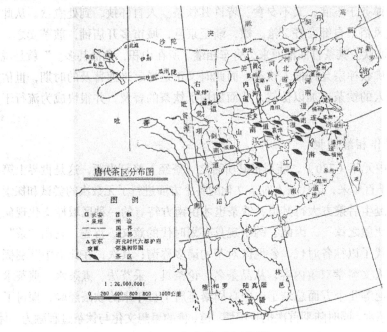

唐代茶区分布图

4. 大宗茶市应运而生

唐朝时茶叶的产销中心已逐步从巴蜀转移到长江下游地区的浙江、江苏。而南方所产的茶叶大多先集中在广陵（扬州），然后通过运河或两岸的"御道"转运到四方各地。《封氏闻见记》载："茶自江淮而来，舟车相继，所在山积，色额甚多。"反映了当时南茶北运的热闹场面。此外，各地所产茶叶大多有其固定的销售市场。

唐代茶叶不仅在遍及南北的广大市场上运销交易，还进入了西北边疆少数民族地区，逐渐成为他们日常生活的必需品。

5. 茶税制度的建立

唐德宗建中三年，户部侍郎赵赞以"常赋不足"为借口建议开征茶、漆、竹、木税，税率从价征十分之一，自此开了茶叶征税的先例，但到了贞元九年张滂倡发的茶税课征才是真正为茶专门设立的税种。[①]据宣宗时所载，"大中初（847年），天下税茶增倍贞元"，收入不少于80万贯。茶税之丰厚和茶税的财政地位由此可见一斑，

---

① 孙洪升.唐宋茶叶经济[M].北京：社会科学文献出版社，2001.

这也是唐政府对茶税课征首倡的原因之一。^①

二、唐代茶文化形成的社会原因

1. 佛教的盛行

我国佛教自汉时起，经南北朝发展，到了唐朝，也达到了极其兴盛的阶段。佛教盛行，僧侣种茶饮茶，对饮茶之风起到了推波助澜的作用。寺院以茶供佛，以茶译经，以茶待僧，以茶应酬文人，待俗人，馈赠，茶叶消费量很大，因此寺僧必须亲自植茶，制茶。许多名茶都是首先由寺院创制，然后再流出至民间。唐代僧人数十万，寺僧饮茶成为饮茶族中的重要人员。^②

2. 唐代诗风大兴

唐代是古典诗歌的黄金时代，也是茶之盛世，几乎所有的中、晚唐诗人都对茶有不同程度的嗜好，把品茶、咏茶作为赏心乐事。著名诗人李白、杜甫、白居易、杜牧、柳宗元、卢仝、皎然、齐己、皮日休、元稹等都曾留下脍炙人口的涉及茶事的诗歌。唐代咏茶诗中最著名并为后世所熟知的当属卢仝的《走笔谢孟谏议寄新茶》。该诗不仅再现了当时赠茶、煮茶、饮茶的情景，而且直抒胸臆，把茶之功效及饮茶的快感描述得淋漓尽致。诗中对连喝七碗茶不同感受的描写脍炙人口，被公认为历代饮茶中的经典之句，为后世所称道。

此外，唐代还首次出现了描绘饮茶场面的绘画，著名的有阎立本的《萧翼赚兰亭图》，张萱的《烹茶仕女图》，周昉的《调琴啜茗图》、《明皇和乐图》，佚名氏的《宫乐图》等。

3. 贡茶开始发展

唐代的贡茶产地有四川蒙山，江苏宜兴，浙江长兴，陕西安康等。唐代宗大历五年（770）开始在顾渚山建立贡茶院，每年春分至清明节，官府派出要员上山督造南茶，"役工三万，累月方毕"，生产专供皇室饮用的"顾渚紫笋"贡茶，而且要求首批贡茶必须在清明节前制造好并快马加鞭送达长安，以便皇室每年清明宴时举办品尝新茶聚会。^③

4. 唐代茶文化的形成与科举制度关系密切

唐朝用严格的科举制度来选才授官，非科第出身不得为宰相。每当会试，不仅

---

① 郭旸，李华罡．茶税研征——唐代税榷制下的茶政经济思想分析[J].上海财经大学学报，2006（4）：26-31.

② 陶德臣．唐宋饮茶风习的发展[J].农业考古，2001（2）：256-260.

③ 王东明，张苏丹．中国茶文化形成过程研究[J].黄冈职院学报，2009（2）：33-35.

举子被困考场，连值班的翰林官也劳乏得不得了。于是，朝廷特命将茶送考场，以茶助考，以示关怀，因而茶被称为"麒麟草"。[①] 举子们来自四面八方，都以能得到皇帝的赐茶而无比自豪，这种举措在当时社会上有着很大的轰动效应，也直接推动了茶文化的发展。

三、宋元时期：茶业中心转移至福建，斗茶成风

"茶兴于唐而盛于宋"，宋元时代中国的茶区继续扩大，制茶技术进一步改进，贡茶和御茶精益求精，饮茶之风更加普及，斗茶之风盛行，塞外的茶马交易和茶叶对外贸易逐渐兴起。

1. 产茶区域辽阔

宋朝，中国的茶区继续扩大。《宋代经济史》指出，南宋绍兴末年，东南十路产茶地计有 66 州，242 县，其中不包括川峡诸路。[②] 乐史《太平寰宇记》中记江南东道、江南西道、岭南道产茶的州、军就有福州、南剑州、建州、漳州、汀州、袁州、吉州、抚州、江州、鄂州、岳州、兴国军、谭州、衡州、涪州、夷州、播州、思州、封州、邕州、容州等 22 个。就全国而言，到了南宋时期。产茶地区已由唐代的 43 个州扩展为 67 个州 242 个县。足见宋茶之盛。

2. 茶叶生产和贡茶的发展

宋朝建立不久，因太宗于太平兴国二年（977）诏令建州北苑规模龙凤专造贡茶，渐渐形成了一套空前的贡茶规制。社会各阶层的人们对茶也随之变得须臾不能离之，即时人所谓"君子小人靡不嗜也，富贵贫贱靡不用也"，"夫茶之为民用，等于米盐，不可一日以无"。[③]

宋朝建立起北苑贡焙后，建安一带茶叶采制，精益求精；贡品名目繁多，标新立异。北苑贡焙专门生产仅供皇宫饮用的龙凤茶。这是一种饼茶，在宋代又称团茶、片茶，因在模具上刻有龙凤图案，压制成形后的饼茶上有龙凤图案，故称龙凤茶。丁谓、蔡襄这两位贡茶使君，先后创制了大、小龙团，更使龙凤团茶名闻于世。当时即有"建安茶品甲天下"之称。宋代贡茶，以建安北苑贡茶为主，每年制造贡茶数万斤，除福建外，在江西、四川、江苏等省都有御茶园和贡焙。

3. 茶类的演变

宋茶以片茶为主，其中尤以建州北苑所产之龙凤团饼茶最为著名，且品类繁多，最多时达到 12 纲 47 目，总数不下百数十个。龙凤团饼茶的制作技术非常复杂，据

---

① 何哲群. 唐代茶文化的形成与兴盛 [J]. 辽宁行政学院学报，2008，10（3）：169-170.

② 漆侠. 宋代经济史（下册）[M]. 上海：上海人民出版社，1988：746.

③ 王安石. 王文公集·议茶法（卷三一）[Z]. 上海：上海人民出版社，1974：366.

宋代赵汝砺《北苑别录》记载就有蒸茶、榨茶、研茶、造茶、过黄、烘茶等几道工序。龙凤团饼茶虽制作精良，但工艺烦琐，价格昂贵，煮饮费事，只有皇室及王公贵族方可享用，寻常百姓消费不起，于是生产上对团饼茶的加工工艺进行了简化，出现了蒸而不碎、碎而不拍的蒸青和末茶，称为散茶。到了宋末元初，散茶在全国范围内逐渐取代了饼茶，占据主导地位。

4. 斗　茶

斗茶是一种试茶汤质量的活动，又称茗战。兴于唐代，盛行于北宋。宋人的斗茶之风很盛行，由于受到朝廷的赞许，连皇帝也大谈斗茶之道，因此举国上行下效，从富豪权贵、文人墨客到市井庶民，皆以此为乐。宋徽宗的《大观茶论》中说："天下之士励志清白，竞为闲暇修索之玩，莫不碎玉锵金，啜英咀华，较筐箧之精，争鉴裁之别。"文学家范仲淹《和章岷从事斗茶歌》就描述了当时斗茶的情形"北苑将期献天子，林下雄豪先斗美。鼎磨云外首山铜，瓶携江上中泠水。黄金碾畔绿尘飞，碧玉瓯中翠涛起。斗茶味兮轻醍醐，斗茶香兮薄兰芷。其间品第胡能欺，十目视而十手指。胜若登仙不可攀，输同降将无穷耻"。

宋代斗茶崇尚"茶色贵白"，因此斗茶的茶具以青、黑瓷为好。蔡襄在奉旨修撰的《茶录》一书中，对黑瓷兔毫盏同品茶、斗茶的关系说很明确："茶色白，宜黑盏，建安所造者绀黑，纹如兔毫，其坯微厚，最为要用。出他处者，火薄或色紫，皆不及也。其青白盏，斗试家之不用。"这也带动了建窑青黑瓷的发展。

5. 茶业贸易

随着茶叶生产和饮茶风气的发展和商品经济的活跃，宋代茶叶贸易因此而十分发达。透过南宋诗人范成大的《春日田园杂兴》，我们就可以看到一幅茶商下乡收茶的画面："蝴蝶双双入菜花，日常无客到田家。鸡飞过篱犬吠窦，知有行商来买茶。"当然，宋代茶叶基本上施行专卖制度。其茶叶专卖，首先推行于东南地区。宋代茶法也层出不穷，主要有三说法、通商法和茶引法，其中，茶引法为后世茶叶经济政策提供了一个可以借鉴的制度和形式，在古代茶政史上占有重要的位置。

宋朝政府还实行以茶易马的"茶马互市"。茶马互市虽然始于唐朝，但真正形成制度是在宋代。作为中原汉族农业区与西北少数民族游牧区经济交往的一种重要形式，茶马交易在客观上符合汉蕃各族人民的共同利益。在长期的发展过程中，它对于促进国家统一和稳定，对于加强西北边疆与内地友好往来和经济交流，都具有积极的意义。

6. 茶馆文化的形成

宋代城市集镇大兴，各行各业遍布街市，商贾云集，酒楼、食店因此应运而生，茶坊也乘机兴起。虽然茶馆早在唐代就已经出现,《封氏闻见记》载:"京邑城市,多开店铺,煎茶卖之,不问道俗,投钱取饮。"但茶馆到了宋代才真正发达起来。北宋汴京有茶坊,南宋临安有茶楼教坊、花茶坊等,"大凡茶楼多有富室子弟、诸司下直等人会聚,司学乐器,上教曲赚之类,谓之'挂牌儿'";"大街有三五家开茶肆,楼上专安著妓女,名曰'花茶坊'"。[1] 在汴京与临安的诸多茶肆,同时又是歌妓云集的歌馆,[2] 而这些茶肆又往往是"士大夫期朋约友会聚之处"。两宋时期的茶馆完成了中国茶馆由低层次的饮茶接待向较高层次的休闲娱乐等多功能服务发展变化的过程。[3]

7. 茶诗、茶书、茶画众多

宋朝时期,茶不仅是"开门七件事,柴米油盐酱醋茶"之一,而且还步入"琴棋书画诗酒茶"之列。宋代诗人欧阳修、苏轼、黄庭坚、陆游、范大成、杨万里等所作茶诗内容广泛、数量颇多。陆游就有茶诗300多首,范仲淹《和章岷从事斗茶歌》可以和卢仝的"七碗茶歌"相媲美,苏轼的诗更是意境深远。[4]

至于茶画,刘松年的《碾茶图》、赵原的《陆羽烹茶图》、钱选的《卢仝烹茶图》、宋徽宗赵佶创作的《文会图》、张择端绘制的《清明上河图》等流传至今,是我国茶文化的重要艺术品。

元代,蒙古人入主中原成为朝廷的统治者,北方民族虽然嗜茶,但无心像宋代那样追求茶品的精致、程式的烦琐。因而,茶文化在上层社会那里得不到倡导。宋代的文人由于国亡家破的状况也无心茶事,因此在元代,茶文化也无从发展。

第四节　明清两朝:鼎盛时期

明清时期是我国茶业从兴盛走向鼎盛的时期,栽培面积、生产量曾一度达到了有史以来的最高水平,茶叶生产技术和传统茶学发展到了一个新的高度,散茶成为生产和消费的主要茶类。

一、明朝时期:茶业全面发展

1. 明代产茶区域继续外扩

明代茶叶生产的地域分布,较之前代又有所扩展,除北直隶、山东、山西布政司的生态环境不宜种茶外,南直隶及其他11个布政司均有生产;而且在秦岭、淮河

---

① 吴自牧. 梦粱录・"茶肆"条(卷一六)[M]. 北京:中国商业出版社, 1982:130.
② 周密. 武林旧事・"歌馆"条(卷六)[M]. 北京:中国商业出版社, 1982:120.
③ 徐柯. 宋代茶馆研究 [D]. 河南:河南大学, 2009:72.
④ 宛晓春. 中国茶谱 [M]. 北京:中国林业出版社, 2006:35.

以南广阔的茶区内，许多原不产茶的地方开始引种茶叶，出现了全面发展、名品纷呈的繁荣景象。

2. 茶书的大量撰写

明代，传统茶学发展到了最高峰，茶书的刊行数量也是历代最多。据万国鼎《茶书总目提要》中介绍，中国古代茶书共有98种，其中明代55种，明代茶书中，明初仅2种，明中叶10种，明后期43种。阮浩耕等在《中国古代茶叶全书》中收录现存古茶书64种，佚失古茶书60种，共124种，其中明代62种，占中国古茶书的50%左右。这些茶书对我国劳动人民在茶园管理、茶树栽培、茶类制作等方面做了全面、系统的总结。

明代的茶诗词虽不及唐宋，但在散文、小说方面有所发展，如张岱的《闵老子茶》、《兰雪茶》、《金瓶梅》对茶事的描写。此外，茶事书画也有超迈唐宋，代表性的有徐渭的《煎茶七类》、文征明的《惠山茶会图》、唐伯虎的《事茗图》等。

3. 散茶的饮用渐盛

自宋末至元朝，饮用散茶的风气越来越盛，到了明朝这种现象更加普遍。明太祖朱元璋是一个从茶区走出来的皇帝，他深刻理解农民的辛苦和团饼茶制作的复杂，认为团饼茶生产太"重劳民力"，在洪武二十四年便下令"罢造龙团，惟采芽茶以进"。明朝能采取这种休养生息、减轻人民负担、专门发展边茶生产的有效办法是积极有益的，且见效于后世。至此饮用散茶的风气更是蔚然成风，散茶的生产技术也得到全面发展，同时生产的茶类也开始多样化，除蒸青以外，也有炒青茶，还产生了黄茶、白茶和黑茶。明末清初还出现了乌龙茶、红茶和花茶。[①]

4. 各地名茶竞起

朝散茶的全面发展，还表现在各地名茶的竞起上。宋朝时，散茶的名品，只有日铸、双井和顾渚等少数不多几种。但至明代后，如黄一正在《事物绀珠》中所记，其时比较著名的就有雅州的雷鸣茶，荆州的仙人掌茶，苏州的虎丘茶、天池茶，长兴和宜兴的罗茶，以及西山茶、渠江茶、绍兴茶等，共97种之多。

5. 饮茶风尚的变革

明代散茶的盛行，导致饮茶风尚也发生了划时代的变革。明人饮茶崇尚自然，流行品饮简便的条形散茶，将沸水直接冲泡存有茶叶的器具里直接饮用，或使用茶壶泡茶，然后把茶汤注入茶碗中饮用。明代中期以后，从炒青茶揉、炒、焙的加工方法到冲泡芽茶、叶茶的饮用方法，都相对简便。在这种情况下，与之相配套的茶具，无论是在种类上，还是在形式上，都更加简便，贮藏用的茶叶罐，泡茶叶的壶，沏

---

① 程启坤. 中国茶文化的历史与未来 [J]. 中国茶叶, 2008（7）：8-10.

茶水的碗、盏、杯，就构成全套的饮茶用具了。[①] 明代朱权《茶谱》记载的全套茶具为：炉、磨、灶、碾、罗、架、匙、筅、瓯、瓶。但简便不等于粗制滥造。明代饮茶时不仅重视茶汤和茶芽、茶叶色泽的显现，而且重视茶味，讲究茶趣，因此十分强调茶具的选配得体，对茶具特别是对壶的色泽，给予较多的注意，追求壶的"雅趣"，茶具的发展也经历了艺术化、人文化的过程。

6. 明代茶楼文化的发展

明代茶楼，比宋代更甚。《杭州府志》载："嘉靖二十一年三月，有李姓者忽开茶坊，饮客云集，获利甚厚。远近效之，旬月之间开五十余所。"而明代小说中所见的茶坊就更多了，被誉为"十六世纪社会风俗画卷"的《金瓶梅》中，谈到茶者多达629处，谈到茶坊的也很多。此外，随着曲艺、评话等的兴起，茶馆又成了艺人献艺的场所。

7. 明代茶税、茶法

明代的茶税、茶法基本承袭宋元制，贡茶初时承袭元制，后太祖罢团茶改散茶，遂改贡芽茶，这种贡茶制度一直沿袭到清代。元代取消茶马政策，注重苛征重税，施行官卖商销制度。明代，明太祖朱元璋恢复茶马交易，换军马以巩固边防，控制边茶贸易，也实施"以茶治边"的政策。[②]

二、清朝：茶业由繁荣走向衰落，茶文化走向民间

清代茶业以鸦片战争为界，分为前清和晚清两个时期。前清茶叶市场遍布全国，茶叶外贸发展很快，但随后政局的动荡，经济的衰退，帝国主义的扼杀，国际市场竞争的加剧，英国在印度和斯里兰卡引种茶叶获得成功，遂开始减少向中国进口茶叶，中国逐渐失去了国际茶业经济的中心地位。茶业的与发展处于停滞状态。这种衰落的局面，一直持续到1949年新中国的成立为止。清代茶文化发展过程中的主要特点表现在以下几个方面：

1. 茶区的扩大及茶叶生产的进一步发展

清代，茶叶外销的增加，必然刺激茶叶生产的进一步发展，茶叶产区也进一步扩大。咸丰年间全国栽植茶地估计有600万—700万亩，创历史最高纪录。[③]

2. 各地名茶涌现

由于茶叶生产技术的提高和茶类的新发展，清代各地涌现出品种繁多的各类名茶。据陈宗懋主编的《中国茶经》记载，清代名茶约有40种，主要包括：武夷岩茶、西湖龙井、洞庭碧螺春、黄山毛峰、新安松罗、云南普洱、闽红工夫茶、祁门红茶、

---

① 陈俊巧. 中国古代茶具的历史时代信息 [D]. 上海：上海师范大学，2005：31.

② 宋丽.《茶业通史》的研究 [D]. 安徽：安徽农业大学，2009：30.

③ 陈椽. 茶业通史（第2版）[M]. 北京：中国农业出版社，2008（4）：53-54.

婺源绿茶、石亭豆绿等。上述这些名茶中不少是在清后期逐步定型和命名的。

3. 官廷茶文化的兴盛

清朝统治者来自关外，因此清宫的饮茶习俗，以调饮（奶茶）与清饮并用。清初，按旗俗以饮奶茶为主，清朝后期，逐渐改为以清饮为主。清宫除常例用御茶之外，朝廷举行大型茶宴与每岁新正举行的茶宴，在康熙后期与乾隆年间曾极盛一时。宴会后，按常例有一部分官员及出席者会得到皇帝赏赐御茶、茶具等殊荣。

4. 贡茶的发展

清朝，贡茶产地进一步扩大，江南、江北著名产茶地区都有贡茶，有一部分贡茶是由皇帝亲自指封的，如：洞庭碧螺春茶，西湖龙井、蒙顶山区的蒙顶甘露。浙江杭州西湖村至今还保存着当年乾隆皇帝游江南时封为御茶的 18 棵茶树。

十八棵御茶树

5. 茶具的变革

清代以后，茶具品种增多，形状多变，色彩多样，再配以诗书画雕等艺术，从而把茶具制作推向新的高度。而多茶类的出现，又使人们对茶具的种类与色泽，质地与式样，以及茶具的轻重、厚薄、大小等，提出了新的要求。[1]主要有五类：花茶——用壶泡茶，后斟入瓷杯饮用，有利香气的保持；大宗红茶和绿茶——有盖的壶、杯或碗泡茶，注重茶的韵味；乌龙茶重在"啜"，则用紫砂茶具；红碎茶与工夫红茶用瓷壶或紫砂壶泡茶，然后将茶汤倒入白瓷杯中饮用；西湖龙井、洞庭碧螺春等细嫩名茶，则需用玻璃杯。

---

① 陈俊巧. 中国古代茶具的历史时代信息 [D]. 上海：师范大学，2005：8.

6. 茶肆、茶馆的发展

清代茶肆、茶馆遍布大江南北、长城内外，到茶馆喝茶的茶客，上至达官贵人、富商士绅，下至车夫脚役、工匠苦力，谈生意、做买卖、说媒拉纤、卖房地产和古董等活动在这里进行，非常热闹。[①] 而老舍在《茶馆》中对晚清茶馆中的形形色色的具体描写，让我们对晚清茶馆有了更深刻的了解，茶馆发展到晚清，已成为人们日常生活中不可缺少的活动场所和交际娱乐中心，已被深刻地社会化了。

7. 茶马贸易的终结

唐宋以来，茶马互市一直是中原与西北少数民族之间经济交往的一种重要形式，至元时暂停，明代又趋于鼎盛。清初时统治者处于军事政治的需要对茶马贸易极为重视，但由于清朝察哈尔及西北牧马场的建立，康熙初年茶马贸易便开始衰落，雍正十三年（1735）清廷停止以茶易马，唐宋以来近千年的茶马贸易便告终结。[②]

8. 茶诗、茶事小说众多

清代写茶诗的诗人数量众多，也有许多著名诗篇。有曹廷栋、曹雪芹、郑板桥、高鹗、陆廷灿、顾炎武等。众多诗人之中还有清代乾隆皇帝爱新觉罗·弘历曾数次下江南，4次到过龙井茶产地，观看采茶制茶，品尝龙井茶，每次都作诗一首，并封龙井茶为御茶。

清代小说也有大量的茶事描写，蒲松龄的《聊斋志异》、李汝珍的《镜花缘》、吴敬梓的《儒林外史》、刘鹗的《老残游记》、李绿园的《歧路灯》、文康的《儿女英雄传》、西周生的《醒世姻缘传》等著名作品。尤其是曹雪芹的《红楼梦》，谈及茶事的就有近300处，描写的细腻、生动和审美价值的丰富，都是其他作品无法企及的。

清朝中期和鸦片战争以后，虽然因西方茶叶特别是红茶消费的持续跃增，中国茶叶出口和茶叶生产呈显著上升的势头，但这时中国传统茶学和茶叶加工技术已进入了萎蔫和不再有生气的阶段。所以，对清朝咸同年间我国茶业的较大发展，我们曾形象地称为是我国古代或传统茶业的"回光返照"。1887年以后我国茶叶出口连年递减，茶叶市场一天天被印度、锡兰挤占，我国茶文化也无从发展，走向了坎坷之途。

---

① 阮耕浩. 茶馆风景 [M]. 杭州：浙江摄影出版社，2003：24-25.
② 李绍祥. 论明清时期的茶叶政策 [C]. 东岳论丛，1998（1）：70-74.

第五节 晚近：复兴时期

新中国成立后，在前30年，茶业处于恢复和发展阶段。改革开放以后，茶业经济迅速发展了起来，人们将注视的目光又投向了茶文化，在各界人士的努力下，茶文化重新登上了历史的舞台，焕发出生机与活力。其主要表现如下。

一、各地纷纷举办茶文化节、国际茶会和学术讨论会

定期举行的"国际茶文化研讨会"，目前已经连续举办了十一届。另外，如杭州中国茶叶博物馆主办的"西湖国际茶会"、武夷山市主办的"武夷岩茶节"、云南普洱市主办的"中国普洱茶叶节"、上海市主办的"上海国际茶文化节"、陕西法门寺博物馆主办的"法门寺唐代茶文化研讨会暨法门寺国际茶会"等都已经举办过多届，且影响深远。

二、茶文化社团组织不断涌现

1. 国家级茶叶团体组织

（1）中国茶叶学会：1964年在浙江省杭州市成立，1966年中国茶叶学会工作停顿，直到1978年恢复活动。

（2）中华茶人联谊会：简称"茶联"，1980年在北京正式成立，是中国（包括台湾、香港、澳门及华侨）从事茶叶事业的人士和团体自愿参加组成的民间团体。

（3）中国国际茶文化研究会：是由中华人民共和国农业部主管，经中华人民共和国民政部登记的全国性茶文化研究团体。

2. 民间茶叶团体组织

（1）华侨茶叶发展研究基金会：1981年由爱国华侨人士关奋发倡议，并捐款300万港币组建成立。

（2）中国社科院茶业研究中心：2000年6月经有关主管部门批准成立的非营利性学术研究机构。

（3）陆羽研究会：1983年正式成立，由天门县文史部门工作多年酷爱"陆学"的欧阳勋和刘安国同志共同发起。

（4）杭州"茶人之家"：1985年4月在庄晚芳教授的倡议下，得到当代茶圣吴觉农暨国内外茶界人士的支持，由浙江省茶叶公司投资兴建的。

（5）陆羽茶文化研究会：1990年在湖州成立并举行首次学术讨论会。

（6）中华茶艺协会：中华茶艺协会即台湾茶艺协会，成立于1982年，是以宣传茶艺文化、提倡饮茶风气为目的的民间团体。

（7）吴觉农茶学思想研究会：2004年在吴老的故乡浙江上虞市成立。

（8）张天福茶叶发展基金会：2008年9月在福州成立。该基金会旨在弘扬张天福茶学创新精神、立足福建、面向全国，促进茶叶生产、科研、教育和茶文化的持续发展。

三、茶文化教育研究机构相继建立

目前全国已有十余所高等院校设立了茶学系或茶文化专业，如：浙江大学茶学系、安徽农业大学茶学系、湖南农业大学茶学系、华南农业大学茶学系、西南大学茶学系及高职教育茶文化专业、福建农林大学茶学系、云南农业大学茶学系、四川农业大学茶学系、华中农业大学茶学专业、浙江树人大学应用茶文化专业、浙江农林大学茶文化学院、武夷学院茶文化经济专业、广西职业技术学院茶叶专业、天福茶职业技术学院、湖北三峡旅游职业技术学院茶文化专业等。有些高校中有些还设立茶文化研究中心，招收硕士、博士研究生。另外，中国农业科学院茶叶研究所、中华全国供销合作总社杭州茶叶研究所、北京大学东方茶文化研究中心、江西社会科学院中国茶文化研究中心、陕西法门寺中国茶文化研究中心以及各地省级茶叶研究所等，也都是把研究和繁荣中国茶文化事业作为己任的研究机构。

四、茶文化展馆纷纷建成开放

除了北京故宫博物院，以及全国各省、市综合性博物馆有茶文化的展示外，20世纪80年代以来，专门性展馆纷纷建成开放：1981年香港特别行政区建立了香港茶具馆；1987年，上海创办了四海茶具馆；1988年，在四川蒙山建立了名山茶叶博物馆；1991年，中国最大的综合性茶叶博物馆——中国茶叶博物馆在浙江杭州建成开放；1997年，台湾首家茶叶博物馆——坪林茶业博物馆建成开放；2001年，福建漳州天福茶博物院建成；2003年，重庆永川建立巴渝茶俗博物馆对外开放。2008年孔子茶文化主题展馆在济南成立；2010年中国茶市茶文化展览馆在新昌成立，这些茶文化展馆展示并宣传了中国茶文化，对国民茶文化素质的培养具有现实意义。

五、茶艺馆的兴起

茶艺馆自1975年在台湾诞生之后，很快在北京、上海、福建以及浙江杭州、江西南昌、广东广州等地普及。据不完全统计，中国目前有大大小小的各种茶馆、茶楼、茶坊、茶社、茶苑5万多家。1998年中国国家劳动和社会保障部于1998年将茶艺师列入国家职业大典。2010年又颁布了《茶艺师国家职业标准》，规范茶馆服务行业。

六、茶艺表演事业蓬勃发展

随着茶文化活动的广泛开展，简单的传统茶艺已经不能满足群众的需求，许多茶艺专家编创了富有新意和特色的新型茶艺节目。著名的有：江西的文士茶、农家茶、禅茶、将进茶，上海的三清茶、太极茶，陕西的仿唐清明宴、陆羽茶道，北京的清代宫廷茶，湖南的清明雅韵，珠海的一脉情和珠海渔女，杭州的龙井问茶、九曲红梅等。

七、茶文化书籍、影视的繁荣

茶文化蓬勃兴起还体现在茶文化书籍、影视的繁荣。自 20 世纪 80 年代以来，有关茶文化的书籍不断出版。内容涉及茶的历史、品茗艺术、茶与儒释道的关系、茶具等方面。据不完全统计，近 20 年新出版的有关茶文化的专著达 150 多本。[①] 作家王旭峰创作的长篇小说《南方有嘉木》、《不夜之侯》、《筑草为城》茶人三部曲，其中两部获得茅盾文学奖，并被改编成电视连续剧，产生广泛的影响。

八、茶文化景点成为旅游亮点

随着茶文化热的兴起以及旅游农业的发展，各产茶区都积极开发茶文化旅游资源，充分利用当地的茶叶旅游资源，挖掘当地特色，以其特有的风情吸引着各地游客。当前茶文化旅游的发展类型可分为以下几种：①生态观光茶园，如广东英德的"茶趣园"和"茶叶世界"。②茶文化公园，如杭州的龙井山园等。③观光休闲茶场，如上海闸北茶文化公园、台湾的龙头休闲农场。④茶乡风情游，如福建的"八闽茶乡风情旅游"活动。

九、茶文物古迹的保护

近 30 年来，茶文物和茶文化古迹不断被发掘并得到保护。在福建建瓯发现了记载宋代"北苑贡茶"的摩崖石刻；在浙江长兴顾渚山发现了唐代贡茶院遗址、金沙泉遗址及唐时的茶事摩崖石刻；在陕西扶风法门寺地宫出土了一套唐代宫廷金银茶具；在云南西双版纳的寺院发现了用傣文写就的《茶事贝叶经》；在云南南部考证滇藏茶马古道时，发现了许多与茶相关的古代茶事文物，并在滇南原始森林深处发现了大片的野生茶树部落；在河北宣化的几座古墓道中发现了大量辽代饮茶壁画和数量不等的辽代茶具。

十、民族茶文化异彩纷呈

中国有 55 个少数民族，由于所处的地理环境、历史文化以及生活风俗的不同，

① 陈宗懋.中国茶叶大辞典 [Z].北京：中国轻工业出版社，2001.

形成了不同的饮茶风俗,藏族的酥油茶、回族的刮碗茶、维吾尔族的香茶、白族的三道茶,等等。少数民族较集中的省(自治区)成立了茶文化协会。中国茶叶流通协会、中国国际茶文化研究会和云南省思茅市人民政府联合举办了三届全国民族茶艺大赛,民族茶文化异彩纷呈。

小　结

　　我国是茶的原产地,亦是世界饮茶文化的起源地。唐·陆羽在《茶经》中指出:"茶之为饮,发乎神农氏,闻于鲁周公。"在漫长的历史岁月中我国的茶文化发展史大致经历了以下5个阶段:秦以前——萌芽时期,是我国发现和利用茶的初始阶段;两汉南北朝——发展时期,这一时期我国茶叶的栽培区域逐渐扩大,并向东转移,茶叶亦成为商品向全国各地传播,且作为药物、饮料、贡品、祭品等被广泛应用;隋、唐、宋、元——兴盛时期,该时期我国栽茶规模和范围不断扩大,生产贸易中心转移到长江下游的浙江、福建一带;饮茶风气在全国普及,有关茶书著作相继问世;明、清——鼎盛时期,这一时期散茶兴起,茶文化走向民间;晚近——中国茶业再现辉煌。我国茶文化作为博大精深的中华文化的一个重要分支,对促进社会进步起到了巨大的作用。

思考题:

　　1.《茶经》的作者是谁?《茶经》的诞生对我国的茶业发展有何意义?

　　2."斗茶"的习俗萌芽于哪个朝代,兴盛于哪个朝代?

第四章 茶艺：从简约到繁复的嬗变

茶艺，是指如何泡好一壶茶的技术和如何享受一杯茶的艺术。日常生活中，虽然人人都能泡茶、喝茶，但要真正泡好茶、喝好茶却并非易事。泡好一壶和享受一杯茶也要涉及广泛的内容，如识茶、选茶、泡茶、品茶、茶叶经营、茶文化、茶艺美学等。因此泡茶、喝茶是一项技艺、一门艺术。泡茶可以因时、因地、因人的不同而有不同的方法。泡茶时涉及茶、水、茶具、时间、环境等因素，把握这些因素之间的关系是泡好茶的关键。

第一节 茶的冲泡与品饮

一、泡茶的要素

茶叶中的化学成分是组成茶叶色、香、味的物质基础，其中多数能在冲泡过程中溶解于水，从而形成了茶汤的色泽、香气和滋味。

泡茶时，应根据不同茶类的特点，调整水的温度、浸润时间和茶叶的用量，从而使茶的香味、色泽、滋味得以充分的发挥。

综合起来，泡好一壶茶，主要有四大要素：第一是茶水比例，第二是泡茶水温，第三是浸泡时间，第四是冲泡次数。

1. 茶的品质

茶叶中各种物质在沸水中浸出的快慢与茶叶的老嫩和加工方法有关。氨基酸具有鲜爽的性质，因此茶叶中氨基酸含量多少直接影响着茶汤的鲜爽度。名优绿茶滋味之所以鲜爽、甘醇，主要是因为氨基酸的含量高和茶多酚的含量低。夏茶氨基酸的含量低而茶多酚的含量高，所以茶味苦涩。故有"春茶鲜、夏茶苦"的谚语。

2. 茶水比例

茶叶用量应根据不同的茶具、不同的茶叶等级而有所区别。一般而言，水多茶少，滋味淡薄；茶多水少，茶汤苦涩不爽。因此，细嫩的茶叶用量要多；较粗的茶叶，用量可少些,即所谓"细茶粗吃"、"精茶细吃"。普通的红、绿茶类(包括花茶),可大致掌握在1克茶冲泡50—60毫升水。如果是200毫升的杯(壶),那么,放上3克左右的茶,冲水至七八成满,就成了一杯浓淡适宜的茶汤。若饮用云南普洱茶,则需放茶叶5—8克。乌龙茶因习惯浓饮,注重品味和闻香,故要汤少味浓,用茶量以茶叶与茶壶比例来确定,投茶量大致是茶壶容积的1/3至1/2。广东潮汕地区,投茶量达到茶壶容积的1/2至2/3。

茶、水的用量还与饮茶者的年龄、性别有关,大致说,中老年人比年轻人饮茶要浓,男性比女性饮茶要浓。如果饮茶者是老茶客或是体力劳动者,一般可以适量加大茶量;如果饮茶者是新茶客或是脑力劳动者,可以适量少放一些茶叶。

一般来说,茶不可泡得太浓,因为浓茶有损胃气,对脾胃虚寒者更甚,茶叶中含有鞣酸,太浓太多可收缩消化黏膜,妨碍胃吸收,引起便秘和牙黄,同时,太浓的茶汤和太淡的茶汤不易体会出茶香嫩的味道。古人谓饮茶"宁淡勿浓"是有一定道理的。

3.冲泡水温

据测定,用60℃的开水冲泡茶叶,与等量100℃的水冲泡茶叶相比,在时间和用茶量相同的情况下,茶汤中的茶汁浸出物含量,前者只有后者的45%—65%。这就是说,冲泡茶的水温高,茶汁就容易浸出;冲泡茶的水温低,茶汁浸出速度慢。"冷水泡茶慢慢浓",说的就是这个意思。

泡茶的茶水一般以落开的沸水为好,这时的水温约85℃。滚开的沸水会破坏维生素C等成分,而咖啡碱、茶多酚很快浸出,使茶味会变苦涩;水温过低则茶叶浮而不沉,内含的有效成分浸泡不出来,茶汤滋味寡淡,不香不醇,淡而无味。

泡茶水温的高低还与茶的老嫩、松紧、大小有关。大致说来,茶叶原料粗老、紧实、整叶的,要比茶叶原料细嫩、松散、碎叶的,茶汁浸出要慢得多,所以,冲泡水温要高。

水温的高低,还与冲泡的品种花色有关。具体说来,高级细嫩名茶,特别是高档的名绿茶,开香时水温为95℃,冲泡时水温为80℃—85℃。只有这样泡出来的茶汤色清澈不浑,香气纯正而不钝,滋味鲜爽而不熟,叶底明亮而不暗,使人饮之可口,视之动情。如果水温过高,汤色就会变黄;茶芽因"泡熟"而不能直立,失去欣赏性;维生素遭到大量破坏,降低营养价值;咖啡碱、茶多酚很快浸出,又使茶汤产生苦涩味,这就是茶人常说的把茶"烫熟"了。反之,如果水温过低,则渗透性较低,往往使茶叶浮在表面,茶中的有效成分难以浸出,结果,茶味淡薄,同样会降低饮茶的功效。大宗红、绿茶和花茶,由于茶叶原料老嫩适中,故可用90℃左右的开水冲泡。冲泡乌龙茶、普洱茶和沱茶等特种茶,由于原料并不细嫩,加之用茶量较大,所以,需用刚沸腾的100℃开水冲泡。特别是乌龙茶,为了保持和提高水温,要在冲泡前用滚开水烫热茶具；冲泡后用滚开水淋壶加温，目的是增加温度，使茶香充分发挥出来。

至于边疆兄弟民族喝的紧压茶，要先将茶捣碎成小块，再放入壶或锅内煎煮后，才供人们饮用。判断水的温度可先用温度计和定时器测量，等掌握之后就可凭经验来断定了。当然，所有的泡茶用水都得煮开，以自然降温的方式来达到控温的效果。

4. 冲泡时间

茶叶冲泡时间差异很大，与茶叶种类、泡茶水温、用茶数量和饮茶习惯等都有关。

如用茶杯泡饮普通红、绿茶，每杯放干茶 3 克左右，用沸水 150—200 毫升，冲泡时宜加杯盖，避免茶香散失，时间 3—5 分钟为宜。时间太短，茶汤色浅淡；茶泡久了，增加茶汤涩味，香味还易丧失。不过，新采制的绿茶可冲水不加杯盖，这样汤色更艳。另用茶量多的，冲泡时间宜短，反之则宜长。质量好的茶，冲泡时间宜短，反之宜长。茶的滋味是随着时间延长而逐渐增浓的。据测定，用沸水泡茶，首先浸提出来的是咖啡碱、维生素、氨基酸等，大约到 3 分钟时，含量较高。这时饮起来，茶汤有鲜爽醇和之感，但缺少饮茶者需要的刺激味。以后，随着时间的延续，茶多酚浸出物含量逐渐增加。因此，为了获取一杯鲜爽甘醇的茶汤，对大宗红、绿茶而言，头泡茶以冲泡后 3 分钟左右饮用为好，若想再饮，到杯中剩有三分之一茶汤时，再续开水，以此类推。

对于注重香气的乌龙茶、花茶，泡茶时，为了不使茶香散失，不但需要加盖，而且冲泡时间不宜长，通常 2—3 分钟即可。由于泡乌龙茶时用茶量较大，因此，第一泡 1 分钟就可将茶汤倾入杯中，自第二泡开始，每次应比前一泡增加 15 秒左右，这样要使茶汤浓度不致相差太大。

白茶冲泡时，要求沸水的温度在 70℃左右，一般在 4—5 分钟后，浮在水面的茶叶才开始徐徐下沉，这时，品茶者应以欣赏为主，观茶形，察沉浮，从不同的茶姿、颜色中使自己的身心得到愉悦，一般到 10 分钟，方可品饮茶汤。否则，不但失去了品茶艺术的享受，而且饮起来淡而无味，这是因为白茶加工未经揉捻，细胞未曾破碎，所以茶汁很难浸出，以至浸泡时间需相对延长，同时只能重泡一次。

另外，冲泡时间还与茶叶老嫩和茶的形态有关。一般说来，凡原料较细嫩，茶叶松散的，冲泡时间可相对缩短；相反，原料较粗老，茶叶紧实的，冲泡时间可相对延长。

总之，冲泡时间的长短，最终还是以适合饮茶者的口味来确定为好。

5. 冲泡次数

据测定，茶叶中各种有效成分的浸出率是不一样的，最容易浸出的是氨基酸和维生素 C；其次是咖啡碱、茶多酚、可溶性糖等。一般茶冲泡第一次时，茶中的可溶性物质能浸出 50%—55%；冲泡第二次时，能浸出 30% 左右；冲泡第三次时，能浸出约 10%；冲泡第四次时，只能浸出 2%—3%，几乎是白开水了。所以，通常以冲泡三次为宜。

如饮用颗粒细小、揉捻充分的红碎茶和绿碎茶，由于这类茶的内含成分很容易被沸水浸出，一般都是冲泡一次就将茶渣滤去，不再重泡。速溶茶，也是采用一次冲泡法，工夫红茶则可冲泡 2—3 次。而条形绿茶如眉茶、花茶通常只能冲泡 2—3 次。白茶和黄茶，一般也只能冲泡 1 次，最多 2 次。

品饮乌龙茶多用小型紫砂壶，在用茶量较多时（约半壶），可连续冲泡 4—6 次，甚至更多。

6. 泡茶用水的选择

水为茶之母，器为茶之父。龙井茶，虎跑水被称为杭州"双绝"。可见，用什么水泡茶，对茶的冲泡及效果起着十分重要的作用。

水是茶叶滋味和内含有益成分的载体，茶的色、香、味和各种营养保健物质，都要溶于水后，才能供人享用。而且水能直接影响茶质，清人张大复在《梅花草堂笔谈》中说："茶情必发于水，八分之茶，遇十分之水，茶亦十分矣；八分之水，试十分之茶，茶只八分耳。"因此，好茶必须配以好水。

（1）古人对泡茶用水的看法：最早提出水标准的是宋徽宗赵佶，他在《大观茶论》中写道："水以清、轻、甘、冽为美。轻甘乃水之自然，独为难得。"后人在他提出的"清、轻、甘、冽"的基础上又增加了个"活"字。

古人大多选用天然的活水，如泉水、山溪水；无污染的雨水、雪水其次；接着是清洁的江、河、湖、深井中的活水及净化的自来水，切不可使用池塘死水。唐代陆羽在《茶经》中指出："其水，用山水上，江水中，井水下。其山水，拣乳泉石池漫流者上，其瀑涌湍漱勿食之。"是说用不同的水，冲泡茶叶的结果是不一样的，只有佳茗配美泉，才能体现出茶的真味。

（2）现代人对泡茶用水的看法：现代人认为，"清、轻、甘、冽、活"五项指标俱全的水，才称得上宜茶美水。

其一，水质要清。水清则无杂、无色、透明、无沉淀物，最能显出茶的本色。

其二，水体要轻，北京玉泉山的玉泉水比重最轻，故被御封为"天下第一泉"。现代科学也证明了这一理论是正确的。水的比重越大，说明溶解的矿物质越多功能。有实验结果表明，当水中的低价铁超过 0.1ppm 时，茶汤发暗，滋味变淡；铝含量超过 0.2ppm 时，茶汤便有明显的苦涩味；钙离子达到 2ppm 时，茶汤带涩，而达到 4ppm 时，茶汤变苦；铅离子达到 1ppm 时，茶汤味涩而苦，且有毒性，所以水以轻为美。

其三，水味要甘。"凡水泉不甘，能损茶味。"所谓水甘，即一入口，舌尖顷刻便会有甜滋滋的美妙感觉。咽下去后，喉中也有甜爽的回味，用这样的水泡茶自然会增茶之美味。

其四，水温要冽。冽即冷寒之意。因为寒冽之水多出于地层深处的泉脉之中，所受污染少，泡出的茶汤滋味纯正。

其五，水源要活。流水不腐。现代科学证明了在流动的活水中细菌不易繁殖，同时活水有自然净化作用，在活水中氧气和二氧化碳等气体的含量较高，泡出的茶汤特别鲜爽可口。

（3）我国饮用水的水质标准：

感官指标：色度不超过15度，浑浊度不超过5度，不得有异味、臭味，不得含有肉眼可见物。

化学指针：pH值6.5—8.5，总硬度不高于25度，铁不超过0.3毫克/升，锰不超过0.1毫克/升，铜不超过1.0毫克/升，锌不超过1.0毫克/升，挥发酚类不超过0.002毫克/升，阴离子合成洗涤剂不超过0.3毫克/升。

毒理指标：氟化物不超过1.0毫克/升，适宜浓度0.5—1.0毫克/升，氰化物不超过0.05毫克/升，砷不超过0.05毫克/升，镉不超过0.01毫克/升，铬（六价）不超过0.05毫克/升，铅不超过0.05毫克/升。

细菌指标：细菌总数不超过100个/毫升，大肠菌群不超过3个/升。以上四个指标，主要是从饮用水最基本的安全和卫生方面考虑，作为泡茶用水，宜茶用水可分为天水、地水、再加工水三大类。再加工水即城市销售的"太空水"、"纯净水"、"蒸馏水"等。

7. 泡茶用水

（1）自来水：自来水是最常见的生活饮用水，其水源一般来自江河、湖泊，是属于加工处理后的天然水，为暂时硬水。因其含有用来消毒的氯气等，在水管中滞留较久的，还含有较多的铁质。当水中的铁离子含量超过万分之五时，会使茶汤呈褐色，而氯化物与茶中的多酚类作用，又会使茶汤表面形成一层"锈油"，喝起来有苦涩味。所以用自来水沏茶，最好用无污染的容器，先贮存一天，待氯气散发后再煮沸沏茶，或者采用净水器将水净化，这样就可成为较好的沏茶用水。

（2）纯净水：纯净水是蒸馏水、太空水的合称，是一种安全无害的软水。纯净水是以符合生活饮用水卫生标准的水为水源，采用蒸馏法、电解法、逆渗透法及其他适当的加工方法制得，纯度很高，不含任何添加物，可直接饮用的水。用纯净水泡茶，不仅因为净度好、透明度高，沏出的茶汤晶莹透彻，而且香气滋味纯正，无异杂味，鲜醇爽口。市面上纯净水品牌很多，大多数都宜泡茶，其效果还是相当不错的。

（3）矿泉水：我国对饮用天然矿泉水的定义是：从地下深处自然涌出的或经人

工开发的、未受污染的地下矿泉水，含有一定量的矿物盐、微量元素或二氧化碳气体，在通常情况下，其化学成分、流量、水温等动态指针在天然波动范围内相对稳定。矿泉水与纯净水相比，矿泉水含有丰富的锂、锶、锌、溴、碘、硒和偏硅酸等多种微量元素，饮用矿泉水有助于人体对这些微量元素的摄入，并调节肌体的酸碱平衡。但饮用矿泉水应因人而异。由于矿泉水的产地不同，其所含微量元素和矿物质成分也不同，不少矿泉水含有较多的钙、镁、钠等金属离子，是永久性硬水，虽然水中含有丰富的营养物质，但用于泡茶效果并不佳。

（4）活性水：活性水包括磁化水、矿化水、高氧水、离子水、自然回归水、生态水等品种。这些水均以自来水为水源，一般经过滤、精制和杀菌、消毒处理制成，具有特定的活性功能，并且有相应的渗透性、扩散性、溶解性、代谢性、排毒性、富氧化和营养性功效。由于各种活性水内含微量元素和矿物质成分各异，如果水质较硬，泡出的茶水质量较差；如果属于暂时硬水，泡出的茶水品质较好。

（5）净化水：通过净化器对自来水进行二次终端过滤处理，净化原理和处理工艺一般包括粗滤、活性炭吸附和薄膜过滤等三级系统，能有效地清除自来水管网中的红虫、铁锈、浮物等机械成分，降低浊度，达到国家饮用水卫生标准。但是，净水器中的粗滤装置要经常清洗，活性炭也要经常换新，时间一久，净水器内胆易堆积污物，繁殖细菌，形成二次污染。净化水易取得，是经济实惠的优质饮用水，用净化水泡茶，其茶汤质量是相当不错的。

（6）天然水：天然水包括江、湖、泉、井及雨水。用这些天然水泡茶应注意水源、环境、气候等因素，判断其洁净程度。对取自天然的水经过滤、臭氧化或其他消毒过程的简单净化处理，既保持了天然又达到洁净，也属天然水之列。在天然水中，泉水是泡茶最理想的水，泉水杂质少、透明度高、污染少，虽属暂时硬水，但加热后，呈酸性碳酸盐状态的矿物质被分解，释放出碳酸气，口感特别微妙，泉水煮茶，甘冽清芬俱备。然而，由于各种泉水的含盐量及硬度有较大的差异，也并不是所有泉水都是优质的，有些泉水含有硫磺，不能饮用。江、河、湖水属地表水，含杂质较多，浑浊度较高，一般说来，沏茶难以取得较好的效果，但在远离人烟又是植被生长繁茂之地，污染物较少，这样的江、河、湖水仍不失为沏茶好水。如浙江桐庐的富春江水淳安的千岛湖水、绍兴的鉴湖水就是例证。唐代陆羽在《茶经》中说："其江水，取去人远者。"说的就是这个意思。唐代白居易在诗中说："蜀茶寄到但惊新，渭水煎来始觉珍"，认为渭水煎茶很好。唐代李群玉曰："吴瓯湘水绿花"，说湘水煎茶也不差。明代许次纾在《茶疏》中更进一步说："黄河之水，来自天上。浊者土色，澄之即净，香味自发。"言即使浊混的黄河水，如果经澄清处理，同样也能使茶汤香高味醇。这种情况，古代如此，现代也同样如此。

雪水和天落水，古人称为"天泉"，尤其是雪水，更为古人所推崇。唐代白居易的"扫雪煎香茗"，宋代辛弃疾的"细写茶经煮茶雪"，元代谢宗可的"夜扫寒英煮绿尘"，清代曹雪芹的"扫将新雪及时烹"，都是赞美用雪水沏茶的。

至于雨水，一般说来，因时而异：秋雨，天高气爽，空中灰尘少，水味"清冽"，是雨水中上品；梅雨，天气沉闷，阴雨绵绵，水味"甘滑"，较为逊色；夏雨，雷雨阵阵，飞沙走石，水味"走样"，水质不净。但无论是雪水或雨水，只要空气不被污染，与江、河、湖水相比，总是相对洁净，是沏茶的好水。

井水属地下水，悬浮物含量少，透明度较高，但多为浅层地下水，特别是城市井水，易受周围环境污染，用来沏茶，有损茶味。所以，若能汲得活水井的水沏茶，同样也能泡得一杯好茶。现代工业的发展导致环境污染，已很少有洁净的天然水了，因此泡茶只能从实际出发，选用适当的水。

二、茶的品饮

1. 品饮要义

品茶，是一门综合艺术。茶叶没有绝对的好坏之分，完全要看个人喜欢哪种口味而定。也就是说，各种茶叶都有它的高级品和劣等货。茶中有高级的乌龙茶，也有劣等的乌龙茶；有上等的绿茶，也下等的绿茶。所谓的好茶、坏茶是就比较质量的等级和主观的喜恶来说的。

目前的品茶用茶，主要集中在两类：一是乌龙茶中的高级茶及其名丛，如铁观音、黄金桂、冻顶乌龙及武夷名丛、凤凰单丛等；二是以绿茶中的细嫩名茶为主，以及白茶、红茶、黄茶中的部分高档名茶。这些高档名茶，或色、香、味、形兼而有之，它们都在一个因子或某一个方面有独特的表现。一般说来，判断茶叶的好坏可以从察看茶叶、嗅闻茶香、品尝茶味和分辨茶渣入手。

2. 观 茶

观茶，即察看茶叶。察看茶叶，就是观赏干茶和茶叶开汤后的形状变化。所谓干茶，就是未冲泡的茶叶；所谓开汤，就是指干茶用开水冲泡出茶汤的内质来。

茶叶的外形随种类的不同而有各种形态，有扁形、针形、螺形、眉形、珠形、球形、半球形、片形、曲形、兰花形、雀舌形、菊花形、自然弯曲形等，各具优美的姿态。而茶叶开汤后，茶叶的形态会产生各种变化，或快或慢，及至展露原本的形态，令人赏心悦目。

观察干茶要看干茶的干燥程度，如果有点回软，最好不要购买使用；另外，看茶叶的叶片是否整洁。如果有太多的叶梗、黄片、渣沫、杂质，则不是上等茶叶；然后，要看干茶的条索外形，条索是茶叶揉成的形态，什么茶都有它固定的形态规格，像龙井茶是剑片状，冻顶茶揉成半球形，铁观音茶紧结成球状，香片则切成细条或者碎条。不过，光是看干茶顶多只能看出 30%，并不能马上看出是否是好茶。

由于制作方法不同，茶树品种有别，采摘标准各异，因而，茶叶的形状显丰富多彩，特别是一些细嫩名茶，大多采用手工制作，形态更加五彩缤纷，千姿百态。

（1）针形：外形圆直如针，如南京雨花茶、安化松针、君山银针、白毫银针等。

（2）扁形：外形扁平挺直，如西湖龙井、茅山青峰、安吉白片等。

（3）条索形：外形呈条状稍弯曲，如婺源茗眉、桂平西山茶、径山茶、庐山云雾等。

（4）螺形：外形卷曲似螺，如洞庭碧螺春、临海蟠毫、普陀佛茶、井冈翠绿等。

（5）兰花形：外形似兰，如太平猴魁、兰花茶等。

（6）片形：外形呈片状，如六安瓜片、齐山名片等。

（7）束形：外形成束，如江山绿牡丹、婺源墨菊等。

（8）圆珠形：外形如珠，如泉岗辉白、溪火青等。

此外，还有半月形、卷曲形、单芽形，等等。

3. 察　色

品茶观色，即观茶色、汤色和底色。

（1）茶色：茶叶依颜色分有绿茶、黄茶、白茶、青茶、红茶、黑茶等六大类（指干茶）。由于茶的制作方法不同，其色泽是不同的，有红与绿、青与黄、白与黑之分。即使是同一种茶叶，采用相同的制作工艺，也会因茶树品种、生态环境、采摘季节的不同，色泽上存在一定的差异。如细嫩的高档绿茶，色泽有嫩绿、翠绿、绿润之分；高档红茶，色泽又有红艳明亮、乌润显红之别。而闽北武夷岩茶的青褐油润，闽南铁观音的砂绿油润，广东凤凰水仙的黄褐油润，台湾冻顶乌龙的深绿油润，都是高级乌龙茶中有代表性的色泽，也是鉴别乌龙茶质量优劣的重要标志。

（2）汤色：茶叶冲泡后，内含成分溶解在沸水中的溶液所呈现的色彩，称为汤色。因此，不同茶类汤色会有明显区别，而且同一茶类中的不同花色品种、不同级别的茶叶，也有一定差异。凡上乘的茶品，都汤色明亮，有光泽。具体说来，绿茶汤色浅绿或黄绿，清而不浊，明亮澄澈；红茶汤色乌黑油润，若在茶汤周边形成一圈金黄色的油环，俗称金圈，更属上品；乌龙茶则以青褐光润为好；白茶，汤色微黄，黄中显绿，并有光亮。

将适量茶叶放在玻璃杯中，或者在透明的容器里用热水一冲，茶叶就会慢慢舒展开。通常可以同时冲泡几杯来比较不同茶叶的好坏，其中舒展顺利、茶汁分泌最旺盛、茶叶身段最柔软飘逸的茶叶是最好的。观察茶汤要快要及时，因为茶多酚类溶解在热水中后与空气接触很容易呈氧化色，例如绿茶的汤色氧化即变黄，红茶的汤色氧化变暗等，时间拖延过久，会使茶汤混汤而沉淀；红茶则在茶汤温度降至

20℃以下后，常发生凝乳混汤现象，俗称"冷后浑"，这是红茶色素和咖啡碱结合产生黄浆状不溶物的结果。冷后浑出现早且呈粉红色者，是茶味浓、汤色艳的表征；冷后浑呈暗褐色，是茶味钝、汤色暗的红茶。

茶汤的颜色也会因为发酵程度的不同，以及焙火轻重的差别而呈现深浅不一的颜色。但有一个共同的原则，不管颜色深或浅，一定不能浑浊、灰暗，清澈透明才是好茶汤应该具备的条件。

一般情况下，随着汤温的下降，汤色会逐渐变深。在相同的温度和时间内，红茶汤色变化大于绿茶，大叶种大于小叶种，嫩茶大于老茶，新茶大于陈茶。茶汤的颜色，以冲泡滤出后 10 分钟以内来观察较能代表茶的原有汤色。不过千万要记住，在做比较的时候，一定要拿同一种类的茶叶做比较。

（3）底色：所谓底色，就是欣赏茶叶经冲泡去汤后留下的叶底色泽。除看叶底显现的色彩外，还可观察叶底的老嫩、光糙、匀净等。

4. 赏　姿

茶在冲泡过程中，经吸水浸润而舒展，或似春笋，或如雀舌，或若兰花或像墨菊。与此同时，茶在吸水浸润过程中，还会因重力的作用，产生一种动感。太平猴魁舒展时，犹如一只机灵小猴，在水中上下翻动；君山银针舒展时，好似翠竹争阳，针针挺立；西湖龙井舒展时，活像春兰怒放。如此美景，映掩在杯水之中，真有茶不醉人自醉之感。

5. 闻　香

对于茶香的鉴赏一般要三闻。一是闻干茶的香气（干闻），二是闻开泡后充分显示出来的茶的本香（热闻），三是要闻茶香的持久性（冷闻）。

先闻干茶，干茶中有的清香，有的甜香，有的焦香，应在冲泡前进行。如绿茶应清新鲜爽、红茶应浓烈纯正、花茶应芬芳扑鼻、乌龙茶应馥郁清幽为好。如果茶香低而沉，带有焦、烟、酸、霉、陈或其他异味者为次品。

将少许干茶放在器皿中（或直接抓一把茶叶放在手中），闻一闻干茶的清香、浓香、糖香，判断一下有无异味、杂味等。

闻香的方式，多采用湿闻，即将冲泡的茶叶，按茶类不同，经 1—3 分钟后，将杯送至鼻端，闻茶汤面发出的茶香；若用有盖的杯泡茶，则可闻盖香和面香；倘如台湾人冲泡乌龙茶用闻香杯作过渡盛器，还可闻杯香和面香。另外，随着茶汤温度的变化，茶香还有热闻、温闻和冷闻之分。热闻的重点是辨别香气的正常与否，香气的类型如何，以及香气高低；冷闻则判断茶叶香气的持久度；而温闻重在鉴别茶香的雅与俗，即优与次。

一般来说，绿茶以有清香鲜爽感，甚至有果香、花香者为佳；红茶以有清香、花香为上，尤以香气浓烈、持久者为上乘；乌龙茶以具有浓郁的熟桃香者为好；而花茶则以具有清纯芬芳者为优。

透过玻璃杯，只能看出茶叶表面的优劣，至于茶叶的香气、滋味并不能够完全体会，所以开汤泡一壶茶来仔细地品味是有必要的。茶泡好、茶汤倒出来后，可以趁热打开壶盖，或端起茶杯闻闻茶汤的热香，判断一下茶汤的香型（有菜香、花香、果香、麦芽糖香），同时要判断有无烟味、油臭味、焦味或其他的异味。这样，可以判断出茶叶的新旧、发酵程度、焙火轻重。

在茶汤温度稍降后，即可品尝茶汤。这时，可以仔细辨别茶汤香味的清浊浓淡及闻闻中温茶的香气，更能认识其香气特质。等喝完茶汤、茶渣冷却之后，还可以回过头来欣赏茶渣的冷香，嗅闻茶杯的杯底香。如果劣等的茶叶，这个时候香气已经消失殆尽了。嗅香气的技巧很重要。在茶汤浸泡5分钟左右就应该开始嗅香气，最适合嗅茶叶香气的叶底温度为45℃—55℃，超过此温度时，感到烫鼻；低于30℃时，茶香低沉，特别对染有烟气、木气等异气者，很容易随热气挥发而变得难以辨别。

嗅香气，应以左手握杯，靠近杯沿用鼻趁热轻嗅或深嗅杯中叶底发出的香气，也有将整个鼻部深入杯内，接近叶底以扩大接触香气面积，增加嗅感。为了正确判断茶叶香气的高低、长短、强弱、清浊及纯杂等，嗅时应重复一两次，但每次嗅时不宜过久，以免因嗅觉疲劳而失去灵敏感，一般是3秒左右。嗅茶香的过程是：吸（1秒）——停（0.5秒）——吸（1秒），依照这样的方法嗅出茶的香气是"高温香"。另外，可以在品味时，嗅出茶的"中温香"。而在品味后，更可嗅茶的"低温香"或者"冷香"。好的茶叶，有持久的香气。只有香气较高且持久的茶叶，才有余香、冷香，也才会是好茶。

热闻的办法也有三种：一是从氤氲的水汽中闻香，二是闻杯盖上的留香，三是用闻香杯慢慢地细闻杯底留香。安溪铁观音冲泡后，有一抹浓郁的天然花香；红茶具有甜香和果味香；绿茶则有清香；花茶除了茶香外，还有不同的天然花香。茶叶的香气，与所用原料的鲜嫩程度和制作技术的高下有关，原料越细嫩，所含芳香物质越多，香气也就越高。冷闻则在茶汤冷却后进行，这时可以闻到原来被茶中芳香物掩盖着的其他气味。

6. 尝　味

指尝茶汤的滋味。茶汤滋味是茶叶的甜、苦、涩、酸、辣、腥、鲜等多种呈味物质综合反映的结果。如果它们的数量和比例适合，就会变得鲜醇可口，回味无穷。茶汤的滋味以微苦中带甘为最佳。好茶喝起来甘醇浓稠，有活性，喝后喉头甘润的感觉持续很久。

一般认为，绿茶滋味鲜醇爽口，红茶滋味浓厚、强烈、鲜爽，乌龙茶滋味酽醇回甘，是上乘茶的重要标志。由于舌的不同部位对滋味的感觉不同，品尝滋味时，要使茶汤在舌头上循环滚动，才能正确而全面地分辨出茶味来；品味时，舌头的姿势要正确：把茶汤吸入嘴内后，舌尖顶住上层齿根，嘴唇微微张开，舌稍向上抬，使茶汤摊在舌的中部，再用腹部呼吸慢慢吸入空气，使茶汤在舌上微微滚动，连吸两次气后，辨出滋味。若初感有苦味的茶汤，应抬高舌位，把茶汤压入舌根，进一步评定苦的程度。对有烟味的茶汤，应在茶汤入口后，闭合嘴巴，舌尖顶住上颚板，用鼻孔吸气，把口腔鼓大，使空气与茶汤充分接触后，再由鼻孔把气放出。这样重复两三次，对烟味的判别效果就会明确。

品味茶汤的温度以 40℃—50℃ 为最适合，如高于 70℃，味觉器官容易烫伤，影响正常的评味；低于 30℃ 时，味觉品评茶汤的灵敏度较差，且溶解于茶汤中与滋味有关的物质，在汤温下降时，逐渐被析出，汤味由协调变为不协调。

品味时，每一品茶汤的量以 5 毫升左右最适宜。过多时，感觉满嘴是汤，口中难以回旋辨味；过少，会觉得嘴空，不利于辨别。每次在 3—4 秒内，将 5 毫升的茶汤在舌中回旋 2 次，品味 3 次即可，也就是一杯 15 毫升的茶汤分 3 次喝，就是"品"的过程。

品味要自然，速度不能快，也不宜大力吸啜，以免茶汤从齿隙进入口腔，使齿间的食物残渣被吸入口腔与茶汤混合而增加异味。品味，主要是品茶的浓淡、强弱、爽涩、鲜滞、纯异等。为了真正品出茶的本味，在品茶前最好不要吃有强烈刺激味觉的食物，如辣椒、葱蒜、糖果等；也不宜吸烟，以保持味觉与嗅觉的灵敏度。喝下茶汤后，喉咙感觉应软甜、甘滑，有韵味，齿颊留香，回味无穷。

7. 各类茶的品饮

茶类不同，其质量特性各不相同。因此，不同的茶，品的侧重点不一样，由此导致品茶方法上的不同。

（1）高级细嫩绿茶的品饮：高级细嫩绿茶，色、香、味、形都别具一格，讨人喜爱。品茶时，先透过晶莹清亮的茶汤，观赏茶的沉浮、舒展和姿态；再察看茶汁的浸出、渗透和汤色的变幻；然后端起茶杯，先闻其香，再呷上一口，含在口中，慢慢在口舌间来回旋动，如此往复品赏。

（2）乌龙茶的品饮：重在闻香和尝味，不重品形。在茶事活动中，又有闻香重于品味的，如台湾地区；或品味更重于闻香的，如东南亚一带。潮汕一带强调热品，即洒茶入杯，以拇指和食指按杯沿，中指抵杯底，慢慢由远及近，使杯沿接唇，杯面迎鼻，先闻其香，而后将茶汤含在口中回旋，徐徐品饮其味，通常三小口见杯底，再嗅留存于杯中茶香。台湾采用的是温品，更侧重于闻香，品饮时先将壶中茶汤趁热倾入公道杯，而后分注于闻香杯中，再一一倾入对应的小杯内，而闻香杯内壁留存的茶香，正是人们品乌龙茶的精髓所在；品啜时，先将闻香杯置于双手手心间，使闻香杯口对准鼻孔，再用双手慢慢来回搓动闻香杯，使杯中香气尽可能得到最大限度的享用。至于啜茶方式，与潮汕地区并无多大差异。

（3）红茶的品饮：红茶，人称迷人之茶。不仅由于其色泽红艳油润、滋味甘甜可口，还因为品饮红茶，除清饮外，还可以调饮，酸的如柠檬，辛的如肉桂，甜的如砂糖，润的如奶酪。

品饮红茶重在领略它的香气、汤色和滋味，所以，通常多采用壶泡后再分洒入杯。品饮时，先闻其香，再观其色，然后尝味。饮红茶，须在品字上下功夫，缓缓斟饮，细细品味，方可获得品饮红茶的真趣。

（4）花茶的品饮：花茶，融茶之味与花之香于一体，构成茶汤适口、香气芬芳的特有韵味，故而人称花茶是诗一般的茶叶。

花茶常用有盖的白瓷杯或盖碗冲泡，高级细嫩花茶，也可以用玻璃杯冲泡。高级花茶一经冲泡后，可立时观赏茶在水中的飘舞、沉浮、展姿，以及茶汁的渗出和茶汤色泽的变幻。当冲泡2—3分钟后，即可闻香。茶汤稍凉适口时，喝少许茶汤在口中停留，以口吸气、鼻呼气相结合的方法，使茶汤在舌面来回流动，口尝茶味和余香。

（5）细嫩白茶与黄茶的品饮：白茶属轻微发酵茶，制作时，通常将鲜叶经萎凋后，直接烘干而成，所以，汤色和滋味均较清淡。黄茶的质量特点是黄汤黄叶，通常制作时须经揉捻，因此，茶汁很难浸出。

由于白茶和黄茶，特别是白茶中的白毫银针、黄茶中的君山银针具有极高的欣赏价值，因此是以观赏为主的一种茶品。当然，悠悠的清雅茶香，淡淡的澄黄茶色，微微的甘醇滋味，也是品赏的重要内容。所以在品饮前，可先观干茶，它似银针落盘，如松针铺地；再用直筒无花纹的玻璃杯以70℃的开水冲泡，观赏茶芽在杯水中上下浮沉、耸直林立的过程；接着，闻香观色。通常要在冲泡后10分钟左右，开始尝味。这些茶特重观赏，其品饮的方法带有一定的特殊性。

第二节　茶艺的分类

目前文化界对于茶艺的分类比较混乱，有以人为主体分为宫廷茶艺、文士茶艺、宗教茶艺、民俗茶艺，有以茶类为主体分为乌龙茶艺、绿茶茶艺、红茶茶艺、花茶茶艺等，还有以地区划分为某地茶艺，甚至还有以个人命名的某氏茶艺（道），不一而足。茶艺是茶饮艺术，岂可以人、以地区分类？难道有的茶艺专供表演？有的茶艺只能待客？事实上茶艺是两者兼而有之。不同的茶类、同类的不同种可以有相同的饮法，又岂能以茶来命名茶艺？至于某氏茶艺，更是荒诞不经。

如果我们承认茶艺就是茶的冲泡技艺和品饮艺术的话，那么以冲泡方式作为分类标准应该是较为科学的。考察中国的饮茶历史，茶的饮法有煮、煎、点、泡四类，形成艺的有煎法、点发、泡法。依艺而言，中国道先后产生了煎道、点道、泡道三种形式。

茶艺的分类标准首先应依据习法，茶道亦如此。依习法，中国古代形成了煎道（艺）、点道（艺）、泡道（艺）。日本在吸收中国道的基础上结合民族文化形成了"抹道"、"煎道"两大类，两类均流传至今，且流派众多。但中国的煎道（艺）亡于南宋中期，点道（艺）亡于明朝后期，仅有形成于明朝中期的泡道（艺）流传至今。从历史上看，中华艺则有煎艺、点艺、泡艺三大类。

茶艺分类标准第二应依据主泡饮茶具来分类。在泡艺中，又因使用泡茶具的不同而分为壶泡法和杯泡法两大类。壶泡法是在壶中泡，然后分斟到杯（盏）中饮用；杯泡法是直接在杯（盏）中泡并饮用，明代人称之为"撮泡"，撮入杯而泡。清代以来，从壶泡法茶艺又分化出专属冲泡青的工夫茶艺，杯泡法茶艺又可细分为盖杯泡法茶艺和玻璃杯泡法茶艺。工夫茶艺原特指冲泡青的茶艺，当代人又借鉴工夫茶具和泡法来冲泡非青类的，故另称之为工夫法茶艺，以与工夫艺相区别。这样，泡艺可分为工夫茶艺、壶泡茶艺、盖杯泡茶艺、玻璃杯泡茶艺、工夫法茶艺五类。若算上少数民族和某些地方的饮习俗——民俗茶艺，则当代艺可分为工夫茶艺、壶泡茶艺、盖杯泡茶艺、玻璃杯泡茶艺、工夫法茶艺、民俗茶艺六类。民俗艺的情况特殊，方法不一，多属调饮，实难作为一类，这里姑且将其单列。

在当代的六类茶艺中，工夫茶艺又可分为武夷工夫茶艺、武夷变式工夫茶艺、台湾工夫茶艺、台湾变式工夫茶艺。武夷工夫茶艺是指源于武夷山的青小壶单杯泡法茶艺，武夷变式茶艺是指用盖杯代替壶的单杯泡法茶艺，台湾工夫茶艺是指小壶双杯泡法茶艺，台湾变式工夫茶艺是指用盖杯代替壶的双杯泡法茶艺；壶泡茶艺又可分为绿茶壶泡茶艺、红茶壶泡茶艺等；盖杯泡茶艺又可分为绿茶盖杯泡茶艺、红茶盖杯泡茶艺、花茶盖杯泡茶艺等；玻璃杯泡茶艺又可分为绿茶玻璃杯泡茶艺、黄茶玻璃杯泡艺等；工夫法茶艺又可分为绿茶工夫法茶艺、红茶工夫法茶艺、花茶工夫法茶艺等；民俗茶艺则有四川的盖碗、江浙的薰豆、江西修水的菊花、云南白族的三道等。中华艺的分类可用图示如下：

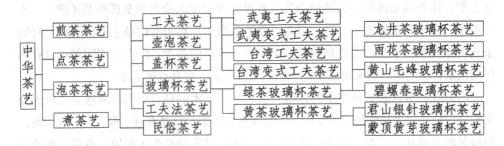

中国茶艺千姿百态，异彩纷呈，成为中华文明花园中的一支奇葩。茶艺是指冲泡一壶茶的技艺和品赏茶的艺术。其过程体现形式和精神的相互统一，是饮茶活动过程中形成的文化现象。它起源久远，历史悠久，文化底蕴深厚，与宗教结缘。茶艺包括：备茶具、选茗、择水、烹茶技术、茶席设计等一系列内容。茶艺背景是衬托主题思想的重要手段，它渲染茶性清纯、幽雅、质朴的气质，增强艺术感染力。不同风格的茶艺有不同的背景要求，只有选对了背景才能更好地领会茶的滋味。根据茶叶、地区、冲泡方式等不同标准可以分为以下几类。

一、按茶叶分类

（1）绿茶茶艺（如龙井茶艺、碧螺春茶艺）。

（2）红茶茶艺（如小种工夫茶艺、宁红茶艺）。

（3）乌龙茶茶艺（如武夷大红袍茶艺、铁观音茶艺）。

（4）白茶茶艺（如福鼎白茶茶艺、政和白牡丹茶艺）。

（5）黄茶茶艺（如蒙顶黄芽茶艺）。

（6）黑茶茶艺（云南普洱茶茶艺、湖南黑茶茶艺）。

二、按地域分类

每一种茶艺所在地不同，茶艺表演内容、待客形式都会体现地方差异，如广东潮汕工夫茶茶艺就不同于武夷山工夫茶茶艺和台湾冻顶乌龙茶茶艺。又如云南普洱茶艺又与湖南黑茶茶艺不同，表现了地方民族特点。

三、按冲泡方式分类

根据冲泡茶叶所用器具不同进行分类可分为：工夫茶茶艺、盖碗茶茶艺、玻璃杯茶艺。一般而言，乌龙茶适合用紫砂小壶冲泡，注重闻香、赏汤和小口细啜，慢慢品味。如武夷工夫茶茶艺、安溪铁观音茶艺、广东潮汕工夫茶茶艺等。绿茶、花茶、红茶适合用白瓷或青花瓷盖碗冲泡才利于鉴赏汤色、品尝滋味。

根据待客形式又可分为：待客型茶艺和表演型茶艺两类。待客型注重茶事服务和沟通，解说词形式自由、活泼，运用灵活；表演性茶艺注重舞台艺术效果和茶艺氛围的营造，表演要结合插花、挂画、焚香、点茶和音乐的手段来表现文化内涵，具有较强的观赏性。

四、按茶艺表现内涵分类

1. 宫廷茶艺

宫廷茶艺是我国古代帝王为敬神祭祖或宴赐群臣进行的茶艺，比较有名的有唐代的清明茶宴、唐玄宗与梅妃斗茶、唐德宗时期的唐宫廷茶艺，宋代皇帝游观赐茶、视学赐茶，以及清代的太后三道茶茶艺等均可视为宫廷茶艺。宫廷茶艺的特点是场面宏大、礼仪烦琐、气氛庄严、茶具奢华、等级森严且带有政治色彩。

2. 文士茶艺

文士茶艺是在历代儒士们品茗斗茶的基础上发展起来的茶艺。比较有名有唐代吕温写的三月三茶宴，颜真卿等名士在月下啜茶联句，白居易的湖州茶山境会，以及宋代文人在斗茶活动中所用的点茶法、瀹茶法等。文士茶艺的特点是文化内涵厚重，品茗时注重意境，茶具精巧典雅，表现形式多样，气氛轻松怡悦，常和清谈、赏花、玩月、抚琴、吟诗、联句、鉴赏古董字画等相结合，深得怡情悦心、修身养性之真趣。

3. 民俗茶艺

我国是一个有 56 个民族相依存的民族大家庭，各民族对茶虽有共同的爱好，但却有着不同的品茶习俗。就是汉族内部也是不同。在长期的茶事实践中，不少地方的老百姓都创造出了有独特韵味的民俗茶艺。如藏族的酥油茶、蒙古的奶茶、白族的三道茶、畲族的宝塔茶、布朗族的酸茶、土家族的擂茶、维吾尔族的香茶、纳西族的"龙虎斗"、苗族的油茶、回族的罐罐茶以及傣族和拉祜族的竹筒香茶等。民俗茶艺的特点是表现形式多姿多彩，清饮调饮不拘一格，具有极广泛的群众基础。

4. 宗教茶艺

我国的佛教和道教与茶结有深缘，僧人羽士们常以茶礼佛、以茶祭神、以茶助道、以茶待客、以茶修身，所以形成了多种茶艺形式。目前流传较广有禅茶茶艺和太极茶艺等。宗教茶艺的特点是特别讲究礼仪，气氛庄严肃穆，茶具古朴典雅，强调修身养性或以茶释道。如：禅茶茶艺、道家茶艺等。

第三节 茶艺的要素

茶艺的分类多种多样，表演形式变化万千，总的来说有六方面要素组成，即茶叶、择水、备器、环境、技艺、品饮，简称茶艺六要素。

一、茶　叶

茶叶是茶艺第一要素，只有选好茶叶才能选择泡茶之水、茶具，才能确定冲泡的方式和品饮的要领。不同的时代制茶、泡茶方法不同，故判断茶叶品质的标准也有差异。最早提到选址茶叶标准的是唐代陆羽《茶经·一之源》。"野者上，园者次。阳崖阴林，紫者上，绿者次。笋者上，牙者次。叶卷上，叶舒次。"陆羽认为野生的茶叶比园中人工栽培的茶叶要好，生长在向阳阴林中的茶叶紫色的比绿色的要好，呈笋状的茶芽尖比普通的茶芽要好，叶子卷的比叶子张开的要好。宋代蔡襄也提出了选择茶艺的标准，在他的《茶录》中"色茶色贵白。""香茶有真香。""味茶味主于甘滑。"他第一次将色、香、味作为评判茶叶品质优劣的标准，而宋徽宗则将味摆在首位。他在《大观茶论》中说："味夫茶以为上。香甘重滑为味之全。""香茶有真香，非龙麝可拟……色点茶之色，以纯白为上真，青白为次，灰白次之，黄白又次之。"明代盛行散茶冲泡，与今相同。张源《茶录》中主张："香茶有真香，有兰香，有清香，有纯香。""色茶以青翠为胜。""味味以甘润为上。"到清代，六大茶类均已产生，绿茶、黄茶、青茶、红茶、白茶、黑茶、花茶等品种齐全，品质优异，风味独特，各具风韵，各地饮茶方式呈多样化。如：北方地区人们喜爱茉莉花茶、绿茶，长江流域人们喜爱绿茶，闽粤地区人们偏爱乌龙茶，云南和四川地区人们喜爱黑茶和红茶、绿茶，西北地区少数民族则喜爱砖茶，全国各地饮茶方式百花齐放。

二、择　水

历来茶人重视选水。茶的色香味都需要通过水来充分展现。最早提到饮茶用水的是西晋杜育的《荈赋》："水则岷方之注，挹彼清流。"意思是烹茶使用的水来自岷山的涌流，汲取清澈的流水。唐代陆羽在《茶经》中说"其水山水上，江水中，井水下。"宋代文人苏东坡总结泡茶的经验说，泡茶用水应选甘甜的活水——山泉水。历代茶人还到处察水，评泉。其中对天下第一泉的判断都有差异。陆羽认为江西庐山康王谷谷帘泉水第一，唐代刘伯刍认为江苏镇江中泠泉，清代乾隆皇帝认为北京玉泉山玉泉为天下第一泉。宋徽宗总结饮茶用水的基本标准第一应当是：清、轻、甘、活。这与现代科学实验检测水质的感官标准无毒洁净的天然饮用软水是一致的。

三、备　器

准备泡茶的器具是品茗的前提。明代许次纾在《茶疏》中说："茶滋于水，水藉于器"，茶具在茶艺要素中占据重要地位，不仅是技术上的需要也是艺术上的需要，是茶艺审美的对象之一。最早提出茶具审美的是西晋的杜育，他在《荈赋》中提道："器择陶简，出自东隅。"这里面写的是四川地区饮茶的情形，选水用岷山的清流，茶具却选择浙江的青瓷，看中的不仅是实用功能，更是青瓷的器形和釉色。唐代陆羽称赞道："越州瓷、岳瓷皆青。青则益茶。"并将浙江越窑的青瓷与北方邢窑白瓷对比，认为白瓷"类银、类雪"青瓷"类玉、类冰"，致使唐代越窑出产"秘色瓷"专供皇宫饮茶使用。宋代盛行斗茶，讲究茶汤泡沫越白越好，福建建窑出产的黑釉兔毫盏在当时很受欢迎。明代江西景德镇生产的青白瓷茶具名扬海内外，清代的粉彩、青花瓷、斗彩盖碗茶具从选料、上釉到绘图要求越老越高，茶具已经具有很高的艺术审美价值。现代工业技术不断进步，茶具的种类也越来越繁多，一般说来，冲泡名优绿茶可选用透明无刻花玻璃杯或白瓷、青瓷、青花瓷盖碗，花茶可选用青花瓷、青瓷、斗彩、粉彩盖碗，普洱茶、乌龙茶可选用紫砂壶和小品茗杯，黄茶可选用白瓷、黄釉瓷杯或盖碗，红茶可选用白瓷壶、白底红花瓷壶和盖碗，白茶可选用白瓷茶具。

四、环　　境

品茗环境自古以来要求宁静、高雅。可以选竹林野外，也可以在寺院或书斋、陋室。总体来说分为野外、室内和人文三类。野外环境追求的是天人合一的哲学思想，追求人与自然的和谐，借景抒情，寄情于山水间，试图远离尘世，淡忘功利，净化心灵。室内环境对于文人雅客更为适合。可以根据自己喜好布置成书斋式或茶馆、茶亭式，在宋代市井中就出现了很多集曲艺为一体的茶馆，客人可以一边饮茶一边欣赏窗外美景和室内戏曲，起到放松休闲的目的。人文环境更多注重好友相聚，品茗论道，写诗作画、赏景，便能达到沟通心灵、联系友谊、启迪智慧的目的了。当今生活中人们可以不拘泥于形式，灵活选择青山绿水、鸟语花香的春暖时节与家人好友一边品茗一边叙谈吟诗，尽情享受高雅的生活艺术。

五、技　　艺

冲泡的技艺直接影响到茶的色香味，是品茗艺术的关键环节。泡茶的技艺主要看煮水和冲泡。唐代陆羽认为："其沸，如鱼目微有声为一沸。边缘如涌泉连珠为二沸。腾波鼓浪为三沸。已上水老，不可食也。"这是符合唐代煮茶的煮水要求的。煮水还应当用燃烧出火焰而无烟的炭火，其温度高，烧水最好。古人对水温很重视，如果水温太低，茶叶中的有效成分就不能及时浸出，滋味淡薄，汤色不美；如果水温太低，水中的 CO_2 散尽，会减弱茶汤的鲜爽度，汤色不明亮，滋味不醇厚。这些都与现代科学研究结果相符。一般来说，冲泡红茶、绿茶、花茶，可用 85℃—90℃ 开水冲泡。如果是高级名优绿茶则用 80℃ 的开冲泡，如果是乌龙茶则用 100℃ 的开水冲泡为宜。一般茶叶与水的比例是 1:50。

六、品　　饮

品尝茶汤滋味是茶艺过程中的主要环节，是判断茶叶优劣的关键因素。品茗重在意境的追求，可视为艺术欣赏活动，要细细品啜，徐徐体察，从茶汤美妙的色香味得到审美愉悦，引发联想，抒发感情，慰藉心灵。一般品茗分为观色、闻香、品味三个过程。

观色：主要观看茶汤的颜色和茶叶的形态。绿茶有浅绿、嫩绿、翠绿、杏绿、黄绿之分，以嫩绿、翠绿为上。红茶有红艳、红亮、深红之分，以红艳为好，同是黄茶就有杏黄、橙黄之分，同是乌龙茶也有金黄、橙黄、橙红之分，这都需要仔细判断综合比较。

闻香：是嗅觉上判断茶叶品质的重要步骤。好的茶香是自然、纯真、沁人心脾令人陶醉，低劣的茶香则有焦烟、青草等杂味，根据温度和芳香物质散发的不同可察觉清香、花香、果香、乳香、甜香等香气，令人心情愉快。例如乌龙茶属花香型，可以散发不同的香气，分为清花香和甜花香，清花香有兰花香、栀子香、珠兰花、米兰花等，甜花香有玉兰花香、桂花香、玫瑰花香、紫罗兰香。

品味：观色、闻香后再品其味。茶汤的滋味也是复杂多样的。茶叶中对味觉起主要作用的是茶多酚、氨基酸，不同条件下这些物质含量比例呈现变化，表现出不同的滋味。因此，茶汤入口后不要急急咽下而是吸气，在口腔中稍作停留，使茶汤充分为味蕾接触，感受茶汤的酸、甜、咸、苦、涩等味，才能充分辨别茶汤的滋味特征享受回味。一般绿茶滋味是鲜爽甘醇为主，红茶的滋味是甘醇浓厚为主，乌龙茶是浓醇厚重为主，陈茶还带有陈甜味。

第四节　茶艺表演

茶艺表演是泡茶和品茗的艺术，分为的待客型与表演型两大类。待客型茶艺师侧重于与宾客交流，鉴赏茶叶的品质。表演型讲究舞台艺术效果和茶艺的文化氛围，旨在通过茶艺的表演环境布置、音乐选择、服装、器具、解说词、焚香、挂画、插花等舞台艺术展现人之美、器之美、茶之美、水之美、境之美和艺之美。只有各种因素都围绕主题和谐地组合，才能收到良好的效果。

鉴赏茶艺的基本要点是：一看是否"顺和茶性"。通俗地说就是按照这套程序来操作，是否能把茶叶的内质发挥得淋漓尽致，泡出一壶最可口的好茶来。各类的茶性（如粗细程度、老嫩程度、发酵程度、火功水平等）各不相同，所以泡不同的茶时所选用的器皿、水温、投茶方式、冲泡时间等也应不相同。表演茶艺，如果不能把茶的色、香、味充分地展示出来，如果泡不出一壶真正的好茶，那么表演算不得好茶艺。如：冲泡名优绿茶需要80℃的水温，在绿茶茶艺表演中就有一道程序来表现冲泡技艺的科学性"玉壶养太和"，通过凉汤使水温合适，不会造成熟汤失味。

二看是否"符合茶道"。通俗地说就是看这套茶艺是否符合茶道所倡导的"精行俭德"的人文精神，及"和静怡真"的基本理念。茶艺表演既要以道释艺又要以艺示道。以道释艺，就是以茶道的基本理论为指导编排茶艺的程序。以艺示道，就是通过茶艺表演来表达和弘扬茶道的精神。如在武夷山工夫茶茶艺表演程序中就有几道反映茶道追求真善美的表演设计，"母子相哺，再注甘露"反映的是人间亲情，"龙凤呈祥"反映的是爱情，"君子之交，水清味美"反映的是淡如水的友情，茶艺表演的十八道程序里充满了浓浓的真情。

三看是否科学卫生。目前我国流传较广的茶艺多是在传统的民俗茶艺的基础上整理出来的。有个别程序按照现代的眼光去看是不科学、不卫生的。有些茶艺的洗杯程序是把整个杯放在一小碗里洗，甚至是杯套杯洗，这样会使杯外的脏物粘到杯内，越洗越脏。对于传统民俗茶艺中不够科学、不够卫生的程序，在整理时应当扬弃。

四看文化品味。这主要是指各个程序的名称和解说词应当具有较高的文学水平，解说词的内容应当生动、准确、有知识性和趣味性，应能够艺术地介绍出所冲泡的茶叶的特点及历史。如：武夷山工夫茶茶艺表演程序就借用了武夷山风景区九曲溪畔的一处摩崖石刻"重洗仙颜"来衬托富有修炼得道的道教文化的茶艺内涵，让茶艺与景致相互辉映，相得益彰。再如禅茶茶艺中"达摩面壁"、"法轮常转"、"佛祖拈花"、"普度众生"等程序在茶艺表演的同时给人佛教教义和典故的洗礼，含义隽永，意味深长。

按茶艺表演的内容风格可分为：文士茶艺、宫廷茶艺、民俗茶艺、禅茶茶艺等。各地可根据地方文化特色编排茶艺表演，从舞台背景、音乐、演员、道具、色调、讲解、服装、程序等方面综合表现茶文化的博大精深。如：绿茶茶艺表演程序：焚香除妄念——冰心去凡尘——玉壶养太和——清宫迎佳人——甘露润莲心——凤凰三点头——碧玉沉清江——观音捧玉瓶——春波展旗枪——慧心闻茶香——淡中品至味——自斟乐无穷。无论从程序编排还是道具的选择，内涵的解读都让人能全身心投入到感受绿茶那清雅质朴的茶韵之中，其乐无穷，将品茶生活升华为人与自然、人与人、人与社会身心交汇的艺术境界。

茶艺表演源于生活，更高于生活，它既是寻常百姓饮茶风俗的反映，又将饮茶与歌舞、诗画等融为一体，使饮茶方式艺术化而更具有观赏性，使人们从中得到艺术享受。如浙江德清向来有用咸茶敬客的风俗，咸味茶用橘子皮、烘青豆、芝麻、豆腐干、笋干等地方特产与茶一起冲泡而成，当地凡女儿出嫁，走亲访友必饮此茶。这种茶俗已成为当地的特色茶艺。云南白族同胞有饮用三道茶的习俗：将茶冲泡成一苦（沱茶原味）、二甜（加入白糖、清茶）、三回味（加入生姜、花椒、蜂蜜）茶奉给宾客，颇有民族特色。"三道茶"配上富含哲理的解说词和优美的乐曲，表演者身穿白族服装按客来敬茶的习俗与宾客品茶。观赏"三道茶"的茶艺表演，不仅可以领略独特的民俗茶艺，观赏到优美的冲泡技艺，还能从中领悟人生一苦二甜三回味的深刻哲理，深受各地游客喜爱。

茶艺表演是生活的艺术，艺术的生活，以茶示礼，以茶载道，以茶养廉，以茶明志是茶艺表演不变的主题，可以根据各地习俗，社会风尚结合冲泡技艺不断创新，使之富有个性。

小　　结

如果我们承认茶艺就是茶的冲泡技艺和品饮艺术的话，那么以冲泡方式作为分类标准应该是较为科学的。考察中国的饮历史，茶的饮法有煮、煎、点、泡四类，形成艺的有煎法、点发、泡法。依艺而言，中国道先后产生了煎道、点道、泡道三种形式。

茶艺的分类标准首先应依据习法；其次应依据主泡饮茶具来分类。

茶艺包括：备茶具、选茗、择水、烹茶技术、茶席设计等一系列内容。茶艺背景是衬托主题思想的重要手段，它渲染茶性清纯、幽雅、质朴的气质，增强艺术感染力。

茶艺的分类多种多样，表演形式变化万千，总的来说有六方面要素组成，即茶叶、选水、备器、环境、技艺、品饮，简称茶艺六要素。

思考题：

1.简述茶艺的分类标准。

2.茶艺有哪些要素？

第五章　工夫茶：风靡九州的茶饮时尚

第一节　工夫茶的源流[①]

工夫茶流行于闽粤台一带，是中国茶道的一朵奇葩。工夫茶既是茶叶名，又是茶艺名。工夫茶的定义有一个演变发展的过程，起初指的是武夷岩茶，后来还被认为是武夷岩茶（青茶）泡饮法，接着又泛指青茶泡饮法。

一、工夫茶源于武夷茶

工夫茶源于武夷茶，是武夷岩茶的上品，据史料根据有清代彭光斗（1766年）《闽琐记》、袁枚撰（18世纪80年代或稍后，亦注1786年）《随园食单》、梁章柜撰（1845年）《归田琐记》、施鸿保撰（1857年）（闽杂记）、徐坷《清稗类钞》、连横（1878—1936年）《雅堂文集》等。关于工夫茶不少学者、专家做过探究，其中有庄晚芳先生的《茶史散论·乌龙茶史话》，姚月明的《武夷岩茶论文集》，张天福等的《福建乌龙茶》，庄任的《闲话武夷茶、工夫、小种》，谢继东的《乌龙茶和工夫茶艺的历史浅探》，林长华的《闲来细品工夫茶》和曾楚南的《潮州工夫茶当探》等等研究成果。[②]

1. 从武夷茶到武夷岩茶

研究武夷岩茶的始源，首先，要明确武夷茶和武夷岩茶是两个不同范畴的概念。

武夷岩茶专家姚月明先生曾在2005年出版的《武夷岩茶——姚月明论文集》提道："在明末清初以前，武夷之茶，只能称武夷茶而不能称武夷岩茶。因为两者有根本区别，前者就解释为武夷之茶，包括蒸青团饼茶，炒青散茶，以及小种红茶，龙须茶，莲心诸茶，后者是专指乌龙茶（青茶）类即生产加工在武夷的半发酵茶，才真正叫武夷岩茶。"可见，姚月明认为武夷茶是从古至今所有生长在武夷山地区

---

① 本节内容参考了丁以寿的《工夫茶考》（《农业考古》2000年第2期）一文的观点。

② 郭雅玲.工夫茶的由来与延伸的若干问题探讨 [J].农业考古，2000（02）：148-150.

的茶叶的总称，而武夷岩茶专指乌龙茶类，两者是有根本的区别。

其实，早在20世纪20年代，著名茶学专家陈椽教授《中国名茶研究选集》中便记载道："目前，茶业学术界，有人把武夷茶与武夷岩茶划等号，甚至说驰名国际茶叶市场的星村正山小种称武夷茶，也是属武夷岩茶。是不知武夷岩茶是武夷茶的内涵，而武夷茶是武夷岩茶的外延。有人认为历史记载，武夷茶就是武夷岩茶的创始年代，把正山小种创始年代抛在武夷岩茶之后。这是不实事求是，与国内外的茶业历史不相容。当然，武夷山岩早于武夷茶，但是武夷山范围很广，不是所在茶树都是生长在岩上。所以历代称武夷茶不称武夷岩茶。"陈椽教授认为讲茶文化的历史，要避免出现一种"竞古比早"的倾向，武夷茶不等同于武夷岩茶。武夷茶比武夷岩茶出现得更早，武夷岩茶是武夷茶的一部分。

第二，循着中国茶类发展的轨迹，从中可以理解武夷茶与武夷岩茶的含义。

唐宋元时期，武夷茶为蒸青绿团茶、蒸青散茶。

武夷山有茶可能是在唐朝末期或者更早，因为唐末五代人徐夤《谢尚书惠腊面茶》诗有"武夷春暖月初圆，采摘新芽献地仙"。唐代之初，蒸青团茶是一种主要茶类。饮用时，加调味烹煮汤饮。随着茶事的兴旺，贡茶的出现加速了茶叶的栽培加工技术的发展，涌现了许多名茶如建州大团，方山露芽，武夷研膏、腊面、甘晚侯已成为武夷茶之别称。

宋代诗文，对武夷产茶有记录。宋代贡茶，首重建安北苑，次则壑源。武夷茶不入贡，名不显，但在北宋"亦有知之者"。宋代茶著，如蔡襄《茶录》、赵佶《大观茶论》诸书，均未提及武夷茶。但范仲淹《和章岷从事斗茶歌》诗有"溪边奇茗冠天下，武夷仙人从古栽"，苏轼《荔枝叹》诗有"君不见武夷溪边粟粒芽，前丁后蔡相笼加"，其《凤味古研铭》有"帝规武夷作茶囿"。在宋代，除保留传统的蒸青团茶以外，已有相当数量的蒸青散茶。散茶是蒸青后直接烘干，呈松散状。片茶主要龙凤贡茶及白茶花色品种繁多，半个世纪内创造了40多种名茶。宋代武夷已注意到名丛的培育，如石乳、铁罗汉、坠柳条等。另外，随着茶品日益丰富与品茶的日益研究，逐渐重视茶叶的原有的色香味，在建州茶区为了评比茶叶的品质，出现了"斗茶"，建人谓之"茗战"，传统的烹饮习惯正是由宋代开始至明出现巨大变化。《宋史·食货志》云："茶有两类，曰片、曰散"，片茶即团饼茶，是将茶蒸后，捣碎压饼片状，烘干后以片计数。

元代，团茶已开始逐渐淘汰。据元人赵孟頫《御茶园记》："武夷，仙山也。岩壑奇秀，灵芽苗焉。世称石乳，厥品不在北苑下。然以地啬其产，弗及贡。至元十四年，今浙江省平章高兴公，以戎事人闽。越二年，道出崇安。有以石乳饷者，公美芹恩献，谋始于冲佑道士，摘焙作贡。"可知，除武夷御茶园制龙团凤饼名"石乳"之外，散茶得到较快的发展。当时制成的散茶因鲜叶老嫩程度不同而分两类：

芽茶和叶茶，芽茶为幼嫩芽叶制成的：如当时武夷的探春、先春、次春、拣芽以及紫笋都属芽茶；叶茶为较大的芽叶制成的：如武夷雨前即是。

明代的武夷茶还被视为炒青、烘青绿茶和正山小种红茶。

明代，废团兴散，结束了单一的茶类，武夷除蒸青散茶以外，出现了炒青绿茶以及正山小种红茶。

明代初年，朱元璋诏罢贡团茶，于是散茶大兴。武夷山原产团饼茶，改制散茶后一时难于适应，茶产一度衰微，但不久又重新振作，武夷茶又成为明代绿茶中的名品。如许次纾的《茶疏》中写道："江南之茶，唐人首重阳羡，宋人最重建州。于今贡茶，两地独多。阳羡仅有其名，建茶亦非最上，惟有武夷雨前最胜。"谢肇制《五杂俎》记有："今茶品之上者，松萝也，虎丘也，罗岕也，龙井也，阳羡也，天池也，而吾闽武夷、清源、鼓山三种可与角胜。"徐谓的《刻徐文长先生秘集》："罗岕、天池、松萝、顾渚、武夷、龙井……"此外，陈继儒的《太平清话》、吴拭的《武夷杂记》和罗廪的《茶解》等古籍中，也都提到武夷茶在明代是一种有名的著品。洪武年间武夷罢贡，团饼茶已较多改为散茶，烹茶方法由原来的煎煮为主逐渐向冲泡为主发展。茶叶以开水冲泡，然后细品缓啜，清正、袭人的茶香，甘冽、酽醇的茶叶以及清澈、明亮的茶汤，更能领略茶之天然香味品性。根据罗察《茶解》"而今之虎丘、罗岕天池、顾渚、松萝、龙井、雁荡、武夷、灵山、大盘、日铸诸有名之茶……"，可知明代茶以虎丘、天池、罗岕、龙井、阳羡、松萝、武夷最为著名，武夷茶声誉日隆。[1]

武夷山是红茶的故乡，红茶鼻祖——正山小种红茶出现于明末16世纪末、17世纪初。《清代通史》是记录小种红茶的最早史料，"明末崇祯十三年红茶（有工夫茶、武夷茶、小种茶、白毫等）始由荷兰转至英伦"。这段记载表明小种红茶的名称在明崇祯十三年（1640）前已出现。[2]

清代的武夷茶为青茶。

青茶创制于清代。青茶，也称乌龙茶，与绿茶、黄茶、黑茶、白茶、红茶等并称为中国的六大茶类，青茶的制作是六大茶类中最为考究的。武夷岩茶的制法是：采摘后摊放，即晒青后摇青；摇到散发出浓香就炒、焙、拣。乌龙茶的记证人王草堂在《茶说》记载："武夷茶采后，以竹筐匀铺，架于风日中，名曰晒青，俟其青色渐收，然后再加烘焙。阳羡片，只蒸不炒，火焙以成。松萝龙井，皆炒而不焙，故其色纯也。独武夷炒焙兼施，烹出之时，半青半红，青者乃炒色，红者乃焙色也。茶采而摊，摊而摵（振动），香气发越即炒，过时不及皆不可。既炒既焙，复拣去其老叶，枝蒂，使之一色。"（陆廷灿《续茶经》）此外，受福建制台、抚台的聘

---

① 郭雅玲. 工夫茶的由来与延伸的若干问题探讨 [J]. 农业考古，2000（02）.

② 萧一山. 清代通史（卷二）[M]. 华东师范大学出版社，1985：847.

请来闽的王复礼在《茶说》中也记录了武夷岩茶的制作工序有晒青、摇青、炒青、烘焙、拣剔等，这些工序乃是武夷岩茶（青茶）的基本工序。[①]

岩茶品质优异，出类拔萃，素以"岩骨花香"之称，著称于世。当代乌龙茶专家张天福云："武夷岩茶不仅品质超群，而且在中国乃至世界发展史上。占有极其重要的地位。"

武夷岩茶分岩茶与洲茶两类，洲茶又有莲子心、白毫（寿星眉）、风尾、龙须等品种。洲茶品质远不及岩茶。清代崇安县令王梓《茶说》中的"武夷山周回百二十里，皆可种茶。茶性他产多寒，此性独温。其品为二：在山者为岩茶，上品；在地者为洲茶，次之。香清浊不同，且泡时岩茶汤白，洲茶汤红，以此为别"（陆廷灿《续茶经》）。岩茶与洲茶的生长环境不同，香清浊不同，就是汤色也不一样，岩茶汤白，洲茶汤红。

武夷岩茶包括了各种武夷山乌龙茶的统称。岩茶，顾名思义，即在大山岩石的岩罅隙地上生长的茶。武夷岩茶品质之优异，虽因茶树品种之优异所致，但得天独厚之处仍属不少，地势土壤、气候等天然条件，均足影响产茶之良窳。武夷山位于武夷山市东南部，方圆60平方公里，有36峰99岩，岩岩有茶，茶以岩名，岩以茶显，故名岩茶，名酽茶，意为茶鲜纯、浓厚。由此可知，乌龙茶是由武夷茶派生而创制的武夷岩茶。

2. 工夫茶——武夷岩茶之佳品

据史料记载，将武夷岩茶与"工夫"联系起来的两个关键人物为释超全和王草堂。释超全（1625-1711）在《武夷茶歌》写道："……近时制法重清漳（注：清漳是漳州府的雅称），漳芽漳片标名异。如梅斯馥兰斯馨，大抵焙时候香气。鼎中笼上炉火温，心闲手敏工夫细。岩阿宋树无多丛，雀舌吐红霜叶醉。终朝采采不盈掬，漳人好事自珍秘。积雨山楼苦昼间，一宵茶话留千载。重烹山茗沃枯肠，雨声杂沓松涛沸。"释超全认为武夷岩茶制茶人主要是漳州人，作为一种茶中珍品为数不多，他还认为武夷岩茶制作者"心闲手敏工夫细"。关于诗中"如梅斯馥兰斯馨"，"心闲手敏工夫细"两句，王草堂在《茶说》中表示是对武夷岩茶"形容尽矣"。[②]

王草堂《茶说》首先将武夷岩茶与"工夫"二字相联系，《随见录》则最先以工夫茶来指称武夷岩茶。《随见录》载："武夷茶。在山上者为岩茶。水边者为州茶。岩茶为上，洲茶次之。岩茶北山者为上，南山者次之。南北两山又以所产之岩名为名。其最佳者，名曰工夫茶。'工夫'之上，又有'小种'，则以树名为名，每株不过数两，不可多得。洲茶名色有莲子心白毫、紫毫、龙须、凤尾、花香、清香、选芽、漳芽等类。"（陆廷灿《续茶经》）这说明"小种"、"工夫茶"二词均来源于福建武夷，

---

① 黄光武. 工夫茶与工夫茶道 [J]. 中山大学学报（社会科学版），1995（04）.
② 林长华. 著名文人与工夫茶 [J]. 农业考古，1996（04）.

是指武夷岩茶中的花色品名, 只是等次不同。^①

清朝中叶乾隆年间, 曾任崇安县令五载, 喜爱武夷茶的刘靖《片刻余闲集》记: "武夷茶高下分二种, 二种之中, 又各分高下数种。其生于山上岩间者, 名岩茶; 其种于山外地内者, 名洲茶。岩茶中最高者曰老树小种, 次则小种, 次则小种工夫, 次则工夫, 次则工夫花香、次则花香……" 此说与《随见录》"工夫之上, 又有小种, 则以树名为名" 意义大体一致, 均说明小种工夫、工夫、工夫花香三种武夷岩茶代表上中下三种等次的茶名。另外, 刘靖指出"工夫"原是以岩为名, 是武夷岩茶中之最佳者。"小种" 则以树为名, 是工夫茶中之最佳者。但后来随着武夷乌龙茶商品生产的发展, "工夫"、"小种" 两个原花色品名被茶商用来作为武夷茶(武夷乌龙茶)的两个商品茶名了。^②

梁章钜, 乾嘉时人, 官至江苏巡抚, 在其《归田锁记》"品茶" 记: "余尝再游武夷, 信宿天游观中。每与静参羽士谈茶事。静参谓茶名有四等, 茶品亦有四等。今城中州府官廨及豪富人家竟尚武夷茶。最著者曰花香, 其由花香等而上者曰小种而已。山中以小种为常品。其等而上者曰名种。此山以下所不可多得, 即泉州、厦门人所讲工夫茶。" 梁章钜认为武夷岩茶分为花香、小种、名种、奇种四等, 其中名种被泉州、厦门人视为工夫茶。

郭柏苍(1815—1890), 福建侯官(注: 今福州市)人, 活动在道光至光绪中, 官至内阁中书等。其《闽产录异》的"茶"记: "闽诸郡皆产茶, 以武夷为最。苍居芝城十年, 以所见者录之。武夷寺僧多晋江人, 以茶坪为业, 每寺订泉州人为茶师。清明后谷雨前, 江右采茶者万余人……火候不精, 则色黝而味焦, 即泉漳台摩人所称工夫茶, 瓴仅一二两, 其制法则非茶师不能。" 这与静参道士所说泉州、厦门人以名种为工夫茶一致。闽南安溪岩茶与闽北武夷岩茶, 这南、北两种岩茶的制法, 都属"工夫"茶制法, 而且此种制茶之法是最先出现在闽南的。

3. 工夫茶与武夷岩茶、红茶

到民国时期, 对武夷岩茶归为青茶, 有人提出异议。据《可言》"武夷山在福建崇安县甫三十里……山产红茶, 世以武爽茶称之。茶之行于市者, 曰铁罗汉, 曰四色种, 曰林万泉, 曰天井岩正水仙种, 曰武夷山天心岩佛手种, 曰武夷名色种, 曰铁观音, 曰雪梨, 曰玉花种, 曰大江名种。又有成块者……铁观音以下皆红茶……", 可知, 有些人称武夷岩茶为红茶, 因为他们认为青茶沼后汤色橙黄; 也有些人认为武夷岩茶为绿茶, 同徐珂认为胡朴安就属这一类人, 而他依据是胡朴安曾言"工夫茶之最上者曰帙罗汉, 绿茶也", 表达铁罗汉就是一种绿茶。

① 陈祖槼, 朱自振. 中国茶叶历史资料选辑 [M]. 农业出版社, 1981.
② 赵天相. 工夫茶名之演变 [J]. 农业考古, 2004(4).

当代茶圣吴觉农先生主编的《中国地方志茶叶资料选辑》载："武夷岩茶与红茶都有称为工夫茶的品种。"民国之后，岩茶就没有冠以"工夫"字眼了，"工夫"则全指红茶。如陈宗懋主编的《中国茶经·红茶篇》中，将红茶分为正山小种、小种红茶、红碎茶三大类，且按地域分为：闽红工夫、祁门工夫、休宁工夫、川红工夫、滇红工夫等等。

因为至1840年之后，随着五口通商，武夷乌龙茶外销畅旺，供不应求，各地群起仿制，且简化工艺，采取以红边茶为准，叶子晾晒后，经过揉捻，堆积，再用日晒加工而成。事实上，这些茶不是乌龙茶，应被视为红茶。以红茶之名出现在市场上的茶叶逐渐被外商所接受，接着泛称为"工夫茶"的红色乌龙茶正式被改名为"工夫红茶"，"小种茶"则改为"小种红茶"一直延续至今，成了当今我国条红茶的两个专用茶名。其中"小种红茶"特指产自武夷的条红茶，"工夫红茶"泛指产自其他各省茶区的条红茶，故有"祁门工夫"、"滇红工夫"、"宁红工夫"等等之名。因此，在当今茶学辞书中，只有"工夫红茶"之名，而无"工夫茶"之称。①

二、工夫茶茶艺内涵的变化

工夫茶名除了用在茶叶上，也涉及泡茶技艺。工夫茶茶艺起初是指武夷岩茶（青茶）泡饮法，最后则泛指青茶泡饮法。

1. 初为武夷岩茶泡饮法

作为茶艺名的"工夫茶"，陈香白先生在他的著作《中国茶文化》一书记述到，工夫茶名最早见于俞蛟在嘉庆六年（1801）四月成书的《梦厂杂著》："工夫茶，烹治之法，本诸陆羽《茶经》，而器具更为精致。炉形如截筒，高约一尺二三寸，以细白泥为之。壶出宜兴窑者最佳，圆体扁腹，努咀曲柄，大者可受半升许。杯盘则花瓷居多，内外写山水人物，极工致，类非近代物。然无款志，制自何年，不能考也。炉及壶、盘各一，惟杯之数，则视客之多寡。杯小而盘如满月。此外尚有瓦铛、棕垫、纸扇、竹夹，制皆朴雅。壶、盘与杯，旧而佳者，贵如拱璧，寻常舟中不易得也。先将泉水贮铛，用细炭煎至初沸，投闽茶于壶内冲之；盖定，复遍浇其上；然后斟而细呷之，气味芳烈，较嚼梅花更为清绝，非拇战轰饮者得领其风味……今舟中所尚者，惟武夷。"泡饮程序多，颇需工夫，故以工夫茶来指称武夷岩茶的泡饮方法。②

其实，随园老人袁枚在《随园食单·茶酒单》便已记载了武夷岩茶的泡饮法及品质特点，记道："余向不喜武夷茶，嫌其浓苦如饮药然。丙午秋，余游武夷，到

---

① 庄任.闲话武夷茶、工夫、小种 [J].福建茶叶，1985（1）：28-30.

② 郭雅玲.茶艺的类型与特色 [J].福建茶叶，1997（01）.

曼亭峰、天游寺诸处，僧道争以茶献。杯小如胡桃，壶小如香橼，每斟无一两。上口不忍遽咽，先嗅其香，再试其味，徐徐咀嚼而体贴之。果然清芬扑鼻，舌有余甘。一杯之后，再试一二杯，令人释躁平矜，怡情悦性。始觉龙井虽清，而味薄矣；阳羡虽佳，而韵逊矣。颇有玉与水晶，品格不同之故。故武夷享天下之盛名，真乃不忝。且可以瀹至三次，而其味犹未尽。"袁枚是浙江钱塘人，常喝阳羡、龙井等绿茶，初饮青茶类的武夷岩茶感觉像在喝药，太过浓苦。乾隆丙午（1786 年），袁枚上武夷山喝过僧道用小壶、小杯泡饮的武夷岩茶，经过嗅香、试味，徐徐咀嚼后感慨道岩茶虽不及龙井清，但胜在醇厚；虽不及阳羡佳，但茶韵足。武夷岩茶具有花香持久、耐冲泡的品质特点。袁枚对品饮武夷茶的方法和体验可谓淋漓尽致。

陈香白在《中国茶文化》引《蝶阶外史》（注：作者可能是寄泉，号外史，清代咸丰时人）"工夫茶"记："工夫茶，闽中最盛……预用器置茗叶，分两若干，立下壶中。注水，覆以盖，置壶铜盘内；第三，铫水又熟，从壶顶灌之周四面；则茶香发矣。瓯如黄酒卮，客至每人一瓯，含其涓滴，咀嚼而玩味之。若一鼓而牛饮，即以为不知味，肃客出矣。"此处工夫茶艺中所用茶具，相比俞蛟多了涤壶，这说明工夫茶在发展过程中是不断完善的。

清末，工夫茶茶艺中增加了洗茶和覆巾两道程序。泡茶前先用凉水洗茶，此工艺可见"中国讲求烹茶……客至，将啜茶，则取壶置径七寸、深寸许之瓷盘中。先取凉水漂去茶叶中尘滓"。另外，依据《清朝野史大观·清代述异"功夫茶二则"的记载："乃撮茶叶置壶中，注满沸水，既加盖，乃取沸水徐淋壶上。俟水将满盘，乃以巾复，久之，始去巾。注茶杯中奉客，客必衔杯玩味，若饮稍急，主人必怒其不韵。"可见，覆巾这一工序更显武夷岩茶泡饮法实为极讲究之事，需要泡茶者和饮茶者静下心来细细品味。

2. 泛指青茶泡饮法

工夫茶已渐渐成为品饮武夷茶的民间俗称，工夫茶茶艺用茶已不限于武夷岩茶。

闽南人好饮工夫茶，此可见于清朝晋江人陈巢仁《工夫茶》诗："宜兴时家壶，景德若深杯；配以慢亭茶，奇种倾建溪。瓷鼎烹石泉，手扇不敢休；蟹眼与鱼眼，火候细推求。蜻盏暖复洁，一注云花浮；清香扑鼻观，未饮先点头……"

潮州人也酷嗜工夫茶，张心泰《粤游小识》记："潮郡尤嗜茶，其茶叶有大焙、小焙、小种、名种、奇种、乌龙诸名色，大抵色香味三者兼备。以鼎臣制宜兴壶，大若胡桃，满贮茶叶，用坚炭煎汤，乍沸泡如蟹眼时，瀹于壶内，乃取若琛所制茶杯，高寸余，约三四器匀斟之。每杯得茶少许，再瀹再斟数杯，茶满而香味出矣。其名曰工夫茶，甚有酷嗜破产者。"宜兴小砂壶，若琛小杯，候汤、纳茶、冲注、匀斟，茶的品类较多。

3.独特的工夫茶

工夫茶的特别之处，见仁见智。有人认为工夫茶特别处在于配备精良的茶具，抱有这种观点的有翁辉东，《潮州茶经·工夫茶》中记述："工夫茶之特别处，不在于茶之本质，而在于茶具器皿之配备精良，以及闲情逸致之烹制。"这种说法有其可根据之处，也有些过于片面。如工夫茶道中为使斟茶时各杯均匀，本有道工序为"关公巡城、韩信点兵"，但后来却发明出公道杯简化了这一工序，有无使用公道杯的工夫茶艺各有特色。也有人看到工夫茶中包含的"精巧技法"，如清朝厦门人王步蟾曾在《工夫茶》诗中感慨道："工夫茶转费工夫，吸茗真疑嗜好殊。犹自沾沾夸器具，若深杯配孟公壶。"工夫茶的确有不少独特之处，如需刮沫（春风拂面）、淋罐（重洗仙颜）、烫杯（若琛出浴）。但工夫茶艺中所使用的茶具的确很是精致，这从上面引袁枚《随园食单·武夷茶》一段文字中便可知。

工夫茶的独特之处也不少，如需刮沫、淋罐、烫杯，即现代工夫茶的"春风拂面、重洗仙颜、若琛出浴"，这是现代壶泡法所无的。高冲、低斟，斟茶要求各杯均匀，又必余沥全尽，现代工夫茶称之为"关公巡城、韩信点兵"，这是工夫法斟茶的独特处。这是因为青茶采叶较粗，需烧盅热罐方能发挥青茶的独特品质。

近几年来，不少茶文章中将"工夫茶"与"功夫茶"视为一个词义，两者可以通用。《辞海》及《辞源》关于"工夫"条目的诠释均为"工夫"也作"功夫"，但又云："工夫：指所费精力和时间；功夫：指技巧。""功夫茶"一词最早见于《清朝野史大观·清代述异卷十二》的"中国讲求烹茶，以闽之汀、漳、泉三府、粤之潮州府功夫茶为最，其器具亦精绝……"。在此之前的著作中，见到的都是"工夫茶"。也有许多学者认为"工夫茶"与"功夫茶"有着不同内涵，不管各家看法如何，但一般都认为"功夫茶"是指一种茶艺名。考察了"工夫茶"之名的历史演变关系后，觉得相比"功夫茶"，"工夫茶"出现的更早，所代表的含义更为广阔，这也是本书中为什么以"工夫茶"为名，而不以"功夫茶"为名的主要缘由。

第二节　武夷工夫茶艺

一、茶艺简介

名山出名茶，名茶耀名山。素有"奇秀甲东南"之美誉的武夷山在福建崇安县境，明代以前为道教名山，清代以后又成为佛教圣地，同时还是朱子理学的摇篮。现在武夷山为国家重点风景名胜区，1999年被联合国世界遗产委员会正式批准列入《世界自然与文化遗产名录》。武夷山所产的岩茶是乌龙茶中的珍品，而曾有一度工夫茶是指上等的岩茶。

由于武夷岩茶以讲究内质为主，文化底蕴丰厚，因而品尝武夷岩茶是一种极富诗意雅兴的赏心乐事，自古以来，文人学士非常崇尚这种高层次的精神享受。泡好一壶茶，除了要用好的茶叶，处在一个适宜的环境，还要配上好的茶具和清冽的水质，再用高超的冲泡技巧才能完成，按照这样的要求冲泡武夷岩茶，武夷工夫茶艺便应运而生。

武夷茶人黄贤庚认为品尝武夷岩茶高层次的精神享受，讲究环境、心境、茶具、水质、冲泡技巧、品尝艺术。

二、茶具选择

武夷山区品茶茶具有茶盏、白瓷壶杯、紫砂壶杯，等等。泡饮岩茶是除了备好茶叶（这时茶叶常放置在茶罐里），还要准备一套茶具。[①]

常见成套茶具包括：

茶盘：一个，一般是木制的。

茶壶与茶盅：茶壶是必要的，至少一个，茶盅可以有一个，也可以不备至。根据袁枚《随园食单·武夷茶》提到的"壶出宜兴者最佳，圆体扁腹，努咀曲柄，大者可受半升许"，最好选用宜兴紫砂母子壶一对，其中一个泡茶用，一个当茶盅使。另外，茶壶不宜用大，依许次纾在《茶疏》"茶注宜小，不宜甚大。小则香气氤氲，大则易于散漫。大约及半升，是为适可"的看法，知道茶壶要选大小适宜者为佳，茶壶大小如拳头。

品茗杯：杯小如核桃。按照古人的看法以小、以浅为宜。古人认为"杯小如胡桃"，"杯亦宜小宜浅，小则一吸而尽，浅则水不留底"。另外，品茗杯为白瓷杯，便于观看茶之汤色。杯子数量为若干对，一般由 4 或 6 个组成。与茶会友，别有风味，但是一同品茶的人也不宜太多，四五人足矣。

托盘：一般看到的是搪瓷托盘，讲究的则用脱胎托盘。

另外，还有茶道组一套，茶巾二条（一条擦拭用，一条当覆茶巾使），开水壶一个，酒精炉一套，香炉一个，茶荷一个，檀香、火柴若干等。

---

① 黄贤庚.武夷茶艺简释[J].福建茶叶，1991（4）：49.

三、二十七道茶艺表演程序

品饮好武夷岩茶需要花工夫，在讲究色、香、味的同时，也要讲求声、律、韵。武夷岩茶的品饮技巧，古来有之，而且不断发展变化。但 1994 年 11 月在陕西法门寺的茶文化研究会上，经有关人员导演出二十七道品赏岩茶的程序显露头角。此后，系统完整的武夷岩茶二十七道茶艺在多次接待外宾中深得好评，也在众家国内外茶道茶艺表演中备受赞赏。

武夷茶艺表演的程序有二十七道，合三九之道。二十七道茶艺如下：[①]

（1）恭请上座：客在上位，主人或侍茶者沏茶，把壶斟茶待客。

（2）焚香静气：焚点檀香，造就幽静、平和的气氛。

（3）丝竹和鸣：轻播古典民乐，使品茶者进入品茶的精神境界。

（4）叶嘉酬宾：出示武夷岩茶让客人观赏。叶嘉即宋苏东坡用拟人笔法称呼武夷茶之名，意为茶叶嘉美。

（5）活煮山泉：泡茶用山溪泉火为上，用活火煮到初沸为宜。

（6）孟臣沐霖：即烫洗茶壶。孟臣是明代紫砂壶制作家，后人把名茶壶喻为孟臣。

（7）乌龙入宫：把乌龙茶放入紫砂壶内。

（8）悬壶高冲：把盛开水的长嘴壶提高冲水，高冲可使茶叶翻动。

（9）春风拂面：用壶盖轻轻刮去表面白泡沫，使茶叶清新洁净。

（10）重洗仙颜：用开水浇淋茶壶，既净壶外表，又提高壶温。"重洗仙颜"为武夷山一石刻。

（11）若琛出浴：即烫洗茶杯。若琛为清初人，以善制茶杯而出名，后人把名贵茶杯喻为若琛。

（12）玉液回壶：即把已泡出的茶水倒出，又转倒入壶，使茶水更为均匀。

（13）关公巡城：依次来回往各杯斟茶水。

（14）韩信点兵：壶中茶水剩下少许时，则往各杯点斟茶水。

（15）三龙护鼎：即用拇指、食指扶杯，中指顶杯，此法既稳当又雅观。

（16）鉴赏三色：认真观看茶水在杯里的上中下的三种颜色。

（17）喜闻幽香：即嗅闻岩茶的香味。

（18）初品奇茗：观色、闻香后开始品茶味。

（19）再斟兰芷：即斟第二道茶，"兰芷"泛指岩茶。宋范仲淹诗有"斗茶香兮薄兰芷"之句。

（20）品啜甘露：细致地品尝岩茶，"甘露"指岩茶。

（21）三斟石乳：即斟三道茶。"石乳"，元代岩茶之名。

---

① 黄贤庚.武夷茶艺 [J].农业考古，1995（04）.

（22）领略岩韵：即慢慢地领悟岩茶的韵味。

（23）敬献茶点：奉上品茶之点心，一般以咸味为佳，因其不易掩盖茶味。

（24）自斟漫饮：即任客人自斟自饮，尝用茶点，进一步领略情趣。

（25）欣赏歌舞：茶歌舞大多取材于武夷茶民的活动。三五朋友品茶则吟诗唱和。

（26）游龙戏水：选一条索紧致的干茶放入杯中，斟满茶水，恍若乌龙在戏水。

（27）尽杯谢茶：起身喝尽杯中之茶，以谢山人栽制佳茗的恩典。

这套武夷茶艺，大体分为造就雅静氛围、冲泡技巧、斟茶手法、品赏艺术四大部分。每道都有深刻内涵，意在将生活与文化融为一体。

武夷茶艺的前三道，旨在创造一个和静的环境。从安排客人围坐，焚香以静心，再搭配上音乐，整个流程井井有条，造就雅静氛围。第4道是出示岩茶给客人观看，把这一礼节行为雅称"叶嘉酬宾"。叶嘉，即宋苏轼在其《叶嘉传》中用拟人手法把武夷茶誉为叶嘉，意为叶子嘉美。既涵容了古文人对武夷茶的赞美，又体现主人对宾客的敬意。第5道"活煮山泉"，讲的是选水、煮水的科学要求。第6道和11道，则是根据记载，把杯壶以历史名人代之，并将冲泡比作沐浴。第7道"乌龙入宫"，即把茶叶放入紫砂壶。乌龙指乌龙茶，岩茶为乌龙茶类之珍品，紫砂壶形象为龙宫。龙王入宫是隆重之举。第10道本是用开水淋洗茶壶，使之表面洁净，又提高壶温。此道是引用武夷山云窝"重洗仙颜"石刻喻之，颇感贴切。第12道是把茶壶底沿茶盘沿旋转一圈，旨在括去壶底之水，防止斟茶时滴入杯中，将此比作"游山玩水"，自然关联到武夷游览。第13、14道指的是斟茶技法。来回往各杯斟茶，待茶水少许后，则往各杯点斟，使各杯茶水等量，浓淡相当，以避厚此薄彼之嫌。凡喝乌龙茶的地方，大多引用"关公巡城"、"韩信点兵"典故。有人认为它包含杀机，不合茶之祥和精神。其实，正义的秣马厉兵、戍边守土是理当歌颂的，何况忠义千秋、不事二主的关羽，大智大勇、能屈能伸的韩信在国人中享有崇高威望，且家喻户晓。第15道是拿杯方法。小如核桃的茶杯如何稳当、雅观地操持在手中，命以"三龙护鼎"。三龙即拇、食、中三指意为龙；鼎指茶杯。第16、17、18道，是品赏岩茶的基本常识。遵循之，方能品出真韵，又不会被人讥为"大口饮驴"。第19、20、21道是借用清代才子袁枚品岩茶得三味的体验。至于兰芷、甘露、石乳、岩韵均是古今文人学者对岩茶的雅称。最后5道是给品茶者助兴添趣，使之分享茶乐，尽兴而归。冲泡技巧：从第4道到第10道，共7道，名茶宜名水，武夷山泉，水清甘冽，泡茶最宜。烧水也宜适度，初沸为好。①

品尝岩茶时，也可备些茶点。品赏过程最好不要配以茶点，等到鉴赏过程结束，喝茶的同时可以吃一些咸味的茶点，如瓜子、菜干、咸花生之类，也可用咸味糕饼，

① 黄贤庚.漫话武夷茶艺[J].福建茶叶，1998（03）.

因为咸食相对来说不会"喧宾夺主"，掩掉茶味，对品茶有过多的干扰。

四、十八道茶艺解说与图解

为便于表演，更好地推广武夷岩茶茶艺，业内人士将二十七道武夷茶艺简化为十八道。下面是十八道茶艺的解说词及茶艺流程图解：

1. 焚香静气：焚点檀香，造就幽静平和气氛。

2. 叶嘉酬宾：出示武夷岩茶让客人观赏。叶嘉即宋苏东坡用拟人笔法之武夷茶代称，意为茶叶嘉美。

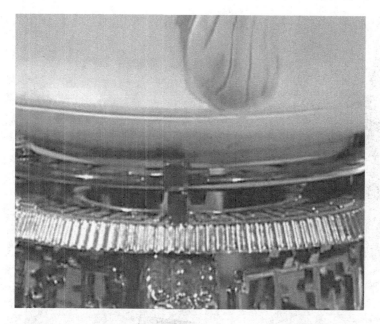

3. 活煮山泉：泡茶用山溪泉水为上，用活火煮到初沸为宜。

4. 孟臣沐霖：即烫洗茶壶。孟臣是明代紫砂壶制作家，后人把名茶壶喻为孟臣。

5. 乌龙入宫：把乌龙茶放入紫砂壶内。

6. 悬壶高冲：把盛开水的长嘴壶提高冲水，高冲可使茶叶松动出味。

7.春风拂面：用壶盖轻轻刮去表面白泡沫，使茶叶清新洁净。

8.重洗仙颜：用开水浇淋茶壶，既洗净壶外表，又提高壶温。"重洗仙颜"为武夷山云窝的一方石刻。

9.若琛出浴：即烫洗茶杯。若琛为清初人，以善制茶杯而出名，后人把名贵茶杯喻为若琛。

10.游山玩水：将茶壶底沿茶盘边缘旋转一圈，以括去壶底之水，防其滴入杯中。

11.关公巡城：依次来回往各杯斟茶水。关公以忠义闻名，而受后人敬重。

12.韩信点兵：壶中茶水剩少许后，则往各杯点斟茶水。韩信足智多谋，而受世人赞赏。

13. 三龙护鼎：即用拇指、食指扶杯，中指顶杯，此法既稳当又雅观。

14. 鉴赏三色：认真观看茶水在杯里上中下的三种颜色。

15. 喜闻幽香：即嗅闻岩茶的香味。

16. 初品奇茗：观色、闻香后，开始品茶味。

17. 游龙戏水：选一条索紧致的干茶放入杯中，斟满茶水，仿若乌龙在戏水。

18. 尽杯谢茶：起身喝尽杯中之茶，以谢山人栽制佳茗的恩典。
表演到此结束，谢谢大家观赏！

武夷岩茶茶艺还在不断地发展创新中，除了二十七道、十八道，还有十道、十九道、二十二道等等岩茶茶艺，就是十八道，也有不同的泡法。虽然这些茶艺道数不尽相同，但其程序是相似的。不管如何泡制武夷岩茶，只要在这个过程中，让人感受到宁静、祥和、舒适，泡出一杯滋味醇和的茶水，这就是一次成功的武夷工夫茶艺。

第三节　闽南工夫茶艺

一、茶艺简介

居住在闽南侨乡漳州、厦门、泉州一带的人，喝茶蔚然成风。

闽南安溪铁观音名冠天下，又与武夷岩茶产区毗邻，因而闽南工夫茶艺能够产生并长期盛行是在情理之中的。基本上每个闽南家庭里都至少备有一套茶具，几乎每餐都要饮茶。就是在商店、车间、田头、办公室和能够聚众休息的场所，也随时可见功夫的茶具，人们一有空就高冲低斟，对饮品茗。

闽南工夫茶艺以安溪工夫茶艺为代表，二者是一而二，二而一的关系。

福建安溪，中国乌龙茶都，是我国乌龙茶的最主要产区。安溪除了有闻名遐迩的"铁观音"这一名茶外，这里出产的"黄金桂"、"本山"、"毛蟹"等也都品质超凡，蜚声中外。早在清代，安溪的乌龙茶冲泡方法就已相当考究，近年来，乘着安溪铁观音产业的繁荣和茶文化复兴之风，安溪的一些有识之士通过不断的探索，创编了独具一格的安溪工夫茶茶艺。[①]

安溪工夫茶艺的基本理念：安溪茶艺流程，每一个环节，每一个动作，都融自身修养与茶的精华为一体，产生出一种以物质为载体的精神现象，在冲泡过程中不停留在"表演"的层面上，追求的茶艺精神理念是尊重茶与人，人与自然之间的和谐关系，主张人际和谐，强调环保意识。

茶艺之本：（纯）茶性之纯正，茶主之纯心，化茶友之净纯。

茶艺之韵：（雅）沏茶之细致，动作之优美，茶局之优雅，展茶艺之神韵。

茶艺之德：（礼）感恩于自然，敬重于茶农，诚待于茶客，联茶友之情谊。

茶艺之道：（和）人与人之和谐，人与茶，人与自然之和谐，系心灵之挚爱。

它传达的是纯、雅、礼、和的茶道精神理念。

传播的是人与大自然的交融；启发人们走向更高的生活境界。

作为茶人们所追求的精神理念："纯、雅、礼、和"，总归纳于"和谐关系"，我们摆脱烦琐、拘谨、无形的虚意，因此"安溪茶艺"的展现是面对大众，面对生活，面对大自然，是茶主与茶客直接对话，沟通情感，共同分享"灵魂之饮"，是品饮

---

① 陈郁榕. 细品福建乌龙茶 [M]. 福州：福建科技出版社，2010.

艺术的最高境界。

二、茶　具

闽南人所用茶具，外地人见了都会啧啧称奇。因为那是一套玲珑剔透的袖珍型茶具——茶壶、茶杯和煮水的壶。茶壶一般是用朱砂陶烧制而成，小巧精致；茶杯是细瓷烧制的；小如胡桃；薄如蝉翼，洁白透明。有的还有勾花描金图案，多取兰竹之类；以示清高淡雅；一款茶具只有4个杯子。托放杯壶的盘子分上下两层，上层是托盘，盘间有洞眼，以漏余茶水用，下层为盛放茶渣剩水的。烧水的壶如苹果一般大小，有陶壶与铜壶两种，闽南人称之为"茶石畏"。

而上述安溪工夫茶茶艺选择茶具因地制宜，遵循民间习俗，采用的有陶质炭炉，水壶，瓷质圆层盘（托盘），盖碗（三才杯），小瓷杯（白玉杯），茶罐，竹制茶道具和茶巾。

三、安溪工夫茶茶艺的基本程序

1.表演型茶艺

这是一套可用于舞台表演的茶艺，共十六道程序。

（1）神入茶境：表演者在沏茶时应以清水净手，端正仪容，以平静愉悦的心情进入茶境，聆听中国传统音乐，以古筝、箫来帮助自己安静心灵。

（2）展示茶具：安溪盛产竹子，茶匙、茶斗、茶夹、茶通是竹器工艺制成的。这是民间的传统茶具，茶匙、茶斗是装茶用，茶夹是夹杯洗杯用的。炉、壶、瓯杯以及托盘，号称"茶房四宝"，安溪传统加工而成，安溪茶乡有悠久历史的古窑址，在五代十国就有陶器工艺，宋朝中期就有瓷器工艺。"文房四宝"不仅泡茶专用，而且有较高的收藏欣赏价值。而用白瓷盖瓯泡茶，对于放茶叶、闻香气、冲开水、倒茶渣都很方便。

（3）烹煮泉水：沏茶择水最为关键，水质不好会直接影响茶的色、香、味，只有好水茶味才美。冲泡安溪铁观音，烹煮的水温需达到100℃，这样最能体现铁观音独特的音韵。

（4）沐霖瓯杯："沐霖瓯杯"也称"热壶烫杯"。先洗盖瓯，再洗茶杯，这不但能保持瓯杯有一定的温度，又讲卫生，起到消毒作用。

（5）观音入宫：右手拿起茶斗把茶叶装入，左手拿起茶匙把名茶铁观音装入瓯杯，美其名曰："观音入宫"。

（6）悬壶高冲：提起水壶，对准瓯杯，先低后高冲入，使茶叶随着水流旋转而充分舒展。

（7）春风拂面：左手提起瓯盖，轻轻地在瓯面上绕一圈把浮在瓯面上的泡沫刮起，然后右手提起水壶把瓯盖冲净，这叫"春风拂面"。

（8）瓯里韵香：铁观音是乌龙茶中的极品，其生长环境得天独厚，采制技艺十分精湛，素有"绿叶红镶边，七泡有余香"之美称，具有防癌、美容、抗衰老、降血脂等特殊功效。茶叶下瓯冲泡，须等待1—2分钟，这样才能充分释放茶叶的香气和韵味。冲泡时间太短，色香味显示不出来，太久会"熟汤失味"。

（9）三龙护鼎：端瓯杯时，把右手的拇指、中指夹住瓯杯的边沿，食指按住瓯盖的顶端，提起盖瓯，把茶水倒出，三指称为三条龙，盖瓯称为鼎，这叫"三龙护鼎"。

（10）行云流水：提起盖瓯，沿托盘上边绕一圈，把瓯底的水刮掉，这样可防止瓯外的水滴入杯中。

（11）观音出海："观音出海"民间称它为"关公巡城"，就是把茶水依次巡回均匀地斟入各茶杯里，斟茶时应低行。

（12）点水流香："点水流香"在民间称为"韩信点兵"，就是斟茶到最后瓯底最浓部分，要均匀地一点一点滴注到各茶杯里，达到浓淡均匀，香醇一致。

（13）敬奉香茗：茶艺小姐双手端起茶盘彬彬有礼地向各位嘉宾、朋友敬奉香茗。

（14）鉴赏汤色：品饮铁观音，首先要观其色，就是观赏茶汤的颜色，名优铁观音汤色清澈、金黄、明亮，让人赏心悦目。

（15）细闻幽香：这就是闻其香，闻闻铁观音的香气，那天然馥郁的兰香、桂花香，清香四溢，让您心旷神怡。

（16）品啜甘霖：品啜铁观音的韵味，有一种特殊的感受，呷上一口含在嘴里，慢慢送入喉中，顿觉满口生津，齿颊留香，六根开窍，使人飘飘欲仙。

2. 生活型茶艺

闽南人历来以热情礼貌待客见称，他们自己喜茶，也喜请人喝茶。生活待客式安溪茶艺，其实就是平时家庭饮茶，对当地人是很重要的。

它没有像舞台表演那样有比喻形象的流程名称和优美的表演动作。主人待客一般选择品质好的乌龙茶（以铁现音为贵），选用清洁的泉水，煮至初沸，采用钟形的盖杯，然后按照基本泡饮程序进行，一般包括温具—置茶—备水—冲泡—刮泡沫—加盖（2—3分钟）、分茶—奉茶—品饮。茶几旁，或两人相对而坐，或三五个人围聚而坐，一同赏茶、鉴水、闻香、品茶，每一个人都是参与者，一起领略茶的色、香、味之美。①

起初，武夷工夫茶、闽南工夫茶对台湾工夫茶的影响深远，但在台湾茶叶界人士的努力之下，台湾不仅茶产业经济发展迅猛，台湾茶文化也被广为研究，在此机遇下，台湾工夫茶也获得了新的突破，现在闽南安溪清香型铁观音的制作和茶艺与台湾乌龙茶产业联系紧密，并且还在学习和借鉴台湾乌龙茶的产业经营模式，以求进步。

---

① 谢萍娟. 安溪茶艺与休闲文化 [J]. 广东茶业，2007（2）：20-22.

第四节　潮州工夫茶艺

一、潮州工夫茶艺概说

凤凰山是粤东的第一高峰，雄伟隽丽，其土质多属红花土、黄花土和灰黑土，很适宜茶叶种植。凤凰茶和铁观音以及水仙、色种都是属于"乌龙"类的茶种，半发酵，绿底金边。凤凰茶总被当作上品的茶叶，品种繁多：黄枝香、蜜兰香、芝兰香、姜母香一应俱全，香型多达上百种，每种香型中又可根据地势和品质等分出若干种。凤凰茶的特点是色浓味郁，耐冲耐泡，冲泡多次，仍然香味四溢。

潮州工夫茶以其独特的茶艺及色、香、味俱佳的特色饮誉海内外，深受广大潮人的欢迎。同闽南相似，凡有潮人聚居的地方，不论城乡、男女、老幼，人人都饮工夫茶，几乎家家户户都有一套或几套精美的工夫茶具。茶是每天不可缺少的饮料，也是接待客人的珍贵饮料。凡是饮过工夫茶的人无不赞不绝口，留下美好的回忆。这就是工夫茶的功夫！"烹调味尽东南美，最是工夫茶与汤。"这是女诗人冼玉清对潮州工夫茶的赞美。[①]

潮州工夫茶艺美学思想基础是"天人合一"，潮州工夫茶道正是大自然人化的载体。潮州工夫茶的特色是：注重茶叶的品质，讲究茶具的精美，重视水质的优良以及精湛的冲泡技艺。

二、茶　具

潮人所用茶具，注重造型美，大体相同，唯精粗有别而已。工夫茶的茶具，往往是"一式多件"，一套茶具常见备有茶壶、茶盘、茶杯、茶垫、茶罐、水瓶、龙缸、水钵、火炉、砂锅、茶担、羽扇等，一般以 12 件为常见。茶具讲究名产地、名厂名家出品、精细、小巧。茶具质量上乘，俨然就是一套工艺品，这充分体现出潮州茶文化中的高品位的价值取向。工夫茶的茶壶，多用江苏宜兴所产的朱砂壶，茶壶"宜小"，"小则香气氤氲，大则易于散烫"，如果"独自斟酌，愈小愈佳"；茶杯也宜小宜浅，大小如半只乒乓球。色白如玉的，称为白玉令，也有用紫砂、珠泥制成的。杯小则可一啜而尽，浅则可水不留底。[②]

三、潮州工夫茶艺演示

同武夷工夫茶茶艺、闽南工夫茶茶艺一样，潮州工夫茶茶艺程序道数不一。根据史料对潮州工夫茶茶艺的记载和多位专家学者的研究、潮州现在广为流传的谚语，遵

①　陈森和 . 潮州工夫茶 [J]. 农业考古，2004（2）：149-153.
②　陈香白 . 潮州工夫茶源流论 [J]. 农业考古，1997：91-99.

循"顺其自然，贴近生活，简洁节俭"的原则，对潮州工夫茶事进行归纳、提炼，可总结出直观的既带有概括性又兼有可操作性之工夫茶艺二十一式。

潮州工夫茶艺二十一式：

（1）茶具讲示：潮汕工夫茶是潮汕地区独特的饮茶习惯。"工夫茶"对茶具、茶叶、水质、沏茶、斟茶、饮茶都十分讲究。潮州工夫茶艺表演所用茶具有：茶壶：孟臣罐（宜兴紫砂壶），能容水3—4杯；若琛瓯：茶杯；玉书碨：水壶；潮汕烘炉：红泥火炉；另外，还备有赏茶盘、茶船等。

（2）茶师净手：古人认为茶事是心诚庄重的，同时要清洁净手无疑等于净心。

（3）泥炉生火：红泥火炉，高六七寸。一经点燃，室中还隐隐可闻"炭香"。

（4）砂铫掏水：砂挑，俗名"茶锅仔"，是枫溪名手所制，轻巧美观。也有用铜或轻铁铸成之铫，然生金属气味，不宜用。

（5）坚炭煮水：用铜筷钳炭挑火。

（6）洁器候汤："温壶"，用沸水浇壶身，其目的在于为壶体加温。汤分三沸。一沸太稚，三沸太老；二沸最宜。"若水面浮珠，声若松涛，是为第二沸，正好之候也。"

（7）罐推孟臣：大约起火后十几分钟，砂铫中就有声飕飕作响，当它的声音突然将小时，那就是鱼眼水将成了，应立即将砂铫提起，淋罐。

（8）杯取若琛：淋罐已毕，仍必淋杯，俗谓之"烧盅"。淋杯之汤，宜直注杯心。"烧盅（盅即茶杯的俗称）热罐，方能起香"：这是不容忽略的"工夫"。淋杯后洗杯，倾去洗杯水。

（9）壶纳乌龙：一面打开锡罐，倾茶于素纸上，分别粗细，取其最粗者填于罐底滴口处，次用细末，填中层，另以稍粗之叶撒于上面。如此之工夫，谓之"纳茶"。纳茶不可太饱满，约七八成足矣。神明变化，此为初步。

（10）甘泉洗茶：首次注入沸水后，立即倾出壶中茶汤，除去茶汤中的杂质，这个步骤叫"洗茶"。倾出的茶汤废弃不喝。

（11）高冲低洒：高冲使开水有力地冲击茶叶，使茶的香味更快地挥发，由茶精迅速挥发，单宁则来不及溶解，所以茶叶才不会有涩滞。

（12）壶盖刮沫：冲水必使满而忌溢；满时，茶沫浮白，凸出壶面，提壶盖从壶口平刮之，沫即散坠，然后盖定。

（13）淋盖去沫：壶盖盖定后，复以热汤遍淋壶上，俗谓"热罐"。一以去其散坠余沫；二则壶外追热，香味充盈于壶中。

（14）烫杯三指：淋罐已毕，仍必淋杯，俗谓之"烧盅"。淋杯之汤，宜直注杯心。"烧盅（盅即茶杯的俗称）热罐，方能起香"：这是不容忽略的"工夫"。淋杯后洗杯，倾去洗杯水。

（15）低洒茶汤：茶叶纳入壶中后，淋罐、烫杯、倾水，几番经过，正洒茶适当时候。

因为洒茶不宜速，亦不宜迟。速则浸未透，香味不出；迟则香味迸出，茶色太浓，致茶味苦涩，前功尽废。

（16）关公巡城：洒必各杯轮匀，称"关公巡城"。

（17）韩信点兵：洒必余沥全尽，称"韩信点兵"

（18）香溢四座：洒茶既毕，趁热人各一杯。

（19）先闻茶香：举杯，杯面迎鼻，香味齐到。

（20）和气细啜：细细品饮。

（21）三嗅杯底，锐气圆融：味云腴，食秀美，芳香溢齿颊，甘泽润喉吻。神明凌霄汉，思想驰古今。境界至此，已得工夫茶三昧。

上述每道茶艺都是十分讲究，也非常卫生，符合科学道理，值得提倡。择要言之，茶叶、柴炭、山水，均属自然物；"煮茶"中的烧水、煮茶工序，"酌茶"中讲究入微的法则。均属"利用安身"（《周易·系辞下》）。即从物质生存需要的满足方面来体现人与自然的统一。由此可见，基于天人合一的观念，中国茶道美学总是要从人与自然的统一之中去寻找美，中国茶道美学思想的基础就是人道。①另外，文化一旦以传统的形式积淀下来，便包含有超时空的普遍合理性因素，同时也存在着因时、因地转移的不确定性。因此，不应把文化因素视为已经定型的范式，而是应该创造性地去理解它。对传统的继承，实质是基于现实的兴趣，应力求使这种继承尽量去适应常人的生活规律。因而上述所谓二十一式，其中仍有灵活性在。唯其如此，反倒能使之摆动幅度小而稳定性强。只有以这样的一种姿态去对待传统，传统才会

---

① 陈香白.中国茶文化[M].山西人民出版社，2008.1.

成为创造新文化的奠基石，这就是"顺其自然"的良性效应。

小　结

　　工夫茶流行于闽粤台一带，是中国茶道的一朵奇葩。工夫茶既是茶叶名，又是茶艺名。工夫茶的定义有一个演变发展的过程，起初指的是武夷岩茶，后来还被认为是武夷岩茶（青茶）泡饮法，接着又泛指青茶泡饮法。品饮好武夷岩茶需要花工夫，在讲究色、香、味的同时，也要讲求声、律、韵。安溪工夫茶茶艺的基本理念：安溪茶艺流程，每一个环节，每一个动作，都融自身修养与茶的精华为一体，产生出一种以物质为载体的精神现象，在冲泡过程中不停留在"表演"的层面上，我们追求的茶艺精神理念是尊重茶与人，人与自然之间的和谐关系，主张人际和谐，强调环保意识。潮州工夫茶艺美学思想基础是"天人合一"，潮州工夫茶道正是大自然人化的载体。潮州工夫茶的特色是：注重茶叶的品质，讲究茶具的精美，重视水质的优良以及精湛的冲泡技艺。

思考题：

1.简要概括武夷工夫、闽南工夫和潮州工夫之间的异同点？
2.煎茶法、点茶法和泡茶法与工夫茶有何联系？

第六章　茶具：风情万种迷人眼

第一节　茶具的基本知识

茶具指与饮茶有关的器具，其定义古今有所不同。古代对茶具的概述泛指制茶、饮茶使用的各种工具，包括采茶、制茶、贮茶、饮茶等大类，这是古代茶具的概念。现代茶具有广义和狭义之分，广义指与饮茶有关的所有器具，包括主要的泡茶用具、泡茶的辅助用具、提供泡茶用水的器具、存放茶叶的罐子四大类；狭义即主要泡茶的器具：茶杯、茶碗、茶壶、茶盏、茶碟、托盘等。现代人所说的茶具多指狭义上的。[①]

一、茶具分类

茶具按照材质分为陶土茶具、瓷器茶具、漆器茶具、玻璃茶具、金属茶具和竹木茶具等几大类。

1. 陶土茶具流露韵致

陶器中的佼佼者首推宜兴紫砂茶具，早在北宋初期就已崛起，成为别树一帜的优秀茶具。紫砂茶具造型简练大方，色调淳朴古雅，外形有似竹结、莲藕、松段和仿商周古铜器形状的，明代大为流行。正宗的紫砂壶和一般的陶器不同，其里外都不敷釉，采用当地的紫泥、红泥、团山泥抟制焙烧而成。经 1 000℃—1 200℃火温的紫砂壶，质地致密不渗漏，有肉眼看不见的气孔，能吸附茶汁，蕴蓄茶味，传热缓慢不烫手，即使冷热骤变，也不破裂；用紫砂壶泡茶，香味醇和保温性好，无熟汤味，能保茶真髓，若热天盛茶，不易酸馊，一般认为用来泡乌龙茶最能展现茶味特色。[②]

2. 瓷器茶具张扬风格

瓷器茶具种类较其他茶具种类多一些，有：青瓷茶具、白瓷茶具、黑瓷茶具和

---

① 陈俏巧. 中国古代茶具的历史时代信息 [D]. 华东师范大学，2005.

② 胡景涛. 茶具的形态研究 [D]. 吉林大学，2007.

彩瓷具等。

（1）青瓷茶具：青瓷茶具因其质地细腻、釉色青莹、造型端庄、纹样雅丽而名扬国内外。以浙江生产的质量最好。青瓷起始于东汉时期，晋代已具规模，到宋代达鼎盛时期。晋代，已有生产于浙江的当时最流行的一种叫"鸡头流子"的有嘴茶壶。宋代，五大名窑之一的浙江龙泉哥窑生产的包括茶壶、茶碗等各类青瓷器远销各地。当代，龙泉青瓷茶具仍在不断创新和发展。这种茶具因色泽青翠，用来冲泡绿茶，更有益汤色之美。

（2）白瓷茶具：白瓷茶具有坯质致密透明，上釉、成陶火度高，无吸水性，音清而韵长等特点。因色泽洁白，能反映出茶汤色泽，传热、保温性能适中，加之色彩缤纷，造型各异，堪称饮茶器皿中之珍品。白瓷以景德镇的瓷器最为著名，其他如湖南醴陵、河北唐山、安徽祁门的茶具也各具特色。这种白釉茶具，适合冲泡各类茶叶。

（3）黑瓷茶具：宋代福建斗茶之风盛行，斗茶者根据经验认为建安所产的黑瓷茶盏用来斗茶最为适宜，因而驰名。宋蔡襄《茶录》说："茶色白，宜黑盏，建安所造者绀黑，纹如兔毫，其坯微厚，久热难冷，最为要用。出他处者，或薄或色紫，皆不及也。其青白盏，斗试家自不用。"这种黑瓷兔毫茶盏，风格独特，古朴雅致，而且瓷质厚重，保温性能较好，故为斗茶行家所珍爱。

（4）彩瓷茶具：彩色茶具中以青花瓷茶具最引人注目。青花瓷茶具以氧化钴为呈色剂，在瓷胎上直接描绘图案纹饰，再涂上一层透明釉，而后在窑内经1 300℃左右高温还原烧制而成的器具。它的特点是：花纹蓝白相映成趣，有赏心悦目之感；色彩淡雅幽蓄可人，有华而不艳之力。加之彩料之上涂釉，显得滋润明亮，更平添了青花茶具的魅力。其始于唐代，兴于元、明、清。唐代产地：江西景德镇、吉安、乐平，广东潮州、揭阳、博罗，云南玉溪，四川会理，福建德化、安溪等。元代，景德镇为青花瓷主要生产地。明代，青花茶具清新秀丽，无与伦比。景德镇瓷器"诸料悉精，青花最贵"。清代，康熙、雍正、乾隆时期青花茶达到历史新高。康熙年间烧制的青花瓷器具，更是史称"清代之最"。

3. 漆器茶具

漆器茶具始于清代，主要产于福建福州一带。福州生产的漆器茶具多姿多彩，有"宝砂闪光"、"金丝玛瑙"、"釉变金丝"、"仿古瓷"、"雕填"、"高雕"和"嵌白银"等品种，特别是创造了红如宝石的"赤金砂"和"暗花"等新工艺以后，更加鲜丽夺目，逗人喜爱。

4. 玻璃茶具

质地透明、传热快、不透气，以玻璃杯泡茶，茶叶在整个冲泡过程中的上下穿动、

103

叶片逐渐舒展的情形以及吐露的茶汤颜色，均可一览无遗。玻璃茶具的缺点是容易破碎、较烫手，但价廉物美。用玻璃茶具冲泡龙井、碧螺春等绿茶，杯中轻雾缥缈、茶芽朵朵、亭亭玉立，或旗枪交错、上下浮沉，赏心悦目别有风趣。

5. 金属茶具

金属用具是指由金、银、铜、铁、锡等金属材料制作而成的器具。它是我国最古老的日用器具之一。早在公元前 18 世纪，我国青铜器已广泛应用，也作食具、酒具、茶具。随着茶类的创新，饮茶方法的改变，以及陶瓷茶具的兴起，使得包括银质器具在内的金属茶具逐渐消失。现在金属茶具多用作冲壶、贮茶。因其密封性好，用于贮茶防潮、防氧化、避光、防异味性等。

6. 竹木茶具

在历史上，广大农村，包括产茶区，很多使用竹或木碗泡茶，它价廉物美，经济实惠，但现代已很少采用。现代竹木茶具多用于装茶之用，作为艺术品的黄阳木罐和二簧竹片茶罐，既是一种馈赠亲友的珍品，也有一定的实用价值。其特点是美观大方、不易破碎、不烫手，并富艺术欣赏价值。

7. 其他质料茶具

塑料茶具往往带有异味，以热水泡茶对茶味有影响，纸杯、塑料杯亦然，除临时急用外，不宜用来泡好茶。用保温杯泡高级绿茶，因长时间保温，香气低闷并有熟味，亦不适宜。

二、茶具机能要求

茶具中茶壶、茶杯、茶船、茶盅、杯托、盖置的机能要求如下：

1. 茶　　壶

（1）茶壶的种类通常分为四大类：陶壶、瓷壶、石壶及铁壶。茶壶通常由壶身、流、壶嘴等部分组成（如图）。壶身指茶壶的身体，包括壶肩及壶底；流是茶汤从壶嘴流出来的部分；壶嘴是"流"的尖端位置叫"嘴"；孔有单孔、网孔及蜂巢三个类别；

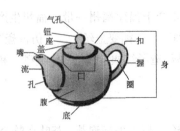

壶盖在壶身上起密合作用；壶钮在盖上作为打开壶盖的部件；气孔用来调节倒茶时壶内外压力之用；墙在盖的下方突出位置，壶与盖接合所用；壶提指置茶时的把手；壶身凸出的部分称壶腹；圈足在壶腹下，因为绕壶底一圈作为壶的立足。

（2）机能要求：

壶口：作为茶叶入壶的第一关，壶口不能太小，尤其遇到较为蓬松的茶叶，另外也方便泡完茶后的去渣。

水孔：单孔壶在倒茶时容易将茶叶冲入"流"内造成堵塞，在壶流与壶身一体注浆成形时，水孔成喇叭状，这种情况下堵塞更容易更严重。网状水孔不容易出现这种现象，但不如蜂巢式水孔效果好，因为柔软、片状的茶叶展开后容易贴在网孔上。网状或蜂巢式的水孔一般要挖得细、挖得密，细者可以滤掉茶角，密者使水量足以供应壶嘴的外流。

壶嘴要求出水顺畅，水柱不打滚不分叉，流量适中，不急不慢，不粗不细，易于控制茶汤浓度。且断水时不会有余水沿"壶流"外壁滴到桌面。

壶把：侧提壶与飞天壶在操作的方便性上要比提梁壶好。为了置茶与去渣方便，提梁壶的提梁高度、宽度（壶口部分）须加大。其他壶的壶把要适手，且容易将壶提起。为了容易掌握壶的重心，侧提壶的壶把与茶壶重心垂直线所形成的角度是小于45°的。所谓的"壶把"、"壶口"、"壶嘴"要三点平（上端在同一平面上）的说法并非绝对，后两点要平是基于水流的原理；而"把"可以根据造形的需要进行调整，有时高一点反而好拿。

壶肩：原则上是壶"口"与"流"间的距离越大越好；壶"口"前端与"嘴"的高度差愈大愈好。这样倒茶时，如果倾斜得太快，茶汤才不容易从壶口流出来。

2. 茶　　杯

杯口：外翻形的杯口比直桶形的杯口要好拿一些，而且不烫手。

杯身：盏形杯不用抬头就可将茶喝完，碗形杯则须抬头才能喝完，而鼓形杯就要仰起头来了。为了鉴赏茶汤的颜色，如果能与国际评茶标准杯相配合，小形杯茶汤有效容量的深度，尽量保持在2.5厘米，这样在茶汤的比较上比较方便。

杯色：就公平和客观而言，纯白色最能呈现茶汤的颜色；为加强茶汤视觉效果，炒青绿茶用青瓷茶杯易于汤色翠绿，蒸青绿茶的茶粉用天目釉色易让它看来可口些，重发酵的白毫乌龙用牙白色的杯子易让"橘红色"的茶汤显得更娇柔可口。

大小：一般小壶茶的杯子容积为30—50毫升。小壶茶一般一次都会泡上三五道以上，而且浓度会偏高些，所以一次茶会的喝茶量也够了。大茶壶的杯子一般在150毫升左右，这种茶壶一般泡得淡一些，一次也只喝上二道左右。

杯数：一般六杯是颇为适当的数量。有些地方习惯一壶配五杯。

这里要强调的是：壶的大小要因杯子的大小与数量而定，经常以二杯壶、四杯壶、六杯壶称之。壶的大小要比杯子的适当容积大一些，因为茶叶会占去部分空间，冲泡的次数越多，占去的空间越大。但增加的容积不能过大，小壶20%、大壶10%就可以。

3. 茶　　船

茶船的功能有：陈放茶壶的垫底用具，增加美观，防止茶壶烫伤桌面、冲水溅到桌上。还可利用它在喝完茶后，盛放泡过的茶叶供客人欣赏叶底，去完渣涮壶时将壶内的水翻倒于茶船内，再持茶船将残水残渣倒入水盂或茶车的排水孔内。

一般要求外形成高缘碗状或低缘盘状。容水量不得少于二壶，船缘高度也要足以防溅，这样在涮壶时将茶水翻倒于船内。因其常用来倒水，所以船缘的设计应考虑到倒水的方便性。有人将船做双层的设计，船面打洞，用茶汤浇淋壶身时，茶汤流入夹层内，这样茶壶不会一截泡在水中，对养壶有好处，养出来的壶颜色均匀性较好，这时应具备"倒水孔"，并加高船缘，这样涮壶就可以在船上进行。

4. 茶　　盅

形制：茶盅与茶壶配对成组，相辅相成，应设计为一主一副，若太一致，不易协调。

容量：茶盅的容量应该能让茶壶一次将茶倒光，否则失掉茶盅的功能，比壶少掉一成的容积是可以的，因为壶内还放茶，但与壶一样大较为保险。有时将茶盅设计的比壶大，这样人多时，可以泡两道供应一次茶；有时茶盅有一壶半的容量，在壶大人少时，第一泡茶汤供应不完，可加上第二泡后再供应二次。所以说，茶盅有调节供茶量的功能。

滤渣：如果茶壶的滤渣功能不是很好，这时茶盅要补充这项功能，可以在盅中加上一个高密度的滤网。

断水：断水是茶盅最重要的机能，因为它的任务就是分倒茶汤入杯，如果不能断水，会把茶汤滴的到处都是。茶壶若因形态之需，无法具备断水功能，只要搭配有断水机能的茶盅，还可圆满完成任务，因为泡好茶，持壶一次将茶全部倒入盅内，不会有滴水之虞。

5. 杯　　托

高度：杯托可设计成盘式、碗式、船式或高台式，其高度应方便从桌面上端取。除高台式外，其他形式的杯托，托缘距桌面1.5厘米以上才好。

稳度：杯子放在托上，客人持托取杯时，杯子要能安稳地固着在杯托上。为避免因滑落打杯的现象，杯托中间有个凹槽或圈足，甚至设计成杯状体，套住杯底。

粘着：杯托的制作应预防杯子粘住杯托。可以用减少两者间的密合度可以克服这项问题。

6.盖　置

形制：盖置可能用来放置壶盖、盅盖或是水壶盖，目的是预防这些盖子的水滴到桌面，或是接触到桌面显得不卫生，所以多采取"托垫式"的盖置，且盘面应大于上述这些盖子，并有汇集水滴的凹槽。

高度：太高、太凸显的盖置会使茶具景观变得复杂，托垫式的盖置高度与杯相同即可，支撑式的盖置可以略高一些。

三、壶具与泡茶的关系

1.壶质与泡茶的关系

壶质影响泡茶的效果，这里所指的壶质主要是指密度而言。密度高的壶，泡起茶来，香味比较清扬，密度低的壶，泡起茶来，香味比较低沉。如果希望所泡的茶表现得比较清扬，或者说，这种茶的风格是属于比较清扬的，如绿茶、清茶、香片、白毫乌龙、红茶等，那就用密度较高的壶来泡，如瓷壶。如果希望所泡的茶表现得比较低沉，或者说，这种茶的风格是属于比较低沉的，如铁观音、水仙、佛手、普洱茶类等，那就用密度较低的壶来泡，如陶壶。密度与陶瓷茶具的烧结程度有关，我们经常以敲出的声音与吸水性来表达，敲出的声音清脆，吸水性低，就表示烧结程度高，否则烧结程度就低。

金属器具里，银壶的密度、传热比瓷壶好，是比较好的泡茶用具。清茶最重清扬的特性，且香气的表现决定品质的优劣，用银壶冲泡最能表现这样的风格。陶瓷器具近年流行三分法，将高温烧结，但不白又不透光的一类称为"火石"，这类壶具所表现的泡茶效果，介乎"瓷"与"陶"之间。

2.上不上釉与泡茶的关系

上釉的茶具可以让人欣赏釉色之美，不上釉的则让人欣赏其泥土本身的美。后者以宜兴紫砂壶为代表，前者是以彩瓷茶壶为代表。

谈到茶与上不上釉的关系，壶内不上釉的要从两方面来说：一是我们使用同一把壶在同一类茶上，用久了，茶与壶间会有相辅相成的效用，使用过的茶壶比新壶泡出来的茶汤，味道要饱和些。但壶的吸水性不能太大，否则过多的吸附茶汤，用后陈放，容易有霉味。从另一方面来说，如果使用内侧不上釉的茶壶冲泡不同风味的茶，则会有相互干扰的缺点，尤其是使用久了的老壶或是吸水性大的壶，会影响茶叶原有的风味和品质。如果只能有一把壶，而要冲泡各种茶类，最好使用内侧上釉的壶，每次使用后彻底洗干净，可以避免留下味道干扰下一种茶。所以评茶师用以鉴定各种茶叶的标准杯，都采用内外上釉的瓷器。

3. 色调与泡茶的关系

就颜色而言：茶器的颜色包括材料本身的颜色与装饰其上的釉色或颜料。白瓷土显得亮洁精致，用以搭配绿茶、白毫乌龙与红茶颇为适合，为保持其洁白，常上层透明釉。黄泥制成的茶器显得甘怡，可配以黄茶或白茶。朱泥或灰褐系列的火石器土制成的茶器显得高香、厚实，可配以铁观音、冻顶等轻、中焙火的茶类。紫砂或较深沉陶土制成的茶器显得朴实、自然，配以稍重焙火的铁观音、水仙相当搭调。若在茶器外表施以釉药，釉色的变化又左右了茶器的感觉，如淡绿色系列的青瓷，用以冲泡绿茶、清茶，感觉上颇为协调。有种乳白色的釉彩如凝脂，很适合冲泡白茶与黄茶。青花、彩绘的茶器可以表现白毫乌龙、红茶或熏茶、调味的茶类。铁红、紫金、钧窑之类的釉色则用以搭配冻顶、铁观音、水仙之属的茶叶。

4. 壶形与泡茶的关系

从视觉效果来看，茶具的外形有如上述内容所谈的色调，应与茶叶相搭配，如用一把紫砂松干壶泡龙井，就没有青瓷番瓜来得协调，然而紫砂松干泡起铁观音就显得非常够味。

但就泡茶的功能而言，壶形仅显现在散热、方便与观赏三方面。壶口宽敞的、盖碗形制的，散热效果较佳，所以用以冲泡需要 70℃—80℃水温的茶叶最为适宜。因此盖碗经常用以冲泡绿茶、香片与白毫乌龙。壶口宽大的壶与盖碗在置茶、去渣方面也显得异常方便。盖碗或是壶口大到几乎像盖碗形制的壶，冲泡茶叶后，打开盖子很容易可以观赏到茶叶舒展的情形与茶汤的色泽、浓度，对茶叶的欣赏、茶汤的控制颇有助益。尤其是龙井、碧螺春、白毫银针、白毫乌龙等注重外形的茶叶。

5. 壶器图鉴

金壶

银壶

玉壶

铜壶

珐琅壶

生铁壶

不锈钢壶

铝壶　　　　　　　　　　　　　锡壶

石壶　　　　　　　　　　　　　玻璃壶

瓷壶　　　　　　　　　　　　　陶壶

第二节　茶具的历史演变

随着饮茶方法的不断变化，茶具也随之不断发展。茶具的发展经历了一个由无到有、由共用到专用、从粗糙到精致的历程。

一、隋及隋以前的茶具

隋及隋以前的茶具发展经历了由无到有、由共用到专用的阶段。一般认为，我国最早的饮茶器具，是与酒具、食具共用的，这种器具是陶制的缶，一种小口大肚的容器。韩非在《韩非子》中就说到尧时饮食器具为土缶。如果当时饮茶，自然只能土缶作为器具。我国最早谈及饮茶使用器具的史料是西汉（公元前202—公元前8年）王褒的《僮约》，其中谈到"烹茶尽具，已而盖藏"。这里的"茶"指的是"茶"、"尽"作"净"解。《僮约》原本是一份契约，因此在文内所列的是要家僮烹茶的系列条款，洗净器具则是其中之一。这便是我国最早谈及饮茶用器具的史料。

最早表明茶具意义的文字记载，则是西晋（265—316年）左思（约250—约305年）的《娇女诗》，其中有"止为茶菇剧，吹嘘对鼎鑑。""鼎"在其中用作茶具。陆羽在《茶经·七之事》中引《广陵耆老传》载：晋元帝（317—323年）时，"有老姥每旦独提一器茗，往市鬻之。市人竞买，自旦至夕，其器不减"。接着，《茶经》又引述了西晋八王之乱时，晋惠帝司马衷（290—306年）蒙难，从河南许昌回洛阳，侍从"持瓦盂承茶"敬奉之事。这些，都说明汉代以后尽管已有出土的专用茶具出现，但隋唐以前，食具和包括茶具、酒具在内的饮具之间区分并不十分严格，在很长一段时间内，两者是共用的。

二、唐宋茶具

到了唐代，茶已经成为比较普遍的日常饮料，且茶道流行，讲求茶艺，这样就带动了茶具的发展。此时的茶具，讲究既实用又美观，所以其在品种、做工方面得到了长足的发展。人们在饮茶时，茶具是不可缺少的，一方面它有助于提高茶的色、香、味，具有实用性；另一方面，一件高雅精致的茶具，本身又富含欣赏价值，具有很高的艺术性。所以，茶具在我国唐代开始快速地发展。中唐时，茶具除了门类齐全外，其质地也比较讲究，在饮茶中注意了因茶而选择器具，陆羽在《茶经·四之器》中对此有详尽的记述。《茶经》中列举的饮茶器具达二十八种，现将其中的二十五种做一简单介绍（见附图）：

风炉：即烧水用的炉子，以陶土烧制，也有用"铜铁制之"。一般呈圆筒形，下有三短足，中有通风口，内有隔，以燃木炭。上有三短突，可安锅、瓶以烧水。

筥：高一尺二寸，径阔七寸，以竹或藤编制的盛炭箱。

炭檛：以铁六棱制之。长一尺，锐上丰中。执细头，系一小镵，以饰檛也。用以敲碎炭。

火筴：又名筋，圆直，一尺三寸，顶平截，用铁或铜制。供取炭用。

鍑：生铁铸成的煮茶水的锅，口沿较宽，上有两个方形耳，便于提取而不烫手。也有用陶瓷或石头制成，古代富人也有用银子做的，比较奢华。

交床：以十字交之，剜中令虚，以支鍑也。放置铁锅（鍑）的十字木架，是鍑的附属物。

夹：竹子制成的夹子。取竹子有节的一段，节以上剖开成两片，用来夹住茶饼在火上烤炙。也可用精铁、熟铜制作，唐代皇宫甚至用银子制作，更为耐用、豪华。这是唐宋时期烹点茶饼时的专用工具。

纸囊：装茶饼的纸袋子。用白而厚的剡藤纸（产于浙江剡溪，今嵊县境内）双层缝制，贮放烘烤好的茶饼，不让香气散失。

碾：用坚实的木材制成的碾子，中间有碾槽，可供碾轮来回滚动，将茶饼碾碎。唐宋宫廷贵族也有用金银制成。

罗：即筛子，用于将碾好的茶末筛成细粉。它是用大竹片弯成圆圈，中间的细网用纱绢制成，网眼很细，可以筛成很精细的茶粉。

则：则就是茶则，是量茶器具，用海贝、蚌壳或是铜、铁、竹、木制成匙状，煮茶时用它来舀茶粉放入锅中烹煮。

水方：用坚实木材制成的盛水容器，可容一斗水。

漉水囊：滤水的器具。用生铜或竹、木作骨架，用青竹丝编织水囊。再用绿油布做一个布袋，用以贮放漉水囊。

瓢：舀水的器具，用葫芦壳剖开制成，或用梨木雕凿而成。

竹筴：有的用桃、柳、蒲葵木做的，有的用柿心木做的。一尺长，用银裹住两头。煮水时用来环激汤心以发茶性。

鹾簋：用瓷器制成的盒子，用来存放食盐（因唐代煮茶要加盐）。形状有的像盒子，有的像瓶或壶。唐代皇宫还有用金银制成的，极尽奢华。

熟盂：用瓷或陶制成的盛水器具，可盛二升水，主要是用来盛熟水。

碗：用瓷器制成的供人们饮用的盛茶汤器具。唐代盛行用碗来喝茶。

畚：用白蒲编织成的装茶碗器具，一般可以装 10 个茶碗，这是唐代使用的辅助茶具。

　　札：用棕榈皮制成的调茶器具，用茱萸木夹住缚紧棕毛。或用一节竹管装一束棕榈皮，外形像毛笔状。这也是唐代时期使用的辅助茶具。

　　涤方：用楸木板制成的盛废水器具，形状类似水方，可装水八升。

　　滓方：制作方法与涤方相同，用来盛茶渣，容积在五升。

　　巾：用粗绸制成的手巾，长二尺，一般做两个换着用，用来擦拭各种茶具。

　　具列：用竹、木制成的床形或架形的收藏或陈列茶具的器具。

　　都篮：用竹篾制成盛放各种茶具的器具，外面用宽的双篾做经，再用细篾缚紧。内部编织成三角形，外部编织成方形。

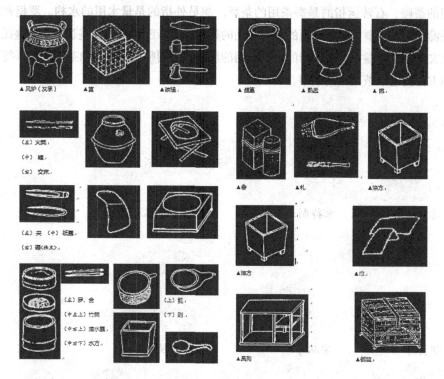

　　陆羽《茶经》中所说的28件茶具是指唐代比较普遍的茶具，但并不是每次饮茶时都能用到，而是在不同场合下省去不同的茶具。

　　20世纪80年代，法门寺地宫出土的一套唐代宫廷茶具则形象、生动地为我们展现了千余年前辉煌、灿烂的工艺美术成就。这套茶具包括金、银、玻璃、秘色瓷等烹茶、饮茶器物，形式设计丰富多彩，构思巧妙。据记载，这套茶具封藏于873年岁末，距陆羽去世的804年仅69年，所以是对《茶经》有关茶具记载的最好注脚。

　　饮茶器具一般伴随着饮茶习惯的改变而发生变化。到了宋代，由于点茶法的盛行，因而饮茶器具与唐代有所不同，宋代茶具体现的是一种返璞归真的趋势，由唐代的崇尚金银转为崇尚陶质、瓷质。北宋蔡襄在《茶录》里面记述了当时的茶器有茶焙、茶笼、砧椎、茶铃、茶碾、茶罗、茶盏、茶匙、汤瓶，这与宋徽宗的《大观茶论》所列的茶器内容大致是相同的。在此，值得一提的是南宋审安老人（真实姓名不详）的《茶具图赞》是宋代茶器记录的整合，他以传统的白描画法记载了当时点茶所需的十二件茶具的图形，这些茶具均以"官职"来称呼，妙趣横生。从这些茶具的称呼可以看出当时上层社会及文人对茶具的钟爱之情。《茶具图赞》所列的茶具含义是：韦鸿胪指的是炙茶用的烘茶炉，木待制指的是捣茶用的茶臼，金法曹指的是碾茶用的茶碾，石转运指的是磨茶用的茶磨，胡员外指的是量水用的水杓，罗枢密指的是筛茶用的茶罗，宗从事指的是清茶用的茶帚，漆雕密阁指的是盛茶末用的盏托，陶宝文指的是茶盏，汤提点指的是注汤用的汤瓶，竺副师指的是调沸茶汤用的茶筅，司职方指提清洁茶具用的茶巾。

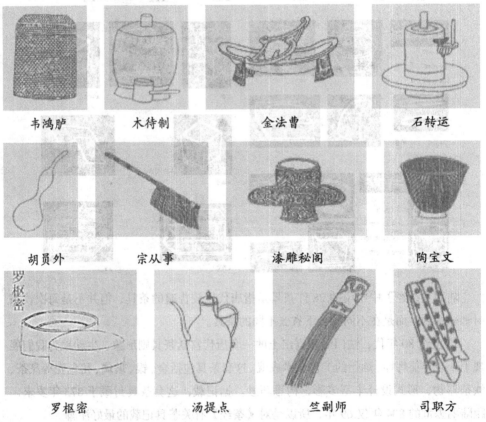

韦鸿胪　　木待制　　　金法曹　　　石转运

胡员外　　宗从事　　漆雕秘阁　　陶宝文

罗枢密　　汤提点　　竺副师　　司职方

宋代茶具在种类和数量上与唐代差距不大，但宋代茶具更加讲究的是法度，外形和制作越来越精细。变化的主要方面是煎水用具改为茶瓶，茶盏尚黑，又增加了"茶筅"。①金银铫瓶的兴起，改用有柄有嘴的茶铫、茶瓶，便于注水时控制自如。②黑釉建盏的流行。宋代饮茶多用通体施黑釉的建盏为上。建盏产于建州（今福建建瓯）。

三、明清茶具

由于明清时期团茶被废，而散茶流行，因此饮茶方法发生了很大的变化，主要是烹煮过程简化了许多，甚至直接冲泡饮用，因此饮茶器具随之简化。由于散茶在储藏上要求比团茶高，因此贮茶焙茶器具的要求就高了许多。明代张谦德在《茶经》中写到当时的茶具有茶焙、茶笼、汤瓶、茶壶、茶盏、纸囊、茶洗、茶瓶、茶炉八件，较唐宋简化了许多。但简化并不等于粗制滥造，其对壶和碗的要求却更为精美、别致、造型新奇，壶具不但造型美，对花色、质地、釉彩、窑品高下也很讲究，茶具向精而简的方向发展。壶、碗出现了如明代宣德宝石红、青花、成化青花、斗彩等珍品茶具。壶的造型有提梁式、把手式、长身、扁身等，千姿百态。图案以花鸟居多，人物山水也各呈异彩。明代时，品茶瓷色比较白，茶具形状以小为贵，当时瓷窑以生产小而精巧、色白的茶具居多。同时还出现了一种茶洗的器具，形状像碗和盂，底部有孔，是在喝茶前用来冲洗茶叶的，这也是明代所特有的饮茶习惯。明代中期以后，出现了用瓷壶和紫砂壶的风尚。据《阳羡瓷壶赋序》记载，紫砂壶的创始人是明代的供春，后来还出现了时大彬、李仲芳和徐友泉。他们所制的名壶风格高雅、造型灵活、古朴精致、妙不可言。明代茶具由于饮茶方式的改变，可以说是发生了一次大的变革，其影响延续至今，直至今天，人们使用的茶具品种基本上无多大变化，仅仅是茶具式样或质地上有变化。

到了清代，茶类品种虽然出现了红茶、乌龙茶、黑茶等六大类，但由于其外形仍属条形散茶，所以，无论饮茶方法，还是茶具种类和形式基本沿用了明代的冲泡方法和茶具规范。清代茶盏、茶壶多以陶或瓷制作，在康熙、乾隆年间最为繁荣，以景德镇的瓷器和宜兴紫砂陶器最为出色。茶盏在康熙、雍正、乾隆时期盛行盖碗。江西景德镇除继续生产青花瓷、五彩瓷茶具外，还创制了粉彩、珐琅彩茶具。清代的江苏宜兴紫砂陶茶具，在继承传统的同时，又有新的发展。乾隆、嘉庆年间，宜兴紫砂还推出了以红、绿、白等不同石质粉末施釉烧制的粉彩茶壶，使传统砂壶制作工艺又有新的突破。此外，自清代开始，福州的脱胎漆茶具、四川的竹编茶具、海南的生物（如椰子、贝壳等）茶具也开始出现，自成一格，逗人喜爱，终使清代茶具异彩纷呈，形成了这一时期茶具新的重要特色。

四、现代茶具

我们将现代生活上常用的叶形茶泡茶方式所用器具做一简单介绍。当我们泡茶时，将茶具区分成下列四大类，并分区使用，操作起来比较方便，这四大类分别为：

主泡器：主要的泡茶用具，如壶、盅、杯、盘等。

辅泡器：辅助泡茶的用具，如茶荷、茶巾、渣匙、茶拂等。

备水器：提供泡茶用水器具，如煮水器、热水瓶等。

储茶器：存放茶叶的罐子。

其中，主泡器具中部分茶具在前面已经做了详细的介绍，在此不再冗述。

1. 主泡器

盖碗：或称盖杯，分为茶碗、碗盖、托碟三部分，置茶 3 克于碗内，冲水约 150 毫升，加盖 5—6 分钟后饮用。以此法泡茶，通常喝上一泡已足，至多再加冲一次。

茶盘：用以承放茶杯或其他茶具的盘子，以盛接泡茶过程中流出或倒掉之茶水。也可以用作摆放茶杯的盘子，茶盘有紫砂制品、红木制品、不锈钢制品，形状有圆形、长方形等多种。

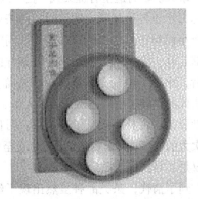

2. 辅泡器和其他器具

茶则：茶则为盛茶入壶之用具，一般为竹制。

茶漏：茶漏则在放茶时，放在茶壶口上，以导茶入壶，防止茶叶掉落壶外。

茶匙：又称"茶扒"，形状像汤匙所以称茶匙，其主要用途是挖取泡过的茶壶内茶叶，茶叶冲泡过后，往往会紧紧塞满茶壶，加上一般茶壶的口都不大，用手挖出茶叶既不方便也不卫生，故皆使用茶匙。

茶荷：茶荷的功用与茶则、茶漏类似，皆为置茶的用具，但茶荷更兼具赏茶功能。主要用途是将茶叶由茶罐移至茶壶。主要有竹制品，既实用又可当艺术品，一举两得。没有茶荷时可用质地较硬的厚纸板折成茶荷形状使用之。

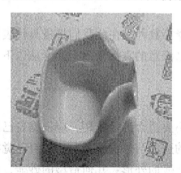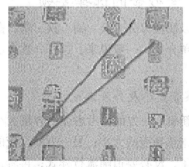

茶挟：又称"茶筷"，茶挟功用与茶匙相同，可将茶渣从壶中挟出。也常有人拿它来夹着茶杯洗杯，防烫又卫生。

茶巾：又称为"茶布"，茶巾的主要功用是干壶，于酌茶之前将茶壶或茶海底部衔留的杂水擦干，亦可擦拭滴落桌面之茶水。

茶针：茶针的功用是疏通茶壶的内网（蜂巢），以保持水流畅通。

煮水器：泡茶煮水器在古代用风炉，目前较常见者为电茶壶及电磁炉。

茶叶罐：储存茶叶的罐子，必须无杂味、能密封且不透光，其材料有马口铁、不锈钢、锡合金及陶瓷等。

第三节　紫砂茶具风情

一、紫砂壶的选择要领

茶壶以质地可分为金、铜、铁、陶、瓷等数种，在此我们将极具代表性的紫砂壶做一简单介绍。一般说来，选择一款自己满意的宜兴紫砂壶通常从以下几点进行选择。

1. 茶壶大小及外观选取

购置新壶，一方面要考虑壶的容量大小要适合自己所用，应根据自己的社交及朋友多少来选择壶的大小；另一方面，壶的造型与外观要美，一般自己觉得舒服满意就可以了，没必要追随流行样式；再者，壶的外形：几何造型的砂壶，该圆的就要圆，该方的就要方，线条当直则直，当曲则曲。千万不要选择口盖歪曲变形、嘴歪把斜者，因为这些都会严重影响全器力度。

壶的上下端未处于同一垂直线亦是常见的缺失

自然造型的砂壶，该写实的就要写实，该写意的就要写意。由于花货的捏塑较多，所以应细心体察全器是否气势连贯、浑然一体而无生硬之感，亦应注意壶身与捏塑的接触点有无微细裂缝，以免日后断裂。

2．壶的性能要求

（1）口盖设计合理，茶叶进出方便。对于习惯喝乌龙茶的茶友来说这点就要注意了，因为乌龙茶叶底较大，口小不容易取出茶渣，冲洗不方便。

（2）重心要稳，端拿要顺手。壶把力度应接近壶身受水时的重心，注水入壶约四分之三然后慢慢倾壶倒水，顺手者为佳，反之为不佳。

（3）出水要顺畅，断水要果断。此点是大部分茶壶不易顾及的。好壶出水刚劲有力，弧线流畅，水束圆润不打麻花，且出水水束的"集束段"长者为佳。断水时，即倾即止，简洁利落，不流口水，并且倾壶之后，壶内不留残水。

（4）壶的精密度要好，即壶盖与壶身的紧密程度要好，否则茶香易散，不能蕴味。测定方法是注水入壶后，用手压气孔或流口，再倾壶，若水不滴出或壶盖不落，则表示精密度高。

3．壶的气味及其特性要求

（1）壶中的气味应仔细闻闻，一般新壶可能会略带土味，但可选用。若带火烧味、油味或人工着色味，则不可以选用。

（2）壶的特性和茶的特性相配则适用性更强。壶音频率较高者，适宜泡重香气的茶叶，如清茶；壶音稍低者适宜泡重滋味的茶，如乌龙茶等。

选壶时应注意壶把与手指间的亲密关系是否舒适顺当

4．工艺技巧

紫砂壶的工艺极其精致，几乎所有好的砂壶都是手工成型的，即使是为求其产量与规格化而采用的挡坯成型法，其手工修整的工序仍相当烦琐，所以工艺水平的高低自是评断砂壶好坏的重要条件。砂壶的工艺要求，基本上有下述几项：

（1）嘴、钮、把，三点成一线。

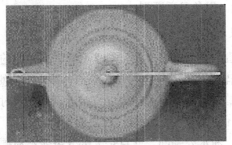

从上方俯视就可轻易看出嘴、钮、把是否三点成一线

（2）壶身线面修饰平整、内壁收拾利落，落款明确端正。

盖沿是茶壶最脆弱的地方开关之间尤应小心勿应撞击而产生缺口

（3）胎土要求纯正，火度要求适当。一般可用壶盖（请切勿用盖沿，那是全器最脆弱的地方）轻轻敲击壶身（务请注意，莫伤壶表），若呈铿锵含韵之声，代表火度适中；若呈混沌低郁之声，代表火度稍嫌不足；反之，若呈高尖干脆之声，则表过火，壶身已呈瓷化。[1]

二、如何用新壶

1. 整修内部

通常中档以下的紫砂壶多半会有一些不算瑕疵的小毛病，大多可以自行排除。例如气孔若被泥屑堵塞住、壶身内壁或流孔接续处若残存泥屑，可用钢针、小钢锉及砂纸处理。

2. 去蜡醒壶

其一，由于新壶在出厂、装运、展示过程中，常会附着一些泥沙、尘土、包装屑，或者是茶壶里面留存着白色的铝粉，这些异物均应于下水前加以清除。其二，新壶

---

① 胡付照. 紫砂壶的选择探究 [J]. 中国茶叶，2010（7）：46-47.

出窑后，未识茶味，火气、土气仍重，若不先行去除，将有碍茶汤的品评。其三，有的人会用表面打蜡油的方法来增加壶的光泽、美化卖相。这层油性异物如不及时出去，会影响壶性！可用以下两种方法去除：

（1）水煮法：取一干净无杂味的锅子，将壶盖与壶身分开置于锅底，徐注清水使高过壶身，以文火慢慢加热至沸腾。切忌壶身骤然置入沸水中。待水沸腾之后，取一把廉价的茶叶投入熬煮，数分钟后捞起茶渣，砂壶和茶汤则继续以小火慢炖。二三十分钟后，小心将茶壶起锅，净置退温（匆冲冷水）。最后再以清水冲洗壶身内外，除尽残留的茶渣，即可正式启用。

（2）刷拭法：先以温水暖壶后，再改注沸水盛满壶内，并用热水浇淋壶身表面，使全壶保持高温状态。再持软毛牙刷沾上牙膏，将全壶内外彻底刷上几遍后，以热水冲去泡沫，即可去除土味及蜡质。[①]

三、老壶的清洗

紫砂旧壶的"洗心革面"通常不用水煮法，因为旧壶可能有龟裂、修补的暗伤，不宜用此法。通常取一干净的锅盆，将温热过的旧壶放进去，注热水使其淹过壶身，再混入10毫升左右的漂白水，这样静止1小时左右，再用软刷，将壶内外刷净，此时便可重现庐山真面目。需特别注意的是，漂白水对人体有害，且其渗透力甚强，需于事后充分洗净，方宜泡茶。

四、如何养壶

宜兴紫砂壶由于胎质甚佳，且成型技法独到，所以只要泡养一段时日，便可自发黯然之光，备受世人喜爱。这种透过茶水泡养，使壶表产生温润之感的过程，即一般俗称的"养壶"。养壶一般要遵循以下六个原则：

（1）将壶身内外洗干净原则：无论是新壶还是旧壶，养壶之前要把壶身上的蜡、油、污、茶垢等清洗干净。

（2）切忌油污接触原则：紫砂壶最忌油污，一旦沾油必须马上清洗，否则土胎吸收油污后会留下痕迹。

（3）可用茶汤滋润壶表原则：泡茶次数越多，壶吸收茶汁就越多，土胎吸收到某一程度，就会透到壶表发出润泽如玉的光芒。

（4）适度擦刷原则：壶表淋到茶汁后，用软刷轻刷即可；壶中积茶，用开水冲净，再用清洁的茶巾稍加擦拭即可，切忌用力擦。

（5）用毕清理晾干原则：泡茶完毕，要将茶渣清除干净，用冷水冲净晾干，以免产生异味。

---

① 程苗根.紫砂壶史、赏、鉴、用、养、藏浅谈［J].农业考古，1999（2）：138-141.

（6）让壶有休息的时间：勤泡一段时间后，茶壶需要休息，要使土胎自然彻底干燥，再次使用时才能吸收更多茶汁，壶表才可更润泽。[①]

五、紫砂壶的优点

一般说来，紫砂壶的实用功能大致具有下列几项优点：

（1）"宜兴茗壶，以粗砂制之，正取砂无土气耳"又"茶壶以砂者为上，盖既不夺香又无熟汤气，故用以泡茶不失原味，色、香、味皆蕴"，这是古人在使用紫砂壶后的总结，即用紫砂壶泡茶，只要茶性与水温充分掌控好，就可以泡到聚香含淑、香不涣散的好茶，比起其他材质茶壶，其茶味愈发醇郁芳香。

（2）紫砂壶自古就有"注茶越宿，暑月不馊"的美谈，夏天茶水过夜保存于紫砂壶内，其内茶汁非但不易霉馊变质，且不易起腻苔，故清洗方便容易。现代人生活节奏紧促，茶渣留于壶中数日亦是常事，这正好迎合了他们的生活需求，这也是紫砂壶深受当代人喜爱的原因之一。

（3）紫砂壶是一种介于陶和瓷之间、属于半烧结的精细茶器。它经过高温的烧制成型而具有特殊的双气孔结构，从而拥有了透气性极佳且不渗漏的"先天"优势，因此民间普遍流传"宜兴紫砂壶出气不出水"一说。由于紫砂壶的这种特性，同时导致它能吸收茶汁，壶经久用后内壁累积出"锈"，即使不置茶叶，单以沸水冲泡，亦有淡淡茶香。

（4）紫砂器具有耐热性能，冷热急变性佳，寒天腊月即使注入沸水，也不易因温度遽变而胀裂。紫砂砂质传热缓慢，执用时较不易烫手，且性耐烹烧，可放在温火上炖煮，所以用紫砂制成的砂锅十分受人们的欢迎。此外，紫砂因传热慢，所以保温亦较持久。

（5）紫砂土具有良好的可塑性及延展性，配合以特殊且精准的制壶技艺，所以成品口盖严密，缝隙极少，减少了含霉菌的空气流向壶内的管首，相对延长了茶汤变质的时间，有益人体健康。

（6）紫砂泥色多采，且多不上釉，透过历代艺人的巧手妙思，便能变幻出种种缤纷斑斓的色泽、纹饰来，加深了它的艺术性。

（7）紫砂泥的可塑性高，虽不利于灌浆成型，但其成型技法变化万千，不像手拉坯等轮转成型法，只限于同心圆范围，所以紫砂器在造型上的品种之多，堪称举世第一。[②]

---

① 严晗．紫砂壶的鉴别、选购要领与保养 [J]．广东茶叶，2002（1）：34.
② 蒋建军．简述紫砂壶的优点 [J]．江南陶瓷，2006（2）：38，40.

第四节　英式茶具欣赏

英式茶具以镶金边的杯沿和美丽的花卉图案为特色。这里列举了英式茶具以供欣赏：

英式茶具

茶壶

茶杯

茶叶罐

汤匙

为了利于红茶香气的散发，一般正统红茶茶杯，杯口圆而宽广。茶杯起初由东方传入西方时是没有把手的，由于西方人的生活习惯，发展出了把手。

金属材质的茶叶罐由于密闭性好、防潮效果佳，因此，保存红茶利于原有风味的巩固。

由于英国上流社会的习惯，一般把茶匙以左斜45°的角度放在托盘的右上方。

沙漏　　　　　　　　　　　　　　滤杓

沙漏是一种传统又优美的定时器，可以帮助我们掌握正确的冲泡时间。充泡一杯红茶，应放入一个茶包或3克茶叶，注入150—165毫升的滚水，盖上壶盖，闷置2—3分钟，取出茶包或茶叶，即得以享受好喝的红茶。

倒茶时，可将滤杓置于茶杯上过滤茶叶，优雅又方便。

砂糖罐　　　　　　　　　　　　广口鲜奶瓶

砂糖罐大小和广口鲜奶瓶差不多，通常带有盖子。在红茶内添加一匙砂糖饮用，更能带来另一种风味。使用广口鲜奶瓶前，要先以热水将奶瓶烫过，再加入新鲜的冰牛奶，使之回温，再加入红茶中。

小　结

茶具按质地分为：陶土茶具、瓷器茶具、漆器茶具、玻璃茶具、金属茶具和竹木茶具等几大类，这些茶具各具特色，这就意味着在泡茶过程中应择茶选器，因为茶具的质地特征、是否上釉、色调及形状影响泡茶的效果。并且在选购茶具前我们也应做到对其机能的了解，如茶壶、茶杯、茶船等。

中国是茶叶的起源地，茶的发现与利用已有数千年的历史。因此，随着饮茶方法的不断变化，茶具也随之不断发展，经历了一个由无到有、由共用到专用、从粗糙到精致的历程，并且出现了具有各朝各代特色的饮茶器具，特别是唐宋时期。

在中国，紫砂茶具因具有泡茶色香味俱全、可塑性强等优点，在众多茶具中最具代表性，其在选购、新壶的使用、老壶的清洗及保养中都特别讲究，本节对此做了叙述，希望能对爱壶的茶友有所帮助。华丽多彩的英式茶具以其镶金边的杯沿和美丽的花卉图案同样吸引了众多茶友的眼球。

思考题：

1. 现代人对茶具的定义是？并简述各茶具种类的主要特征。
2. 简述茶壶与泡茶的关系。
3. 我国茶具的发展经历了那些历史阶段，各阶段茶具的特征是什么？
4. 试述紫砂茶具的选购、使用和保养方法。

第七章 茶馆：弥盖寻幽得闲处

第一节 中国茶馆的演变历史

中国茶馆的发展和演变是一个漫长的过程，与饮茶风俗的形成和发展有密切的关系，是随着城镇经济、市民文化的发展而兴盛起来的，随着人们物质精神的需求而不断丰富发展。茶馆是爱茶者的乐园，也是以营业为目的，提供人们休息、消遣、娱乐和交际的活动场所。在历史上，茶馆又有茶楼、茶亭、茶肆、茶坊、茶寮、茶社、茶店、茶屋等称谓。茶馆文化是中华茶文化的重要组成部分，茶馆源于何时，史料并无明确记载，一般认为，茶馆的雏形出现在晋元帝时，成形于饮茶习俗开始普及的唐代，宋代时便形成一定规模，完善于明清之际，20世纪上半叶迎来了茶馆的繁盛期，解放初期茶馆业虽有过一度的衰微，但近二三十年又开始复兴，目前正呈现百花齐放之态势。①

一、茶馆的萌芽

茶馆是以饮茶为中心的开放性的活动场所，其最早的雏形是茶摊，出现于晋代，与买干茶的茶铺、茶店不同。汉时王褒《僮约》中有"武阳买茶"及"烹茶尽具"之说，此是干茶铺，而《茶经·七之事》中转引《广陵耆老传》中记载："晋元帝时（317—322年）有老姥，每日独提一器茗，往市鬻之，市人竞买。自旦至夕其器不减，所得钱散路旁孤贫乞人，人或异之。周法曹絷之狱中。至夜，老姥执所鬻茗器，从狱牖中飞出。"此故事虽带有神话色彩，其真实性有待考究，但其中所述之事应该是对当时社会现象的一种文学艺术加工。由此可知，晋朝时已有人将茶水作为商品到集市上进行买卖，不过这还属于流动摊贩，没有一个固定场所，不能被视为"茶馆"，只能称为"茶摊"，而这种茶摊是茶饮商业化的开始，也是茶馆最初的萌芽，其作

---

① 刘学忠.中国古代茶馆考论 [J].社会科学战线，1994（05）.

用也就仅仅是供过路人解渴罢了。[①]

二、茶馆的兴起

茶馆形制的真正形成是在唐朝，确切地说是在唐朝的中期，这与当时国家政治稳定、经济繁荣、文化多元等因素分不开，再加之陆羽《茶经》的问世，使得饮茶之风成为一种时尚。

茶馆是一个以营利为目的的开放性的空间，故除了茶饮的商业化之外，聚众饮茶形式也是促成茶馆的最终形成的重要前提，从这个意义上讲，寺庙的茶堂可以被视为是茶馆的雏形。而从魏晋南北朝到唐初，茶饮日渐风行，至唐代，饮茶在寺庙已经得到普及，更有一套关于饮茶的规范礼仪。为此，寺庙中安排专门的烧水煮茶、献茶待客的茶头，法堂西北角设有"茶鼓"以敲击召集众僧饮茶。平日，茶堂是一个辩佛说理的地方，也是一个招待施主佛友品饮清茶的场地，虽然不带有商业性质，却也是聚众喝茶的最早形式之一。随着社会经济与文化的发展，聚众饮茶的场所从最初的茶摊、茶铺，逐渐演变为既可饮茶休息又可住宿的茶栈、茶邸。唐玄宗天宝末年进士封演的著作《封氏闻见记》记载有一些关于茶邸的片段："见元方若识，争下马避之入茶邸，垂帘于小室中，其从御散坐帘外。"从记载来看，该茶邸还未从旅馆业或餐饮业中独立出来，还未专业经营茶水，应是卖茶水兼营住宿。但比之前的茶摊、茶堂等更接近未来茶馆的样貌。

茶馆的真正形成是在唐朝中期，《封氏闻见记》卷六"饮茶"中载："开元中（713—741年），泰山灵岩寺有降魔师，大兴禅教。学禅，务于不寐，又不夕食，皆许其饮茶。人自怀夹，到处煮饮，从此转相仿效，遂成风俗。自邹、齐、沧、棣，渐至京邑城市，多开店铺，煎茶卖之。不问道俗，投钱取饮。"这便是最早明确记载开店卖茶的文献，此处的饮茶场所虽没被称为茶馆，但实际上它俨然就是一个茶馆。此外，《旧唐书·王涯传》、《玄怪录》等著作也都提到唐代的茶肆、茶坊。如《旧唐书·王涯传》，文宗太和七年，司空兼领江南榷茶史王涯于李训事败后，"（涯等）仓惶步出，至永昌里茶肆，为禁兵所擒"。牛增孺的《玄怪录》："长庆初，长安开元门外十里处有茶坊，内有大小房间，供商旅饮茶。"宋任奎等所修《太平广记》卷341有"韦浦"一条记载："俄而憩于茶肆。"敦煌文书《茶酒论》中也有"酒店发富，茶坊不穷"等字句。这些都说明唐中期后茶馆已形成且有相当的规模。[②]

三、茶馆的兴盛

到宋代，中国茶馆业便进入了兴盛时期。宋代茶馆兴盛的概况在诸多文献笔记

---

① 刘修明.中国古代饮茶与茶馆 [M].台北：台湾商务印书馆股份有限公司，1998.孙军辉.唐人饮茶习俗的兴盛与唐代上层消费群体 [J].求索，2007（02）。

② 刘清荣.中国茶馆的流变与未来走向 [M].北京：中国农业出版社，2007.

中有过详细的记载、描述，如《东京梦华录》、《都城纪胜》、《梦粱录》、《夷坚志》等。

宋人孟元老在《东京梦华录》中记载，北宋年间的汴京，茶坊遍布各个闹市和居民集中之地，"潘楼东去十字街，谓之土市子，又谓之竹竿市。又东十字大街，曰从行裹角，茶坊每五更点灯，博易买卖衣服图画、花环领抹之类，至晓即散，谓之'鬼市子'……归曹门街，北山子茶坊内有仙洞、仙桥，仕女往往夜游吃茶于彼"。《都城纪胜》中记载："大茶坊张挂名人书画，在京师只熟食店挂画，所以消遣久待也。今茶坊皆然。冬天兼卖擂茶或卖盐豉汤，暑天兼卖梅花酒。"南宋年间，临安的茶馆讲究排场，较北宋汴京而言，在数量和形式上优势比较明显。《梦粱录》卷十六"茶肆"载："汴京熟食店，张挂名画，所以勾引观者，留连食客，今杭城茶肆亦如之。"据统计，在南宋洪近的《夷坚志》中，有百来个地方提到茶肆和提瓶卖茶者。如"京师民石氏，开茶肆，令幼女行茶。""开井巷开茶店钱君用二郎。""饶州市老何隆……尝行至茶肆。""临川人苦消渴，尝坐茶坊。""于县（贵溪）启茶坊。""乾道五年六月，平江茶肆民家失其十岁儿。""黄州市民李十六，开茶肆于观风桥下。"另外，小说《水浒传》就有王婆开茶坊的记述，当中也有一些关于茶店的描写，"那清风镇也有几座小勾栏并茶房酒肆"。除了在一些书籍著作上，一些画作中也可探得茶馆的踪影。张择端的名画《清明上河图》形象、生动地再现当时情景，刻画出当时万商云集、百业兴旺的繁荣情形，画中亦有很多的茶馆。[①]

宋代茶馆分布较广、数量较多、规模较大，具有很多特殊的功能，如供人们喝茶聊天、品尝小吃、谈生意、做买卖。宋代茶馆在数量、规模、装饰，抑或是经营方式、服务内容等各个方面都有较大的突破，是当今茶馆的基本形制的模型。

四、茶馆的普及

元代茶馆的形制与唐宋相似，此时茶馆已有相当程度的普及。元代茶馆虽与唐宋时风格相差无几，但数量上却大有增长。到明清之时，茶馆业随着茶为国饮之趋势，市民阶层的进一步扩大，民丰物富等现实条件造成了市民们对集休闲、饮食、娱乐、交易等功能为一体的茶馆需求增强。

明代茶馆数量与元代相比更是有增无减，更为可观，吴敬梓在《儒林外史》中对茶肆茶馆着墨颇多。其中，小说第十回载："马二先生步出钱塘门，过圣因寺，上苏堤，到净慈，四次上茶馆品饮这一路上，'五步一楼，十步一阁'，'卖酒的青帘高，卖茶的红炭满炉'……这一条街，单是卖茶的，就有三十多处。"另外，小说《金瓶梅》中就有多处描写到茶坊。明代茶馆业继承唐宋元以来的风格，又有进一步的发展。张岱在《陶庵梦忆》记载说："崇祯癸酉（公元1633年），有好事

---

① 郭丹英. 宋代的茶馆 [J]. 茶叶，2001（03）.

者开茶馆，泉实玉带，茶实兰雪，汤以旋煮，无老汤。器以时涤，无秽器，其火候、汤候，亦时有天合之者。"这表明，明代茶馆的水准和对社会的适应性高，茶馆装饰、饮茶的用水、器具也比宋代更为精致高雅。注重经营买卖，对用茶、择水、选器、沏泡和火候等有一定要求的茶馆，基本上都是为招徕文人雅客等高级茶客。茶馆所使用的水质要清澄洁净，忌静贵活，泉水为最佳，次为天水。茶具使用也十分讲究，宜兴紫砂壶在当时甚为风行，身价百倍。

　　清代茶馆上承晚明，呈现出集前代之大成的景观，其数量、种类、功能皆为历代所仅见。此时的茶馆遍布城乡，完全融入了中国各阶层人民的生活。清代是中国茶馆业发展的一个高峰期，是茶馆真正鼎盛的一个时期。清军入关后，满族八旗子弟饱食终日，无所事事。尤其在康熙至乾隆年间，社会上清闲之人比以前增多了，按"击筑悲歌燕市空，争如丰乐谱人风；太平父老清闲惯，多在酒楼茶社中"的说法，茶馆成为了上至达官贵人，下及贩夫走卒的生活活动场所，茶馆业碰到了难得的发展机遇。当时，北京有名的茶馆就达30多家，上海的则翻了一倍。清代茶馆吸引力大、影响深，甚至在皇宫中也设有茶馆。乾隆年间，每到新年，热闹异常的圆明园福海之东同乐园中的买卖一条街，内建了一所皇家茶馆——同乐园茶馆，其构造与一般城市的甚为相似。茶馆形制的演变在此阶段达到极致，为适应社会不同阶层消费者的需要，清代出现了大茶馆、清茶馆、野茶馆、书茶馆、棋茶馆、茶园等不同形制的茶馆。

五、茶馆的繁盛

　　20世纪上半叶，由于社会动荡，战乱不断，茶馆的社会功能进一度扩大，并带有浓厚的政治、经济色彩。人们为交流信息、了解时事和预测局势发展，经常三五成群地到茶馆消费，鉴于社会的需求茶馆数量陡增。某些地方的行业交易和人才招聘的自由市场会选择在茶馆进行，例如在茶馆中进行农民良种买卖、应职求聘等工作。茶馆是文人雅士流连忘返之地，在北京成了戏园的代名词的茶馆，也能见到鲁迅、老舍等茶馆常客，在上海，许多文化人士如矛盾、夏衍、熊佛西、李健吾等作家都常出没茶馆喝茶、写作、交流。在南京，张恨水、张友鸾、傅抱石等著名作家、画家在某些茶馆还拥有专用的雅座。[①]

　　另外，革命战争年代，茶馆还成为政界人士或党派人物活动的场所，如《沙家浜》中的阿庆嫂就利用茶馆做革命掩护工作。当然，近代中国政局动荡，战乱不断，一些茶馆的环境变得污浊起来。虽然，在宋、元时期甚至是更早的朝代便有一些茶馆被人视为"不正当"的场所，但在局势最为混乱的阶段，茶馆中所散发的社会风气显得尤为恶劣。有一小撮人利用茶馆干卑鄙、肮脏的勾当，如算命、赌博、卖淫、

---

　　① 　王笛.20世纪初的茶馆与中国城市社会生活——以成都为例 [J]. 历史研究，2001（05）.

贩毒、绑票等。茶馆蕴含的休闲、娱乐性功能，容易吸引各种闲杂人等进入其间，茶馆因为消费额较低，可以为社会大众所接受和有能力接受，这使它成为一个更具日常性的社交场所。一般人可以没有太大经济压力地、常态性地进入这个场所，在其间进行社交活动。甚至因而凝结具有地缘性的社交圈。如，半封建半殖民地时期的上海茶馆已集茶馆、烟馆、妓院为一体，成为较早充当卖笑市场的地方之一，装饰华丽的江海、朝宗等茶馆的最大功能竟是为茶客吸食鸦片提供便利。

六、茶馆的衰微

1949 年，新中国成立后，政府开始整顿和改造社会风气，取缔了一些消极的社会性活动，有针对性引导茶馆成为人民大众健康向上的文化活动场所。"文革"时期茶馆被取消了，茶馆行业进入衰微期。

七、茶馆的复兴

改革开放后的 30 余年，中国经济、文化的复苏和发展，致使茶产业发展迅速，茶文化复兴热潮掀起，再加上人们生活水平的提高直接导致了人们对精神生活的追求，具有深厚历史的茶馆作为文化生活的一种形式也悄然回复。现今，除了一些老牌茶馆在中华大地上又开始勃发生机，新型、新潮茶艺馆也如雨后春笋般涌现。近年来，茶馆无论从形式、内容和经营理念上都发生了很大变化，并且日益注重文化韵味。

第二节　中国古今茶馆的类型

茶馆文化丰富，是中华茶文化的重要组成部分。历史上的茶馆种类很多，可以按不同的分类标准，将茶馆分为不同的类型。简单地根据规模大小可以分为：大型茶馆（一般是指经营面积达 1 000 平方米以上，能供上百人或数百人同时品茶的茶馆）、中型茶馆（一般是指经营面积由数百平方米，可供百人左右同时品茶的茶馆）、小型茶馆（因营业面积小，这类茶馆一般不设大厅，大多设小包间雅室）和微型茶馆（音乐茶座、音乐茶吧等）；根据茶馆的装修、硬件软件设施、服务质量等可将茶馆分成高档（建筑面积一般较大，装饰材料和设置极力做到精益求精）、中档（一般面向工薪阶层和市民大众，馆内的装饰布置以自然或传统型为主）、低档（一般设备简陋，装饰简单，收费低廉，有的茶客可以自带茶叶、茶具，茶馆可提供开水）三类。如果按茶馆形成的地区文化背景不同大致可以分为川派茶馆、粤派茶馆、京派茶馆、杭派茶馆四大类；按照茶馆形制和形成时间可以分为古代茶馆和当代茶艺馆两大类，其中古代茶馆又可分为清茶馆、书茶馆、棋茶馆、野茶馆、大茶馆等几类，现代茶艺馆仿古式茶艺馆、园林式茶艺馆、室内庭院式茶艺馆、现代式茶艺馆、民俗式茶艺馆、综合式茶艺馆等。[①]下文重点介绍后两种分类方法及其相应类型。

一、不同派系茶馆的类型与特色

1. 历史悠悠的川派茶馆

巴蜀是我国最早栽茶和饮茶的地区之一。四川茶馆由来已久，在巴蜀文化影响下，以综合效用见长，具有十分突出的地域特点。

四川旧时茶馆多，相传旧时中国最大的茶馆在四川，四川最大茶馆在成都。旧时成都一般市民的住处狭窄，茶馆在无形中成了一般市民的会客厅。有客来时，主人习惯说道："走，口子上吃茶！"在茶馆中，四川人盛行自斟自饮的盖碗茶。四川人喝茶自有一套，他们视以茉莉花茶、龙井等茶叶为上品，冲泡的最佳工具为铜壶和盖碗。因为选用铜壶，可烧出味道甜美的水，保温持久些。而闻名遐迩的盖碗功能较多：一是手拿托茶身的茶船，避免手被烫伤；二是盖碗口大便于散热和引用；三是茶盖除了可用作割去茶碗上飘浮的泡沫，而且盖住沏好的茶可更快地泡出茶味，将茶盖反扣倒入茶汁还便于快饮解渴。最难能可贵的是茶碗、茶盖、茶船三位一体，也有很好的视觉效果。[②]

现在，四川茶馆林立，种类繁多，既是休息的场所，又是聚会、洽谈的地方，具有文化娱乐和社交等多种功能。

2. 食茶结合的粤派茶馆

饮食是广东人的宏大叙事，是最鲜活的民生文化。广东茶馆对比其他地方最大的特色是与"食"的完美结合。广州茶馆多称为茶楼，因为茶馆常设为上下两层，楼上以饮茶为主，楼下主要卖小吃茶点，是"茶中有饭，饭中有茶"的典型，是餐饮结合的好地方。

广州茶馆中具有"重商、开放、兼容、多元"的地方特色。广州人勤奋拼搏，向来早起，作为一个饮茶、吃饭的开放场所，茶馆中经常能迎来"喝早茶"的客人。改革开放以来，随着经济活动和社会交往的频繁，"下海经商、创业拼搏"是广东人民生活的主旋律，喝早茶是广东人生活的重要组成部分，也是政府及众多企业、单位作为接待宾客的常见方式。

现在，广州茶馆业走向了空前的繁荣，存在着经营内涵风格区别显著的传统茶楼与现代化茶馆。

---

① 刘清荣. 中国茶馆的流变与未来走向 [M]. 北京：中国农业出版社，2007.

② 吕卓红. 川西茶馆：作为公共空间的生成和变迁 [D]. 中央民族大学，2003.

3. 内涵丰富的京派茶馆

历史悠久、内涵丰富、层次复杂、功能齐全的北京文化，对应着集各地之大成以种类繁多，文化内涵丰富为特点的北京茶馆，茶馆文化是京味文化的一个重要方面。身处政治、经济、文化多元化的北京，北京茶馆形成多样化的特色，既有环境幽雅的高档茶馆，也有茶客众多的以大碗茶为经营特色的街头茶棚。

茶馆是北京民众社会、经济、文化生活的一个重要窗口。北京茶文化具有多层次多样性的鲜明特点：有市井小民聚集喝茶形成的市民茶文化，有文人雅士的文人茶文化，还有皇帝贵族的宫廷茶文化。进入 21 世纪后，北京茶文化更加多元、茶馆服务内容更加丰富。

4. 清幽高雅的杭派茶馆

杭派系的茶馆以幽雅著称。在吴越文化影响下，苏、杭州茶馆有一种风雅、诗意的情致。杭派茶馆讲究名茶名水之配，讲究品茗赏景之趣，这得益于地理环境和自然资源上得天独厚的优势，如西湖龙井茶与虎跑水。

杭州茶馆在经营上注重个性化的发展。新中国成立之初的杭州茶馆种类丰富，功能较为齐全，伴随着品牌经营理念的普及，杭州茶馆也很注重品牌的打造，至 21 世纪以来，日趋成熟的杭州茶馆开始进入瓶颈期，为求有所突破，追求个性化的发展，先后开办了一些具有代表性的主题茶馆、复合式茶馆和探索性茶馆等。[①]

二、历史上茶馆的类型与特色

1. 饮茶为主，娱乐为辅的清茶馆

以饮茶是主要的目的，专卖清茶的茶馆就是清茶馆。清茶馆的陈设布局简洁素雅，内设方桌木椅。茶馆门前或棚架檐头挂有木板招牌，刻有所经营的茶叶品种名称，如"毛尖"、"雨前"、"雀舌"等。在茶客较多时，还会在门外或内院搭上凉棚，搬来桌椅供来客乘坐。

2. 下棋为主，品茶为辅的棋茶馆

棋茶馆与清茶馆的布置设置甚为相似，只是棋茶馆中茶是用来助弈兴。专供茶客下棋的棋茶馆，常以圆木或方桩埋于地下，上绘棋盘，或以木板搭成棋案，两侧放长凳。茶客喝着花茶或盖碗茶，把棋盘作为另一种人生搏击的战场，暂时忘却生活的烦扰。

3. 听书为主，品茶为辅的书茶馆

书茶馆，即设书场的茶馆，以听评书为主要内容，饮茶只是媒介。清末民初，

---

① 陈永华.清末以来杭州茶馆的发展及其特点分析[J].农业考古，2004（02）.

北京出现了以短评书为主的茶馆，这种茶馆，听书才是主要目的，品茶则为辅，上午卖清茶不开书，下午和晚上请艺人临场说评书。茶客边听书，边饮茶，以茶提神助兴，听书的费用，不称"茶钱"，而叫"书钱"，一部大书可以说上两三个月，收入三七分账，茶馆三成，说书先生七成。评书的内容有说史的书，有公案书，有神怪书，也有才子佳人的故事，内容雅俗共赏，故吸引了各个阶层的消费者。

书茶馆直接把茶与文学联系，传递历史知识，又达到休闲娱乐的目的。

4. 喝茶赏景两不误的野茶馆

野茶馆就是设在野外的茶馆。这些茶馆设在风景秀丽的郊外，会选择有甜美山泉水、风景好、水质佳之处吸引茶客。野茶馆建立的外界条件相对苛刻，同时也要注意设定与周围气候相适宜的经营内容，比如冬天就要注意茶水的保温和使用红茶、普洱茶等茶叶。与野茶馆相类似的一种茶馆为季节性茶棚，通常设置在公园、凉亭内。季节性茶棚的茶客可以在饮茶之余，欣赏田园风光，获得一时的清静，但这种茶馆一般在冬天等特殊日子里是不营业的。

5. 功能多，规模大的大茶馆

大茶馆集饮茶、饮食、社交、娱乐于一身，是一种多功能饮茶场所，它的社会功能往往超过了物质本身的功能。这类茶馆座位宽敞、窗明几净、陈设讲究，较其他种类茶馆规模大，影响深远，直到现在，北京、成都、重庆、扬州等地，仍然有这类型茶馆的踪迹。[①]

三、当代茶艺馆的类型与特色

"茶艺"一词是在 20 世纪 70 年代，由台湾茶叶界提出的，20 多年来已被海峡两岸的广大茶文化界人士所接受。茶艺馆的兴办从台湾火热到大陆，各地的街头巷尾到处都可看到"茶艺馆"的招牌。茶艺馆是一种茶馆，就像"白马是马"的道理一样不用质疑，并且茶艺馆还是一种形制比较完善的茶馆。

1. 仿古式茶艺馆

这种茶艺馆对传统文化进行挖掘、整理，以某种古代传统为蓝本，在装修、室内装饰、布局、人物服饰、语言、动作、茶艺表演等方面用现代的资源来演绎，从总体上展示古典文化的整体面貌，如宫廷式茶楼、禅茶馆等。

2. 园林式茶艺馆

这种茶艺馆突出的是清新自然的风格，或依山傍水，或坐落于风景名胜区，营

① 沈冬梅.茶馆社会文化功能的历史与未来 [J].农业考古，2006（5）：130-134.

业场所比较大，由室外和室内两大空间共同组成。这种茶艺馆对地址的选择、环境的营造有较高的要求，所以数量不多。

3. 室内庭院式茶艺馆

这类茶艺馆以江南园林建筑为模板，结合品茗环境的要求，设有亭台楼阁、曲径花丛、拱门回廊、小桥流水等，给人一种"庭院深深深几许"的心理感受。室内多陈列字画、文物、陶瓷等各种艺术品，让现代人有回归自然、心清神宁的感觉，进入"庭有山林趣，胸无尘俗思"的境界。室内庭院式茶艺馆的茶艺馆为数较多，如郑州的一壶缘茶艺馆、上海的青藤阁茶艺馆等。

4. 现代式茶艺馆

这种茶艺馆的风格多样，经营者根据自己的志趣、爱好，结合房屋的结构依势而建，各具特色。现代式茶艺馆往往注重现代茶艺的开发研究，根据名人字画、古董古玩、花鸟鱼虫、报刊书籍、电脑电视等内部装饰的侧重点不同和茶馆布局不同，可将现代式茶馆分为家居厅堂式、曲径通幽式、清雅古朴式和豪华富丽式等。一般以家居厅堂式的较为多见，如郑州的泰和茶艺社、水云涧茶楼等。

5. 民俗式茶艺馆

这类茶艺馆追求民俗和乡土气息，以特定民族的风俗习惯、茶叶、茶具、茶艺或乡村田园风格为主线，形成相应的特点。它强调民俗乡土特色，包括民俗茶艺馆和乡土茶艺馆两大类。

6. 综合式茶艺馆

这类茶艺馆以茶艺为主，同时又经营茶餐、餐饮、旧吧、咖啡、电脑、棋、牌等内容的几种服务，以满足客人的多种需求。

当代茶馆以各种风格的茶艺馆为主，但也有突出异国情调的衍生类茶馆。这类茶馆在建筑风格、装潢格调、室内陈设和茶文化精粹等方面模仿国外的茶馆，连经营中的服务手段也是在以国外为蓝本的基础上有所创新，在中国这类茶馆主要有日式、韩式、欧式等。

另外，还有一类衍生的茶馆，它们追时尚，赶潮流，如音乐茶座、茶吧。茶艺馆规模较大，而这类茶馆规模相对小些，除了提供茶饮外还同时提供看书、上网、布艺、花道、咖啡等，甚至有的还可以提供DIY茶具的服务项目。

第三节　茶馆的性质与功能

从古到今，茶馆经历了上千年的演变，在这个过程中，中国茶馆在形制上和功能上，不仅具有各个时代的烙印，也具有明显的地域特征。随着社会经济的发展，人们物质精神的需求不断丰富发展，人们对茶馆的物质消费需求的比重在不断下降，而精神文化需求的比重则在上升，而茶馆也由单纯经营茶水的功能，衍生出了诸多其他的功能。

需求决定消费，消费影响生产与经营，因此，为研究茶馆的性质与功能，可以从研究茶馆消费者的类型切入研究。茶馆的功能与进来茶馆的消费目的联系紧密，将具有不同消费目的的消费者分为饮茶型、休闲型、商务型和文化活动型四种类型，那相应的茶馆的功能的种类就可以大体细分为餐饮功能、娱乐功能、社交功能和审美功能等，详见下图。

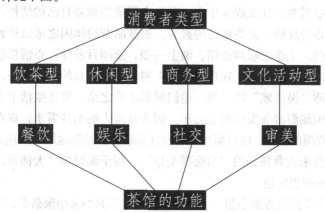

茶馆的功能与消费者的类型关系图

一、饮茶型茶客和餐饮功能

饮茶型茶客：以单喝茶解渴，或以喝茶和吃各类茶食、茶点为的主要目的，进入茶馆消费的一类茶馆消费者。

茶馆的餐饮功能体现在：茶客除了能在茶馆聚众饮茶，而且也能品尝到各种精美的茶食、茶点、茶肴。餐饮与人们的生活是息息相关密不可分的，从孟子的"民以食为天"便可窥一二，饮茶、吃茶膳是餐饮中的一块，再加上饮茶还是促成茶馆形成的重要前提，因此，餐饮功能作为茶馆功能已然实至名归。《茶经》、《古今茶事》等古代书籍中都有提到，茶馆能为茶客供应瓜子、蜜饯以及糕饼、春卷、水饺、烧卖等各种小吃来作为茶点。而《清稗类钞》还记载到，当时茶馆有两种：一种是以清茶为主、出售南果的江南茶馆；另一种是荤铺式茶馆，即茶、点心、饭菜同时供应。从宋代开始，延续至今，城市茶馆兴隆，供应茶饮、茶点、茶食，吃饭等。如，现今杭州西湖区龙井路"茶乡酒家"提供正宗西湖龙井和具有茶乡特色的地方农家菜，湖州"永和"茶馆设有任人选择的自助式茶餐，武汉青山路"茶天"采用家传手艺烹制平时难以吃到的野味和野菜，南京夫子庙"魁光阁茶馆"专营茶与秦淮"八绝"风味小吃。茶馆的这一功能让客人多了一份乐趣和享受，显示其生命力，点心佐茶在茶馆业的发展过程中流行起来是一种必然趋势。①

二、休闲型茶客和娱乐功能

休闲型茶客：这类茶馆消费者以休闲娱乐为只要目的，所以对茶馆的环境、舒适度、背景音乐等方面要求较高，对茶馆在文化活动的设计上要求比较高，各有所好，有的爱听戏，有的爱下棋，有的爱赏乐，有的爱收藏，不一而足。

品茶是休闲的一种方式，茶馆是人们休闲时寻求的最佳场所之一。明末以来，茶馆已成了城市中重要的社交娱乐中心。现代人要懂得调养自己的情性，要懂得在"玩"中求得身心的放松，提高自己的素养，通过品茶的休闲之道以达到生命保健和体能恢复的目的。工作之暇到茶馆，沏上一壶，茶闭目养神，心情恬静、疲劳渐消，这是一种舒适的生活享受。现在，都市人向往返璞归真的生活状态，近年来更是出现了一批自称"慢活族"的白领，他们提倡工作之余，要让生活节奏慢下来，他们更是支持休闲旅游事业发展的主力军。因为这些人的消费需求，现在许多景点均有不同类型和规模的茶馆，应运而生的有设在德清下渚湖湿地湖中央地带的茶亭，在杭州湖滨公园仿宋古典格局的"翁隆盛茶馆"，西子湖畔的"大佛茶庄"等等都是人们旅游休闲的理想胜地。

人们在茶馆除了品饮香茶小憩、养神外，还可邀三五小友小聚茶馆，海阔天空，神聊半日，当然还可以把玩壶具，或同他人下棋，打牌，猜谜，听戏等。总之，每个人都可以到茶馆放松一下，同时又可以找到各自的乐趣。20世纪90年代后期，由于受到台湾茶艺馆热潮的影响，全国各地也在纷纷效仿，而且它们也获得了成功人士和都市白领的青睐。

三、商务型茶客和社交功能

商务型茶客：此类消费者认为茶馆比较办公室而言，倍显温暖轻松，同时又具有开放性的特点，由于是商务会谈，所以他们对茶馆茶叶的档次、茶馆环境的好坏、茶馆装修的品味等方面要求较高。②

1. 社　　交

在茶馆，商务型茶客进行着一些商务活动，而这些商务活动得以顺利进行的基础是茶馆的社交功能。茶馆历来就是人们日常生活中重要的社交场所。茶馆在性质上是城市中最简便普及的聚会社交场所，因此也容易发展成为常态性的集会中心。

---

① 赵甜甜.茶馆功能的演变 [J].中国茶叶，2009（07）.

② 徐永成.21世纪茶馆发展趋势 [J].茶叶，2001（03）.

据《儒林外史》第 24 回记载：戏子鲍文卿离乡良久，返乡后意图重回戏行，为打探消息，就"到（戏行）总寓傍边茶馆内去会会同行。才走进茶馆。只见一个人——独自坐在那里吃茶。鲍文卿近前一看，原是他同班唱老生的钱麻子。——茶馆里拿上点心来吃。吃着，只见外面又走进一个人来——钱麻子道：'黄老爹，到这里来吃茶。'——黄老爹摇手道：'我久已不做戏子了。'"显然茶馆是这些戏行中人一个很重要的聚会场所，在此茶馆成了戏行的一个聚会社交的中心。当然随着社会的向前推进，茶馆除了扮演戏行的一个聚会社交中心的角色，也在一些常态性的聚会中起着重要作用。如《吴门表隐》中说："米业晨集茶肆，通交易，名'茶会'。娄齐各行在迎春坊，葑门行在望汛桥，阊门行在白姆桥及铁铃关。"[①] 从中可以看出，茶馆的社交功能。

2. 资　　讯

茶馆具有社交功能，而资讯的交流是社交活动中的重要一环。相随于人与人的集散，通过言语和肢体的交流互动，从而促使社交的过程和目的——信息的交换得以顺利的进行。茶馆在城市中作为一个被消费的开放空间，只要有基本的消费能力就能消费这里的饮食和空间，而其消费过程也正是社交活动与信息流通的过程。《丹午笔记》中曾提道：金狮巷汪姓富人因"两子以暧昧事，杀其师，不惜挥金贿通上下衙门，以疑案结局"。但他发现"惟公不可以利诱"，并且还发现"于清端公成龙喜微行。察疑，求民隐。——陈恪勤公鹏年守吴，亦喜微行"，接着他利用官员的习性，命人"重贿左近茶坊、酒肆、脚夫、渡船诸人，嘱其咸称冤枉。公察之，众口如一，不深究"[②]。在此事件中，狡猾富人制造民情，并将自己制造出来的"民情"作为资讯，命人将消息在流通场所——茶坊、酒肆大肆宣传，结果官员因在茶坊、酒楼了解民情的习性，便中了富人下的套。可见，当时的茶馆在城市是一个主要的消息流通场所。

3. 商　　务

宋时茶馆已现商务活动的端倪，甚至还出现了"专供茶事之人"的"茶博士"，人们聚集茶馆既是物质生活的需要、精神生活的享受，也是人们交往、行业交易的需求。《东京梦华录》也曾记述，京城开封的封丘门外商贩集中的马行街的茶坊，是当时最为兴盛的活动场所，各行打工卖技者聚会至此，同时也会聚"行老"以揽工的茶肆。随着社会经济的发展，至民国时期，各种茶馆的商务活动功能十分明显，大中茶馆中进行着各种行业的交易，小型的乡镇茶馆中农民也在进行土地的买卖交易。每逢寒暑假时，有些学校就在成都茶馆进行一些招聘工作。校方与待聘教师边

---

① 顾震涛 . 吴门表隐 [M]. 南京：江苏古籍出版社，1986：347.
② 顾公燮 . 丹午笔记 [M]. 南京：江苏古籍出版社，1985：136.

喝茶边议定聘约。地处闹市中心的浙江碳石镇的"大富贵茶店",又称"同业茶馆",茶客大都是镇上各商界头面人物,按行业不同聚集在茶桌上交谈行情、生意经,常有当堂拍板成交的,有些老板、经理也会尽量坚持天天下午到茶馆的习惯,终而获取信息,做出商业决策。①

当今,现代化的茶馆成了很多商务人士的第二办公室。一些高档的现代化的茶馆很受现代人的青睐,因为这种茶馆备有电脑、打印机、传真、复印等设备,为茶客提供免费上网服务,其风格与老式茶馆风格迥异。生意奔忙的老板是这类茶馆的常客,他们可以在惬意地品尝茶点、果品的同时,进行商务洽谈,有时还会通过网络谈论生意。

四、文化活动型茶客与审美功能

文化活动型茶客:对茶有一些研究,这类消费者对茶的品质、茶的冲泡、茶具的选择、茶艺表演等相关方面要求较高,他们希望在茶楼品茶的同时,还能学到丰富的知识。

一个城市或地区的茶馆,由于其独有特别的打理手法和茶客在那里面的消费方式,自身就会形成一道城市文化景致。而对于异乡游人较多的茶馆来说,游人所进入某种环境的茶馆,也变成他理解这个城市文化独特的风格与风格的窗户。

审美是人们的一种高层次的精神需求。茶馆文化之所以被看作是一种很重要的中华茶文化,不仅在于它能满足人们解渴的生理需要,更重要的还在于能满足人们审美欣赏、养生保健等高层次的精神需要。茶馆具有一股魅力,而这种魅力的来源就是文化,它吸引着人们进出茶馆消费。茶馆提供的审美对象是多方面的,大体体现在以下几个方面。

1. 展现美不胜收的文化风格的功能

(1)境美:茶馆设置在风景宜人的山水园林之间,善用亭、台、楼、阁等古建筑模式,使茶人能一边品茗,一边享受来自自然山水的审美感受。

(2)茶美:茶人细细品啜香茗,重在意境,追求精神上的满足。从茶汤美妙的色香、形中,茶人可以得到审美的愉悦。

(3)器美:茶器(具)作用多,除了是充当品茶之具外,从壶艺欣赏的角度来说,美的茶具还具有审美的作用。

(4)艺美:在茶艺馆,举行观赏性的茶艺表演,等同于一项普及茶文化知识的艺术活动,这让茶客从中领略到一些中国茶文化知识,同时也得到一种艺术美的享受。上海豫园"湖心亭"茶楼设有专业茶艺表演队。

---

① 王鸿泰.从消费的空间到空间的消费——明清城市中的茶馆[J].上海师范大学学报(哲学社会科学版),2008(5):49-57.

2. 促进文化娱乐表演发生发展的功能

茶馆引入文化娱乐和文化艺术表演，最初的想法只是为多招揽一些顾客，让顾客来茶馆消费的目的多样化。文化娱乐表演进入茶馆，由来已久。如今的茶馆文化娱乐功能卓然，茶馆是朋友聚会喝茶谈话的地方，从"不卖门票，只收茶钱"，可看出看戏不过是附带性质的。梅兰芳先生所说："最早的戏馆统称茶园"，在历经不同时代的洗礼后，有一种新的活动场所——"戏馆"慢慢地崭露头角，它同茶馆性质不太相同是以看戏为主附带喝茶。

3. 便利文人墨客论诗吟诗的功能

环境幽雅、宁静的茶馆，布置得高洁、精美容易吸引文人墨客，在此聚会作文、论诗吟诗。民国时期，北京、上海等地的男女大学生经常选择在有一个典雅氛围的茶馆中聚会讨论哲学、时政、写作文。去茶馆品茶谈文还有戏剧家李健吾、上海剧专校长熊佛西等人。在茶馆完成的作品，据说有鲁迅的译作《小约翰》，曹禺的《日出》。诗人徐志摩是茶馆的常客，他常假茶座会友谈文吟诗。[①]

4. 获得培训学习机会的功能

在茶馆除了可以欣赏各类艺术表演和文化娱乐活动，还可以获得培训学习的机会。北京市海淀区高梁桥斜街处的"百草园茶艺馆"，每周四设有茶健康讲座，周六、日为各茶艺普及培训班，还不定期举行现场炒制绿茶的活动。上海控江路"车马炮茶馆"则定期举办茶道讲座和花道讲座，肇嘉浜路"松竹林"茶坊也定期举办插花培训班。在茶楼举办培训班、讲座和现场表演与茶相关的各种活动，使得茶客喝茶的同时，既丰富了知识，又充实了生活。[②]

随着经济文化的发展，艺术文化氛围日益浓重，茶馆也为适应不同阶层的需求，其表现形式丰富多彩，形成了独特的茶馆文化。有需求就会有市场，有市场就有商机，当然，如何发现商机就显得尤为重要了，而每个社会阶段都不乏出现一些发现善于发现商机的商人。正是在他们的努力之下，中国茶馆业才能较为顺利向前发展。

第四节　当代著名茶馆茶楼介绍

一、北京老舍茶馆

北京老舍茶馆是以人民艺术家老舍先生及其名剧《茶馆》命名的茶馆，它位于天安门广场西南面，前门西大街 3 号楼，与北京古商业街大栅栏为邻，地理位置独特，京味传统文化底蕴深厚。始建于 1988 年，创办初期，营业面积 600 多平方米，现营

---

① 吴旭霞. 茶馆闲情: 中国茶馆的演变与情趣 [M]. 北京: 光明日报出版社, 1999.
② 李菊兰. 试述茶馆的发展演变 [J]. 陆羽茶文化研究, 2008（18）.

业面积 3 300 多平方米，是中国实施改革开放政策以后，创办起来的中国第一家民俗文化茶馆。

北京老舍茶馆是集京味文化、茶文化、戏曲文化、食文化于一身，融书茶馆、餐茶馆、清茶馆、大茶馆、野茶馆、清音桌茶馆，六大老北京传统茶馆形式于一体的京味文化茶馆。

老舍茶馆地处前门，是寸土寸金之地。内设演出大厅、品珍楼、茶庄、四合茶院和新京调茶餐坊。在这古香古色、京味十足的环境里，宾客可以听悠扬的古筝，看精湛的茶艺表演，品馨香的好茶，以及各式宫廷细点、北京传统风味小吃、京味佳肴茶宴和宫廷茶宴；还可以欣赏到来自曲艺、戏剧等各界名流的精彩表演。家里要是来了外国朋友或是外地亲戚，老舍茶馆不失为一个招待的好去处。老舍茶馆可以同时容纳 250 人观看节目；大碗茶酒家可以同时容纳 150 人就餐；楼下门前设有停车场，可以同时容纳百余辆车。

开业以来，老舍茶馆已接待了包括美国前总统布什、前国务卿基辛格，俄罗斯前总理普里马科夫，德国前总理科尔，日本前首相海部俊树，丹麦首相拉斯穆森、柬埔寨首相洪森等 70 余位外国首脑、众多社会名流和 300 多万中外游客，已然成为展示民族文化精品的特色"窗口"和连接国内外友谊的"桥梁"。

中国第一家民俗文化茶馆——老舍茶馆

二、吉林雅贤楼茶艺馆

雅贤楼是吉林长春第一家最具传统装饰风格的茶艺馆。雅贤楼茶艺馆始建于1999 年春，是长春市最早创建的茶艺馆之一。三层建筑，营业面积 600 平方米。地处长春市文化、商业中心，东与南湖公园比邻，西以东北师大附中接壤，前庭面临同志街，后院依傍自由大路，交通便利，四通八达，环境幽雅，鸟语花香。装修风格以中国传统文化为底蕴，雕梁画栋，飞檐重叠，气势恢弘。

一楼大厅清新自然，曲水流觞，曲径通幽，竹影婆娑，石子铺就的小道，数十位宜兴紫砂名家的几百款真品紫砂陈列其中，是东北地区最具规模最规范的一座精品紫砂艺术馆。楼上包房陈设清新、古朴典雅，风格温馨怀旧，细细品味，无不赏心悦目，更觉别有洞天，既有明清宫廷气派，又有江南园林风骨。隔窗远望，南湖美景尽收眼底，如荫的绿树，碧蓝的湖水，荡漾的小舟，好不心旷神怡；确是东北地区少有的几家大茶楼之一。三楼新设立的雅贤楼讲堂，宽敞明亮，陈设古朴，满堂红木家具尽显豪华。进得雅贤楼，茶诗、茶情、茶韵无处不在。

雅贤楼的"雅"雅在其高贵的气派和浓浓的文化气息，文艺界和书画界的老前辈们常常在此谈古论今，挥毫泼墨，名家大作多有悬于雅贤楼之厅堂，使雅贤楼"翰墨"之气更浓，人文环境日趋"贤雅"。

雅贤楼茶艺馆现已成为长春市旅游的一处亮点，同时也成为多部电影、电视节目的录制场地，身临其境，似回到我们心目中追求的理想生活境界，是难得的修身养性之地、品茗交友之所。

吉林长春第一家古典装饰风格的茶艺馆——雅贤楼茶艺馆

三、上海湖心亭茶楼

湖心亭茶楼是上海现存的最为古老的茶楼，建亭至今已有二百余年的历史。湖心亭原系明代嘉靖年间由四川布政司潘允端所构筑，属豫园内景之一，名曰凫佚亭。湖心亭茶楼能容纳二百余人品茶，古朴典雅的设备布置，极富民族传统特色。从九曲桥步入茶楼，踩着木梯而上便可看见木头的桌子、椅子、凳子，配着木头的屋梁、窗棂，融和在茶的清香中。穿着上海蓝布衣褂的女孩子笑盈盈地为你端上一杯香茗，或者为你推荐富有特色的休闲小吃。

茶楼每天吸引着大量中外游客，还曾接待过英国女王伊丽莎白二世等许多国家元首和中外知名人士。小小茶楼已成为上海市接待元首级国宾的特色场所，其知名蜚声海内外。

沪上最古老的茶楼——湖心亭茶楼

四、北京五福茶艺馆

五福茶艺馆是北京第一家连锁经营的茶艺馆，创立于1994年8月。第一家店——地安门店坐落于市中心的地安门大街104号，近几年随着公司的发展，相继开办了10余家分店，遍布北京市区，形成了以中华古老文化为根基，以弘扬民族茶艺为宗旨的综合性连锁经营企业。

"五福"寓意取自北京人古老的信奉"人有五福"之说，也就是"康宁、富贵、好德、长寿、善终"。今有"知福、幸福、惜福、享福、造福"之意。"五福"是北京茶艺的代表，其有别于传统茶艺馆，也不同于日本茶道，从南方工夫茶演进而来，创出了"北京茶艺"。

北京第一家连锁经营的茶艺馆——五福茶艺馆

五福茶艺馆除了创造一个品茗的环境，传播北京茶艺外，还经营茶叶、茶具和茶文化书籍。各店汇集了多种名茶和上千种茶具，并特聘宜兴专家现场制作各种紫砂制品，以满足消费者特殊要求，还与厂商共同开发生产"五福"的茶具产品。通过多元化的经营，推广茶文化知识，提高人们对茶的认识，让更多的中国人了解并牢记"中国——茶文化的故乡"。

五、重庆中华茶艺山庄

中华茶艺山庄于1999年4月投资修建，为了适应市场的需求，由永川旅游局、茶研所和何代春先生共同投资7 000多万元人民币，按照国际四星级标准，于2003年4月23日第二次扩建而成。

中华茶艺山庄坐落于重庆市郊山竹海风景区内，是西南地区唯一的特色茶文化度假山庄，是重庆市热点旅游西线之一景。山庄掩映于7万亩原生态天然氧吧——茶山竹海之中，秀丽景致、四季宜人。茶艺山庄占地面积75亩，建筑面积22 000平方米，设有茗香居（客房）、国际会议中心、茶膳堂、茶艺楼、娱乐中心等高档配套设施，融合采茶、自炒茶、茶艺、茶娱、茶膳、茶浴。

重庆中华茶艺山庄

小 结

中国茶馆的发展和演变是一个漫长的过程，大致经历了萌芽、兴起、兴盛、普及、繁盛、衰微和复兴几个阶段。茶馆是爱茶者的乐园，也是以营业为目的，提供人们休息、消遣、娱乐和交际的活动场所。随着社会经济的发展，人们物质精神的需求不断丰富发展，人们对茶馆的物质消费需求的比重在不断下降，而精神文化需求的比重则在上升，而茶馆也由单纯经营茶水的功能，衍生出了餐饮功能、娱乐功能、社交功能和审美功能等几种。历史上的茶馆种类很多，可以按不同的分类标准，将茶馆分为不同的类型。如果按茶馆形成的地区文化背景不同大致可以分为川派茶馆、粤派茶馆、京派茶馆、杭派茶馆四大类；按照茶馆形制和形成时间可以分为古代茶馆和当代茶艺馆两大类等。当代比较著名茶馆、茶楼有北京的老舍茶馆、五福茶艺馆，吉林的雅贤楼茶艺馆，上海的湖心亭茶楼和重庆的中华茶艺山庄等。

思考题：

1. 简述一下茶馆的功能大体可以分为哪几类？
2. 试着分析茶艺馆与旧茶馆之间的区别主要有哪些？
3. 简述一下川派茶馆的特色在哪里？
4. 我国茶馆的发展趋势走向？

第八章 茶：健康与文明的饮料

第一节 茶：主要成分与营养元素

迄今为止，茶叶中经分离、鉴定的已知化合物有 700 余种，其中包括初级代谢产物蛋白质、糖类、脂肪及茶树中的二级代谢产物——多酚类、茶氨酸、生物碱、色素、芳香物质、皂甙等。茶叶中的无机化合物总称灰分，茶叶灰分（茶叶经 550℃ 灼烧灰化后的残留物）中主要是矿质元素及其氧化物，其中大量元素有氮、磷、钾、钙、钠、镁、硫等，其他元素含量很少，称微量元素。将茶叶中的化学成分按其主要成分归纳起来有 10 余类，它们在干物质中的含量如表 8-1 所示[①]。

表 8-1 茶叶中的化学成分及在干物质中的含量

成分	含量（%）	组成
蛋白质	20—30	谷蛋白、精蛋白、球蛋白、白蛋白等
氨基酸	1—4	茶氨酸、天门冬氨酸、谷氨酸等 26 种
生物碱	3—5	咖啡碱、茶叶碱、可可碱
茶多酚	18—36	主要有儿茶素、黄酮类、花青素、花白素和酚酸
脂类化合物	8	脂肪、磷脂、硫脂、糖脂和甘油酯
糖类	20—25	纤维素、果胶、淀粉、葡萄糖、果糖、蔗糖等
色素	1 左右	叶绿素、胡萝卜素类、叶黄素类、花青素类
维生素	0.6—1.0	维生素 C、维生素 A、维生素 E、维生素 D、维生素 B_1、维生素 B_2、维生素 B_3 等
有机酸	3 左右	苹果酸、柠檬酸、草酸、脂肪酸等
芳香类物质	0.005—0.03	醇类、醛类、酮类、酸类、酯类、内酯等
矿物质	3.5—7.0	钾、钙、磷、镁、锰、铁、硒、铝、铜、硫、氟等

[①] 宛晓春.茶叶生物化学 [M].北京：中国农业出版社，2003.

依据现代营养学和医学原理，将这些化学成分划分为两大类，即营养成分和药效成分。营养成分：蛋白质、氨基酸、维生素类、糖类、矿物质、脂类化合物等[①]；药效成分：生物碱、茶多酚及其氧化产物、茶叶多糖、茶氨酸、茶叶皂素、芳香物质等。[②]

一、茶叶中的氨基酸

氨基酸是茶叶中具有氨基和羧基的有机化合物，是茶叶中的主要化学成分之一，是影响茶叶滋味、香气的重要品质成分。茶叶氨基酸的组成、含量以及它们的降解产物和转化产物也直接影响茶叶品质，氨基酸在茶叶加工中参与茶叶香气的形成，它所转化而成的挥发性醛或其他产物，都是茶叶香气的成分。茶叶中各种氨基酸含量的多少与茶类关系密切，如谷氨酸：绿茶最多，其次青茶和红茶；精氨酸以绿茶最多，红茶次之；茶氨酸以白茶最多，其次绿茶和红茶；若以总量而论，绿茶多于红茶和白茶，接着黄茶和乌龙茶，黑茶含量相对较低。[③]但对同一茶类中同一种茶而言，则高级茶多于低级茶。

茶叶中发现并已鉴定的氨基酸有26种，除20种蛋白质氨基酸（甘氨酸、丙氨酸、亮氨酸等）均发现存在于游离氨基酸中外，还检出6种非蛋白质氨基酸（茶氨酸、γ－氨基丁酸、豆叶氨酸、谷氨酰甲胺、天冬酰乙胺、β－丙氨酸），并不存在于蛋白质中，属于植物次生物质，其中最主要的为茶氨酸，其可以说是茶叶中游离氨基酸的主体部分并大量存在于茶树中，特别是芽叶、嫩茎及幼根中，在茶树的新稍芽叶中，70%左右的氨基酸是茶氨酸。由于茶氨酸在游离氨基酸中所占比重特别突出，逐渐为人们所重视。

茶氨酸是茶树中一种比较特殊的、在一般植物中罕见的氨基酸，是茶叶的特色成分之一，除了在一种蕈及茶梅中检出外，在其他植物中尚未发现，是茶叶中含量最高的氨基酸，约占游离氨基酸总量的50%以上，占茶叶干重的1%—2%。

二、茶叶中的维生素

茶叶中含有多种维生素，有维生素A、维生素D、维生素E、维生素K、维生素C、维生素P、维生素U、B族多种维生素和肌醇等。茶叶中的维生素可称为"维生素群"，饮茶可使"维生素群"作为一种复方维生素补充人体对维生素的需要。如每100克茶叶中维生素C含量在100—500毫克，优质绿茶大多在200毫克以上，其含量比等量的柠檬、菠萝、苹果、橘子还多。因此，喝茶可以治疗和防止因为缺乏维生素类

---

① 陈睿. 茶叶功能性成分的化学组成及应用 [J]. 安徽农业科学，2004（5）：1031-1036.

② 王汉生. 茶叶药理成分与人体健康 [J]. 广东茶叶，1995（4）：28-34.

③ 安徽农学院. 茶叶生物化学（第二版）[M]. 北京：农业出版社，1984.

的疾病发生，对人体具有极大的保健功效。[①]

维生素虽然广泛存在于茶叶中，但含量却有不同，一般来说，绿茶多于红茶，优质茶多于低级茶，春茶多于夏茶、秋茶。

三、茶叶中的糖类物质

茶鲜叶中的糖类物质，包括单糖、寡糖、多糖及少量其他糖类。单糖和双糖是构成茶叶可溶性糖的主要成分，是组成茶叶滋味物质之一。茶叶中的多糖类物质主要包括纤维素、半纤维素、淀粉和果胶等，其中大部分多糖是不溶于水的。糖类在茶叶中含量达25%（占干物质重）左右，其中可溶性的（包括加工后水解出的可溶性糖和糖基的）占干物质总量的4%左右。[②] 因此，茶叶属于低热能饮料，适合于糖尿病及忌糖患者饮用。

在茶叶中有一类特殊的糖类物质——茶多糖，由于单糖分子中存在多个羟基，容易被氨基、甲基、乙酰基等取代，因此以单糖为基本组成单位的茶叶复合多糖组成复杂。茶叶中具有生物活性的复合多糖，一般称为茶多糖 TPS（Tea Polysaccharide），是一类与蛋白质结合在一起的酸性多糖或酸性糖蛋白。

中国和日本民间都有用粗老茶医治糖尿病的传统。现代医学研究表明，茶多糖是茶叶治疗糖尿病时的主要药理成分。[③] 茶多糖由茶叶中的糖类、蛋白质、果胶和灰分等物质组成，茶新梢的粗老叶中含量较高，茶多糖的单糖组成主要以葡萄糖、阿拉伯糖、木糖、岩藻糖、核糖、半乳糖等为主。[④] 一般来讲，原料愈粗老茶多糖含量愈高，等级低的茶叶中茶多糖含量高。在治疗糖尿病方面，粗老茶比嫩茶效果要好。[⑤]

四、茶叶中的多酚类及其氧化产物

1. 茶鲜叶中的多酚类物质

茶树新梢和其他器官都含有多种不同的酚类及其衍生物（下简称为多酚类）。茶叶中这类物质原称茶单宁或茶鞣质。茶鲜叶中多酚类的含量一般为18%—35%（干重）。它们与茶树的生长发育、新陈代谢和茶叶品质关系非常密切，对人体也具有重要的生理活性，因而受到人们的广泛重视。

茶多酚类（Tea polyphenols）是一类存在于茶树中的多元酚的混合物。茶树新梢中所发现的多酚类分属于儿茶素（黄烷醇类）；黄酮、黄酮醇类；花青素、花白素类；

---

① 王宏树．茶叶中含有多种维生素利于延年益寿 [J]．农业考古，1995（4）：159-161.

② 顾谦、陆锦时、叶宝存．茶叶化学 [M]．合肥：中国科学技术大学出版社，2002（9）：30-48.

③ 汪东风、杨敏．粗老茶治疗糖尿病的药理成分分析 [J]．中草药，1995（5）：255-257.

④ 汪东风，谢晓风等．茶多糖的组分及理化性质 [J]．茶叶学，1996（1）：1-8.

⑤ 汪东风，谢晓凤，王泽农等．粗老茶中的多糖含量及其保健作用 [J]．茶叶科学，1994（1）：73-74.

酚酸及缩酚酸等。其中最重要的是以儿茶素为主体的黄烷醇类，其含量占多酚类总量的70%—80%，是茶树次生物质代谢的重要成分，也是茶叶保健功能的首要成分，[①]对茶叶的色、香、味品质的形成有重要作用。茶叶中儿茶素以表儿茶素（EC）、表没食子儿茶素（EGC）、表儿茶素没食子酸酯（ECG）、表没食子儿茶素没食子酸酯（EGCG）四种含量最高，前两者称为非酯型儿茶素或简单儿茶素，后两者称为酯型儿茶素或复杂儿茶素，一般酯型儿茶素的适量减少有利于绿茶滋味的醇和爽口。由于儿茶素的易被氧化的特性，在红茶或乌龙茶制造过程中，儿茶素类易被氧化缩合形成茶黄素类，茶黄素类可进一步转化为茶红色类，再由茶黄素和茶红素类进一步氧化聚合则可形成茶褐素类物质。这三种多酚类氧化产物的含量和所占的比例对红茶或乌龙茶的品质形成至关重要。[②]

2. 茶叶加工过程中形成的色素

色素是一类存在于茶树鲜叶和成品茶中的有色物质，是构成茶叶外形色泽、汤色及叶底色泽的成分，其含量及变化对茶叶品质起着至关重要的作用。在茶叶色素中，有的是鲜叶中已存在的，称为茶叶中的天然色素；有的则是在加工过程中，一些物质经氧化缩合而形成的。茶叶色素通常分为脂溶性色素和水溶性色素两类，脂溶性色素主要对茶叶干茶色泽及叶底色泽起作用，而水溶性色素主要是对茶汤有影响。

（1）黄素类（Theaflavin, TFS）：茶黄素是红茶中的主要成分，是多酚类物质氧化形成的一类能溶于乙酸乙酯的、具有苯并卓酚酮结构的化合物的总称。

茶黄素类（TFS）对红茶的色、香、味及品质起着决定性的作用，是红茶汤色"亮"的主要成分，滋味强度和鲜度的重要成分，同时也是形成茶汤"金圈"的主要物质。能与咖啡碱、茶红素等形成络合物，温度较低时显出乳凝现象，是茶汤"冷后浑"的重要因素之一。并且其含量的高低直接决定红茶滋味的鲜爽度，与低亮度也呈高度正相关。

（2）茶红素（Thearubigins, TRS）：茶红素是一类复杂的红褐色的酚性化合物。它既包括有儿茶素酶促氧化聚合、缩合反应产物，也有儿茶素氧化产物与多糖、蛋白质、核酸和原花色素等产生非酶促反应的产物。

茶红素是红茶氧化产物中最多的一类物质，含量为红茶的6%—15%（干重），该物为棕红色，能溶于水，水溶液呈酸性，深红色，刺激性较弱，是构成红茶汤色的主体物质，对茶汤滋味与汤色浓度起极重要作用。参与"冷后浑"的形成。此外，还能与碱性蛋白反应沉淀于叶底，从而影响红茶叶底色泽。通常认为茶红素含量过

① 毛清黎，施兆鹏，李玲等. 茶叶儿茶素保健及药理功能研究新进展 [J]. 食品科学，2007，28（8）：584-589.

② 刘仲华等. 红茶和乌龙茶色素与干茶色泽的关系 [J]. 茶叶科学，1990（1）：59-64.

高有损红茶品质，使滋味淡薄，汤色变暗，而含量太低，茶汤红浓不够。Roberts 认为，TRs/TFs 比值过高茶汤深暗、鲜爽度不足；TR/TF 比值过低时，亮度好，刺激性强，但汤色红浓度不够。一般 TFs > 0.7，TRs > 10%，TRs/TFs = 10—15 时，红茶品质优良。

（3）茶褐素类（Theabrownine，TB）：为一类水溶性非透析性高聚合的褐色物质。其主要组分是多糖、蛋白质、核酸和多酚类物质，由茶黄素和茶红素进一步氧化聚合而成，化学结构及其组成有待探明。深褐色，溶于水，其含量一般为红茶中干物质的 4%—9%。是造成红茶茶汤发暗的重要因素，无收敛性的重要因素。[1]

五、茶叶中的矿物质

茶叶能提供人体组织正常运转所需的矿物质元素。维持人体的正常功能需要多种矿物质。根据人体所需量，每天所需量在 100 毫克以上的矿物质被称为常量元素，每天所需量在 100 毫克以下的为微量元素。到目前为止，已被确认与人体健康和生命有关的必需常量元素有钠、钾、氯、钙、磷和镁；微量元素有铁、锌、铜、碘、硒、铬、钴、锰、镍、氟、钼、钒、锡、硅、锶、硼、钶、砷等 18 种。人缺少了这些必需元素，就会出现疾病，甚至危及生命。茶叶中有近 30 种矿物质元素，与其他食物相比，饮茶对钾、镁、锰、锌、氟等元素的摄入最有意义。

茶叶中：钾的含量居矿物质元素含量的第一位，是蔬菜、水果、谷类中钾含量的 10—20 倍，因此，喝茶可以及时补充钾的流失；锌的含量高于鸡蛋和猪肉中的含量，锌在茶汤中的溶出率很高，为 35%—50%，容易被人体吸收，所以茶叶列为锌的优质营养源；氟的含量比一般植物高 10 倍至几百倍，喝茶是摄取氟离子的有效方法之一；硒主要为有机硒，容易被人吸收，且在茶汤中的浸出率为 10%—25%，在缺硒地区普及饮用富硒茶是解决硒营养问题的最佳方法；茶叶是高锰植物，一般茶叶的锰含量也在 30 毫克 / 百克左右，比水果、蔬菜约高 50 倍，因此喝茶是补充锰元素的比较好的方法。

饮茶也是磷、镁、铜、镍、铬、钼、锡、钒的补充来源。茶叶中钙的含量是水果、蔬菜的 10—20 倍；铁的含量是水果、蔬菜的 30—50 倍。但钙、铁在茶汤中的溶出率极低，无法满足人体的日需量。饮茶不能作为人体补充钙、铁的主要途径，可以通过食茶来补充。[2]

六、茶皂甙

皂甙，又名皂素、皂角甙或皂草甙，是一类结构比较复杂的糖苷类化合物，由

①　熊昌云，彭远菊.红茶色素与红茶品质关系及其生物学活性研究进展 [J].茶业通报，2006，28（4）：155-157.

②　李旭玫.茶叶中的矿质元素对人体健康的作用 [J].中国茶叶，2002，24（2）：30-31.

糖链与三萜类、甾体或甾体生物碱通过碳氧键相连而构成。茶皂素是一类齐墩果烷型五环三萜类皂甙的混合物。基本结构为皂甙元、糖体、有机酸三部分组成。

皂甙化合物的水溶液会产生肥皂泡似的泡沫，因此得名。许多药用植物都含有皂甙化合物，如人参、柴胡、云南白药、桔梗等。这些植物中的皂甙化合物都具有保健功能，包括提高免疫功能、抗癌、降血糖、抗氧化、抗菌、消炎等。茶皂素又名茶皂甙，是一种性能良好的天然表面活性剂，能够用来制造乳化剂、洗洁剂、发泡剂等。茶皂素与许多药用植物的皂甙化合物一样，具有许多生理活性，如降血糖、降血脂、抗辐射、增强免疫功能、抗凝血及抗血栓、对羟基自由基的清除作用；另外，茶多糖还具有抗肿瘤、抗病毒、耐缺氧及增加冠状动脉血流量等多种生物学功能。[①]

七、茶叶中的生物碱

茶叶中的生物碱，主要是咖啡碱（Caffeine）、可可碱（Theobromine）以及少量的茶叶碱（Thephylline）。三种都是黄嘌呤（Xanthine）衍生物。

1. 咖啡碱

茶叶中咖啡碱的含量一般占2%—4%，但随茶树的生长条件及品种来源的不同会有所不同。遮光条件下栽培茶树的咖啡碱的含量较高。它也是茶叶重要的滋味物质，其与茶黄素以氢键缔合后形成的复合物具有鲜爽味，因此，茶叶咖啡碱含量也常被看作是影响茶叶质量的一个重要因素。

此外，鲜茶叶在老嫩之间的含量差异也很大，细嫩茶叶比粗老茶叶含量高，夏茶比春茶含量高。因一般植物中含咖啡碱的并不多，故也属于茶叶的特征性物质。

2. 茶叶碱与可可碱

茶叶碱、可可碱的药理功能与咖啡碱相似，如具有兴奋，利尿，扩张心血管、冠状动脉等作用。但是各自在功能上又有不同的特点。茶叶碱有极强的舒张支气管平滑肌的作用，有很好的平喘作用，可用于支气管喘息的治疗。茶叶碱在治疗心力衰竭、白血病、肝硬化、帕金森病、高空病等方面也有一定的研究。

八、茶叶中的芳香物质

茶叶中的芳香物质也称"挥发性香气组分（VFC）"，是茶叶中易挥发性物质的总称。茶叶香气是决定茶叶品质的重要因子之一。所谓茶香实际是不同芳香物质以不同浓度组合，并对嗅觉神经综合作用所形成的茶叶特有的香型。茶叶芳香物质

---

① 陈海霞. 茶多糖对小鼠实验性糖尿病的防治作用 [J]. 营养学报.2002, 24（1）：85-88; 王丁刚, 王淑如. 茶叶多糖的分离、纯化、分析及降血脂作用 [J]. 中国药科大学学报.1991, 22（4）：225-228; 周杰, 丁建平, 王泽农等. 茶多糖对小鼠血糖、血脂和免疫功能的影响 [J]. 茶叶科学, 1997, 17（1）：75-79; 王盈峰, 王登良, 严玉琴. 茶多糖的研究进展 [J]. 福建茶叶, 2003（2）：14-16.

实际上是由性质不同、含量差异悬殊的众多物质组成的混合物。迄今为止，已分离鉴定的茶叶芳香物质约有700种，但其主要成分仅为数十种，如香叶醇、顺-3-己烯醇、芳樟醇及其氧化物、苯甲醇等。它们有的是红茶、绿茶、鲜叶共有的，有的是各自分别独具的，有的是在鲜叶生长过程中合成的，有的则是在茶叶加工过程中形成的。

一般而言，在茶鲜叶中，含有的香气物质种类较少，大约80余种；绿茶中有260余种；红茶则有400多种。茶叶香气因茶树品种、鲜叶老嫩、不同季节、地形地势及加工工艺，特别是酶促氧化的深度和广度、温度高低、炒制时间长短等条件的不同，而在组成和比例上发生变化，也正是这些变化形成了各茶类独特的香型。[①]

茶叶芳香物质的组成包括碳氢化合物（14.22%）、醇类（12.76%）、醛类（10.30%）、酮类（15.35%）、酯类和内酯类（12.44%）、含N化合物（13.41%）、酸类、酚类、杂氧化合物、含硫化合物类等。

茶叶香气在茶中的绝对含量很少，一般只占干物量0.02%。绿茶0.05%—0.02%；红茶0.01%—0.03%；鲜叶0.03%—0.05%。但当采用一定方法提取茶中香气成分后，茶便会无茶味，故茶叶中的芳香物质对茶叶品质的形成具有重要作用。

第二节 茶：保健美容的绿色饮料

中国自古就有不少关于茶叶具有保健功效的文字记载：《神农本草》称："茶味苦，饮之使人益思、少卧、轻身、明目。"《神农食经》中说："茶茗久服，令人有力悦志。"《广雅》称："荆巴间采茶作饼……其饮醒酒，令人不眠。"《茶经》中说："茶之为用，味至寒，为饮最宜，精行俭德之人，若热渴凝闷、脑疼目涩、四肢烦、百节不舒，聊四五啜，与醍醐甘露抗衡也。"《本草拾遗》中说："茗，苦，寒，破热气，除瘴气，利大小肠……久食令人瘦，去人脂，使不睡。"《饮膳正要》："凡诸茶，味甘苦，微寒无毒，去痰热，止渴，利小便，消食下气，清神少睡。"《本草纲目》："茶苦而寒，最能降火……又兼解酒食之毒，使人神思闿爽，不昏不睡，此茶之功也。"等等。

经现代科学的研究表明，已知茶对人体至少有60多种保健作用，对数十种疾病有防治效果，[②]茶之所以有这么多的保健功效，主要是因其内含物的保健和药效功能

① 吕连梅，董尚胜.茶叶香气的研究进展[J].茶叶，2002，25（4）：181-184.

② 韦友欢，黄秋婵，陆维坤.解读茶叶与人体健康[J].广东茶叶，24-27；ChungS.Yang, Joshua Lambert，江和源等.茶对人体健康的作用[J].中国茶叶，14-15；孙册.饮茶与健康[J].生命的化学，2003，23（1）：44-46；陈宗懋.茶与健康研究的起源与发展[J].中国茶叶，2009，4：6-7.

所起的作用。① 茶叶又是天然的绿色产品，因此被称为保健美容的绿色饮料乃当之无愧，现将茶叶的保健功效做如下介绍。

一、降血脂

茶多酚类化合物不仅具有明显地抑制血浆和肝脏中胆固醇含量上升的作用，且还具有促进脂类化合物从粪便中排出的效果。维生素 C 也具有促进胆固醇排出的作用。绿茶中含有的叶绿素也有降低血液中胆固醇的作用。茶多糖能通过调节血液中的胆固醇以及脂肪的浓度，起到预防高血脂、动脉硬化的作用。

二、防治动脉硬化

（1）茶叶中的多酚类物质（特别是儿茶素）可以防止血液中及肝脏中甾醇及其他烯醇类和中性脂肪的积累，不但可以防治动脉硬化，还可以防治肝脏硬化。

（2）茶叶中的甾醇如菠菜甾醇等，可以调节脂肪代谢，可以降低血液中的胆固醇，这是由于甾醇类化合物竞争性抑制脂酶对胆固醇的作用，因而减少对胆固醇的吸收，防治动脉粥样硬化。

（3）茶叶中的维生素 C、维生素 B_1、维生素 B_2、维生素 PP 也都有降低胆固醇，防治动脉粥样硬化的作用。其他各种维生素都与机体内的氧化、还原物质代谢有关。

（4）茶叶中还含有卵磷脂、胆碱、泛酸，也有防治动脉粥样硬化的作用。在卵磷脂运转率降低时，可引起胆固醇沉积以致动脉粥样硬化。

三、防治冠心病

茶多酚的作用最为重要，它能改善微血管壁的渗透性能；能有效地增强心肌和血管壁的弹性和抵抗能力；还可降低血液中的中性脂肪和胆固醇。其次，维生素 C 和维生素 P 也具有改善微血管功能和促进胆固醇排出的作用。咖啡因和茶碱，则可直接兴奋心脏，扩张冠状动脉，使血液充分地输入心脏，提高心脏本身的功能。

四、降血压

饮茶不仅能减肥、降脂、减轻动脉硬化与防治冠心病，而且还能降低血压。这五种病况构成老年病的重要病理连环。而饮一杯清茶，却能兵分多路，予以各个击破，其功真是非凡。从这个系列疾病看来，固然发病者多在中年以后，而缓慢的病理进程却早在中年以前即已发生。所以，老年人饮茶固所必须，青壮年饮茶也很必要。

---

① 陈宗懋. 茶叶内含成分及其保健功效 [J]. 中国茶叶，2009，5：4-6；王广铭，孙慕芳. 茶叶的保健和药效作用及其物质基础 [J]. 信阳农业高等专科学校学报，2004，14（1）：43-44；黄秋婵，韦友欢. 绿茶功能性成分对人体健康的生理效应及其机制研究 [J]. 安徽农业科学，2009，37（17）：7975-7976，7990；林智. 茶叶的保健作用及其机理 [J]. 营养与保健，2003，4.

多酚类、茶氨酸、维生素 C、维生素 P，都是茶叶中所含有的有效成分，对心血管疾病的发生有多方面的预防作用，如降脂、改善血管功能等。其中维生素 PP 还能扩张小血管，从而引起血压下降，茶氨酸则通过调节脑和末梢神经中含有色胺等胺类物质来起到降低血压的作用，这是直接降压作用。此外，茶叶还可以通过利尿、排钠的作用，间接地引起降压。茶的利尿、排钠效果很好，若与饮水比较，要大两三倍，这是因为茶叶中含有咖啡碱和茶碱的缘故。茶叶中的氨茶碱能扩张血管，使血液不受阻碍而易流通，有利于降低血压。

五、防治神经系统疾病

实验证明，饮茶可明显提高大鼠的运动效率和记忆能力，这主要是因为茶中含有茶氨酸、咖啡碱、茶碱、可可碱；饮茶提神、缓解疲劳的功效主要由咖啡碱、茶氨酸引起的。茶氨酸解除疲劳的作用是通过调节脑电波来实现的，如自愿者口服 50 毫克茶氨酸，40 分钟后脑电图中可出现 α 脑电波，α 脑电波是安静放松的标志；同时受试对象感到轻松、愉快、无焦虑感。因此茶氨酸具有消除紧张、解除疲劳的作用。

大脑细胞活动的能量来源于腺苷三磷酸（ATP），腺苷三磷酸（ATP）的原料是腺苷酸（AMP）。咖啡碱能使腺苷酸（AMP）的含量增加，提高脑细胞的活力，饮茶能够起到增进大脑皮质活动的功效。

咖啡碱还具有刺激人体中枢神经系统的作用，这一点不同于乙醇等麻醉性物质，例如含乙醇高的白酒。白酒是以减弱抑制性条件反射来起兴奋作用的。而咖啡碱使人体的基础代谢、横纹肌收缩力、肺通气量、血液输出量、胃液分泌量等有所提高。

六、预防肠胃疾病

临床资料中有用茶叶治疗积食、腹胀、消化不良的方法，早在清代赵学敏《串雅补》中即有记载。餐后饮茶最为合宜，因其能助消化。研究表明，喝茶能促进胃液分泌与胃的运动，有促进排出之效，而且热茶比冷茶更有效果。同时，胆汁、胰液及肠液分泌亦随之提高。茶碱具有松弛胃肠平滑肌的作用，能减轻因胃肠道痉挛而引起的疼痛；儿茶素有激活某些与消化、吸收有关的酶的活性作用，可促进肠道中某些对人体有益的微生物生长，并能促使人体内的有害物质经肠道排出体外。咖啡碱则能刺激胃液分泌，有助于消化食物，增进食欲。所以说，茶的消食、助消化作用，是茶叶多种成分综合作用的结果。

在茶叶有助于人体消化的同时，茶还具有制止胃溃疡出血的功能，这是因为茶中多酚类化合物可以薄膜状态附着在胃的伤口，起到保护作用。这种作用也有利于肠瘘、胃瘘的治疗。还有，茶叶具有防治痢疾的作用，因为茶叶中含有较多的多酚类与黄酮类物质具有消炎杀菌作用。

七、解酒醒酒

酒后饮茶一方面可以补充维生素 C 协助肝脏的水解作用，另一方面茶叶中咖啡碱等一些利尿成分，能使酒精迅速排出体外。由于茶叶中含有的茶多酚、茶碱、咖啡碱、黄嘌呤、黄酮类、有机酸、多种氨基酸和维生素类等物质，相互配合作用，使茶汤如同一副药味齐全的"醒酒剂"。它的主要作用是：兴奋中枢神经，对抗和缓解酒精的抑制作用，以减轻酒后的昏晕感；扩张血管，利于血液循环，有利于将血液中酒精销出；提高肝脏代谢能力；通过利尿作用，促使酒精迅速排出体外，从而起到解酒作用。

八、减肥、美容、明目

饮茶去肥腻的功效自古就备受推崇，据《本草拾遗》记载，饮茶可以"去人脂，久食令人瘦。"经现代医学研究表明，喝茶减肥主要是通过：①抑制消化酶活性，减少食物中脂肪的分解和吸收；②调节脂肪酶活性，促进体内脂肪的分解；③抑制脂肪酸合成酶活性，降低食欲和减少脂肪合成三种途径来实现的。主要是因为：茶多酚类化合物可以显著降低肠管内胆汁酸对饮食来源胆固醇的溶解作用，从而抑制小肠的胆固醇吸收和促进其排泄；有对葡萄糖苷酶和蔗糖酶具有显著的抑制效果，进而减少或延缓葡萄糖的肠吸收，发挥其减肥作用；儿茶素类物质可激活肝脏中的脂肪分解酶，使脂肪在肝脏中分解，从而减少了体重和脂肪在内脏、肝脏的积聚；绿茶提取物、红茶萃取物和其主要的活性成分茶黄素对脂肪酸合成酶具有很强的抑制能力，从而抑制脂肪的合成作用，达到减肥效果。由此可见，饮茶既能达到减肥的效果又不会影响健康，是一种不用节食和吃减肥药的最佳减肥方法。[①]

另有研究发现，茶多酚对皮肤有独特的保护作用：[②] 防衰去皱、消除褐斑、预防粉刺、防止水肿等。主要是通过：①直接吸收紫外线接来阻止紫外线损伤皮肤；②通过清除活性氧自由基而直接防止胶原蛋白等生物大分子受活性氧攻击，通过清除脂质自由基而阻断脂质过氧化；③调节氧化酶与抗氧化酶的活性而增强抗氧化效果；④通过抑制酪氨酸酶活性来防止黑色素的生成等途径来实现对皮肤的保护作用。除茶多酚外，茶叶中的维生素 A、维生素 B_2、维生素 C 和维生素 E 及绿原酸等也有对皮肤的保护作用。加之茶叶里面营养成分丰富，因此，饮茶乃美容之佳品。

茶对眼的视功能有良好的保健作用。茶叶中含有很多营养成分，特别是其中的

①　龚金炎，焦梅等.茶叶减肥作用的研究进展 [J].茶叶科学，2007，27（3）：179-184.

②　胡秀芳等.茶多酚对皮肤的保护与治疗作用 [J].福建茶叶，2000（2）：44-45.

维生素，对眼的营养极其重要。眼的晶状体对维生素 C 的需要比其他组织要高，如维生素 C 摄入不足，晶状体可致浑浊而形成白内障。茶叶的维生素 C 含量很高。所以饮茶有预防白内障的作用。茶中所含的维生素 B_1，是维持神经（包括视神经）生理功能的营养物质。一旦缺乏，可发生神经炎而致视力模糊，两目干涩，故有防治作用。茶中还含有大量的维生素 B_2 可营养眼部上皮细胞，是维持视网膜正常所必不可少的活性成分。饮茶可防止缺乏 B_2 所引起的角膜浑浊，眼干羞明，视力减退及角膜炎等。夜盲症的发病，主要和缺乏维生素 A 有关。

九、防泌尿系统疾病

茶叶具有较强的利尿、增强肾脏排泄的功能，临床上可以减除因小便不利而引起的多种病痛。

茶的利尿作用是由于茶汤中含有咖啡碱、茶碱、可可碱之故，这种作用，茶碱较咖啡碱强，而咖啡碱又强于可可碱。茶叶所含的槲皮素等黄酮类化合物及苷类化合物也有利尿作用，与上述成分协同作用时，利尿作用就更明显了。茶汤中还含有 6，8- 硫辛酸，是一种具用利尿和镇吐药用效能的成分。当茶叶所含的可溶性糖和双糖被消化吸收后，增加了血液渗透压，促使过多水分进入血液，随着血管内血液的增加，就会引起利尿作用。

十、防龋齿

龋齿是一种古老的病，造成龋齿的原因有多方面，如年龄、生理、膳食结构、饮食习惯、牙齿本身以及环境条件等。但各国一致公认，人体一旦缺乏氟，必然引起龋齿。茶叶是含氟较高的饮料，而氟具有防龋坚骨的作用。100 克茶叶含氟 10—15 毫克，80% 可溶，每日喝茶 10 克，大约可补充 1 毫克氟，这对于牙齿的保健是有益的。因为在龋齿之初，牙面上住往有菌斑，菌斑中细菌分解食物变成糖，进一步形成酸，以侵蚀牙齿而产生龋齿。饮茶时，氟和其他有效成分进入菌斑，防止细菌生长。现代科学研究证明，如果每人每天饮用 10 克茶叶，就可以预防龋齿的发生。

其次，茶多酚及其氧化产物能有效防止蛀牙和空斑形成。茶多酚能使致龋链球菌活力下降，还能抑制该菌对唾液覆盖的羟磷灰石盘的附着，强烈抑制该菌葡糖苷基转移酶催化的水溶性葡聚糖合成，减少龋洞数量。

十一、防癌抗癌

茶叶的防癌、抗癌一直是茶叶药理学最活跃的研究领域。研究发现茶叶或茶叶提取物对多种癌症的发生具有抑制作用，[①] 主要有：皮肤癌、肺癌、食道癌、肠癌、

---

① 李拥军，施兆鹏. 茶叶防癌抗癌作用研究进展 [J]. 茶叶通讯，1997（4）：11-16.

胃癌、肝癌、血癌、前列腺癌等。主要通过以下途径实现：

（1）抑制和阻断致癌物质的形成，茶叶对人体致癌性亚硝基化合物的形成均有不同程度的抑制和阻断作用，其中以绿茶的活性最高，其次为紧压茶、花茶、乌龙茶和红茶。此外，茶叶中儿茶素类化合物还能直接作用于已形成的致癌物质，其活性能力依次为：EGCG ＞ ECG ＞ EGC ＞ EC。

（2）抑制致癌物质与 DNA 共价结合，儿茶素类化合物可使共价结合的 DNA 数量减少 34%—65%，其中以 EGCG、ECG 和 EGC 效果最明显。

（3）调节癌症发生过程的酶类，儿茶素类化合物能抑制对癌症具有促发作用的酶类，如鸟氨酸脱羧酶、脂氧合酶和环氧合酶等的活性，促进具抗癌活性的酶类，如谷胱甘肽过氧化物酶、过氧化氢酶等的活性。

（4）抑制癌细胞增殖和转移，儿茶素类化合物能显著抑制癌细胞的增殖，绿茶提取物可抑制癌细胞的 DNA 合成，EGCG、ECG 等儿茶素类化合物可阻止癌细胞转移。

（5）清除自由基，人体内过剩的自由基也是癌症发生的主要原因之一，因此，清除自由基也是抗癌、抗突变的一个重要机制。茶叶中的儿茶素类物质，特别是酯型儿茶素具有很强的清除自由基的能力，其清除效率可达 60% 以上。

十二、预防和治疗糖尿病

茶叶能治疗糖尿病是多种成分综合作用的结果。①茶叶含的多酚和维生素 C，能保持微血管的正常韧性、通透性，因而使本来微血管脆弱的糖尿病人，通过饮茶恢复其正常功能，对治疗有利。②茶叶芳香物质中的水杨酸甲脂提高肝脏中肝糖原物质的含量，减轻机体糖尿病的发生。同时，饮茶可补充维生素 B_1，对防治糖代谢障碍有利。③茶叶的泛酸在糖类代谢中起到重要作用。

茶叶降血糖的有效组分目前主要有三种：一种是复合多糖，粗茶中含量高，冷开水泡茶效果明显；茶叶中多酚类物质、维生素 C 和维生素 B，所以正常人饮用绿茶也可以预防糖尿病的发生。防治效果：绿茶优于红茶，老茶优于新茶，冷水茶优于沸水茶。

十三、生津止渴，解暑降温

夏天，饮一杯热茶，不但可以生津止渴，而且可使全身微汗、解暑。这是茶不同于其他饮料的应用。

茶水中的多酚类、糖类、果胶、氨基酸等与口腔中的唾液发生化学反应，使口腔得以保持滋润，起到止渴生津的作用；茶汤中的多酚类结合各种芳香物质，可给予口腔黏膜以轻微的刺激而产生鲜爽的滋味，促进唾液分泌，津生渴止。咖啡碱可以从内部控制体温中枢调节中枢，达到防暑降温的目的，促进汗腺分泌。另外，生物碱的利尿作用也能带走热量，有利于体温下降，从而发挥清热消暑的作用。出汗会使体内钠、钙、钾和维生素 B、维生素 C 等成分减少也加重渴感，而茶叶富有上述成分，且易泡出，尤其维生素 C，可以促进细胞对氧的吸收，减轻机体对热的反应，增加唾液的分泌。

十四、解毒、抗病毒

茶是某些麻醉药物（乙醇、烟碱、吗啡）的拮抗剂；毒害物质的沉淀剂（重金属离子）；病原微生物的抑制剂。因此，解毒的作用是较全面的。多酚及茶色素络合重金属；能与汞、砷、镉离子结合，延迟及减少毒物的吸收。茶中锌是镉的对抗剂，临床以浓茶灌服治误吞重金属。

抗菌杀菌作用：茶多酚具有抗菌广谱性，并具强的抑菌能力和极好的选择性，它对自然界中几乎所有的动、植物病原细菌都有一定的抑制能力。不会使细菌产生耐药性。抑菌所需的茶多酚浓度较低；其抗病毒作用：茶色素、儿茶素对人免疫缺陷病毒、流感病毒有抑制作用。

十五、延年益寿

人体衰老是自由基代谢平衡失调的综合表现。自由基引起细胞膜损害，脂质素（老年色素）随年龄增大而大量堆积，影响细胞功能。人体衰老的另一个重要原因是体内脂肪的过氧化过程。

在现代高龄老人们中，很多人都有饮茶的嗜好。上海市曾有一位超过百岁的张殿秀老太太，每天起床后就要空腹喝一杯红茶，这是她从二十几岁起就养成的一种习惯。四川省万源县大巴山深处的青花乡被称为"巴山茶乡"，由于那里的人都有种茶、喝茶的习惯，所以全乡 1 万多人中至今未发现一例癌症患者。那里有 100 多名老人，平均年龄都在 80 岁以上，最大的已超过百岁。吴觉农老先生一生研究茶、酷爱茶，活到 92 岁高寿。我国著名的茶学专家、安徽农学院茶业系的两位受人尊崇的茶界元老王泽农教授和陈椽教授都是不喜烟、酒，喜爱茶，都已达 92 岁高龄。

现代科学研究进一步表明，茶叶在抗衰老、防癌症、健身益寿方面能起到积极的作用。对一般正常人来说，茶叶已成了一种理想的长寿饮料。

对茶叶中的多酚类物质抗衰老性能进行了试验和研究，发现茶多酚是一种强有力的抗氧化物质，对细胞的突然变异有着很强的抑制作用。茶多酚能高效清除自由基，优于维生素 C 和维生素 E；同时茶叶具有丰富的维生素 C 和维生素 E，它们都具有很强的抗氧化活性，维生素 E 被医学界公认为抗衰老药物，然而茶叶中的茶多酚对人体内产生的过氧化脂肪酸的抑制效果要比维生素 E 强近 20 倍，具有防止人老化的作用。

此外，茶叶多种氨基酸对防衰老也有一定作用。如胱氨酸有促进毛发生长与防止早衰的功效；赖氨酸、苏氨酸、组氨酸对促进生长发育和智力有效，又可增加钙与铁的吸收，有助于预防老年性骨质疏松症和贫血；微量氟也有预防老年性骨质疏松的作用。

日本癌学会也认为，绿茶中的鞣酸能够控制癌细胞的增殖，长期饮茶，尤其是饮绿茶，对防癌益寿确有效果。日本新近的一项研究报告也表明：饮茶对促进长寿的确大有裨益，在日本研习茶道的人往往多高寿。茶叶已被证明是人类的长寿饮料，正常的成年人若能养成合理而科学的饮茶习惯，这对防癌、健身、长寿是会大有好处的。因此，在某种程度上可以说："常饮香茗助长寿，长寿得益品茗中"是有一番道理的。

第三节　茶：行道会友的文明饮料

现代社会，专业分工越来越细，不论哪个行业，从事何种工作，都少不了有社交活动。茶因其具有的色香味形令人神往、赏心悦目，因其可生津益气、提神醒脑之功而为人所用，因此，茶从中国传至世界五大洲，成为各国人民津津乐道的文明饮料，在社交活动中发挥着重要的桥梁和纽带作用。2002年在马来西亚吉隆坡举行的第七届国际茶文化研讨会上，马来西亚首相马哈迪尔的献词说道："如果有什么东西可以促进人与人之间关系的话，那便是茶。茶味香馥甘醇，意境悠远，象征中庸和平。在今天这个文明与文明互动的世界里，人类需要对话交流，茶是对话交流最好的中介。"这段话简明地说明了茶叶在社交活动中的重要性。在我们这个饮茶大国，当今人们就更加重视茶在社交中的作用了。

人们常说以文会友，以书会友，是说文和书都是可以作为媒介的，在人们的相互交往中发挥过重要作用。其实，以茶会友也是由来已久的，人们在论茶、品茶中敞开心扉、加深了解，以至成为茶友，结下终生友谊，流传过许多动人的佳话。

以茶会友，向来是我们民族的一个优良传统。晋代那个曾官至尚书的陆纳，堪称楷模。卫将军谢安去拜访他，他仅以一杯清茶和几件果品招待。而他侄子陆俶暗暗准备了丰盛的筵席，本想讨好叔父，却不料反遭四十大板。陆纳身居高官位，不尚奢华，"恪勤贞固，始终勿渝"，确实是一位以俭德著称的人物。其实，任何一种社交方式，都是一种文化，一种层次，一种真正属于自己的生活观念。他们叔侄二人的不同社交方式，正是他们不同文化层次与生活观念的反映。唐宋以来，名人雅士常以茶来宴请宾朋好友，唐诗中就有许多记叙和吟咏茶宴的诗作。钱起《与赵莒茶宴》云："竹下忘言对紫茶，全胜羽客醉流霞。"李嘉祐《秋晚招隐寺东峰茶宴送内弟阎伯均归江州》有句："幸有香茶留稚子，不堪秋草送王孙。"鲍徽君有

《东亭茶宴》诗："坐久此中无限兴，更怜团扇起清风。"峰峦、竹林、紫茶、清风，亲朋欢聚，挚友抒怀，其雅趣绝不亚于流霞肴馔。那位谢灵运的十世孙、唐代著名诗僧皎然，还一反"酒贵茶贱"论，在《与陆处士羽饮茶》中云："九日山僧院，东篱菊也黄。俗人多泛酒，谁解助茶香。"实足是一位诗僧加茶僧的生活观念。宋代有一种茶会，是在太学中举行的，轮日聚集饮茶。这可能就是今日茶话会的肇端。

近人也多有以茶会友的。诗人柳亚子与毛泽东"饮茶粤海"，一杯清茶，坦诚相见，三十一年萦怀难忘，彼此情真谊隆。这早已传为佳话。20世纪30年代柳亚子在上海还办过一个文艺茶话会。据当时参加者回忆，茶话会不定期地在茶室举行，多次是在南京路的新亚酒店，每人要一盅茶，几碟点心，自己付钱，三三两两，自由交谈，没有形式，也没有固定话题。这种聚会既简洁实惠，又便于交谈讨论，看若清淡，却给人留下深刻印象，是酒席宴所不能及的。鲁迅最喜欢与朋友上茶馆喝茶，日记中记述很多。他居住北京时常与刘半农、孙伏园、钱玄同等好友去青云阁；或与徐悲鸿等去中兴茶楼，啜茗畅谈，尽欢而散。周作人曾说："清泉绿茶，用素雅的陶瓷茶具，同二三人共饮，得半日之闲，可抵十年的尘梦。"

当年周恩来、陈毅常陪外国宾客访茶乡，品新茶。周恩来五次到西湖龙井茶产地梅家坞。1961年8月19日，陈毅陪巴西朋友访梅家坞，品茶别泉，"嘉宾咸喜悦"。可称"茶叶外交"了。

历史延续至今，中国各民族饮茶习俗不同，但客来敬茶、以茶待客的精神是一致的。云南白族的三道茶、藏族的酥油茶、蒙古族的奶茶、广东福建的工夫茶等等，都是在客人到来时，必用的招待形式。客来敬茶、以茶待客，充分体现了礼仪之邦的我国人民对友人的盛情好客，这是中华民族的一大传统美德。

淡中有味茶偏好。清茶一杯所联结起来的朋友，情感更纯真。以茶会友，友谊长久。茶，应该更多地走向社交场。

第四节 茶：润泽身心的和谐饮料

原福建省委书记卢展工称茶叶是"和谐饮料"，四个字，高度准确浓缩了茶的功能，肯定了茶叶对构建和谐社会的作用。

一、茶叶具有调节人体自身和谐的作用

和谐社会的基础是社会每个个体自身和谐的结果，社会成员的每一分子自身和谐了，才有全社会的和谐。人的自身的和谐要有健康的身体和健康的心灵，而茶叶正是具备了这样的功能。目前科学家已研究证明，茶叶对人体的医疗保健作用几乎是无处不在，从基本作用的解渴、利尿、解毒、兴奋，到抗肿瘤、降血压、降血脂、

降血糖、防辐射等现代疑难杂症，都有不同程度的作用，长期合理饮茶，对人体的保健作用是明显有效的。

茶叶不仅是物质，更是文化和精神的。茶文化包括茶文学、茶美术、茶音乐、茶舞蹈、茶品饮艺术等，这些方面对于提高社会成员的素质，增进社会成员的雅趣，都是很好的项目。再如茶道，茶道提倡俭、清、和、静、寂、廉、洁、美等，很有益于净化人们的心灵。

二、茶叶具有增进社会和谐的作用

从茶叶经济上看。福建茶叶总产量居全国第一，茶园面积居全国第三，涉茶人数约有300万人，占全省总人口的1/10，有关的行业有农业、工业、商业、外贸、交通、能源、环保、食品、医药、机械、文化，由此足以看出茶的经济地位，如果少了茶叶，将对各行各业，特别是山区农村经济、农民收入造成不可弥补的损失。发展茶叶，对两个文明建设，创建和谐社会具有积极作用。

从茶叶的性质上看。茶叶是叶用植物，其内含物决定了茶叶的秉性是俭朴、清淡、谦和、宁静，也就是茶叶大师张天福说的"茶尚俭，节俭朴素；茶贵清，清正廉洁；茶导和，和睦处世；茶致静，恬淡致静"。对于创建和谐社会，茶叶创建了和谐的社会环境。此外，茶叶还有先苦后甜、不得污染的特性，所以茶圣陆羽说茶"最宜精行修德"，现代人则有"人生如茶"的比喻，茶性对于励志人生，洁净自爱也有积极的寓意。

从茶文化的作用上看。我国是茶的祖国，茶为国饮，与人类文化结缘，至今已有3 000多年的历史，茶文化已成为独具东方魔力的特色文化。茶文化就是关于茶的物质、制度、精神的文化形态。茶文化注重重协调人与人的相互关系，提倡对人尊重、友好相处、团结互助；茶文化具有知识性、趣味性、康乐性，对提高人们生活质量，丰富文化生活具有明显的作用；茶文化还是一种活动，有利于增进国内外交流，提高人们对健康生活方式追求的高雅情趣，倡导科学的生活方式。不可否认，茶文化是创建和谐社会的增进剂。

三、茶业是与自然界相和谐的产业

和谐的社会不仅是人类社会的和谐，还要人类与自然界的和谐，人类与自然界的和谐才是完美的和谐。在众多产业中，可以说茶既能和谐人类社会，又不破坏自然环境，从更大的范围说，茶产业是能使人类与自然界和谐的产业。

首先，茶树是绿色植物，种植茶树绿化荒山，保持水土，又美化环境，又因茶树是常绿长寿植物，能长期保护和稳定生态；其次，茶叶生产要求茶叶从种植、采摘、初制加工、精制加工、包装、运输、销售等全过程不添加任何化工产品，无污染，无公害，因此正常的茶叶生产过程不会破坏环境，茶产品也不会对人体造成危害，相反，茶产品含有大量的天然成分而有益于人体健康；再次，茶产品的废弃物——茶渣，可以用作填充物、肥料，作为垃圾也不污染环境。

茶叶是和谐饮料，从更高的角度、更大的范围阐明了茶的功效与作用，我们要对茶进行重新认识，重新评估茶的地位与作用，把茶产业摆上相应的位置，广泛宣传，努力实践，让茶叶登上更大的舞台。

小　　结

茶叶中经分离、鉴定的已知化合物有700余种，按其主要成分归纳起来有10余类：蛋白质、氨基酸、生物碱、茶多酚、脂类化合物、糖类、色素、维生素、有机酸、芳香类物质和矿物质等。他们直接或间接地影响着茶叶的滋味、香气等的形成，是茶叶品质形成的物质基础。其中，生物碱、茶多酚及其氧化产物、茶叶多糖、茶氨酸、茶叶皂素、维生素类物质、矿物质等具有很好的保健和药用功效，是茶叶具有保健和药效功能的前提。

中国自古就有关于茶叶具有保健功效的文字记载，经现代科学研究，茶叶对人体具有至少60种保健作用，对高血脂、动脉硬化、癌症、高血压等数十种疾病有防治效果。同时，在养颜美容、减肥明目等方面也有很好的效果。

茶叶不光是在保健和药用方面具有很好的作用，在社交和促进和谐发展上也发挥很重要的作用。

思考题：

1. 简述茶叶的主要化学成分，并分析茶叶色素与红茶品质间的关系。
2. 茶叶的保健功能有哪些？
3. 简述茶叶在防治癌症和减肥中的机理。
4. 为何说茶是行道会友的文明饮料？

第九章 茶俗：东西南北不同俗

第一节 民俗与茶俗

一、民 俗

民俗，又称风俗、习俗、民风、风尚、风俗习惯等。民俗是民间社会生活中传承文化事象的总称，是一个国家或地区、一个民族世世代代传袭的基层文化，通过民间口头、行为和心理表现出来的事象。

民俗是民众传承文化中最贴切身心和生活的一种文化。民俗的根本属性是模式化、类型性，并由此派生出一系列其他属性。模式化的自然是一定范围内共同的而非个别的，这就是民俗的集体性：民俗是群体共同创造或接受并共同遵循的。模式化的必定不是随意的、临时的、即兴的，而通常是可以跨越时空的，这就是民俗具有传承性、广泛性、稳定性的前提：一次活动在此时此地发生，其活动方式如果不被另外的人再次付诸实施，它就不是民俗；只有活动方式超越了情境，成为多人多次同样实施的内容，它才可能是人人相传、代代相传的民俗。另一方面，民俗又具有变异性。民俗是生活文化，而不是典籍文化，它没有一个文本权威，主要靠耳濡目染、言传身教的途径在人际和代际之间传承，即使在基本相同的条件下，它也不可能毫发不爽地被重复，在千变万化的生活情境中，活动主体必定要进行适当的调适，民俗也就随即发生了变化。这种差异表现为个人的，也表现为群体的，包括职业群体的、地区群体的、阶级群体的，这就出现了民俗的行业性、地区性、阶级性。如果把时间因素突出一下，一代人或一个时代对以前的民俗都会有所继承，有所改变，有所创新。这种时段之间的变化就是民俗的时代性。

中国民俗学界的两种分类。乌丙安在《中国民俗学》中把民俗分为四大类：经济的民俗，社会的民俗，信仰的民俗，游艺的民俗。陶立璠在《民俗学概论》中则分为这样四类：物质民俗，社会民俗，口承语言民俗，精神民俗。张紫晨在《中国民俗与民俗学》中采用平列式方法把中国民俗分为十类：①巫术民俗；②信仰民俗；③服饰、饮食、居住之民俗；④建筑民俗；⑤制度民俗；⑥生产民俗；⑦岁时节令民俗；⑧生仪礼民俗；⑨商业贸易民俗；⑩游艺民俗。

当代各种地方志性质的民俗志的分类方法有纲目式的，也有平列式的，前者如浙江民俗学会所编《浙江风俗简志》、戴景琥主编《义马民俗志》，后者如刘兆元所撰《海州民俗志》。

划分民俗的范围和类别的原则总是与民俗的定义联系在一起的，既然我们把民俗定义为群体内模式化的生活文化，那么，我们就以民俗事象所归属的生活形态为依据来进行逻辑划分，于是，我们得到三大类八小类的民俗：

1. 物质生活民俗

（1）生产民俗（农业、渔业、采掘、捕猎、养殖等物质资料的初级生产方面）；

（2）工商业民俗（手工业、服务业和商贸诸业等物质资料的加工服务方面）；

（3）生活民俗（衣、食、住、行等物质消费方面）。

2. 社会生活民俗

（1）社会组织民俗（家族、村落、社区、社团等组织方面）；

（2）岁时节日民俗（节期与活动所代表的时间框架）；

（3）人生礼俗（诞生、生日、成年、婚姻、丧葬等人生历程方面）。

3. 精神生活民俗

（1）游艺民俗（游戏、竞技、社火等娱乐方面）；

（2）民俗观念（诸神崇拜、传说、故事、谚语等所代表的民间精神世界）。

二、茶 俗

茶之俗，简称茶俗，是人们在长期的社会生活中逐渐形成的以茶为中间媒介的风俗与习惯。[①]中国由于地广人多，民族繁杂，生活习惯千差万别，且各地区经济发展又很不平衡。因此，饮茶习俗也千姿百态，各有特色。特别是有些地区的茶俗，因地理环境和历史原因，保留着古老的饮茶方式，使我们得以窥视远古先民的饮茶情形，具有珍贵的历史价值。同时，茶俗又能真实反映人民大众文化心里，折射出各族民众对美好生活的积极追求和向往，是中国茶文化宝库中的珍贵财富。[②]

中国饮茶习俗多达数百种，但归纳起来可以分为婚姻茶俗、祭祀茶俗、庙宇茶俗、以茶寄情、以茶待客、以茶会友及家庭个人饮茶七个方面。现在，让我们按地理区划来鸟瞰一下各地、各族的茶俗风情，以便对中国茶俗有一个概括的印象。

① 何志丹. 茶文化符号解读及在环境设计中的应用 [D]. 长沙：湖南农业大学，2009：5-6.

② 陈文华. 长江流域茶文化 [M]. 武汉：湖北教育出版社，2004：120.

第二节 北方地区茶俗

北方地区包括辽宁、吉林、黑龙江、河北、北京、天津、陕西、甘肃、青海等省以及宁夏回族自治区、新疆维吾尔族自治区、内蒙古自治区。北方地区的地域文化，向来富有包容性。北方地区茶文化的发展过程，其实是一个海纳百川的过程，浓郁的地方茶文化特色，总是与多样的南方茶文化兼容并存。北方人酷爱传统花茶，去又不固守其中，而是致力于向饮茶的多样化转化，从而形成多元的地域茶文化及饮茶习俗。

1. 北京大碗茶

大碗茶多用大壶冲泡，或大桶装茶，大碗畅饮，热气腾腾，提神解渴，好生自然。这种清茶一碗，随便饮喝，无须做作的喝茶方式，虽然比较粗犷，颇有"野味"，但它随意，不用楼、堂、馆、所，摆设也很简便，一张桌子，几张条木凳，若干只粗瓷大碗便可，因此，它常以茶摊或茶亭的形式出现，主要为过往客人解渴小憩。大碗茶由于贴近社会、贴近生活、贴近百姓，自然受到人们的称道。即便是生活条件不断得到和提高的今天，大碗茶仍然不失为一种重要的饮茶方式。

北京大碗茶

2. 哈萨克族奶茶

哈萨克族主要分布于新疆维吾尔自治区及甘肃省阿克塞哈萨克族自治县。哈萨克族煮奶茶使用的器具通常是铝锅或铜壶，喝茶用大茶碗。煮奶时，先将茯砖茶打碎成小块状。同时，盛半锅或半壶水加热沸腾，放适量碎砖茶入内，待煮沸5分钟左右，加入牛（羊）奶，用量约为茶汤的1/5。轻轻搅动几下，使茶汤与奶混合，再投入适量的盐巴，重新煮沸5—6分钟即成。讲究的人家，也有不加盐巴而加食糖和核桃仁的。这样才算把一锅热乎乎、香喷喷、油滋滋的奶茶煮好了，便可随时供饮。①

哈萨克族奶茶

3. 回族的刮碗子茶

回族主要分布在中国的西北，以宁夏、甘肃、青海3个省（自治区）最为集中。回族饮茶，方式多样，其中有代表性的是喝刮碗子茶。回族茶谚云："早茶一盅，一天威风；午茶一盅，劳动轻松；晚茶一盅，提神去痛；一日三盅，雷打不动。"上了年纪的回族老人每天清早礼完"榜布达"（晨礼），有喝早茶的习惯。他们围在火炉旁，烤上几片馍馍，总是要"刮"一碗子的。②这碗子也叫"盅子"，是一种陶瓷器皿，古代叫"茶盏"，底小口大。茶碗、茶盖、茶托配套，俗称"三泡台"。

回族的刮碗子茶

蒙古族奶茶

4. 蒙古族奶茶

奶茶在蒙古语中称"苏泰才"，是蒙古族饮料中的一种。很早以前，茶从内地传入蒙古族地区以后，就成了广大蒙古族人民日常生活中不可缺少的一部分。奶茶的制作工序如下：先将水水倒入锅中，接着将适量的茶叶放进去，用中火烧开。等茶与水相融成深棕色时，倒入适量的鲜奶，再加入少量食盐并用勺子搅拌融解，等煮沸后倒入茶碗即可饮用。饮用者可根据自己的口味掌握鲜奶、茶叶、水、食盐的比例。奶茶清爽可口，冬季驱寒、夏季防暑。医学界认为奶茶有助消化、安神、降

---

① 宛晓春 . 中国茶谱 [M]. 北京：中国林业出版社，2006：59.

② 丁超 . 宁夏回族的饮茶习俗 [J]. 丝绸之路，2008（05）.

血脂、降低胆固醇、防止动脉硬化等防病健身之功能。

5. 甘肃裕固族摆头茶

摆头茶又称酥油炒面茶，其制作方法是，在熬的很浓的砖茶茶汁中，加入炒面、酥油、牛奶、奶酪等，用筷子搅成糊状后饮用。

6. 食茶赏月

陕南地区人们食茶赏月的风俗源远流长。多少年来，若是家里来了贵客，大家都兴摆茶食。来客后先泡一碗盖碗茶，然后摆上瓜子、花生、核桃、橘子等果品，边喝茶边吃果，边谈笑边聊天，主人看客人茶碗剩水情况，边喝边冲加开水，几巡后，桌上再摆上糕点，糖果等甜品，供客人食用，直到茶足食饱为止。[①]

7. 信阳茶俗

在信阳地区以茶敬客，敬客的茶要好，沏茶的水要好。茶具一定要用透明的玻璃杯，这样做的用意是让客人在喝茶时，透过茶杯，可以鉴别茶叶的好坏，体会主人待客的诚意。用玻璃杯冲泡名茶，一边欣赏杯中名茶发出的香气，一边欣赏杯中芽叶的上下飘动，待茶汤温度略为降低后，趁热细啜慢饮，充分享受名茶的色香味形。主人在陪客人饮茶时，不断打量客人杯中茶水的存量，如果喝去一半，就会及时续茶，使茶汤浓度保持一致，水温适宜。[②] 客人喝足，倒掉残茶，即示意不再饮用，否则，主人还会给客人续茶。

第三节　华南地区茶俗

广义的华南地区包括广东省、海南省、广西壮族自治区、福建省及香港特别行政区、澳门特别行政区。闽台两广地区是我国重要的茶叶产区，在茶艺、茶俗方面也有很重要的贡献，因此放在一起叙述。

1. 闽粤工夫茶

福建闽南一带和广东潮汕地区饮茶的器具和方式都与外地不同，别具特色，称为工夫茶。《清朝野史大观清代述异》称："中国讲求烹茶，以闽之汀、漳、泉三府，粤之潮州府工夫茶为最"。功夫茶在全国可谓最精致、最考究、最著名的茶道，是茶文化的高峰。功夫茶很讲究选茶、用水、茶具、冲法和品味。茶叶要形、味、色俱佳；烹茶用水要求洁净、甘醇，以山泉为上，江水为中．井水为下；盛茶器皿以江苏宜兴的朱砂泥制品为佳；瓷杯要选用细白透亮的精美小杯；泡茶讲究"高冲低

---

① 星海.陕南茶俗录[J].农业考古，1997（04）.

② 郭桂义，罗娜.信阳茶俗和茶艺[J].信阳农业高等专科学校学报，2007（01）.

斟、刮沫淋盖、关公巡城、韩信点兵"的手艺；品茶讲究色、香、味外，还讲究"喉底韵味"。[①] 这种饮茶方式，其目的并不在于解渴，主要在于鉴赏茶的香气和滋味，重在物质和精神的享受。

2. 闽南侨乡七分茶

闽南侨乡人以茶待客，客人来到，主人会泡上一壶浓浓的乌龙茶。常用铁观音、毛蟹、黄旦、水仙等高档茶。冲泡讲究"高冲低斟"，壶水沸后，须等片刻，高提水壶离茶壶三四十厘米高，冲得茶叶在壶内翻滚，满后即盖壶盖，此谓"高冲"。用茶壶向茶杯斟茶时，要放得低，此谓"低斟"。该茶水温适当，茶汁均匀，汤色好，香气高，茶味甘醇，回味深长。斟茶入杯不宜过满，以七分满为度，可免客人烫手，故称"七分茶"。

闽粤工夫茶

3. 安溪"茶王赛"

在安溪，最精彩的茶俗要数"茶王赛"了。史记。安溪的"茶王赛"可上溯于明清民间的"斗茶"。[②] 每逢新茶登场，茶农们要携带自家制作的上好茶叶，聚集到一起，由名专家评委评定审评。假如自家茶叶被推上"茶王"宝座，则感到无上光荣，比路上拾金银更高兴。

安溪"茶王赛"

---

① 周彤. 潮汕人与功夫茶 [J]. 茶健康天地，2009（03）.
② 凌文斌. 安溪茶俗 [J]. 农业考古，2003（02）.

4. 将乐擂茶

福建将乐地区也有喝擂茶的习惯。家庭主妇每天上午、下午都要为全家擂一钵头擂茶。人们下班后第一件事就是喝擂茶，有些单位还有专人为职工打擂茶。将乐的擂茶原料有茶叶、芝麻、花生米、橘皮和甘草。盛夏酷暑，加入淡竹叶和金银花。秋凉寒冬，加入陈皮等。[①]

5. 畲族宝塔茶

在福建的畲族婚俗中流行喝"宝塔茶"，成婚之日，男方派迎亲伯抬着红轿去女方家迎亲，女方用红漆樟木八角茶盘捧出五碗茶，叠成宝塔形状，

将乐擂茶

俗称"宝塔茶"。双方对歌后，迎亲伯用嘴咬住宝塔顶上一碗茶，双手抢下中层三碗茶，把它们分给四名轿夫，最后自己喝干另一碗茶，取"清水泡茶甜如蜜"之意。[②]

6. 以茶敬神

清水祖师信仰作为拥有较大影响力的民间信仰，除了一般的敬神礼仪之外，在安溪县蓬莱平原点，以及金谷的汤内、涂桥一带还有清水祖师迎春绕境习俗。在绕境的3天里，要举行种种样样的仪式，如献花、献茶。将"三忠火"请到殿前以后，要跪请"祖师公"火，此时排上清茶三杯，跪在祖师前祝诵"恭维太岁某某年元正初一，早恭迎清水大师，敬献清茶三杯，伏乞恩主一半下山绕境，一半守护山岩，大德大祥，大福大量，庇佑四境，照顾名山，爱护善信，宽恕子民，敬祷"。[③] 在此，以敬茶的方式迎请清水祖师。

① 吴尚平. 汉族茶俗风情 [J]. 农业考古，1994（02）.

② 黎小萍，陈华玲. 茶礼与婚俗 [J]. 蚕桑茶叶通讯，2001（01）.

③ 黄建铭. 悠悠茶俗欣同神知—福建民间信仰与茶俗之缘 [J]. 中国宗教，2009（11）.

7. 敲点桌面的习俗

广州人喝茶，当主人端茶给客人或是给客人续水的时候，客人要用中指和食指在桌面上轻轻的点几下，以表示感谢。此礼是从古时中国的叩头礼演化而来的，叩指即代表叩头。

8. 茶壶揭盖

广东的茶楼，如果茶客不将茶壶盖子揭开并放在壶口边或桌面上的话，服务员是不会过来给你添水的。这一习俗相传是从清朝开始的相传有几位阔少爷经常到一养茶馆饮茶，全馆上下均与他们认识。一天，几位阔少爷因一时贪玩，自行取来茶壶将一只名贵的小鸟放入壶里，盖上茶壶盖。当伙计来添水揭开壶盖时小鸟飞跑了。这位阔少爷斥责伙计放走了他的名贵小鸟，要求伙计给予赔偿，从而引发了一场官司，伙计被判赔款。此后老板为避免此类事件再次发生，定下一条规矩：请顾客需要添水的时候先自行揭开壶盖，伙计才前来添加茶水。此事后来广为流传，并逐渐发展成为光东的一大茶俗。[①]

9. 桂林虫屎茶

虫屎茶又名"龙珠茶"，该茶产自广西桂林的龙胜一带，老百姓把野生的藤、茶叶、大白解和换香树枝叶堆放在一起，引来许多极小的黑虫吃枝叶。当这些黑虫吃完枝叶后，便留下美丽的细小屎粒，当地人取名为虫珠。用筛子筛出虫珠之后晒干，接着在180℃的热锅里炒20分钟即可。取适量炒制过的虫珠，用开水冲泡，迅速化开溶解，内质香气清香似茶，汤色青褐，滋味浓醇回甘，营养价值与药用功效极佳，是一种特殊的保健茶，颇受各地群众的欢迎。

桂林虫屎茶

---

① 陈杖洲. 广东三大茶俗的来历 [J]. 农业考古，1999（02）.

10. 侗族油茶

侗族主要分布在广西、贵州、湖南三省的毗邻地区，侗族没有喝茶品茗的习惯，却有一年四季吃油茶的习俗。油茶是一种可以充饥的食品，具有清香爽口、脆甜味浓的风味特点和提神醒脑、帮助消化、解除疲劳、治疗轻微感冒腹泻疾病等作用。因此，侗族的油茶不仅是待客的佳品，也是侗族一年四季的食品。做油茶，当地称为打油茶。

侗族油茶

打油茶的方法为，将刚从树上采下的幼嫩新梢或经专门烘炒的末茶放入锅中翻炒，当茶叶发出清香时加上芝麻、食盐继续翻炒几下，随即加水，煮沸 3—5 分钟，一锅又香、又爽、又鲜的油茶就算打好了，即可将油茶连汤带料起锅，盛碗待用。

11. 盘古瑶新婚敬茶

广西盘古瑶族姑娘出嫁，都要由陪娘给撑伞来代替花轿。新娘来到新郎的寨子前，男方迎亲的队伍夹道欢迎，寨子里的男女老少也来助兴，在村边的桐果树下或八角树边，接亲娘接过陪娘的花伞后，新婚仪式便开始了。首先由男方家的专人向新娘和送亲的人们一一敬茶。一人一盅，并用山歌互答，表示酬谢。继而由吹鼓手绕着送亲的队伍吹奏，连绕三圈。然后，又把送亲队伍分成四队走八阵图，至少三遍，这就是所谓的"串亲家"。[①] 随后，又来到新郎新娘的房前一一敬茶和对歌。这时，双方竞相燃放鞭炮，持续一二个小时，新郎新娘不用拜堂便可进入洞房。

12. 海南老爸茶

"老爸茶"是海南海口市的特色茶文化，老爸老妈子们相聚在一起喝茶。是海口市的一道风景，一壶茶、一碟花生，或一二个面包、陈旧的桌凳，围着三两个打扮朴素的茶客，闲闲静静地"吃"着茶，享受天伦之乐。

---

① 陈文华.异彩纷呈的长江流域茶俗 [J].农业考古，2003（04）.

海南老爸茶店

13. 台湾相亲茶

在台湾女儿定亲,谓之"吃了男家的茶礼"。盖因茶树移栽甚难存活,故茶树有"不迁"之别称,以茶定亲,便有"婚姻永固"之寓意。新娘过门,头一件事便是端茶敬翁姑,然后请亲人饮茶,新娘第一次回娘家,女婿捎去半斤好茶叶,岳家父母必欢天喜地的请亲邻们一同品尝"亲姆茶"。

14. 以茶寄情

在台湾地区,亲友外出谋生,在"送顺风"的礼品中,少不了茶叶,因此台湾人又将茶叶称为"茶心"。送上一包茶叶,有寄望外出谋生的亲友不要忘记祖宗和家乡之意;而海外亲友逢年过节汇款回乡,谓之寄"茶资"。

15. 为神明点茶

台湾各地庙宇很多,有许多中老年人一大早就提着一壶茶到庙里为神明点茶,在神明的神龛上往往摆着三个杯子,大清早将茶杯注满新茶叫"点茶",在各地的土地公和妈祖庙最容易看到这种情形。

16. 敬神礼佛

台湾的许多寺院其周围都种了茶树,宗教提倡参禅修行、清心寡欲,这与茶的清新淡雅相辅相成。自然,当人们拜佛敬神的时候,茶成了一种很自然的供品。

17. 无我茶会

无我茶会是台湾地区盛行的一种人人泡茶、人人奉茶、人人品茶的全体参与式茶会。茶会者无尊卑之分,茶会不设贵宾席,茶会者的座位由抽签决定。茶会的用茶不拘,故冲泡方法不一,必备的茶具亦异,各类人可根据自己的爱好和构思进行设计。茶会者无论是来自哪个流派或地域,均可围坐在一起泡茶,并且相互观摩茶具,品饮不同风格的茶,交流泡好茶的经验,无门户之见,人际关系十分融洽。

无我茶会

18. 台湾擂茶

台湾擂茶是由客家人带去的。台湾大约有 400 万客家人,主要是广东惠州、嘉应和福建闽西一带迁移而来的。台湾的客家擂茶是将茶叶和花生米放在陶瓷茶器中擂成粉,加入适量的水调匀,呈带褐色的糊状,然后将开水冲入茶器中,边搅边品饮,有一种特殊风味。[①]

闽台两广地区由于地处岭南和海外,自古交通较为不便,与外界的交流较少,又居住着一些少数民族和客家人,因而这一地区的茶俗具有较浓厚的民族色彩和鲜明的地方风格。

第四节　西南地区茶俗

西南地区包括重庆市、贵州省、四川省大部、云南省中北部,以及西藏自治区东南部。我国西南地区是茶树原产地的中心地带,也是我国茶文化的发源地。这里由于地理环境复杂、民族众多,因而保留了多种多样的饮茶习俗,有些茶俗还保留着远古先民饮茶习俗的原生态,具有特殊的历史价值。其中尤以云南和贵州地区的少数民族茶俗最具特色。

1. 布朗族酸茶

布朗族是中国西南历史悠久的一个古老土著民族,主要聚居在云南渤海县的布朗布山以及西定和巴达山等山区。朗族采制酸茶一般在高温高湿的 5—6 月间进行。先将从茶树上采摘下来的幼嫩的鲜叶,放入锅内加适量清水煮熟,再把煮熟的茶叶趁热装在土罐里,置于阴暗处 10—15 天,使其发霉。再将发霉的茶叶装入竹筒内压紧,埋入土中。经过一个多月的发酵,取出晒干即可。

---

① 魏朝卿 . 风格迥异的茶俗 [J]. 中国保健营养,1999(07).

2. 竹筒茶

傣族、景颇、哈尼族将竹筒茶当蔬菜食用，其制法别具一格：首先用晒干的春茶，或经过初加工而成的毛茶，装入生长期为一年左右的嫩香竹筒中。接着将装有茶叶的竹筒，放在火塘三角架上烤，使竹筒内的茶叶软化，6—7分钟后，用木棒将竹筒内的茶叶压紧，而后再填满茶叶继续烘烤。待茶叶烘烤完毕，刨开竹筒，取出圆柱形的竹筒茶，以待冲饮。

3. 基诺族凉拌茶

基诺族主要分布在云南西双版纳地区，他们的用茶方法较为罕见，如凉拌茶。做凉拌茶的方法并不复杂，将刚采来的鲜嫩茶树新梢用手稍加搓揉，把嫩梢揉碎，放入清洁的碗内，再将新鲜的黄果叶揉碎，辣椒、大蒜切细，连同适量食盐投入盛有茶树嫩梢的碗中，加上少许泉水，用筷子搅匀，一刻钟后即可食用。凉拌茶主要用于基诺族人食米饭时佐餐，其实是一道茶菜。

基诺族凉拌茶

4. 拉祜族烤茶

先用一只小陶罐，放在火塘上用文火烤热，然后放上适量茶叶抖烤，使茶叶受热均匀，待茶叶叶色转黄，并发出焦糖香为止。接着用沸水冲满装茶的小陶罐，随即泼去上部浮沫，再注满沸水，煮沸3—5分钟待饮。①

拉祜族烤茶

---

① 刘勤晋. 茶文化学 [M]. 中国农业出版社，2005：82.

173

5. 响雷茶

云南在白族居住的地区，盛行喝响雷茶，白语叫它为"扣兆"。这是一种十分富有情趣的饮茶方式。饮茶时，大家团团围坐，主人将刚从茶树上采回来的芽叶，或经初制作的毛茶，放入一只小砂罐内，然后用钳夹住，在火上烘烤。片刻后，罐内茶叶"噼啪作响"，并发出焦糖香时，随即向罐内冲沸腾的开水，这时罐内立即传出似雷响的声音，与此同时，客人的惊讶声四起，笑声满堂。由于这种煮茶法能发出似雷响的声音，响雷茶也因此得名。①

6. 煨酽茶

煨酽茶是云南哈尼族的饮茶方式：先用铜壶或大口缸在火炉上将水烧滚，抓一大把茶叶放入滚水中，再用火熬煮片刻即成。茶浓、味苦，能提神醒脑。煨酽茶一般是烧一次只饮一道，招待客人时必须煨三次，方为礼备。

7. 苦茶、烧茶

烧茶是居住在云南省沧源、西盟、澜沧等地的佤族同胞独具一格的饮茶方法，即将壶内水煮开，另用一块薄铁板放上茶叶在火塘上烧烤，待茶色焦黄，闻到茶香时，即将茶叶倒入壶内煮，煮好后，再倒入茶盅内饮用。这种茶水苦中有甜，焦中带香。②烧茶是佤族另一种饮茶方式。先用瓦壶或铜壶将水烧沸。同时在火塘上架一块铁板，将茶叶放在铁板上烤至焦黄以后，则将烤焦的茶叶放入壶内煮数分钟，侧将茶汤倒入碗中饮用，汤色黄亮，有焦香味。一般是一趟茶烧一趟水，现烧现饮。

8. 哈尼族土锅茶

其制作方法十分简单，用土锅或土罐烧水，待水烧开时再把新鲜的茶叶直接放入土锅内或土罐内，并继续加水烧，直至烧到茶汤很浓时为止。哈尼族同胞爱饮这种茶，并称它为"土锅茶"。③

9. 青竹茶

布朗族人居住的地方到处都有青竹，每当他们到野外劳作和狩猎时，只要带上一把干茶叶，口渴时，砍下一段碗口粗的鲜竹，一端留有节作为煮茶的工具。捡拢一堆干柴烧起大火，把竹筒内盛满山泉水，放在火上烧沸，然后放入干茶。煮好后，再倒入短小的竹筒内，当作茶杯饮用。茶中竹香浓郁，风味特殊，常在吃竹筒饭和烤肉后饮用。

---

① 陈宗懋.中国茶经 [M].上海文化出版社，2008：549-550.

② 刑湘臣.少数民族饮茶习俗（下）[J].中国食品，1996（02）.

③ 赵萱.多姿多彩的神州饮茶文化 [J].科学大观园，2009（12）.

哈尼族土锅茶

10.以茶做媒

德昂族青年男女经过相互了解，建立感情并愿意缔结婚约时，即要告之父母。与其他民族不同的是，这种告知不是用言语来表达，而是以茶相告。小伙子趁父母熟睡之时，把事先准备好的茶叶放入母亲常用的简帕（也就是挂包）里。待母亲发现简帕里的茶叶后，便知要为儿子提亲。随后便会拜托同族和异族的亲戚各一人，作为提亲人去女方家提亲。提亲人去女方家提亲时，不需要带其他的礼物，只要在简帕里放上一包茶叶即可。到了女方家以后，也不需说明来意，只需将茶放到供盘上，双手递到女方父母面前，女方父母便知来意。经过媒人两三次说合，女方家人看到男方确有诚意，随即就会收下茶叶，表示同意该桩婚事。要是拒收茶叶，就表示拒绝这门亲事。[①]

11.彝族"罐罐茶"

彝族灌灌茶的做法是用特制的一种特制沙罐，先用煤烧一下沙罐，当沙罐烤烫之后，将茶放入罐内，边抖边炒，待有微烟，将烧开的水倒入罐内，"滋"的一声，一股茶香扑鼻而来，倒入茶盅，便是苦涩浓酽的"罐罐茶"。

彝族"罐罐茶"

---

① 李明．"古老的茶农"——德昂族茶俗[J].蚕桑茶叶通讯，2010（01）.

12. 白族三道茶

白族每家堂屋内有一铸铁火盆，上支三脚铁架，如有客来，主人即在火盆上架火烤茶。头道茶以砂罐焙烤的绿茶冲水而成，味香苦。斟完头道茶后，主人再往砂罐内注满开水，稍煨后斟上二道茶，放入白糖和核桃仁，香甜适口。将乳扇放在文火上烘烤后，揉碎放入茶盅，加上白糖，冲入开水，即为第三道茶。有的地方还放入蜂蜜和八粒花椒。因为头道味苦，喝了两三道以后，嘴里有苦甜混合的舒适感，故有"一苦二甜三回味"之说。①白族谚语："酒满敬人，茶满欺人。"主人斟出的每道茶的分量也很讲究，每盅不得一次斟满，以供品尝一两口为限。

白族三道茶

13. 藏族酥油茶

酥油茶是藏族民众喜欢的一种饮料。藏族主要居住在西藏自治区，有一部分居住在青海、甘肃，还有一部分居住在四川西部和云南西北部。酥油茶的制作方法是，先把砖茶熬成茶汁，滤除茶叶，倒入茶罐待用。做茶时，取适量的浓茶汁加一定比例的水和盐，倒入酥油桶中，加入酥油，再用力搅动，待到水乳交融便成了可口的酥油茶。②

藏族酥油茶

---

① 李颖.我国西南少数民族地区的茶俗文化 [J].广东技术师范学院学报，2003（02）

② 贺天.走进西藏高原喝碗酥油茶 [J].茶.健康天地，2009（02）：38-39.

14．"状元笔茶"

黔西南布依族苗族自治州贞丰县坡柳一带布依和苗族茶农，将茶树新梢采回，经杀青，揉捻再理直茶条，用棕榈叶将茶条捆成火炬状的小捆，然后让其晒干或挂于灶上干燥，最后用红绒线扎成别致的"娘娘茶"、"把把茶"，因茶叶形如毛笔头，故又称"状元笔茶"。[①]

第五节　江南地区茶俗

广义江南地区的大致指长江以南，三峡以东，南岭以北、武夷山以西的广大地区，即湖北省、安徽省、江苏省南部以及江西、浙江、湖南等省。江南地域辽阔，各地饮茶方式不同，其茶俗也各具特色。

1. 江南谷雨茶

谷雨，是江南一带采茶的黄金季节，此时，茶芽初露，黄嫩嫩，毛茸茸，是制作上等茶叶的极好原料。江南人民有喝谷雨鲜茶的习俗。据传，喝了谷雨这天采摘的新茶，有病治病，无病可以健身。江浙一带用谷雨这天采摘下来的雀舌炒制烘干，然后用开水冲泡着喝；湖南北部则有用谷雨这天采摘的鲜茶叶打擂茶喝的习惯。湘西人用谷雨茶熬油茶汤喝，洞庭湖区的人则用来泡姜盐豆子茶。[②]

2. 江南元宝茶

春节期间每有客至，好客的江南人会给你端上一杯元宝茶，预祝客人来年发财。其制法很简单：即在茶碗内放上两颗青橄榄和一撮高级绿茶，沏上开水即成元宝茶。青色的橄榄沉在黄亮的茶水底部，甚是好看，喝起来别有一番风味。客人在喝完茶汤后，再吃掉两颗青橄榄。两颗橄榄代表一对金银元宝，表示恭喜发财。

3. 杭州七家茶

七家茶，相传起源于南宋，至今尚流传西湖茶乡。每逢立夏之日，新茶上市，茶乡家家烹煮新茶，并配以各色细果、糕点，馈送亲友比邻，赠送的范围一般是左三家右三家，加上自己一家，共计七家，故称七家茶。以象征邻里之间的和睦相处。

4. 菊花茶

东南沿海一带喜欢喝菊花茶，尤以浙江杭州等地最为时兴。菊花茶起源于唐宋以前，唐代诗人皎然《九日与陆处士饮茶》诗中写道："九日山僧院，东篱菊也黄。俗人多泛酒，谁解助茶香？"以菊花入茶可助茶香，并且有明目清肝的作用。

---

① 何莲，何萍，张其生．贵州省内民族茶俗 [J].蚕桑茶叶通讯.2005（02）：38-39.
② 吴尚平．汉族茶俗风情 [J].农业考古，1994（02）.

5. 苏州跳板茶

旧时苏州婚礼茶俗。新女婿和其舅爷进门后，稍坐片刻，女家即撤掉台凳，留下窄间，在左右两边靠墙处各放两把太师椅，椅背衬好红色椅帔，新女婿和舅爷坐头二座，另两位至亲坐三四座。然后由"茶担"（即烧水泡茶敬茶的人）托着茶盘，表演"跳板茶"。表演者要有一定功夫：身段柔软、脚步稳健，节奏轻松，手托茶盘不能让茶水溅出。托着木板茶盘跳舞献茶，故称跳板茶。每逢举行"跳板茶"，亲朋邻居都会来观赏，精彩处满堂喝彩，增添了婚事欢乐气氛。

6. 德清新春茶

浙江省德清县人民在每年春节来临之际，有喝新春茶的习俗。从正月初一到初三，客人到来，主人就会敬上一碗新春茶。新春茶又称为四连汤，是在一个精美的小瓷碗内放有几粒煮熟的枣子、桂圆、莲子，用白糖水浸泡着，喝起来甘甜可口，实际上新春茶是一种无茶之茶，借以祝愿客人生活过得甜甜美美、圆圆满满。

7. 打茶会

浙江北部湖州地区农村有"打茶会"的习俗。它一般都是村里主妇或姑娘们操办、沏茶。事先约好，等来客落座后，烧水、冲泡、奉茶。村里的妇女们东邀西请，十多人抱着儿孙，带上针线活，凑在一起，边做针线活边拉家常边喝茶，气氛融洽，其乐无穷。每年这样的茶会要举办五六次，轮流做东，这种活动与江苏周庄的"阿婆茶"类似，对加强邻里间的团结友爱起着良好的作用，是一种以茶联谊的很好方式。

8. 亲家婆茶

湖州地区农村还盛行吃"亲家婆茶"。女儿出嫁以后的第三天，父母要去女婿家"望招"，必须带去半斤左右的雨前茶和烘青豆等佐料。这时，男家就邀请亲戚、长辈来吃"亲家婆茶"。吃了"亲家婆茶"的乡邻，在新娘过门的第一年内，要请新娘去吃茶，名曰"请新娘茶"。

9. 上海老虎灶

旧时上海滩的老百姓喜欢喝早茶。天刚麻麻亮，街道边的小茶馆，老虎灶上的铜壶内，沸水突突，白气腾腾。在古老的街道边、小巷里，低矮的四方小桌边，坐满了一桌又一桌的茶客。他们大多都是一些拉车的、做小买卖的和打零工的下层市民。每人一壶茶，加上两个大饼或几根油条，就算是一顿早餐。现在随着改革开放经济水平的提高，老虎灶已经退出历史舞台，代之而起的是各大酒店的早茶，或者去茶艺馆品茶。①

---

① 陈文华.异彩纷呈的长江流域茶俗 [J].农业考古，2003（04）.

10. 皖南琴鱼茶

居住在安徽南部泾县琴溪镇的民众喜欢饮用一种奇特的琴鱼茶。泾县琴溪镇旁边有一条小河叫琴溪河。河里生长着一种体积不过一寸的小鱼，当地人称为琴鱼。每年清明前后，是琴鱼的捕获季节。此时，琴溪桥两岸的村民，便用竹篓、篾篮在琴溪滩头张捕。琴鱼捕获后，被放入盐开水中，并佐以茴香、茶叶、食糖，然后将鱼炝熟，再用炭火烘干，精制成琴鱼干收藏起来。平时或逢年过节可用来沏茶，作为杯中佳茗，招待上门客人。

11. 洞庭湖畔姜盐茶

湘阴地处洞庭湖滨，夏季湿热，冬季寒冷，农事繁重。该地盛产茶叶、黄豆、芝麻、生姜，长期以来，这里盛行一种鲜为人知的茶饮料—姜盐豆子茶（当地简称姜盐茶），进而演化成一种集保健、联谊于一身，具有鲜明地方特色的茶文化现象。至今，姜盐茶仍日日出现在湘阴的每个家庭，出现在每一个婚丧喜庆的场合。曹子丹于1986年调查了湘阴县城七个居民聚居区的一百零一个家庭，其中长年饮用姜盐茶的一百户。唯一不饮此茶的是一个外省移民家庭。[①] 姜盐茶的起源有一个传说，说是一对老渔民夫妇在一个寒冷的初春，从湖中救起一个落水的姑娘。见姑娘一直昏迷不醒，渔妇发现船上有一块生姜，想到生姜能驱寒，便将它切片与茶叶一起熬煮，加上一点盐，给姑娘灌下，不久就苏醒了。于是这一带就养成喝姜盐茶的习惯。为了增加滋味和营养，后来又加上芝麻和豆子。但人们仍按原来的习惯称为姜盐茶。

12. 湘北新婚交杯茶

湖南北部的洞庭湖区，新婚夫妇在拜堂之后，入洞房以前，要喝交杯茶。交杯茶的盛茶器具是两只小茶盅，茶水是早已熬好的红糖茶水。男家的姑娘或嫂姐用四方茶盘盛着两只茶盅，双手献给新郎新娘。新郎新娘用右手端起茶盅，相互用端茶盅的右手挽起连环套，然后一饮而尽，不许有半点茶水泼掉。表示夫妻恩爱，同甘共苦，家庭幸福美满。

13. 湘东煎茶

湖南东部的浏阳、茶陵一带的民间喜欢饮煎茶。多用红茶泡制，在土罐内，放适量茶叶，盛满泉水，置火塘上烧烤，待罐中茶水煮沸后，注入茶盅，即可饮用。煎茶色泽红艳，香气浓郁。喝茶时还可配用油炸麻花、糖果、饼干等茶点。

---

① 曹子丹.湖南洞庭湖区的茶俗 [J].农业考古，2000（04）：104-105.

14. 土家族大盆凉茶

慈利、永定、桑植、永顺、龙山、保靖一带，过去有许多路边凉亭，炎热夏季，土家老乡习惯抓一把粗茶投入一大木盆或茶缸中冲茶，等到凉后供来客或过往行人饮用，可消暑纳凉，生津止渴，这在当地被认为是"积德"的善举。①

15. 衡阳新婚合合茶

湖南衡阳地区青年结婚时，新郎新娘被安排背对背坐在堂屋里的两条板凳上。两位调皮的小伙子使劲将新娘板过180°，让她与新郎面对面坐下，膝盖挨着膝盖。另一位小伙子搬起新娘的左脚搁在新郎的右大腿上，又把新郎的左脚搬起搁在新娘的右大腿上。然后，将新郎新娘的右手抬起，扳开他们的拇指和食指，合并成一个椭圆形。旁边另外的一个人立即将早就准备在手的瓷杯放入两手拼成的椭圆形里，马上注满茶水，让前来道贺的亲戚朋友轮流把嘴凑上去喝一口。喝干了，又注上。②客人一边喝，一边嬉笑，直到所有的人都喝遍为止。一则表示对客人的敬意，二则表示夫妇共同培育一株茶树，来年会开花结果。

16. 以茶祭祀

湖南通道侗族自治县，当地人民祭奉最高保佑神"萨岁"（意为去世了的祖母或世祖，有的地区称"萨党"或"萨麻"）也离不开茶叶。③祭奉萨岁的仪式很繁杂，场面亦很宏大，大锣、大鼓、大号齐鸣，伴以排炮、吃喝声，其间，由长者用上好的茶叶，泡上三碗茶极其恭敬肃穆地放置在供桌上。④

17. 桃源擂茶

擂茶又名三生汤、打油茶，是用生叶（指从茶树上采下的新鲜生叶）、生姜和生米仁等原料经混合研碎，加水后烹煮而成的汤，故而得名。擂茶既是充饥解渴的食物，又是祛邪驱寒的良药。⑤桃源擂茶有一个传说，说是三国时蜀国将领张飞带兵抗击曹军，路过乌头村（桃花源）时，很多将士水土不服，上吐下泻，行军都困难。此时有位老者挑担擂茶汤来见张飞，说此乃祖传秘方，又名三生汤，可治军士疾病。果然，军士们饮后不久都康复，张飞喜出望外，感谢不尽。从此，桃源擂茶也就远近闻名了。

① 唐明哲，覃柏林.湘北土家族探秘 [M].香港：香港凤凰出版公司，1993：90.
② 吴尚平.衡阳新婚合茶 [J].农业考古，1992（04）.
③ 刘一玲.茶之品 [M].北京出版社2005：105-106.
④ 朱海燕.湖南茶俗探源 [D].长沙：湖南农业大学，2005：12-13.
⑤ 王从仁.中国茶文化 [M].上海古籍出版社，2005：19-21.

桃源擂茶

18. 武宁川芎茶

江西省武宁县还流行一种川芎茶，即在茶水中加入芎片或芎末，具有清香、助消化的作用。《武宁县志》记载："茗之性寒，芎子性散，皆有明文。土人两物并用，老者寿考康宁，少者强壮自茗，未尝见有毫发之损。"川芎茶是武宁县民间传统的保健茶。

19. 赣西春茶会

江西西部的安福县经常在春天插秧结束以后的农闲时节举办请春茶活动。要逐家邀请茶友或轮流做东。请茶的主妇要在前一天晚上到各家去邀请并把茶碗收集起来，并在碗上做好记号，以免搞错。请茶这天，做东的主妇要打扫卫生、洗碗、烧水、沏茶，忙得不亦乐乎。茶叶是平常珍藏的上等好茶或是自制的山茶，茶碗中除了茶叶外，还有冰姜、胡萝卜干、腌香椿芽、韧皮豆、炒芝麻等佐料。每只碗里还放上一根约五寸长的竹签或芦棒，以便客人从茶碗中扒出食物吃掉。忙碌了一段农忙活的女客们借此机会交流生产、生活和当家理财经验，交流信息，愉悦精神。[1]大家边喝边聊，洋溢着一片团结和睦的融洽气氛。兴致高时，还可大唱采茶歌，更将春茶会推向高潮。实际上，春茶会是一种传统的以茶联谊的很好方式。

20. 修水"相亲茶"

江西修水的"相亲茶"颇具特色。男方到女方相亲，女方用茶盘上茶时，如果男方不同意便会不吃茶就告辞，如女方不同意，就不再上第二碗茶。如果双方都同意，当女方端出第二碗茶时，男方就会将红纸包好的"茶盘礼"放在茶盘上，俗称"压茶盘"。因此修水人不会直接问姑娘家是否有对象，而是问："压没压茶盘？"。千百年来，修水茶俗广涉百姓的婚嫁迎娶、生老病死，修水茶俗文化可见一斑。千百年来，修水茶俗广涉百姓的婚嫁迎娶、生老病死

---

① 赵从春.赣西山区春茶会[J].农业考古，2001（02）.

小　结

　　我国地域辽阔，民族众多，种茶历史悠久，在漫长的历史中形成了丰富多彩的饮茶习俗。茶俗对人们日常生活及社会、经济、文化都曾经或正在产生深远的影响，显示着无穷的魅力与无比的生命力，历经千载而盛行不衰，承传不止。它凝聚着历史的积淀，同时又显现鲜明的时代气息，并渗透到社会生活的各个领域，不论是待客邀友、婚丧喜庆都离不开茶，茶已深深融入各族人民的日常生活中。寄希望于通过对我国各个地区茶俗的简要介绍，让更多的人了解中国茶文化，宣传推广中国茶文化，发挥中国茶文化的桥梁纽带作用，为中华民族的文化、社会经济发展作出贡献，并由此而引发人们对我国绚丽多彩之茶俗的重视，采取合理有效的方式去开发利用，使其焕发出更夺目的光彩。

思考题：

1. 我国的饮茶习俗大致可分为哪几类？
2. 我国南、北方地区的饮茶习俗有何异同？

第十章　茶人：天下谁人不识君

第一节　陆羽、皎然与卢仝

一、茶圣陆羽与茶

中国是茶的故乡，唐朝是中国茶文化发展的鼎盛时期，唐朝茶业的繁荣发展成就了茶圣陆羽，而陆羽的《茶经》将唐朝的茶文化推向了一个历史的高度，对唐朝以后的茶业发展都具有重要影响，时至今日，陆羽的《茶经》仍然具有重要价值。陆羽如何能从一个弃儿，一跃成为家喻户晓的"茶神"，被尊为"茶圣"，现在就让我们一探他那充满着传奇的一生。

1. 陆羽简介

陆羽出生于唐玄宗开元年间（733年，一说727年），据《新唐书——隐逸列传》记载："陆羽，字鸿渐，一名疾，字季疵，复州竟陵人。"据文献记载，一个秋末冬初的日暮之时，大约三岁的陆羽被竟陵龙盖寺的住持智积禅师发现在一座小石桥下，并带回寺中抚养。陆羽长大后，因无名字，乃以《周易》为自己卜卦取名，卜得"渐"卦，其爻辞曰："鸿渐于陆，其羽可用为仪。吉。"遂以"陆"为姓，"羽"为名，"鸿渐"为字。

陆羽自小在龙盖寺中成长，智积和尚欲教他佛经，希望他皈依佛门，陆羽不喜欢佛经，却对茶产生了浓厚兴趣，陆羽与茶的渊源始于龙盖寺。后来陆羽因故离开寺院，玄宗天宝五载（746），河南府尹李齐物慧眼识才，将陆羽留在郡府里并亲自教授他诗文，这对陆羽后来能成为唐代著名文人和茶叶学家，是有着不可估量的意义的。天宝十一载（752），当时的崔国辅老夫子，被贬为竟陵司马，在这期间，陆羽与崔公往来频繁，较水品茶，宴谈终日，他们之间的情谊日渐深厚，成为忘年之交。这也说明陆羽的才华、品德和崭露头角的烹茶技艺，已经为时人所赏识。760年为避安史之乱，陆羽隐居浙江苕溪（今湖州）。其间在亲自调查和实践的基础上，认真总结、悉心研究了前人和当时茶叶的生产经验,完成创始之作《茶经》。

2.《茶经》简介

《茶经》分三卷十节,约 7 000 字。卷上:一之源,讲茶的起源、形状、功用、名称、品质;二之具,谈采茶制茶的用具,如采茶篮、蒸茶灶、焙茶棚等;三之造,论述茶的种类和采制方法。卷中:四之器,叙述煮茶、饮茶的器皿,即 24 种饮茶用具,如风炉、茶釜、纸囊、木碾、茶碗等。卷下:五之煮,讲烹茶的方法和各地水质的品第;六之饮,讲饮茶的风俗,即陈述唐代以前的饮茶历史;七之事,叙述古今有关茶的故事、产地和药效等;八之出,将唐代全国茶区的分布归纳为山南(荆州之南)、浙南、浙西、剑南、浙东、黔中、江西、岭南八区,并谈各地所产茶叶的优劣;九之略,分析采茶、制茶用具,可依当时环境,省略某些用具;十之图,教人用绢素写《茶经》,陈诸座隅,目击而存。

3.《茶经》简评

《茶经》系统地总结了当时的茶叶采制和饮用经验,全面论述了有关茶叶起源、生产、饮用等各方面的问题,传播了茶业科学知识,促进了茶叶生产的发展,开中国茶道之先河。且《茶经》是中国古代最完备的茶书,除茶法外,凡与茶有关的各种内容,都有叙述。以后茶书皆本于此。

(1)《茶经》的问世是中华茶文化正式形成的标志。陆羽《茶经》内容十分丰富全面,是真正意义上的中国茶文化概述与历史总结。在物质方面,《茶经》系统总结提出了采制茶叶需用的十五种工具和茶叶烹饮需用的二十四器。精神方面的有种茶、采茶、制茶、煮茶的技术经验总结,也有唐代中期以前有关茶事的历史记载,有人物、有故事、有史实,系统而全面。尤其可贵的是,提出了"精行俭德"的茶道精神,使茶文化得到升华。

(2)《茶经》是唐代中期以前中国茶事的历史总结。中国在唐代以前,已有茶文化的萌芽,在不少史书中已有一些零星的记载,陆羽《茶经》将这些零星分散的历史记述,从浩瀚如海的大量史书典籍中寻找出来,一一做了记录。

(3)陆羽是"茶学"学科的创始人,对现今的茶叶生产具有重要指导意义。现代"茶学"学科包括的范围是很大的,既有自然科学的内容,也有社会科学的内容。通读唐代陆羽所著的《茶经》,从"一之源"、"二之具"、"三之造"、"四之器"、"五之煮"、"六之饮"直至"十之图"。其内容也是十分丰富的,既有茶的种植加工技术,也有茶的烹饮技艺和文化典故等,基本呈现出了"茶学"的雏形。

(4)陆羽创导的"煮茶法"是中国茶道、茶艺的最早典范。唐代,由于饮茶风俗的形成与普及,中国茶道逐渐形成。陆羽就是在此基础上,进行了系统地总结与提高，在《茶经》中提出了陆氏"煮茶法"。在《茶经·四之器》中，列出了煮饮用具二十四器，提出了煮茶的具体方法步骤。在《茶经·六之饮》"凡茶有九难"中，提出了煮好茶要重点把握好九个方面，即制好茶、选好茶、配好器、选好燃料、用好水、烤好茶、碾好茶、煮好茶、饮好茶。在《茶经·四之器》"风炉"一节中，指出在风炉炉身上所开的三窗之上，有"伊公羹，陆氏茶"六个字，伊公是指伊尹，商初大臣，善调羹汤；陆氏茶，指的就是陆羽自己的煮茶法，说明陆羽对自己的煮茶法很自信。所以，唐代封演在《封氏闻见记》中记述："楚人陆鸿渐为茶论，论茶之功效，并煎茶炙茶之法，造茶具二十四事，以都统笼贮之。远近倾慕，好事者家藏一幅。有常伯熊者，又因鸿渐之论广润色之，于是茶道大行。"这一论述，非常明确地指出了，陆羽的煮茶法当时已有相当的社会影响。后来，常伯熊只是在陆羽煮茶法的基础上加以润色，当然，这对"茶道大行"也是有帮助的。

4. 茶圣传说

在流传下来的茶书中，都记载了陆羽生平的一些轶事。唐人张又新的《煎茶水记》里曾记载这样一则小故事：一次，湖州刺史李季卿船行至维扬，适遇陆羽，便邀同行。抵扬子驿时，季卿曾闻扬子江南泠水煮茶极佳，即命士卒去汲此水。不料取水士卒近船前已将水泼剩半桶，为应付主人，偷取近岸江水兑充之。回船后，陆羽舀尝一口，说："不对呀，这是近岸江中之水，非南泠水。"命复取，再尝，才说："这才是南泠水。"士卒惊服，据实以告。季卿也大加佩服，便向陆羽请教茶水之道。于是陆羽口授，列出天下二十名水次第。当然，限于时代，所列名水，仅为他足迹所至的八九个省的几处而已，不能概括全国的众多名水。

陆羽不但是评泉、品泉专家，同时也是煎茶高手。《记异录》中记载了有关陆羽的轶事：唐朝代宗皇帝李豫喜欢品茶，宫中也常常有一些善于品茶的人供职。有一次，竟陵（今湖北天门）智积和尚被召到宫中。宫中煎茶能手用上等茶叶煎出一碗茶，请智积品尝。智积饮了一口，便再也不尝第二口了。皇帝问他为何不饮，智积说："我所饮之茶，都是弟子陆羽为我煎的。饮过他煎的茶后，旁人煎的就觉淡而无味了。"皇帝听罢，记在心里，事后便派人四处寻找陆羽，终于在吴兴县苕溪的天杼山上找到了他，并把他召到宫中。皇帝见陆羽其貌不扬，说话有点结巴，但言谈中看得出他的学识渊博，出言不凡，甚感高兴。当即命他煎茶。陆羽立即将带来的清明前采制的紫笋茶精心煎后，献给皇帝，果然茶香扑鼻，茶味鲜醇，清汤绿叶，真是与众不同。皇帝连忙命他再煎一碗，让宫女送到书房给智积品尝，智积接过茶碗，喝了一口，连叫好茶，于是一饮而尽。他放下茶碗后，走出书房，连喊"渐儿（陆羽的字）何在？"，皇帝忙问："你怎么知道陆羽来了呢？"积公答道："我刚才饮的茶，只有他才能煎得出来，当然是到宫中来了。"

二、诗僧皎然与茶

皎然，俗姓谢，字清昼，湖州长城（今浙江吴兴县）人，是南朝宋山水写实诗人谢灵运的十世孙，生卒年不详，大约活动于上元、贞元年间（760—804年），是唐代著名诗僧，他嗜茶成痴，不仅知茶、爱茶、识茶趣，更写下许多饶富韵味的茶诗。结识茶圣陆羽后，两人成为铁杆茶友，经常一起探讨饮茶艺术，并提倡以茶代酒的品茗风气，对唐代及后世的茶艺文化的发展有莫大的贡献。

1. 茶圣与诗僧的深厚茶情

皎然淡泊名利，坦率豁达，不喜送往迎来的俗套，曾写诗《赠韦早陆羽》："只将陶与谢，终日可忘情。不欲多相识，逢人懒道名。"诗中将韦、陆二人比作陶渊明与谢灵运，表明皎然不愿多交朋友，只和韦卓、陆羽相处足矣。

陆羽于唐肃宗至德二年(757)前后来到吴兴，住在妙喜寺，与皎然结识，并成为"缁素忘年之交"。元代辛文房《唐才子传·皎然传》载："出入道，肆业杼山，与灵澈、陆羽同居妙喜寺。"又陆羽《自传》："……与吴兴释皎然为缁素忘年之交。"

后来陆羽在妙喜寺旁建一茶亭，由于皎然与当时湖州刺史颜真卿的鼎力协助，乃于唐代宗大历八年（773）落成，由于时间正好是癸丑岁癸卯月癸亥日，因此名之为"三癸亭"。皎然并赋《奉和颜使君真卿与陆处士羽登妙喜寺三癸亭》以为志，其诗记载了当日群英齐聚的盛况，并盛赞三癸亭构思精巧，布局有序，将亭池花草、树木岩石与庄严的寺院和巍峨的杼山自然风光融为一体，清幽异常。时人将陆羽筑亭、颜真卿命名题字与皎然赋诗，称为"三绝"，一时传为佳话，而三癸亭更成为当时湖州的胜景之一。

皎然与陆羽情谊深厚，可从皎然留下的寻访陆羽的茶诗中看出，《往丹阳寻陆处士不遇》："远客殊未归，我来几惆怅。叩关一日不见人，绕屋寒花笑相向。寒花寂寂偏荒阡，柳色萧萧愁暮蝉。行人无数不相识，独立云阳古驿边。凤翅山中思本寺，鱼竿村口忘归船。归船不见见寒烟，离心远水共悠然。他日相期那可定，闲僧着处即经年！"陆羽隐逸生活悠然自适，行踪飘忽，使得皎然造访时常向隅，诗中传达出皎然因访陆羽不遇的惆怅心情，以情融景，更增添心中那股怅惘之情。《赋得夜雨滴空阶送陆羽归龙山》："闲阶雨夜滴，偏入别情中。断续清猿应，淋漓候馆空。气令烦虑散，时与早秋同。归客龙山道，东来杂好风。"此诗是在送陆羽回龙山时所作，语虽含蓄，却情深义重。《访陆处士羽》："太湖东西路，吴主古山前，所思不可见，归鸿自翩翩。何山赏春茗，何处弄春泉。莫是沧浪子，悠悠一钓船。"

2. 皎然茶诗代表作

品茶是皎然生活中不可或缺的一种嗜好，他对茶有一种发自内心的喜爱，因此留下了很多茶诗，他的茶诗涉及了茶之生产、茶之煎煮、茶之品饮、茶之功效等方面，皎然在茶诗中探索品茗意境的鲜明艺术风格，对唐代中晚期的咏茶诗歌的创作产生了潜移默化的积极影响。

皎然茶诗代表作之一：《九日与陆处士羽饮茶》

> 九日山僧院，东篱菊也黄。
>
> 俗人多泛酒，谁解助茶香。

皎然茶诗代表作之二：《饮茶歌诮崔石使君》

> 越人遗我剡溪茗，采得金芽爨金鼎。素瓷雪色飘沫香，何似诸仙琼蕊浆。一饮涤昏寐，情思爽朗满天地；再饮清我神，忽如飞雨洒轻尘；三饮便得道，何须苦心破烦恼。此物清高世莫知，世人饮酒多自欺。愁看毕卓瓮间夜，笑向陶潜篱下时。崔侯啜之意不已，狂歌一曲惊人耳。孰知茶道全尔真，唯有丹丘得如此。

三、茶仙卢仝与茶

卢仝（795—835年），唐代诗人，"初唐四杰"之一卢照邻的嫡系子孙。生于河南济源市武山镇（今思礼村），早年隐少室山，自号玉川子。他刻苦读书，博览经史，工诗精文，不愿仕进。卢仝好茶成癖，虽只有一首茶诗流传于后世，但传唱千年不衰，即《走笔谢孟谏议寄新茶》，有时又简称《七碗茶歌》，如果没有这首茶诗的广为传诵，现在会有多少人知道唐代还有个叫卢仝的诗人呢，要说卢仝以茶出名似乎一点也不为过，他另外还著有《茶谱》，因此被尊为"茶仙"。

诗云：

> 日高丈五睡正浓，军将打门惊周公。
>
> 口云谏议送书信，白绢斜封三道印。
>
> 开缄宛见谏议面，手阅月团三百片。
>
> 闻道新年入山里，蛰虫惊动春风起。
>
> 天子须尝阳羡茶，百草不敢先开花。
>
> 仁风暗结珠琲瓃，先春抽出黄金芽。
>
> 摘鲜焙芳旋封裹，至精至好且不奢。
>
> 至尊之馀合王公，何事便到山人家。
>
> 柴门反关无俗客，纱帽笼头自煎吃。
>
> 碧云引风吹不断，白花浮光凝碗面。
>
> 一碗喉吻润，两碗破孤闷。
>
> 三碗搜枯肠，唯有文字五千卷。

四碗发轻汗，平生不平事，尽向毛孔散。

五碗肌骨清，六碗通仙灵。

七碗吃不得也，唯觉两腋习习清风生。

蓬莱山，在何处？

玉川子，乘此清风欲归去。

山上群仙司下土，地位清高隔风雨。

安得知百万亿苍生命，堕在巅崖受辛苦！

便为谏议问苍生，到头还得苏息否？

诗中描绘了茶的生产季节、加工、煎煮、功效以及品饮茶的感受，诗人将喝茶分为7个层次，境界层层深入，由喝茶最直接的目的润喉止渴到搜肠刮肚，然后开始悟道，甚至成仙，最后点出了作者欲成仙之意——牵挂天下苍生。此诗对后世茶文化的发展有较大影响，"七碗茶"的诗意被后世文人雅士广为引用，宋代大文豪苏轼就曾多次化用此诗意境，为茶诗词库锦上添花。

卢仝的《七碗茶歌》在日本广为传颂，并演变为"喉吻润、破孤闷、搜枯肠、发轻汗、肌骨清、通仙灵、清风生"的日本茶道。日本人对卢仝推崇备至，常常将之与"茶圣"陆羽相提并论。据说在抗日战争时期，"卢仝故里"碑曾震慑了日本鬼子，使全村免受涂炭。话说当年有一天，日本鬼子从南门进村，一路烧杀抢掳还杀害了三位村民。不久，又一队鬼子兵从村外向村东门走来，准备再次进村抢掠。奇怪的是，当他们走到"卢仝故里"碑前却停下了，领头的鬼子军官端详了一番石碑上的字迹之后，竟弯腰向石碑鞠了三个躬，然后带领鬼子兵匆匆离去，村子因此免去了一场灾祸。故事虽未知真假，但足以说明卢仝在日本人心中的地位。

第二节　李白与白居易

一、李白与茶

李白（701—762年），唐代著名诗人，号称"诗仙"，嗜酒，他的很多诗里都有酒，他饮茶么？饮茶但不嗜茶，所以他的诗作里很少看见茶，只找到两首：《赠族侄僧中孚玉泉仙人掌茶》、《陪族叔当涂宰游化城寺升公清风亭》。

第一首诗是李白被赐金还山后，到扬州苏州金陵一带云游。有一天，他的本家侄子中孚（李英）来到了金陵，和李白聊天，并让李白品尝了他带来的仙人掌茶，此茶由湖北当阳玉泉寺的僧人们研制，还是新产品。中孚就是为宣传此茶来找李白求诗的，看来，中孚很懂得名人效应，李白答应了而且在答诗前加了一个序，说以后的高僧和大隐士，喝了仙人掌茶，就知道是出自中孚和李白。

《赠族侄僧中孚玉泉仙人掌茶序》："余闻荆州玉泉寺近青溪诸山，山洞往往有乳窟，窟多玉泉交流。中有白蝙蝠，大如鸦。其水边处处有茗草罗生，枝叶如碧玉。惟玉泉真公常采而饮之，年八十余岁，颜色如桃花，而此茗清香滑熟异于他茗，所以能还童振枯，扶人寿也。余游金陵，见宗僧中孚示余数十片，卷然重叠，其状如掌，号为'仙人掌'茶。盖新出乎玉泉之山，旷古未觌。因持之见贻，兼赠诗，要余答之，遂有此作。俾后之高僧大隐，知'仙人掌'茶发于中孚禅子及青莲居士李白也。"

这首带序诗是历史上第一个茶叶广告诗，效果显著。明代李时珍说"楚之茶，则有荆州之仙人掌"；明代的黄义正说到天下名茶，仙人掌茶也名列其中；清朝进士李调元写文赞扬说"品高李白仙人掌"。到如今湖北当阳把仙人掌茶当作大生意做，从1981年开始恢复生产仙人掌茶，打的就是李白的金字招牌，广告效应在1 000多年后还有效果，真不愧是大名人代言啊。

二、白居易与茶

白居易（772—846年），字乐天，晚年号香山居士，其祖籍为太原（今属山西），后来迁居陕西境内（今陕西渭南东北）。白居易也是一个特别喜爱茶的诗人，《白氏长庆集》中，多次提到品茶的情景，显示他悠闲生活形态的一面。

1. 辟园植茶悠游山林

元和十年（815年）白居易因直言被贬江州司马。次年，他游庐山香炉峰，见到香炉峰下"云水泉石，绝胜第一，爱不能舍"，于是盖了一座草堂。后来更在香炉峰的遗爱寺附近开辟一圃茶园，有诗为证——《香炉峰下新卜山居草堂初成偶题东壁》："长松树下小溪头，斑鹿胎巾白布裘；药圃茶园为产业，野鹿林鹤是交游。云生涧户衣裳润，岚隐山厨火竹幽；最爱一泉新引得，清冷屈曲绕阶流。"悠游山林之间，与野鹿林鹤为伴，品饮清凉山泉，真是人生至乐。白居易爱茶，每当友人送来新茶，往往令他欣喜不已，《谢李六郎中寄新蜀茶》："故情周匝向交亲，新茗分张及病身。红纸一封书后信，绿芽十片火前春。汤添勺水煎鱼眼，末下刀圭搅曲尘。不寄他人先寄我，应缘我是别茶人。"诗中叙述他在病中收到友人忠州刺史李宣寄来的新茶时的兴奋心情，立即动手勺水煎茶。此外从《食后》："食罢一觉睡，起来两瓯茶。"《何处堪避暑》："游罢睡一觉，觉来茶一瓯。"《闲眠》："尽日一餐茶两碗，更无所要到明朝。"从这些诗词中可以看出醒后饮茶已成白居易的生活习惯。

2. 乐天知命禅茶一味

贬江州以来，官途坎坷，心灵困苦，为求精神解脱，白居易开始接触老庄思想与佛法，并与僧人往来，所谓"禅茶一味"，信佛自然与茶更是离不开的。"或吟诗一章，或饮茶一瓯；身心无一系，浩浩如虚舟。富贵亦有苦，苦在心危忧；贫贱亦有乐，乐在身自由。"这首《咏意》就表达了诗人此时吟诗的心境，品茶，与世无争，忘怀得失，修炼出达观超脱、乐天知命的境界。

3.酒茶老琴相伴以终

白居易高老辞官后，隐居洛阳香山寺，每天与香山僧人往来，自号香山居士。"琴里知闻唯渌水，茶中故旧是蒙山，穷通行止长相伴，谁道吾今无往还。""鼻香茶熟后，腰暖日阳中。伴老琴长在，迎春酒不空。"从这些诗句里可以看出诗人在此暮年之际，茶、酒、老琴依然是与他长相左右的莫逆知己，唐武宗会昌六年（846），诗人与世长辞。

第三节　苏轼与朱熹、陆游

一、苏轼与茶

苏轼（1037—1101年），字子瞻，号东坡居士，眉山今四川眉山县人。苏东坡是中国宋代杰出的文学家、书法家，而且对品茶、烹茶、茶史等都有较深的研究，在他的诗文中，有许多脍炙人口的咏茶佳作，且流传下来。他创作的散文《叶嘉传》，以拟人手法，形象地称颂了茶的历史、功效、品质和制作等各方面的特色。

1.隽永茶诗脍炙人口

《试院煎茶》：

> 蟹眼已过鱼眼生，飕飕欲作松风鸣。蒙茸出磨细珠落，眩转绕瓯飞雪轻。银瓶泻汤夸第二，未识古今煎水意。君不见昔时李生好客手自煎，贵从活火发新泉。又不见今时潞公煎茶学西蜀，定州花瓷琢红玉。我今贫病常苦饥，分无玉碗捧蛾眉，且学公家作茗饮。博炉石铫行相随。不用撑肠拄腹文字五千卷，但愿一瓯常及睡足日高时。

《水调歌头》：

> 已过几番风雨，前夜一声雷，旗枪争战，建溪春色占先魁。采取枝头雀舌，带露和烟捣碎，结就紫云堆。轻动黄金碾，飞起绿尘埃，老龙团、真凤髓，点将来，兔毫盏里，霎时滋味舌头回。唤醒青州从事，战退睡魔百万，梦不到阳台。两腋清风起，我欲上蓬莱。

《次韵曹辅寄壑源试焙新芽》：

> 仙山灵草湿行云，洗遍香肌粉未匀。
>
> 明月来投玉川子，清风吹破武陵春。

要知玉雪心肠好，不是膏油首面新。

戏作小诗君勿笑，从来佳茗似佳人。

此诗虽称戏作，实乃倾注了东坡对茶茗的特殊情怀，特别是末句"从来佳茗似佳人"，以诙谐、浪漫的笔调着墨，更是历代文士茶人耳熟能详的名句。

《西江月》：

龙焙今年绝品，谷帘自古珍泉。雪芽双井散神仙，苗裔来从北苑。

口汤发雪腴酽白，盏浮花乳轻圆。人间谁敢更争妍。斗取红窗粉面。

《汲江煎茶》：

活水还须活火烹，自临钓石取深清。大瓢贮月归春瓮，小勺分江入夜瓶。

……

雪乳已翻煎处脚，松风忽作泻时声。枯肠未易经三碗，坐听荒城长短更。

《寺院煎茶》：

蟹眼已过鱼眼生，飕飕欲作松风鸣。蒙茸出磨细珠落，眩转绕瓯飞雪轻。银瓶泻汤夸第二，未识古人煎水意。君不见、昔时李生好客手自煎，贵从活火发新泉。又不见、今时潞公煎茶学西蜀，定州花瓷琢红玉。我今贫病长苦饥，分无玉碗捧蛾眉。且学公家作茗饮，砖炉石铫行相随。不用撑肠拄腹文字五千卷，但愿一瓯常及睡足日高时。

2.茶事典故传为美谈

东坡谪居宜兴蜀山讲学时，非常讲究饮茶，有所谓"饮茶三绝"之说，即茶美、水美、壶美，唯宜兴兼备三者。据说他还曾设计一种提梁式茶壶，烹茶审味，怡然自得。题有"松风竹炉，提壶相呼"的诗句，后人将他设计的这种提梁壶称作"东坡壶"。东坡烹茶，独钟金沙泉水，常遣童仆前往金沙寺挑水，僮仆不堪往返劳顿，遂取其他河水代之，但为苏东坡识破。后来苏东坡准备两种不同颜色的桃符，分别交给僮仆和寺僧，每次取水必须和寺僧交换桃符，如此僮仆就无法偷懒了。

二、朱熹与茶[①]

朱熹（1130—1200年），南宋著名哲学家、教育家，其哲学思想继承和发展了"二程"（程颢、程颐）关于理学关系的学说，集理学之大成，建立了一个完整的客观唯心主义的理学体系，并影响了我国整个封建社会后半期，以及近代朝鲜、日本及东南亚地区的思想文化。

朱熹的一生与茶有着密不可分的渊源，他祖籍婺源，出生于三明尤溪，长期生

---

① 巩志.武夷山水与茶文化[J].农业考古，2006（02）：12-21.

活于闽北，这三个地方都是茶乡。朱熹曾在崇阳建阳交界处，修筑"晦庵"草堂来讲学授道，在草堂之岭北培植了百余株茶树，以"茶坂"名之。并时常携篓去茶园采茶，并引之为乐事。他还赋诗"茶坂"云："携篓北岭西，采撷共茗饮，一啜夜心寒，跏趺谢衾影。"

武夷精舍落成后，朱子聚徒讲学，潜心著述，闲暇之时，朱熹常在"茶灶"上设"茶宴"，煮茗待客，吟诗品茗，颇得茶中之妙趣，这里边还有个故事呢。话说有一天，朱熹邀友游览平林风光，他自己先登上灶石，吟咏着"仙翁遗石灶，宛在水中央。饮罢方舟去，茶烟袅细香"，还站在岸边的廖子晦迭口叫"好诗，好诗"。"诗是好诗，晦翁把茶灶石，吟咏得出神入化，可是今天既看不到袅袅的灶烟，又闻不到扑鼻的茶香？"已登上灶石的刘甫说道。"是啊，我们只好望'灶'兴叹喽。"刘彦集附和着。朱熹笑容满面地请众人席石而坐，命书僮在矶石上摆开茶具，然后稍带歉意地说道："茶灶停炊，由于尚缺一物，如今众兄光临，容弟遣小僮前去一处索取。此物一到，庶几不负众兄的一片雅意。"于是，命书僮将带来的一顶斗笠和一双木屐鞋穿戴停当，吩咐他即此前往桃源洞，对老道长如此说："书僮巧穿戴，见人如见物。灶石煮溪水，只待此君回。"书僮只好记住小诗，赶往桃源洞，见到老道长，就把主人的小诗对着老道长吟诵一遍。老道士听了，把书僮上下打量一遍："嘿，这朱夫子，真够幽趣。"回到禅房取出一纸包东西交给他，书僮拿回纸包后大家方悟出谜底即一个"茶"字。灶石煮茗为后来游人留下一段佳话。

在朱熹的许多传世文献中，有不少是以茶论理的。如在武夷山三贤祠前，朱熹留下了"山居偏隅竹为邻，客来莫嫌茶当酒"的题联。在多年与茶的不离不弃中，朱熹品出了茶与道的相通之处，阐明了"理而后和"的大道理。《朱子语录·杂类》载："物之甘者，吃过必酸；苦者，吃过却甘；茶本苦物，吃过却甘。问：此理何如？曰：也是一个理，如始于忧勤，终于逸乐，理而后和。盖理天下之至严，行之各得其分，则至和……"自生至死，朱熹始终与茶不舍不弃、生死相系。即便是在已受"庆元学案"牵连的朱熹，当应友人之邀，为之题匾赋诗。为不累及友人，又不忍拒绝，于是，题写完毕后他改用"茶仙"署名。庆元六年（1200）春，重病中的朱熹，在为南剑州一处景点题写"引月"二字后，亦署名"茶仙"。

三、陆游与茶

陆游（1125—1210年），字务观，号放翁，山阴（今浙江绍兴）人。他是南宋一位爱国大诗人，也是一位嗜茶诗人。他在《试茶》诗里，明白唱出："难从陆羽毁茶论，宁和陶潜止酒诗。"酒可止，茶不能缺。

陆游一生曾出仕福州，调任镇江，又入蜀、赴赣，辗转各地，使他得以有机会遍尝各地名茶，并裁剪熔铸入诗。"饭囊酒瓮纷纷是，谁赏蒙山紫笋香"，"遥想解醒须底物，隆兴第一壑源春"，"焚香细读斜川集，候火亲烹顾渚春"等都是陆游茶诗的名句。诗人最喜欢的是家乡绍兴的日铸茶，有诗曰："我是江南桑苎家，汲泉闲品故园茶。"日铸茶宋时已列为贡茶，因此陆游珍爱异常，烹煮十分讲究，所谓"囊中日铸传天下，不是名泉不合尝"，"汲泉煮日铸，舌本方味永"。此外，还有许多乡间民俗的茶饮，陆游在诗中多有记述，有湖北的茱萸茶："峡人住多楚人少，土铛争饷茱萸茶"；有四川的土茗："东来坐阅七寒暑，未尝举箸忘吾蜀。何时一饱与子同，更煎土茗浮甘菊。"

陆游爱茶嗜茶，是他生活和创作的需要，常常是煎茶熟时，正是句炼成际："诗情森欲动，茶鼎煎正熟"，"香浮鼻观煎茶熟，喜动眉间炼句成"。他不仅"自置风炉北窗下，勒回睡思赋新诗"，在家边煮泉品茗，边奋笔吟咏；而且外出也"茶灶笔床犹自随"，"幸有笔床茶灶在，孤舟更人剡溪云"，真是一种官闲日永的情趣。晚年他更是以"饭软茶甘"为满足。他说："眼明身健何妨老，饭白茶甘不觉贫。""遥遥桑苎家风在，重补茶经又一编。"陆游的咏茶诗词，实在也可算得一部"续茶经"。

第四节　吴觉农、陈椽与庄晚芳

一、当代茶圣吴觉农与茶

被誉为当代茶圣的吴觉农先生（1897—1989年）是中国茶业复兴与发展的奠基人，是中国现代茶学的开拓者，是享誉国内外的著名茶学家，更是我国茶界的一面旗帜。热爱祖国、热爱人民、热爱茶业，为振兴华茶艰苦奋斗了72个春秋，做出了历史性的突出贡献！在长期实践中形成的吴觉农茶学思想，是他和老一辈茶人留给我们后人取之不尽的宝贵精神财富。

1. 首次全面论证中国是茶树原产地的学术观点

1922年，年方25岁的吴觉农先生在《中华农学会报》上发表了长达万余言"茶树原产地考"一文，文章系统地批驳了当时流行的"茶树原产印度"的错误观点和学术偏见，并列举大量材料，雄辩地证明茶树原产于中国。五十七年后的1979年，吴觉农先生又在《茶叶》复刊第1期上，发表了"我国西南地区是世界茶树的原产地"一文，分析批判了百余年来在茶树原产地问题上的7种错误观点，并根据古地理、古气候、古生物学的观点，从茶树的种外亲缘和种内变异，进一步科学论证中国西南地区是茶树原产地。这在国内外茶学界产生了重大反响，具有重要的学术意义。

2. 最早提出中国茶业改革方案

吴觉农先生早年在日本留学时（1922）就发表了"中国茶业改革方准"，文章，针对时弊，列举大量数据，尖锐地剖析了华茶衰落的根本原因；同时，提出了全面改革方案。他当年提出的改革思想和举措，至今仍具有深刻的指导意义。

3. 倡导制订中国首部《出口茶叶检验标准》

1931—1937年，吴觉农先生在上海商品检验局工作期间，目睹华茶出口的种种弊端，倡导制订了《出口茶叶检验规程》和《茶叶检验实施细则》，并提出与实施"出口茶叶产地检验"。这一制度的创建为保证与提高出口茶叶质量，增强华茶在国际市场的竞争力，并为日后我国茶叶出口贸易事业的发展均发挥了重要作用。

4. 在我国高等学校中创建第一个茶叶系、科

1940年，我国正处在抗日战争的艰苦岁月，吴觉农先生在内迁重庆的复旦大学创建了中国培养高级茶叶科技人才的第一个茶叶系和茶叶专修科。他不仅为我国培养了一大批茶叶技术骨干；而且为后来我国建设茶学高等教育体系奠定了基础。

5. 创建第一个茶叶研究所

1941年"珍珠港事件"后，中国茶叶公司的业务处于停滞状态。可是，吴觉农对抗日胜利则充满信心，时刻不忘为战后的茶叶恢复和发展做准备，他拟订了一套茶树更新计划，为贸易委员会和茶叶总公司接受，并在落实了经费后，在大后方主要茶区进行更新工作。同时，在他的建议下，由他率领一批有茶叶技术专长的青年离开重庆，1941年在福建崇安武夷山麓建立了第一个茶叶研究所，亲任所长，开展了对茶的系统研究。

6. 倡导建立中国茶叶博物馆

1989年，以吴觉农先生为首的28位全国著名茶人签署的《筹建中国茶叶博物馆意见书》，有力地促进了该馆的建成。中国茶叶博物馆已发展成为中华茶文化的展示中心，茶文物收藏的专业场所，茶文化研究与普及的重要平台和未成年人素质教育的重要阵地，是目前全国唯一国家级茶文化专题博物馆。

7. 主编"20世纪新茶经"——《茶经述评》

该书对世界第一部茶学专著——唐代陆羽《茶经》，做了准确译注与全面、科学的述评，译注通俗易懂，评论富有新意，肯定优点，指出不足，同时在理论上以科学说明，又以发展的眼光对茶叶研究提出新课题，为进一步研究茶叶提出了方向。被誉为20世纪的新茶经。

二、一代茶宗陈椽与茶

陈椽（1908—1999年），字槐三，福建省惠安县人。茶学家、茶业教育家，制茶专家，是我国近代高等茶学教育事业的创始人之一，为国家培养了大批茶学科技

人才。在开发我国名茶生产方面和论证我国是茶树原产地等方面获得了显著成就，对茶叶分类的研究亦取得了很大成果。到 1990 年 8 月止，共发表 189（部）篇共 1 000 多万字的论文和著作，如《茶树栽培学》、《制茶学》、《茶叶商品学》、《茶叶审评与检验》、《茶药学》、《茶叶通史》和《云南是茶树原产地》等等，为中国茶叶科学的发展提供了宝贵的精神和物质财富。

早在 40 年代，他就在制茶技术、茶叶化学方面进行了开拓性研究，特别是在茶叶"发酵"的理论研究中取得了令人瞩目的成果，提出了制茶的变色学说，论证了制茶变色的原理和色变的机制与实质。证明制茶过程的变化主要是多酚类化合物在一定条件下的氧化变化，从而形成了各类茶的品质，产生了茶叶的各种色泽。

陈椽积数十年教学和科研经验，1979 年撰写了《茶叶分类理论与实践》一文，以茶叶变色理论为基础，提出了新的分类法，系统地把茶叶分为绿茶、黄茶、黑茶、白茶、青茶和红茶六大茶类。这种新的分类法，既体现了茶叶制法的系统性，又体现了茶叶品质的系统性。这一科学分类法的建立与应用，不仅对我国的茶叶教育、科研及生产流通产生了重大影响，而且迅速传播到国外，得到了国外学者的高度评价，在国际上引起了强烈反响，日本来函邀请陈椽赴日参加《茶的起源》和《茶叶分类》讨论会及讲学，1984 年和 1986 年，陈椽的名字和简历被英国伦敦皇家朗曼（Longman）集团名人出版中心分别列入《世界农业科技名人录》和《世界科学家亚洲分册》；1988 年被印度收编入《世界名人传记》一书中。

三、茶界泰斗庄晚芳与茶

庄晚芳，1908 年出生于福建省惠安县，茶学家、茶学教育家、茶叶栽培专家，我国茶树栽培学科的奠基人之一。毕生从事茶学教育与科学研究，培养了大批茶学人才。在茶树生物学特性和根系研究方面取得了成果。晚年致力于茶业的宏观研究，对茶历史以及茶文化的研究做出贡献。

庄晚芳学术论著数量多，内容广，针对性强，有独特见解，在国内外都有较大影响。他编著的《茶作学》，早在 1959 年就被译为俄文，在苏联出版。他撰写的《中国的茶叶》及主编的《中国名茶》和《饮茶漫谈》均被译为日文，在国外发行。1978—1979 年，他撰写的《一日千里的祖国茶业》及《龙井茶香忆总理》在香港《大公报》上连载后，引起港、澳、台同胞和海外侨胞以及国际友人的强烈反响和高度评价。

庄晚芳是我国茶树栽培学科的奠基人之一，他重视并善于总结群众丰富的茶树栽培经验，主持并参加茶树栽培基础理论研究。1956 年，他编著的《茶作学》，是我国现代茶树栽培学的一本重要专著，既系统总结了我国茶农的宝贵经验，又全面介绍了苏联种茶的先进技术，对我国茶树栽培的实践及理论，都有较大的影响。1957 年，庄晚芳的另一本关于茶树栽培的理论著作——《茶树生物学》出版了。这是我国第一本系统论述茶树生物学特性的专著。该书对国内外茶学界长期争论的茶树原产地问题进行了全面、系统的论证,既批驳了茶树原产印度的观点和二元论的观点,进而从野生茶树状况、人类利用习惯、栽培历史以及边缘植物的分布规律等方面,科学地推断"云南是茶树原产地的中心,四川、贵州、越南、缅甸和泰国北部是原产地的边缘"。该书在论述茶树原产地和茶树形态学的基础上,重点阐述了茶树生长发育的基本规律,特别对分枝习性、新梢形成和根系发育及其与茶叶产量的关系,做了较详细的分析,使茶树修剪、茶叶采摘和茶园耕作、施肥等技术措施有了较系统的理论依据。它标志着我国茶树栽培开始从传统经验上升到现代科学水平。

此外,庄晚芳对茶树分类的研究,也有较深的造诣。早在20世纪50年代中期,他在《茶树生物学》一书中明确指出,国外的各种茶树分类法"均不能完全适合我们现有茶树类型"。60年代初,他提出了将中国茶树区分为7个主要类型的意见。1981年,他和刘祖生、陈文怀合作发表了《论茶树变种分类》一文,以茶树的亲缘关系、主要特征、特性和地理分布等为依据,综合多年的研究资料,提出将茶树划分为云南、武夷两个亚种和云南、川黔、皋芦、阿萨姆、武夷、江南、不孕7个变种。此后,有人通过茶树细胞学研究,证实上述分类较为客观。

第五节　张天福与陈德华

一、世纪茶人张天福与茶

张天福,1910年生,福建人,茶学家、制茶和审评专家。长期从事茶叶教育、生产和科研工作,特别在培养茶叶专业人才、创制制茶机械、提高乌龙茶品质等方面有很大成绩,对福建省茶叶的恢复和发展做出重要贡献。其晚年致力于审评技术的传授和茶文化的倡导。

1.为福建茶业事业的发展做出的贡献

1935年8月,经多方努力,在福建省教育厅和建设厅的支持下,张天福在福安县城关和社口乡分别创办"福建省立福安初级农业职业学校"(当时只设茶科,1937年扩建高中部,设农茶两科,改称福建省立福安农业职业学校)和"福建省建设厅福安茶业改良场",张天福任校长兼场长。从此,福建有了现代茶业教育和科研机构。学校的老师既是教师又是茶场的科研人员;茶场既搞科研又是学生实习、劳动的基地。场校结合,理论联系实际,培养人才和改进技术相辅而行。茶业科教相结合,至今仍不失为办好教育的一条好经验。

场、校开办初期,张天福广集人才,如庄晚芳教授、李联标研究员等人都是当时被邀参加科研、教学的骨干，并取得了一批研究成果，培养出福建省第一批茶业专业人才。像当今台湾大学教授、"台茶之父"吴振铎教授就是其中一个。

张天福先生设计改造了大量茶机，极大地推动了中国茶叶的机械发展。1953 年，他改进由他早年设计的"九一八"揉茶机为"五三式"、"五四式"揉茶机，分别推广适应于红茶、绿茶区，又设计推广了绿茶三锅连续杀青机，大大减轻了制茶工艺中的揉茶和杀青劳动强度。同时，还总结了经验，试验、示范、推广茶树无性繁殖——茶树短穗扦插法的经验，大力推广茶树良种。

1980 年，当时已 70 岁高龄的张天福深感年纪不饶人，这时间更宝贵，写了一副"时间就是生命，知识就是力量"的对联挂在书房里，时刻勉励自己，抓紧时间做更多有益于茶业事业的事。他不顾妻儿阻拦，带领科研人员主持省的重点攻关课题——"乌龙茶做青工艺与设备研究"，在通过技术鉴定之后，有从闽东转战到闽南，深入到乌龙茶主产区——安溪县芦田茶场进行课题试验，分析和研究了几千个数据，取得了成功，解决了乌龙茶品质最关键的"做青"工序难题，首次实现人工控制气候条件下进行乌龙茶"做青"工艺，对稳定和提高乌龙茶品质取得进展。

2. 倡导中国茶文化

2016 年，已 106 岁高龄的张天福先生，依然精力旺盛，他的养身健体之道就是饮茶。他说"茶是万病之药"，一天也离不开它。他极力推崇中国茶文化，也高度评价福建茶叶从唐宋以来对发展中国茶文化所做的重要贡献。在日本、韩国、新加坡等地的茶道精神被广为流传时，他提出以"俭、清、和、静"为内涵的中国茶礼。他说："俭就是勤俭朴素，清就是清正廉明，和就是和衷共济，静就是宁静致远。"这种精神就是中华民族从唐宋以来所提倡的高尚的人生观和处世哲学。

二、陈德华与大红袍

陈德华，1941 年出生于福建长乐。1963 年陈德华从福安农校毕业，分配到武夷山茶科所工作。从事茶叶工作已逾五十年。从业界到民间，陈德华都被尊称为"大红袍之父"。他对大红袍的贡献远远超越了历史上任何一位制茶人。默默耕耘，他从事武夷岩茶名枞品种的研究长达五十余载，尤其对大红袍的剪枝繁育与制作技艺做出了决定性的杰出贡献，被评为武夷山市、福建省和国家级非物质文化遗产武夷岩茶（大红袍）传统技艺的三料代表性传承人。是现代大红袍价值纪录的开创者与引领者。

1. 最早拼配武夷山原产大红袍

1985 年，陈德华在武夷山茶科所，组织拼配武夷山大红袍，在茶叶市场上一炮打响。虽然商品大红袍热卖，但陈德华并不是十分高兴。因为这毕竟是用茶科所里的其他武夷岩茶拼配出来的，不是真正的大红袍，陈德华的心里感到遗憾。

2. 给予大红袍第二次生命

1964 年福建省茶科所研究人员在武夷山剪取大红袍母树的穗条进行无性繁殖，二十年后的 1985 年，陈德华从福建省茶科所当年移栽的大红袍种树上，剪了 5 根穗条回到武夷山进行大红袍的后期无性繁殖，获得成功。

3. 探索大红袍产业发展之路

大红袍市场上不仅存在各地茶商模仿现象，还存在非理性的炒作，大红袍价格也是一涨再涨。面对这种现象，陈德华忧心忡忡地表示，"大红袍要避免再走普洱的老路"，"大红袍的产业要发展不是靠炒作，而是要靠茶商们齐心协力的改良茶品种，科技兴茶"。

1997 年，陈德华退休后，继续奔忙在茶叶生产和制作的第一线，绝大部分的时间和精力都花在大红袍产业的探索研究上。出版了《武夷岩茶（大红袍）研究》（2015年）。他认为，要让茶农富起来，必须走产业化道路，改良茶叶品种，加强茶园管理，进行机械化生产，用科技和管理使中国茶叶走上规模化、标准化发展的轨道。

4. 心系大红袍传承技艺

2006 年 6 月，中国公布首批国家级非物质文化遗产名录，武夷岩茶（大红袍）制作技艺是手工技艺中唯一的制茶工艺，陈德华自然被授予了"国家首批非物质文化遗产武夷岩茶（大红袍）制作技艺代表性传承人"的称号；2008 年、2012 年又分别被授予福建省和国家两级的大红袍制作技艺传承人。

传统大红袍的一线制茶工人多在 60 岁上下，面临着断代的危险，这也是大红袍制作技艺能成为非物质文化遗产的重要原因之一。陈德华担心大红袍制茶技艺"后继无人"，他认为，传统的茶文化包含了制茶人与冲泡者厚积薄发的功力，但是要传承下去，还需要更多的人一起下"工夫"。

小　结

茶是灵秀之物，自古以来就受到文人雅士的青睐，除本书提到的皎然、卢仝、白居易、元稹、李白、苏轼、朱熹、陆游等外，还有欧阳修、郑板桥、黄庭坚、曹雪芹等，都与茶结下不解之缘，茶丰富了他们的创作，他们又创作了很多关于茶的诗词歌赋、对联佳句、名画书法，这些都成为我国茶文化宝库中夺目的宝物。如果说这些文人墨客是业余茶专家，那么像陆羽、吴觉农、陈橼、庄晚芳、张天福、陈德华等则是专为茶而生的，他们一生研究茶，为中国茶业奋斗终生，在茶叶生产、推广、茶学教育、茶业经济、茶文化等方面成就斐然，极大地推进了中国茶业不断前进，没有他们那些价值巨大的研究成果，就没有今天的中国茶业。

思考题：

1．简述茶圣陆羽与茶的渊源。
2．简述苏东坡与茶的渊源。
3．被誉为当代茶圣的是哪位茶学家，请列举他对茶业的贡献。
4．张天福在促进福建茶业快速发展上有哪些贡献？

第十一章 茶典：中国茶文化的载体

第一节 唐代以前的茶文献

地球上有茶树植物已有七八千万年的漫长历史，而茶被人类所发现和利用，相传起源于神农时代，仅有四五千年。至于有关茶的专著记载，要更晚些，只可追溯到 8 世纪左右的唐代。

中国历史悠久，区域辽阔，其汉语方言众多，汉字在早期出现过"语音异声，文字异形"的状况。代表茶名的汉字就有十多个，诸如荼、诧、葬、槚、苦荼、蔎、茗和茶等。《诗经》提到"荼"字的近十处，虽然并不全部指茶，但"谁谓荼苦，有甘如荠"（《邶风·谷风》），"采荼薪樗，食我农夫"（《豳风·七月》）等，则被有些学者认为是关于茶事的最早记载。渊源于西周的古字书《尔雅》，其中也有"槚，苦荼"的解释；成书于战国时期的《晏子春秋》，亦有晏婴相齐景公时，"食脱粟之饭，炙三弋、五卵、茗菜而已"的记述。此外，汉以来如司马相如的《凡将篇》、扬雄的《方言》，东汉华佗的《食经》以及《桐君录》等书，均有茶事记载。随着饮茶越来越多，茶的作用越来越明显，记述茶事的文献也一代比一代增加。早期有关茶的记载虽然较为简单，但留下了许多颇有价值的数据。像"茶生益州，三月三日采"（《神农本草》），就指出茶树原产地的益州是最早的茶区之一。"荆巴间采茶作饼，叶老者饼成，以米膏出之。欲煮茗饮，先炙令赤色，捣末置瓷器中，以汤浇覆之，用葱、姜、橘子芼之"（三国魏张揖《广雅》），则为最早记叙饼茶制法、泡茶方法的。关于公元前 1000 多年前的周初巴国境内已有人工茶园培植的茶叶，作为贡品非常珍重地献给周王室的记载则见于晋常璩《华阳国志·巴志》，这则记载说明当时的茶叶生产已达到一定的水平。当时城市中出现经营茶粥、茶饮的茶摊，"晋元帝时，有老姥每旦独提一器茗，往市鬻之，市人竞买"（《广陵耆老传》），反映了饮茶已在社会各阶层中普及。"芳茶冠六清，滋味播九区。人生苟安乐，兹土聊可娱"的诗句（西晋张载《登成都白兔楼》），不仅赞颂了茶的芳香宜人，也反映了蜀地茶叶生产和饮茶风气之盛。而在早期的记载中，许多文字都谈及茶叶的功能功效，说明了古人对茶叶作用的认识，如饮茶日久，精神爽快："茶茗久服，令人有力悦志"（《神农食经》）；饮茶可以却睡："巴东别有真茗茶，煎饮令人不眠。又南方有瓜芦木，亦似茗，至苦涩，取为屑茶饮，亦可通夜不眠"（《桐君录》）；古人发现茶和中草药同样可以治病，于是茶便与乌喙、桔梗、贝母、芩草、芒硝等一起被列为中草药之一（见司马相如《凡将篇》）。"茶味苦，饮之使人益思、少卧、轻身、明目"（《神农本草经》）；至东汉时茶甚至被夸大为饮之能成仙得道的灵丹妙药："茗菜轻身换骨，昔丹丘子黄山君服之"（陶弘景《名医别录》）。正是由于早期文献对茶叶效能的记载和赞誉，进一步推动了饮茶的风尚。

不过，饮茶风尚的普及是一个缓慢的过程。早期文献记载的许多趣闻轶事，反映了在饮茶方面由于南北地域的不同而产生的文化差异。西汉宣帝神爵三年（公元前59），官至谏议大夫的王褒所写的《僮约》中，在规定僮仆的任务中就有"烹茶尽具"和"斌阳买茶"两条。"烹茶尽具"，是说烧茶、泡茶的茶具要准备齐备，并洗涤干净。"斌阳买茶"是说要到斌阳去买茶叶，供居家饮用。在当时，自给自足的生产占主导地位，但茶叶要赶到集市上去购买，可见汉代巴蜀地区茶叶商品化已达到相当程度。

至南北朝时，南齐永明十一年（493）齐武帝颁下遗诏，说自己逝世后，在灵前祭祀不必杀牲，只要供上糕、水果、茶、饭、酒和肉脯就可以了，还规定"天下贵贱，咸同此制"（《南齐书》）。可见，南朝朝野已普遍接受了茶饮。但北方贵族还不饮茶甚至鄙视饮茶。南齐秘书丞王肃投归北魏，刚北上时，不习惯北方饮食，"不食羊肉及酪浆等物"，吃饭时常以鲫鱼羹为菜，"渴饮茗汁"，并且"一饮一斗"，北朝士大夫讥笑他，称他是"漏卮"，意思是"永远装不满的容器"。几年后，王肃参加北魏孝文帝举行的朝宴，却"食羊肉、酪浆甚多"。孝文帝很奇怪，问道："卿为南方口味，以卿之见，羊肉与鱼羹，茗饮与酪浆，何者为上？"王肃曲意逢迎，说："羊是陆产之最，鱼为水族之长，都是珍品。以味而论，是有优劣的。羊肉好比是齐、鲁衣冠大国，鱼好比是邾、莒附庸小国。只是茗叶熬的汁不中喝，只好给酪浆作奴仆了。"孝文帝大笑。这话传开后，人们就把用茗熬的汤叫作"酪奴"，以至于北朝的士大夫们对饮茶者也讥讽嘲弄，"自是朝贵宴会，虽设茗饮，皆耻不复食。惟江表残民远来降者好之"（《洛阳伽蓝记》卷三）。然而，这种情况并不长久。

及至隋统一南北之后，南北经济文化交流更加密切。由于隋文帝爱好饮茶，上行下效，"由是竞采，天下始知饮茶"（《隋书》）。当时流传着一首《茶赞》："穷春秋，演河图，不如载茗一车。"饮茶风尚，终于在北方传播。在历史发展的长河中，饮茶文化逐步由混沌向文明嬗变。这种嬗变，使记载茶的文献数据也不断增加和丰富。当茶的载录愈来愈丰富多彩之时，就必然不满足于以往附记于其他书籍的局面，从而出现了全面的、系统的茶书专著，这是历史已经造就的机遇。

第二节　《茶经》及其他唐代茶典

有唐一代，规模空前的统一和强盛，气派空前的宽容和摄取，造就了唐人烈烈腾腾的生活情调以及丰富浓烈的社会风采。唐代的茶业充满活力，气象万千：茶产日兴，名品纷呈；饮茶之风，大行朝野；茶叶贸易，十分活跃；封建茶法，应运而生。时代呼唤着茶业的大发展、大提高，也呼唤着总结前人经验、导引茶业进一步发展的茶叶专著的尽快问世。唐代中叶，陆羽撰成了中国的也是世界上第一部茶叶专著《茶经》，从根本上改变了自西周初期以来茶的记载只言词组、简单零碎的状况。《茶经》的出现是茶史上最引人注目的事件，它开启了此后茶文化异彩焕发的局面。

《茶经》的成书时间众说纷纭，但多数学者认为刻印于唐建中元年（780）。它虽然只有7 000多字，却全面系统地总结了唐代及其以前有关茶的知识与经验，生动具体地描述了茶的生产、品饮、茶事，言约意丰地深化和提高了饮茶的深层美学和文化层次。全书共三卷十章，展示出一个琳琅满目的茶的世界：

"一之源"，介绍茶树的起源、茶的性状、名称、质量和功效等。作者肯定茶树原产于我国南方，其中有高一尺、两尺的灌木型，也有高数十尺的乔木型，在巴山峡川，有两人合抱的大茶树。对于茶树的形状，书中予以形象的比喻，描述了从整体到各部位的特征：树如瓜芦，叶如栀子，花如白蔷薇，实如棕榈，茎如丁香，根如胡桃。茶的称呼多样，一是方言土语不同，二是由于采摘时间不同，茶叶质量不一样所产生的特殊称谓。茶树栽培的方法，"法如种瓜，三岁可以采"。茶树对土地的挑选很严格，烂石中生长的最好，砾壤中的较差，黄土地种植的最差。茶以野生的为上等，人工种植的则较差。生长在向阳山崖并有林木遮荫的茶树，芽叶呈紫色的为好，绿色的则差；形如春笋的最好，短小的芽则差；叶卷裹未展开的为佳，叶舒展的则差。背阴山坡谷地的茶树，不值得去采摘，如饮用则易生疾病。因茶性寒凉，用作饮料最为适宜。品行端正俭朴的人，如感觉体热、口渴、闷燥、头痛、眼睛倦涩、四肢无力或全身关节不舒服的时候，喝上四五口茶，与醍醐和甘露是可以媲美的。但采茶如不适时、制茶如不精细并混杂有其他杂草，这样的茶喝了是会生病的。最后，以人参为例，说明其功效因产地不同而有很大差别。

"二之具"，介绍各种采茶、制茶的用具。陆羽总结了唐时盛行的蒸青紧压茶的制作工艺，列举了制作过程中有关采、制、贮藏茶叶的十多种器具，并详述了每种器具的具体形状、要求和使用方法。这些器具是：籝，又叫篮、笼、筥，用竹子编制的盛茶工具；灶，制茶烘干用的工具；甑，蒸茶时用的屉；杵臼，又叫碓，捣具；规，用铁制成的模具；承，又叫台，或砧子，用石头做成，也有的用槐、桑木半埋在地下，不使其摇动；檐，又叫衣，用旧的绢、雨衫、单衣等制成，即苦布；莉莉，晾茶的屉状工具；棨，串茶叶的锥刃；朴，串茶的竹编绳子；焙，烘茶的坑灶；贯，竹子削成，长二尺五寸，用来穿茶烘焙；棚，晾茶的棚子，在焙上分两层，全干的升上棚，半干的在下棚；穿，团饼茶包装的器具，江南东部和淮南地区用剖开的竹子做，巴山、峡川一带用韧性大的构树皮做；育，用木做框，外围用篾编织，并用纸糊起来，里面分隔的贮藏和养护工具，类似柜橱。如今，陆羽时代所用的这些器具基本上被其他半机械和机械化的器具所代替，但《茶经》的记载，对于我们了解制茶机械的演变、革新和发展是大有帮助的。

"三之造"，论述茶叶的种类以及采制方法。陆羽讲究采茶的时机，春茶当在旧历二、三、四月间晴天采之，雨天、阴天不能采。嫩叶刚出、几个枝节中颖拔的，并且要凌晨带露采摘。采茶之后，制作的工序是：蒸、捣、拍、焙、穿、封等程序。茶的形状多种多样，鉴别茶的品质，只看外表、色气，言茶好或不好，就不会得出正确的答案。除了眼看、鼻嗅之外，还要用嘴品一品。陆羽还根据当时饮用习惯，对茶叶质量的要求等等辩证地提出茶叶外形、色泽产生的一些原因，对鉴评和提高茶叶的质量也很有价值。

以上三章为《茶经》的卷上。卷中只有一章，即"四之器"，专门介绍煮茶、饮茶的器皿，说明各地茶具的优劣、使用规则和器具对茶汤质量的影响。这一章详细列举了28种器皿，按用途大体可分为8类：生火的用具，包括炉、灰承、筥、炭挝和火筴5种；煮茶用具有鍑、交床等；烤茶、碾茶和量茶的用具，有夹、纸囊、碾、拂末、罗合和则6种；盛水、滤水和取水的用具，有水方、滤水囊、瓢和熟盂4种；盛盐、取盐的用具，有鹾簋和揭；饮茶用具，有碗和札；盛器具和盛摆设的用具，有畚、具列和都篮；清洁用具，包括涤方（贮洗涤过的水）、滓方（盛茶渣用）和巾（用粗布制成的擦茶具用的洗巾）。最值得注意的是，用铜或铁铸成的风炉，形状像古代的鼎，三只脚之间开设的三个孔洞上，分别铸着"伊公"、"羹陆"、"氏茶"6个字，即所谓"伊公羹，陆氏茶"。伊公，就是传说中的商初大臣伊尹，曾辅佐商汤攻灭夏桀，治理国事凡三朝，又善烹饪，被陆羽誉为"伊公羹"，陆书敢于以"陆氏茶"与"伊公羹"相匹，足见他对自己于茶上做出的贡献充满自信心。

"五之煮"，介绍煮茶方法和水的品第。团饼茶在烹煮以前，先要经过烘烤和碾碎，使香气滋味能充分发挥。燃料最好用木炭，其次用硬杂木。好茶需用好水烹煮，水以山水为上，江水为中，井水为下。煮沸程度，如鱼目微有声，为一沸；边缘如涌泉连珠，为二沸；腾波鼓浪，为三沸。过了三沸，就水老不可食也。真正的好茶，应该"啜苦咽甘"。

"六之饮"，介绍饮茶风俗和饮茶方法。说茶之成为饮料，由神农氏开始，从鲁周公喝茶才为大家知道。茶有粗茶、散茶、末茶、饼茶。饮茶有九个难题要解决：

一是制造，二是鉴别，三是器具，四是火工，五是用水，六是烘烤，七是碾末，八是烹煮，九是饮用。饮茶需要知识，需要文化，要知道喝的是什么茶，怎么喝，喝了会起什么作用等等。茶既起着生理和药理的作用，又是一种精神的享受，这些问题，直到《茶经》才详加论述。

"七之事"，引述古代有关饮茶的故事、药方等。这是《茶经》里最长的一章，字数约占全书的1/3。作者把唐代以前有关茶事的数据，按朝代先后汇集和排列，全面系统地介绍了古代的茶叶历史。首先列出"人物索引"，涉及饮茶的名人41位，然后，从《神农食经》到《枕中方》和《孺子方》等古代文献中摘录了48例有参考价值的内容，附于后。这些数据及所引证的书目，有的现已佚失，幸赖《茶经》才得以保存下来，虽是吉光片羽，也弥足珍贵。

"八之出"，论述全国名茶产地和茶叶质量高低。据《茶经》所列，唐代产茶地共有山南、淮南、浙西、浙东、剑南、黔中、江南、岭南8个道、43个州郡、44个县。作者对黔中、江南、岭南3个道产区没有详细介绍，只列产茶州名，统称"往往得之，其味极佳"。而对山南、淮南、浙西、浙东、剑南5个道，则列出产茶州名、县名或地名，还把茶叶质量分为上、次、下、又下4等。

"九之略"，论述在一定条件下怎样省略茶叶采制工具和饮茶用具。前面几节，讲采茶、制茶、饮茶用具的规范化，而这节170来字，则讲用茶具和茶器的灵活性。

"十之图"，教人用绢写《茶经》悬挂，以使全书一目了然。

我们之所以不厌其烦地复述《茶经》的主要内容，是希望有更多的人对这部茶书有更多更深的了解。陆羽的《茶经》堪称一部茶学的百科全书，也是第一部茶文化学著作，它系统全面地总结了中唐以前整个茶文化发展的历史经验，促使茶由药用、饮用变为品饮，由一种习惯、爱好、生理需要，升华为一种修养、一种文化，迈入新的境界。

中唐以来，陆羽被奉为茶神，茶作坊、茶库、茶店、茶馆都有供奉，有的地方还以卢仝、裴汶为配神。陆羽的名字被写入额幛、楹联，如"陆羽谱经卢仝解渴，武夷选品顾渚分香"，"活火烹泉价增卢陆，春风啜茗谱品旗枪"，等等，陆羽的神威在茶业经营者的心目中是足以保佑他们财运亨通的。至于陆羽的传说故事更是不胫而走，神乎其神。历千年而不衰的茶神陆羽崇拜，还融入了当代茶文化热的汪洋大海。"一生为墨客，几世作茶仙。"（唐耿湋联句）陆羽以后，唐代茶书不断出现，编撰茶书蔚然成风，但没有出现像陆羽那样爱茶之深、见解之切的智者，也没有像《茶经》那样百科全书式的综合性著作，大多是某一专题性的论述，而且又多是个人的一得之见。

825年前后，张又新着《煎茶水记》一卷。又新字孔昭，深州陆泽（今河北深县）人，工部侍郎张荐之子。唐宪宗元和间及进士第，历官左补阙、汀州刺史、中州刺史，终左司郎中。《煎茶水记》的写作过程，张又新有一篇自述，自述说：元和九年（814）春季，他和朋友们相约到长安城的荐福寺聚会。他和李德垂先到，在西厢房的玄鉴室休息时，遇到一个江南和尚。和尚背囊中有几卷书。张又新抽出一卷浏览，见"文细密皆杂记"，卷末题为《煮茶记》。书中记载了一件轶事：唐代宗之时，湖州刺史李季卿路过扬州，遇见陆羽。李季卿认为，陆羽善于茶天下闻名，扬子南零水又殊绝，这是千载一遇的"二妙"归一。于是，命令军士到南岸去取南零水。取水回来后，陆羽舀水煮茶，发现不是南零水而是长江水。军士不承认，说："我划小船去取水，看见的有上百人，哪里敢说假话呢？陆羽不答话，把水倒掉一半，再用勺舀水，说："这才是南零水！"军士跪地求饶说："我取了南零水后，在归途中因小舟摇晃，到北岸时只剩下半缸，所以舀江水加满。不料被先生识破，先生真是神鉴也。"李季卿与宾客数十人都非常惊讶，请陆羽谈对天下各处水质的看法。陆羽将天下水分为二十等，列"楚水第一，晋水最下"。李季卿让人把陆羽的话记录下来，称为《煮茶记》。张又新把陆羽的见解抄出，与"为学精博，颇有风鉴"的刘伯刍的品水文学列在一起，再加上自己的体验，编撰成950余字的《煎茶水记》。刘伯刍曾任刑部侍郎，生平事迹不详，约活动于陆羽同时。他列出适宜煎茶的水，分为七个等级：

扬子江南零水，第一；无锡惠山泉水，第二；苏州虎丘寺泉水，第三；丹阳县观音寺水，第四；扬州大明寺水，第五；吴松江水，第六；淮水最下，第七。

这七种水，张又新游历所到，都曾亲自品鉴比较，觉得确如刘伯刍所说。有熟悉两浙地区的人告诉又新，伯刍所言搜访未尽。于是，张又新到了刘伯刍未曾去过的两浙，在汉代严子陵钓鱼的桐庐严陵滩，见"溪色至清，水味至冷"，用溪水煎"陈黑坏茶"，"皆至芳香"，又煎佳茶，更是"不可名其鲜馥也"，这里的水远远超出刘伯刍视为第一的扬子江南零水。他到了永嘉，取仙岩瀑布煎茶，水质也在南零水之上。

据《煎茶水记》，陆羽则把天下的水分为二十等：

庐山康王谷水帘水，第一；无锡县惠山寺石泉水，第二；蕲州兰溪石上水，第三；峡州扇子山下，有石突然，泄水独清冷，状如龟形，俗云虾蟆口水，第四；苏州虎丘寺石泉水，第五；庐山招贤寺下方桥潭水，第六；扬子江南零水，第七；洪州西山西东瀑布水，第八；唐州柏岩县淮水源，第九；庐州龙池山岭水，第十；丹阳县观音寺水，第十一；扬州大明寺水，第十二；汉江金州上游中零水，第十三；归州玉虚洞下香溪水，第十四；商州武关西洛水，第十五；吴松江水，第十六；天台山西南峰千丈瀑布水，第十七；郴州圆泉水，第十八；桐庐严陵滩水，第十九；雪水，第二十。

比起刘伯刍来，陆羽品水的范围要广阔得多。除了长江中下游外，还西到商州，即今之陕西省商县；南到柳州，今属广西管辖；北到唐州柏岩县淮水发源处，即今之豫西桐柏山区。陆羽与刘伯刍对煎茶用水的具体看法和评定标准各不相同，两人对水的品评差异也很大。不过，据说两人评品的这些水，张又新都曾亲自品尝过，认为无疑当属佳品。

《煎茶水记》所载，人们广为传闻。但宋代大文豪欧阳修则在《大明水记》中指出，张又新所记陆羽品水次第，"皆与《茶经》相反"，恐为张又新信口开河，随意将二十等水的品评附加到陆羽头上。也有人认为，陆羽能明辨南零水，并以雪水居末，殊为怪诞，不符常情。

但《煎茶水记》依然有其独特的价值。一是对于品茶用水提出了一些高于旁人的看法。如书中提出，茶汤质量高低与泡水有关系，水的性质不同会影响茶汤的色香味。不过，烹茶用水不必过于拘泥名泉名水，茶产在什么地方就用什么地方的水来煎烹，得水土之宜，便能泡出好的茶味。再好的水运到远处，它的功效只能剩下一半。还指出茶汤质量高低又不完全受水影响，善烹洁器也是很重要的条件。善于烹茶，清洁器具，就能更好地发挥佳水的功效。书中并强调"显理鉴物"，即理论必须结合实际；不能迷信古人，因有古人所不知而今人能知者；学无止境，好学君子应该不断钻研，才不止于"见贤思齐"。这些至理名言，对后人启发很大。二是《煎茶水记》首开古人饮茶用水理论的先河。在唐代以前，煎茶用水还没有引起充分注意，自然也没有留下文字记载，是《煎茶水记》最早载录了宜茶用水，并以刘伯刍和陆羽的见解昭示后人，丰富和补充了《茶经》关于煮茶用水的内容。此后，人们对茶的色香味越来越讲究，对用水的要求越来越高，品评水质的文字越来越多，还出现了如明代田艺蘅《煮泉小品》之类的烹茶用水系统著作。

唐五代之际的茶书，现多半仅存残卷或辑佚本。晚唐诗人温庭筠于860年前后著《采茶录》一卷（一作三卷），大约于北宋时期已佚。《说郛》和《古今图书集成》虽收有《采茶录》，也仅存辨、嗜、易、苦、致五类六则，共计不足400字。所记为：陆羽辨临岸的南零水、李约沏性辨茶、陆龟蒙嗜茶荈、刘禹锡以茶醒酒、王蒙好茶、刘琨与弟书求真茶。苏廙（一作虞）撰《十六汤品》，大概作于900年前后，即唐末或五代十国之初。该书原为苏廙《仙芽传》第九卷中的一篇短文，其后，陶谷将其抽出收入《清异录》卷四中。所论与现在茶汤审评技术有关，内容包括：煎茶以老嫩言者凡三品、注茶以缓急言者凡三品、以茶器之分类言者凡五品、以薪材论者凡五品。"十六汤"的名目为：得一汤、婴儿汤、百寿汤、中汤、断脉汤、大壮汤、富贵汤、秀碧汤、压一汤、缠口汤、减价汤、法律汤、一面汤、宵人汤、贼汤、魔汤。斐汶撰有《茶述》，极力提倡饮茶，斥责"多饮令人体虚病风"的无稽之谈，论说茶性清，茶味洁，有涤烦、致和之功效，百服不厌，得之则安，不得则病，其功效至数十年而后显。可惜，《茶述》一书已佚，今仅清陆廷灿《续茶经》中收有《茶述》

之序文。而毋煚不喜饮茶，乃作《代茶余序》，错误地认为饮茶有害人体，劝人少饮。

此外，唐温从云、段之分撰《补茶事》十数节，皎然撰《茶诀》一篇，五代后蜀毛文锡撰有《茶谱》，亦均已亡佚。

唐代的茶书编撰，从草创走向理智，开启了随后千年来的宏大规模，从而成为中国茶书史上有声有色的序曲。

第三节　《大观茶论》、《茶录》与其他宋代茶典

随着茶风的兴盛，宋代茶书的编撰也超过了唐代，已知的几近 30 来种。宋王朝建立于 960 年，而宋代的第一部茶书——陶谷撰写的《荈茗录》则写定于 970 年。

陶谷历仕后晋、后汉、后周和宋，他以"强记嗜学，博通经史"著称。他一生好茶，痴迷于茶事。《荈茗录》约近 1 000 字，分为 18 条，内容是有关茶的故事，对研究茶由五代至宋茶的演变、渊源有重要意义。

任何时代的风尚都与统治阶级的倡导有关，统治阶级的嗜好影响着社会风习的发展。由于宋代皇宫、官府对斗茶、茗战如痴如醉，乐此不疲，"倾身事茶不知劳"，使饮茶风习进一步普及各个阶层，渗透到日常社会生活的每个角落。茶税成为封建王朝的重要经济来源之一，又反过来促使最高统治者重视茶业。陆羽《茶经》如果说还只是不得志文人的潜心研究，那么，宋徽宗赵佶的《大观茶论》则是当朝天子的精心论述。茶书，也从低贱的地位升到尊显的祭坛。

宋徽宗赵佶（1082—1135 年）是北宋第八个皇帝。当他十八岁成为一国之君时，还是想做有所作为、名彪青史的。但是好景不长，在所谓"丰亨豫大"和"唯王不会"的招牌下，宋徽宗过起耽于享乐、沉湎书画的风流生活，做起太平天子的美梦。方腊、宋江的农民起义战争并未唤醒他的迷梦，直到金国兵临城下，他才猛然惊醒，不过迷梦警醒得太晚了！靖康元年（1126）冬天，金兵攻占汴京，宋徽宗成了金国的囚徒。第二年四月，金兵北归，掳走徽宗、钦宗、王室成员、在朝的大臣和数不胜数的金银财宝，北宋王朝灭亡了。

宋徽宗赵佶虽是一个无能的昏君，却是一个杰出的艺术家，他是北宋非常杰出的绘画大师之一，是旷古绝今的"瘦金体"书法大师，还是一位技艺不凡的品茶大师。他常与臣下品饮斗茶，亲自点汤击拂，能令"白乳浮盏面，如疏星朗月"，达到最佳效果。在所谓的"百废俱举，海边晏然"的大观年代（1107—1110 年），宋徽宗编撰了一部《茶论》，《说郛》刻本改称《大观茶论》。这部茶论虽然只有 2 800 多字，内容却非常广泛，首为绪论，次分地产、天时、采择、蒸压、制造、鉴辨、白茶、罗碾、盏、筅、瓶、勺、水、点、味、香、色、藏焙、品名、外焙等 20 目，依据陆羽《茶经》为立论基点，结合宋代的变革，详述茶树的种植、茶叶的制作、茶品的鉴别。对于地宜、

采制、烹试、质量等,讨论相当切实。如:"植茶之地,崖必阳,圃必阴"(《地产》);"茶工作于惊蛰,尤以得天时为急,轻寒英华渐长,条达而不迫,茶工从容致力,故其色味两全"(《天时》);"白合不去,害茶味,乌带不去,害茶色"(《采择》);"不知茶之美恶,在于制造之工拙而已,岂冈地之虚名所能增减哉"(《品茗》)等,都被现代茶学家视为"可供继续研究者"。

不过,《大观茶论》造诣最深、描述最精者,还是程序繁复、要求严格、技巧细腻的宋代斗茶。宋人斗茶,追求庄严肃穆、一丝不苟、澄心静虑,对于茶饼、茶具、程序和效果也都有具体规定,对此,《大观茶论》均做了明确而详细的介绍。鉴辨使用的茶饼质量是斗茶的首要任务。但是,茶饼质量差异很大,"膏稀者,其肤蹙以文;豪稠者,其理敛以实。即日成者,其色则青紫;越缩制造者,其色则惨黑。有肥凝如赤蜡者,末虽白,受汤则黄;有缜密如苍玉者,末虽灰,受汤愈白。有光华外暴而中暗者,有明白内备而表质者,其首面之异同,难以概论"。这无疑增加了鉴辨的难度。那么,如何才能准确地鉴辨茶饼呢?宋徽宗提出了三条标准:一是以色辨,要求茶饼"色莹彻而不驳";二是以质辨,要求茶饼"缜绎而不浮"、"举之凝结",就是质地缜密而不松散,拿在手里有一定重量;三是以声辨,"碾之则铿然",也就是唐人所说的"拒碾",这种茶饼质地坚密和干燥。达到这三条标准的,"可验其为真品也"。而那些以"贪利"为目的,"假以制造"的赝品,"其肤理色泽"是逃不过鉴赏的。

对于使用的器具,《大观茶论》认为,罗碾"以银为上,熟铁次之"。"盏色贵青黑,玉毫条达者为上"。"茶筅以筋竹老者为之,身欲厚重,筅欲疏劲"。"瓶宜金银",大小适宜。"勺之大小,当以可受一盏茶为量"。"水以清轻甘洁为美,轻甘乃水之自然,独为难得"。

斗茶的操作程序,调膏是第一个环节。调膏要看茶盏的大小,用勺挑上一定量的加工好的茶末放入茶盏,再注入瓶中沸水,调和茶末如浓膏油,以黏稠为度。调膏之前要先温盏,"盏惟热,则茶发立耐久"。成膏后,要及时点汤。"点汤"与"击拂"几乎是在同时间里同步进行的,都是关键环节。两相配合,操作得当,才能创造出斗茶的艺术美。《大观茶论》特别强调,点茶必须避免"静面点"和"一发点"。所谓"静面点",指茶末和水还没十分交融就急急忙忙地注汤,手持茶筅拂击无力或茶筅过于轻巧,茶面没有蓬勃涌起足够的汤花。所谓"一发点",就是击拂过猛,不懂得利用腕力,绕着圈使用茶筅,以致还没形成粥面而茶力已尽,虽然击拂时有汤花,但注水击拂一停,汤花即刻消退,出现水痕。总之,注意调膏,有节奏地注水,茶筅击拂要掌握轻重缓急,就能创造出斗茶的最佳效果。《大观茶论》对此有详细和生动的描述:

妙于此者,量茶受汤,调和融胶,环注盏畔,勿使侵茶。势不欲猛,先须搅动茶膏,渐加击拂，手轻筅重，指绕腕旋，上下透彻，如酵蘗之起面，疏星皎月，灿然而生，则茶之根本立矣。第二汤自茶面注之，周回一线，急注急上，茶面不动，击拂既力，色泽渐开，珠玑磊落。三汤多置如前，击拂渐贵轻匀，周环旋复，表里洞彻，粟文蟹眼，泛结杂起，茶之色十已得其六七。四汤尚啬，筅欲转稍宽而勿速，其清真华彩，既已焕发，云雾渐生。五汤乃可少纵，筅欲轻匀而透达，如发立末尽，则击以作之；发立已过，则拂以敛之，结浚霭，结凝雪，茶色尽矣。六汤以观立作，乳点勃结，则以筅着之，居缓绕拂动而已。七汤以分轻清重浊相，稀稠得中，可欲则止，乳雾汹涌，溢盏而起，周回旋而不动，谓之咬盏。宜匀其轻清浮合者饮之。《桐君录》曰："茗有饽，饮之宜人，虽多不为过也。"

洋洋洒洒叙述的"七汤"点茶法，工序烦琐，细致入微。在实际操作中，时间也许不过一两分钟，只有思维敏捷、动作快捷，才能够抓住这短暂的瞬间。最后，斗茶者还要品茶汤，只有味、香、色三者俱佳，才能大获全胜。味以"香甘重滑"为全，香以"入盏则馨香四达"为妙，而色"以纯白为上真，青白为次，灰白次之，黄白又次之"。当时普遍流行黑色兔毫建盏，主要就是为了便于辨别茶色。

事实上，《大观茶论》叙述的"七汤"点茶法，在那时也无法严格地做到，一般人只能比较讲究点罢了。更何况，如今又距离该书的写作有了800多年的历史，书中所论又为蒸青团茶，显然"照本宣科"或"照搬"、"照演"是现实意义不大的。但是，被收入《说郛》和《古今图书集成》的《大观茶论》，在茶文化史上的地位不容忽视。

宋代茶业区别于前代的一个显著的特点，就是东南茶叶经济超过四川，成为全国茶叶经济的中心，而且著名产区和新的名茶也很多，茶叶质量也超过了四川。正因为如此，宋代茶书作者就更多地把目光注意到新的茶区和新的名茶上来。特别是"陆羽《茶经》尚未知之"的建州茶异军突起，其北苑茶更是煊赫一时，成为茶书论述的重点。

位于福建建安东北的北苑茶区，在唐末，张廷晖就曾在此开辟了方圆15千米的茶园，但北苑名冠天下，与宋代丁谓、蔡襄等人的刻意经营有关。丁谓字谓之，后改字公言，长洲（今江苏吴县）人，淳化三年（992）进士，累官同中书门下平章事，昭文馆大学士，封晋国公，后被贬。咸平年间（998—1003年），丁谓任福建转运使，监造北苑贡茶，抓住早、快、新的特点，创龙茶、凤茶等十多个品种，使北苑茶誉满京师。

40年后，大书法家蔡襄亦任福建转运使。蔡襄（1012—1067年）字君谟，福建莆田人，能文能诗，其书法为当时书家第一。他本是福建人，习知茶事，负责造茶进贡，把北苑茶的加工技术提高一大步，创出小巧玲珑、饰面华美、品质精绝的小龙凤团。致使"龙团凤饼，名冠天下"。在他经营下，北苑茶园从25处增加到46处，产量达到 30 万斤（1 斤＝ 500 克）以上，品种也多达 40 多个，岁贡朝廷的茶达到 47 100 多斤。

由于丁谓、蔡襄都有茶业的实践，又都是能文善墨之人，故两人均写有茶书。丁谓曾于 999 年左右撰《北苑茶录》三卷，记载为北苑园焙之数和图绘器具以及叙述采制入贡法式。可惜，该书未能流传下来。而蔡襄有感于"陆羽《茶经》不第建安之品，丁谓《茶图》独论采造之本，至于烹试，曾未有闻"，遂于皇佑（1049—1053 年）中撰写《茶录》二卷，并于治平元年（1064）刻石。《茶录》全文不足 800 字，上篇论茶汤质量和烹饮方法，分色、香、味、藏茶、炙茶、碾茶、罗茶、候汤、熁盏、点茶 10 条；下篇论烹茶所用器具，分茶焙、茶笼、砧椎、茶钤、茶碾、茶罗、茶盏、茶匙、汤瓶 9 条。《茶录》所论均围绕斗茶过程，以色香味观照各环节，将民间与宫廷的不同方法及用器进行对比，提出了斗茶胜负的评判标准，追求整合技巧和审美内涵的统一。其论述的重点，上篇提出茶需色、香、味俱佳，指出饼茶以珍膏油面，于色不利；饼茶入龙脑，夺其真香；茶无好水则好茶亦难得正味。下篇专讲煮水、点茶的器皿，特别强调茶碗色泽应与茶汤色泽协调。追求色真、香真、味真，推崇建安民间试茶的功夫，这正是蔡襄与众不同的锐利眼光。从一定的意义上来说，《茶录》当是一部很有特色的茶艺专著，标志着茶饮提升到了更为艺术化的程度。

宋代茶书虽以写北苑为多，但并不全写建安茶，而是全景式地勾勒当时的茶界，如叶清臣的《述煮茶小品》（1040 年前后）、王端礼的《茶谱》（1100 年前后）、蔡宗颜的《茶山节对》和《茶谱遗事》（1150 年以前）、曾伉的《茶苑总录》（1150 年以前）、佚名的《茶杂文》（1151 年以前，集古今诗文及茶者名录）以及佚名的《茶苑杂录》（1279 年以前）等等，唯多已亡佚，无法一一知道详尽的内容。

有宋一代值得注意的茶书，还有几部。

黄儒撰《品茶要录》（1075 年前后），全书近 2 000 字。黄儒字道儒，建安（今福建建瓯）人，熙宁六年（1073）进士，曾办北苑贡茶，在"阅收之暇"了解建安茶"采造之得失"，特著书分辨建安茶的弊病。书的前后各有总论一篇，中分采造过时、白合盗叶、入杂、蒸不熟、过熟、焦釜、压黄、渍膏、伤焙、辨壑源沙溪等十目，记载了茶叶质量与气候、鲜叶质量、制作工艺的关系及其原因。如："初造曰试焙，又曰一火，其次曰二火，二火之茶已次一火矣"，说明当时已认识第一轮采摘的茶叶质量要优于后轮次。再如：茶叶采造"尤善薄寒气候，阴不至冻"，记述了茶叶加工质量与气候的关系。《品茶要录》还详细记载了茶叶掺杂掺假的情况及分辨，表明其时茶的制造和评饮已有相当深入的研究。

庄茹芝撰有《续茶谱》（1223 年以前），原书虽已佚，但宋嘉定十六年（1223）《赤城志》、明万历《天台山方外志》、清康熙《天台全志》、乾隆《天台山方外志要》、陆廷灿《续茶经》等都摘录其文章。该书称"天台茶有三品，紫凝为上，魏岭次之，小溪又次之"，并对此有详细的分析，当是一部记叙天台茶的专著。

还有审安老人撰《茶具图赞》（1269年）为第一部茶具专著，配有12种茶具图，并别出心裁给茶具加以职官名号，即：韦鸿胪、木待制、金法曹、石转运、胡员外、罗枢密、宗从事、漆雕秘阁、陶宝文、汤提点、竺副帅、司职方。其中有铁碾槽、石磨、罗筛等，只有宋代制造团茶才用得着，明代已不用这些器具，却藉可考见古代茶具的形制。书后有明野航道人长洲朱存理题的数语，并表示："愿与十二先生周旋，尝山泉极品，以终身此闲富贵也。"

唐庚于政和二年（1112）撰写的《斗茶记》，只是一篇402字的短文，清陶珽重编印的《说郛》，把这篇短文当作一书收入，实在不能算作一部书的。不过，该文细致地描述了和二三友人烹茶评比的情景，可谓一篇难能可贵的宋代斗茶亲历记。

真正实现"零的突破"的，还是茶法专著在宋代首先出现。茶法是指历代封建政府为控制茶叶的生产和运销，加强对茶叶生产者、交换者、消费者的剥削，以垄断茶利的"以茶治边"而实施的有关法令、政策和制度，大体包括茶叶的岁贡、课税、禁榷、茶马互市以及与此相关的茶禁政策等方面的内容。由于盛唐以后茶叶生产的发展、饮茶风俗的普及和茶叶贸易的活跃，中唐之际茶法就已经出现，但尚无专门的茶法专著的问世。

最早出现的茶法专著是沈立于宋仁宗嘉佑二年（1057）左右撰写的《茶法易览》，这是目前所知的第一部。沈立字立之，历阳（今安徽和县）人，进士，迁两浙转运使时，因见"茶禁害民"，山场榷场多在部内，岁抵罪者辄数万，而官仅得钱四万'（《宋史·沈立传》），故撰《茶法易览》十卷，乞行通商法，后罢榷法如所请。另外，还有未注作者姓名的《茶法总则》（1150年以前）。但是，这两部书均已亡佚。至今流传下来的茶法专著，只有沈括撰于1091年左右的《本朝茶法》。此篇原是《梦溪笔谈》卷十二中的一段，约共1 100多字，论述宋代茶税和茶叶专卖事。《说郛》和《五朝小说》录出作为一书，即用该段首四字题名为《本朝茶法》。

沈括（1031—1095年），北宋科学家、政治家。字存中，钱塘（今浙江杭州）人，嘉佑进士，累官翰林学士、龙图阁待制、光禄寺少卿。他博学善文，精研科学，用功极勤，对天文、方志、律历、音乐、医药、卜算，无所不通。《梦溪笔谈》是沈括晚年居润州时，举平生见闻撰写的笔记体著作。全书二十六卷，又《补笔谈》三卷，《续笔谈》一卷，内容非常丰富，其中有关自然科学和历史资料部分，数量最多，价值也最高。源出于该书的《本朝茶法》，依照时间顺序，详细记载了宋代茶税和专卖事项，有许多统计数字和数据，较为难得和可贵。《补笔谈》等也有茶事记载。

除茶书外，宋代还有大量的其他著作记述了茶事，如乐史的《太平寰宇记》、彭乘的《墨客挥犀》、欧阳修的《归田录》、王存的《元丰九域志》、高承的《事物纪原》、庞元荣的《文昌杂录》、张舜民的《画墁录》、刘敞的《龙云集》、陈承的《别说》、葛常之的《葛常之文》、王巩的《闻见近录》、叶梦得的《避暑录话》、《石林燕语》、蔡修的《铁围山丛谈》、吴曾的《能改斋漫录》、王十朋的《会稽风俗赋》、葛立才的《韵语阳秋》、胡仔的《苕溪渔隐丛话》、周密的《武林旧事》、姚宽的《西溪丛语》、陆游的《入蜀记》、曾敏行的《独醒杂志》、周去非的《岭外代答》、关名的《锦绣万花谷》、周辉的《清波杂志》、程大昌的《演繁露续集》、罗大经的《鹤林玉露》、李心传的《建炎以来朝野杂记》、赵彦卫的《云麓漫钞》、孟元老的《东京梦华录》以及大量的诗文，都从不同侧面、不同程度对宋代茶文化进行了记载和总结。

第四节　元明时期的茶书

元移宋鼎，中原传统的文化精神受到严重打击，茶文化也面临逆境。

与宋代茶艺崇尚奢华、烦琐的形式相反，北方少数民族虽嗜茶如命，但主要出于生活的需要，对品茶煮茗没多大的兴趣，对烦琐的茶艺更不耐烦。原有的文化人希冀以茗事表现风流倜傥，也因故国残破把这种心境一扫而光，转而由茶表现清节，磨砺意志。元代制作精细、成本昂贵的团茶数量大减，而制作简易的末茶和直接饮用的青茗与毛茶已大为流行，足见元代的茶业之衰落了。

在元代饮茶简约之风的影响下，元代茶书也难得见到。连当时司农司撰的《农桑揖要》、王祯《农书》和鲁明善《农桑衣食撮要》等书中，有关茶叶栽培和制作的记载，也几乎全是采录之词。元代专门的茶书数量极少，有待发现。元末举乡荐的朱升（1341 年前后）就曾为茶书《茗理》题过一首诗：

> 一抑重教又一扬，能从草质发花香。
> 神奇共诧天工妙，易简无令物性伤。

诗前有序，云："茗之带草气者，茗之气质之性也。茗之带花香者，茗之天理之性也。抑之则实，实则热，热则柔，柔则草气渐除。然恐花香因而太泄也，于是复扬之。迭抑迭扬，草气消融，花香氤氲，茗之气质变化，天理浑然之时也。"不过，在元代的诗文之中，仍有不少写茶的作品，如马臻（1290 年前后）的《竹窗》："竹窗西日晚来明，桂子香中鹤梦清。侍立小童闲不动，萧萧石鼎煮茶声。"萨都剌（约1300—？年）元统三年（1335）写有一诗，自注说："除闽宪知事，未行，立春十日参政许可用惠茶，寄诗以谢。"其诗曰："春到人间才十日，东风先过玉川家。紫徽书寄钺封印，黄阁香分上赐茶。秋露有声浮薤叶，夜窗无梦到梅花。清风两腋归何处，直上三山看海霞"。洪希文（1282—1366 年）的《浣溪沙·试茶》则另有一番情趣："独坐书斋日正中，平生三昧试茶功，起看水火自争雄。热挟怒涛翻急雪，韵胜甘露透香风，晚凉月色照孤松。"这些诗词，展现了一种茶道古风的要义，拓落出尘的心境。

而最能体现茶人走向自然、发扬道家冥合万物思想的，则是杨维桢（1296—1370年）撰写的《煮茶梦记》：

铁龙道人卧石床，移二更，月微明及纸帐，梅影亦及半窗，鹤孤立不鸣。命小芸童，汲白莲泉，燃槁湘竹，授以凌霄芽为饮供。道人乃游心太虚，雍雍凉凉，若鸿蒙，若皇芒，今天地之未生，适阴阳之若亡，恍兮不知入梦。遂坐清真银辉之堂，堂上香云帘拂地，中薯紫桂榻，绿璃几。看太初《易》一集，集内悉星斗示，焕煜爄熠，金流玉错，莫别爻画，若烟云日月，交丽乎中天。欸玉露凉，月冷如冰，入齿者易刻。因作《太虚吟》，吟曰："道无形兮兆无声，妙无心兮一以贞，百象斯融兮太虚以清"。歌已，光飙起林末，激华氛，郁郁霏霏，绚烂淫艳。乃有扈绿衣，若仙子者，从容来谒。云：名淡香，小字绿花。乃捧太元杯，酌太清神明之醴以寿。予侑以词曰："心不行，神不行，无而为，万化清。"寿毕，纾徐而退。复令小玉环侍笔牍，遂书歌遗之曰："道可受兮不可传，天无形兮四时以言，妙乎天兮天天之先，天天之先复何仙。"移间，白云微消，绿衣化烟，月反明予内间，予亦悟矣。遂冥神合元，月光尚隐隐于梅花间，小芸呼曰："凌霄芽熟矣！"

在这短短的400多字中，作者描绘出了一幅倾听自然音律的图景：在夜移二更之时，月照梅影之际，命令童仆汲来清冷的泉水，点燃枯槁的湘竹，烹煮清香的茶叶。于是，作者心游缥缈无际的天空，飘入纯净明洁的月宫。阅读文采华丽的《易》集，眼观变化莫测的爻画，吟咏空灵虚静的诗章，接受绿衣仙子的祝酒，于是，作者的胸中涌动起创作的激情，挥写下心中的一首歌：道可以意会，而难以言传；天没有行迹，而四季变化就是语言。无所不包在自然之道，存在运行于后天之先；掌握了"天天之先"的妙道，又何必再求什么神仙？收合神思，才知是在梦中。读着这篇文字，不禁使人想起了庄子。他梦见自己变成一只蝴蝶，在宇宙大花园里无拘无束地飞舞。茶人则是由茶釜中滚沸的沫饽，想到以明月为伴，太空为友，人、茶、环境浑然一气，感受到空灵虚静的茶道精神。

《煮茶梦记》可以说是元代硕果仅存的奇思妙想，体现出追求质朴、自然、清静、平和的特质，又伴随着浪漫精神和浩然之气的内涵。在宋、明两代不同的茶书潮流中，这篇文章成为横亘其间的桥梁。尽管元代茶书的撰写掉到了历史的最低谷，但茶文化精神并未从中国大地消亡，一遇合适的时机，它又会萌发、开花、结果。当农民出身的朱元璋登上大明开国皇帝的宝座，执行了与民生息的政策，社会初安，经济发展，饮茶雅事于是又再度兴起。在整个明代，编撰茶书蔚然成风，各种见解异彩纷呈。据不完全统计，现在已知的明代茶书达50多部，相当于从唐至清时期茶书的一半。

对于明代众多的茶叶著作，有的专家学者评价并不高，认为内容大都围绕《茶经》

而写，且多互相重复，没有多大意义。

其实，这需要具体辨析。一方面，明代的确很重视对前人成果的继承和资料的搜集。朱佑槟撰《茶谱》（1529年前后）系"采辑论茶之作"；朱曰藩、盛时泰撰《茶事汇辑》（1550年前后）；孙大绶辑张又新《煎茶水记》、欧阳修的《大明水记》及《浮槎山水记》3篇而成《茶经水辨》，又辑陆羽《六羡歌》、卢仝《茶歌》等诗歌8首而成《茶经外集》，还辑吴正仪《茶赋》、黄庭坚《煎茶赋》等而成《茶谱外集》（均为1588年）；屠本畯摘录陆羽《茶经》、蔡襄《茶录》等10多种书文字编成《茗笈》（1610年），颇似茶书资料分类汇编；夏树芸"杂录南北朝至宋金茶事"而成《茶董》（1610年前后）；陈继儒摘录笔记杂考及其他书籍，编《茶董补》（1612前后）；龙膺撰《蒙史》（1612年），系杂抄成书；徐𤊹从20多种书上辑录有关蔡襄和建茶的文字，汇编成《蔡端明别记》；喻政辑古人及当时人所写有关茶的诗文编成《茶集》，又取古人谈茶之作26种合为《茶书全集》（均为1613年）；万邦宁多从类书撮录而成《茗史》（1630年前后）。

这些茶书确实是汇集或重刊前人的著作，但也因此保留了一些珍贵的数据，有利于茶学著作的传播和扩大影响，并为后人校勘、整理、研究带来了便利，其功不可没。而且，有的茶书虽然搜集前人著述，却力争有新的突破和提高。如张谦德撰《茶经》（1596年）虽折中陆羽、蔡襄诸书，但又"附益新意"，对"年不能尽与时合"者进行辨析。何彬然撰的《茶约》（1619年），只是"略仿陆羽《茶经》之例，分种法、审侯、采撷、就制、收贮、择水、候汤、器具、酾饮九则，后又附茶九难一则"，内容也有很大不同。

另一方面，明代的许多茶学著作又是另辟蹊径、标新立异的。朱权撰《茶谱》（1440年前后）凡2 000字，除绪论外，下分品茶、收茶、点茶、熏香茶法、茶炉、茶灶、茶磨、茶碾、茶罗、茶架、茶匙、茶筅、茶瓯、茶瓶、煎汤法、品水等16则。他反对蒸青团茶杂以诸香。独倡蒸青叶茶烹饮法，就是缘自自己心得体会的独到见解。作者在绪论中说："盖羽多尚奇古，制之为末，以膏为饼。至仁宗时，而立龙团、凤团、月团之名，杂以诸香，饰以金彩，不无夺其真味。然天地万物，各遂其性，莫若叶茶烹而啜之，以遂其自然之性也。予故取烹茶之法，末茶之具，崇新改易，自成一家。"立足于"崇新改易，自成一家"的，在朱权之后，还有很多的继者。田艺蘅的《煮泉小品》（1554年），虽汇集历代论茶与水的诗文，却分类归纳为9种水性，既有评论又有考据，有些持论还相当切实。徐献忠撰《水品》（1554年），品评宜于烹茶的水，虽有一时兴到之言，但《四库全书总目提要》称其"亦自有见"。陆树声与终南山僧明亮同试天池茶，撰写《茶寮记》（1570年前后），讲述烹茶方法和饮茶的人品、伴侣及兴致，反映高人隐士的生活情趣。陈师撰《茶考》（1593年），略有所见。虽是随笔记下古今烹茶法的变迁，但有些却是独家新意，故卫承芳跋赞其"晚有兹编，愈出愈奇"。张源撰《茶录》（1595 年前后）仅有 1 500 来字，却是长期钻研的心得体会。他"隐于山谷间，无所事事，日习诵诸子百家言。每博览之暇，汲泉煮茗，以自愉快，无间寒暑，历三十年，疲精殚思，不究茶之指归不已"（顾大典序）。许次纾对茶理最精，他总结累积的经验撰写《茶疏》（1597 年），论述产茶品第和采制、收贮、烹点等方法颇有心得。罗廪自幼喜茶，后"乃周游产茶之地，采其法制，参互考订，深有所会。遂于中隐山阳，栽植培灌，兹且十年。春夏之交，手为摘制"。他取得丰富实践经验后，撰成《茶解》（1609 年），故其中论断和描述大都很切实。熊明遇撰《罗荼记》（1608 年前后），闻龙撰《茶笺》（1630 年前后）、周高起撰《洞山茶系》和《阳羡茗壶系》（1640 年前后）、冯可宾撰《茶笺》（1642 年前后），均有亲身经验，所叙也各具特色。实践出真知，明代茶书的创新是与作者积极参与茶事密不可分的。

假如明代茶书也要像《水浒传》写的梁山好汉一样需要排座次的话，毫无疑问，朱权的《茶谱》当之无愧该坐第一把交椅。这并不是由于朱权为一位王爷，而是其以茶雅茶，别有一番怀抱，并且大胆改革传统的品饮方法和茶具，为形成一套简单新颖的烹饮法打下了坚实的基础。

朱权（1378—1448 年），为明太祖朱元璋第十七子，慧心敏悟，精于史学，旁通释老。洪武二十四年（1391），年仅 14 岁的朱权被封为宁王，就藩大宁（今内蒙古喀喇沁旗南大宁故城）。后被其兄燕王朱棣逮到北平软禁。朱棣政变成功，君临天下之后，才把朱权释放，改封南昌。此后，朱权构筑精庐，深自韬晦，鼓琴读书，不问世事，专门从事著述。他曾以茶明志，用其所著《茶谱》中的话说："予尝举白眼而望青天，汲清泉而烹活火。自谓与天语以扩心志之大，符水火以副内炼之功。得非游心于茶灶，又将有裨于修养之道矣。""凡鸾俦鹤侣，骚人羽客，皆能去绝尘境，栖神物外，不伍于世流，不污于时俗，或会于泉石之间，或处于松竹之下，或对皓月清风，或坐明窗净牖，乃与客清谈款话，探虚玄而参造化，清心神而出尘表。"可见，其饮茶并非只在茶本身，而是"以扩心志之大"，"以副内炼之功"，"有裨于修养之道"，"栖神物外"，"探虚玄而参造化，清心神而出尘表"，表达志向和修身养性的一种方式。

与以茶明志相适应的，朱权对品饮从简行事，开清饮风气之先，摆脱了延续千余年之久的烦琐程序，以具有时代特色的方式享受饮茶的乐趣。这就得改进茶品、茶器、茶具及有关物品和掌握各种技巧，对此，朱权《茶谱》都一一提出了具体明确的要求：采用的茶以"味清甘而香，久而回味，能爽神者为上"。茶如果"杂以诸香"，必然"失其自然之性，夺其真味"。收茶有一定的方法，"非法则不宜"。以"不夺茶味"，"香味愈佳"为度。点茶"先须熁盏"，"以一匕投盏内，先注汤少许调匀，旋添入。环回击拂，汤上盏可七分则止。着盏无水痕为妙"。提倡以梅、桂、茉莉三花点茶，求其"香气盈鼻"。熏香茶法，"百花有香者皆可"，"其茶自有香味可爱"。茶炉"与炼丹神鼎同制",以"泻铜为之,近世罕得";"以泻银坩锅瓷为之,尤妙"。茶灶"古无此制",朱权置之,"每令炊灶以供茶,其清致倍宜"。茶磨"以青礤石为之","其它石则无益于茶"。茶碾"古以金银铜铁为之,皆能生锈,今以青礤石最佳"。茶罗"以纱为之"。茶架"今人多用木,雕镂藻饰,尚于华丽",而朱权制作的"以斑竹紫竹为之,最清"。茶匙"古人以黄金为上,今人以银铜为之",朱权则"以椰壳为之,最佳"。后来,他见到一位双目失明者,善于以竹为匙,"凡数百枚,其大小则一,可以为奇。特取其异于凡匙,虽黄金亦不为贵也"。茶筅"截竹为之,广赣制作最佳"。茶瓯古人多用建安所出,"取其松纹兔毫为奇,今淦窑所出者与建盏同,但注茶色不清亮。莫若饶瓷为上,注茶则清白可爱"。茶瓶"要小者易侯汤,又点茶注汤有准",茶瓶制作的材料,"古人多用铁","宋人恶其生锈,以黄金为上,以银次之"。而朱权主张"以瓷石为之"。对于煎汤的"三沸之法",朱权认为"当使汤无妄沸,初如鱼眼散布,中如泉涌连珠,终则腾波鼓浪,水气全消"。而要得"三沸之法",必"用炭之有焰者",不用则"活火不能成也"。对于"品水",朱权提出:"青城山老人村杞泉水第一,钟山八功德水第二,洪崖丹潭水第三,竹根泉水第四。"并引述了前人的意见:"山水上,江水次,井水下",以及刘伯刍、陆羽对天下水的排定顺序。

通观朱权《茶谱》的这些具体要求,我们可以把握他基本的思想脉络:①品茶、点茶、煎汤法、品水等称谓,大多沿袭前人的说法。所采用的器具,都古已有之,只自己创造了"古无此制"的茶灶。②对于点茶、煎汤的具体要求,比起宋人烦琐的程序来,要简单得多,容易掌握得多。所使用的器具,比起陆羽提倡的"二十四器"及宋人的制作,也大大减少,只保留了必不可少的对象。③对于茶,讲求"自然之性"和"真味",即使是花茶,也求茶的"香味可爱"。所用器具,反对"雕镂藻饰,尚于华丽",与前人爱用金银制器不同,他主张用石、瓷、竹、椰壳等制器,追求"清白可爱"。也就是说,把古人的优点继承下来,把自身的特色发扬光大,求真、求美、求自然,贯穿于《茶谱》的分论之中。

《茶谱》论述最精彩的是关于品饮情况的介绍。品饮的参加人员,都是"鸾俦鹤侣,骚人墨客"的高雅之士。品饮的周围环境,"或会于泉石之间,或处于松竹之下,或对皓月清风,或坐明窗净牖"。而与客人清谈款话的内容,又是"探虚玄而参造化,清心神而出尘表"。就在这样超凡脱俗的氛围中,开始愉悦、闲适、舒坦、清静的品茶——命一童子设香案携茶炉于前,一童子出茶具,以瓢汲清泉注于瓶而炊之。然后碾茶为末,置于磨令细,以罗罗之。候汤将如蟹眼,量客从寡,投数匙入于巨瓯。候茶出相宜,以茶筅摔令沫不浮,乃成云头雨脚,分于啜瓯,置之竹架。童子捧献于前,主起,举瓯奉客曰:"为君以泻清臆。"客起接,举瓯曰:"非此不足以破孤闷。"乃复坐,饮毕,童子接瓯而退。话久情长,礼陈再三,遂出琴棋。

主客长坐久谈，童役烧水煎水，山之清幽，泉之清泠，茶之清淡，人之清谈，四者很自然地融为一体，具有一种内在的和谐感。在宁静和淡泊中，寻求出绵绵的悠长。

《茶谱》的描述，不禁使人们想到唐代遗风的返璞归真。唐诗人、"大历十才子"之一的钱起，曾以诗记载了唐代茶饮的欢乐场面："竹下忘言对紫茶，全胜羽客醉流霞。尘心洗尽兴难尽，一树蝉声片影斜。"（《与赵莒茶宴》）

《茶谱》的描述，还使我们想起了明代的茶画，如山水画宗师文征明的《惠山茶会记》、《陆羽烹茶图》、《品茶图》以及著名大画家唐伯虎的传世之作《烹茶画卷》、《品茶图》、《琴士图卷》、《事茗图》等。

品茗讲究情景交融，并不仅仅反映出在朱权的《茶谱》里，如明末的文震亨在所著《长物志》中也这样说："构一斗室，相傍山斋，内设茶具，教一童专主茶役，以供长日清淡，寒窗兀坐，幽为首务不可废者。"朱权的高明之处就在于，他在团茶淘汰后提出新的品饮方法，对茶具都进行了改造，形成了一套简易新颖的烹饮方法：备器，煮水，碾茶，点泡，以茶筅打击，又加入茉莉蓓蕾，并设果品佐茶。烹茶食果，得其味，嗅其香，观其美，得其佳趣，破体郁闷，乐在其中。品饮前设案焚香，表示通灵天地，融入超凡的理想，成为情感的载体。诚如《茶谱》所说："茶之为物，可以助诗兴而云山顿色，可以伏睡魔而天地忘形，可以倍清谈而万象惊寒，茶之功大矣。"

《茶谱》所论的清饮之说流传下来并不断改进，《茶谱》所叙的美学追求也为后人一脉相承。

刻意追求茶原有的特质香气和滋味，是明人的特色之一。记述炒青法比较详细的是许次纾的《茶疏》，其文曰：

生茶初摘，香气未透，必借火力以发其香。然性不耐劳，炒不宜久。多取入铛，则手力不匀；久于铛中，过熟而香散矣，甚至枯焦，不堪烹点。炒茶之器，最嫌新铁，铁腥一入，不复有香；尤忌脂腻，害甚于铁，须预取一铛，专供炊饮，无得别作他用。炒茶之薪，仅可树枝，不用干叶，干则火力猛烧，叶则易焰易灭。铛必磨莹，旋摘旋炒。一铛之内，仅容四两，先用文火焙软，次加武火催之，手加木指，急急炒转，以半熟为度。微侯香发，是其候矣，急用小扇，炒置被笼。纯棉大纸衬底燥焙，积多候冷，入瓶收藏。人力若多，数铛数笼；人力即少，仅一铛二铛，亦须四、五竹笼，盖炒速而焙迟。燥湿不可相混，混则大减香力。一叶稍焦，全铛无用。然火虽忌猛，尤嫌铛冷，则枝叶不柔。

罗廪《茶解》还进一步说明，茶初次炒过后，"出箕上，薄摊，用扇扇冷，略加揉按，再略炒，入文火铛焙干"，这时的茶"色如翡翠"。闻龙《茶笺》记载："炒时须一人从旁扇之，以祛热气，否则色香味俱减。"他亲自做了试验，"扇者色翠，不扇色黄。炒起出铛时,置大瓷盘中,仍须急扇,令热气稍退。"这样,便大大增进了茶的色、香、味,"点时香味易出"。此外,明人中还有的倡导把采摘来的茶叶放在太阳下曝晒:"芽茶以火作为次,生晒者为上,亦更近自然,且断烟火气耳。况作人手器不洁,火候失宜,皆能损其香色也。生晒茶瀹之瓯中,则旗枪舒畅,清翠鲜明,尤为可爱"(田艺蘅《煮泉小品》)。他们认为日晒的茶色、香、味均超出炒制的茶。不过,炒青茶仍然是明人主要的品饮对象。

花茶的发明虽在宋代,但到明代时,花茶已从文人隐士别出心裁的雅玩逐渐普及到民间,成为普通人品茶的又一新天地。

如前所叙,明初朱权《茶谱》记录"熏香茶法",还比较原始,带有宋人添加龙脑香的痕迹。到了明代中叶,钱椿年编、顾元庆删校的《茶谱》,所载花茶制法就大有进展。

花色品种也比较多,"木樨、茉莉、玫瑰、蔷薇、兰蕙、桔花、栀子、木香、梅花皆可作茶"。当时花茶制作的基本方法是,"诸花开时,摘其半含半放蕊之香气全者,量其茶叶多少,摘花为茶"。放花的比例是"三停茶叶一停花始称",因为"花多则太香而脱茶韵,花少则不香而不尽美"。作者还举木樨花为例,采摘的花先去掉枝蒂和沾在花上的灰尘与虫子,"用瓷罐一层茶一层花投间至满",用竹叶或纸扎牢,"入锅重汤煮之,取出待冷,用纸封裹,置火上焙干收用"。制其他型的花茶也是一样,大致与现在大规模生产的单一型花茶相同。当时流行的还有"橙茶","将橙皮切作细丝,一斤以好茶五斤焙干,入橙丝间和。用密麻布衬垫火箱,置茶于上烘热,净棉被罨之。三两时随用建连纸袋封裹,仍以被罨焙干收用"。另有一种"莲花茶","于日末出时,将半含莲花拨开,放细茶一撮,纳满蕊中,以麻皮略絷,令其经宿。次早摘花,倾出茶叶,用建纸包茶烘干。再如前法,又将茶叶入别蕊中,如此者数次,取其焙干收用,不胜香美"。《茶谱》的记载,为后人留下了明代制作花茶详细具体的资料。

水质评鉴,是品茶的又一要素,也是明代茶书论述的又一重点。前人一贯对水的鉴别十分重视,明代也有专著,如田艺蘅撰的《煮泉小品》(1554年),全书5 000余字,分为源泉、石流、清寒、甘香、宜茶、灵水、异泉、江水、井水、绪谈十类,议论夹杂考据,洋洋洒洒地阐述了各类水的具体状况,虽然不乏可议之处,但仍不失为一本系统的烹茶用水著作。徐献忠撰的《水品》(1554年),全书约6 000字,上卷总论,分源、清、流、甘、寒、品、杂说等目,下编论述诸水,自上池水至金山寒穴泉等目,都是品评宜于烹茶的水。至于散见于其他茶书与笔记杂着中的有关水的论述,那就更为广泛。精茶、真水的融合,才是至高的享受。

"茶者,水之神;水者,茶之体。非真水莫显其神,非精茶曷窥其体。"(张源《茶录》)茶的质量有好有坏,"茗不得其水,且煮之不得其宜,虽佳弗佳也"(田艺蘅《煮泉小品》）。"精茗蕴香，借水而发，无水不可与论茶也。"（许次纾《茶疏》）有的甚至把水品放在茶品之上，"茶性必发于水，八分之茶，遇十分之水，茶亦十分矣；八分之水，试十分之茶，茶只八分耳"（张大复《梅花草堂笔谈》）。明代这些著作的论述，都是从实践中得来的宝贵经验。但对具体情况的认识，又有很大差异。一派继承前人衣钵，把水排出等次。如朱权《茶谱》不顾传统看法，标新立异，把水分为四等，具体已见前述，明代张谦德虽然无法品尝天下之水，却"据已尝者言之，定以惠山寺石泉为第一"，将《煎茶水记》中原居第二把交椅的惠山泉升为第一。而田艺蘅《煮泉小品》，钱椿年、顾元庆《茶谱》，孙大绶《茶谱外集》，张源《茶录》等大部分茶书作者，都不强调品水排次第。甚至许次纾的《茶疏》，对陆羽"山水上，江水中"的结论提出了挑战，书中谈到自己的亲身经历：

今时品水，必首惠泉，甘鲜膏腴，至足贵也。往日渡黄河，始忧其浊。舟人以法澄过，饮而甘之，尤宜煮茶，不下惠泉。黄河之水，来自天上，浊者土色也，澄之既净，香味自发。余尝言，有名山则有佳茶。兹又言，有名山必有佳泉。相提而论，恐非臆说。余所经行吾两浙、两都、齐、鲁、楚、奥、豫、章、滇、黔，皆尝稍涉其山川，味其水泉，发源长远。而潭泄澈者，水必甘美。即江湖溪涧之水，遇澄潭大泽，味咸甘冽。唯波涛湍急，瀑布飞泉，或舟楫多处，则苦浊不堪。盖云伤劳，岂其恒性。凡春夏水涨则减，秋冬水落则美。

许氏途经黄河，想泡茶喝，又怕水浊茶味不佳。船夫设法沉淀河水，使之澄洁，结果"饮而甘之，尤宜煮茶，不下惠泉"，"澄之既净，香味自发"。由此，他受到启发："有名山必有佳泉。"而且，水也四季变化不定，"凡春夏水涨则减，秋冬水落则美"。

既然如此，又怎么能够准确地评定等次呢？不评定等次，不等于没有标准。明代茶书中对宜茶用水提出了一系列准则；一是水质要清。水之清是"朗也，静也，澄水貌"，那种"清明不淆"的水则为"灵水"（田艺蘅《煮泉小品》）。辨别水清浊的办法，是"水置白磁器中，向日下令日光正射水，视日光中若有尘埃缊如游气者，此水质恶也。水之良者，其澄澈底"（无名氏《茗笈》附泰西熊三拔"试水法"）。水质清洁透明，才能显出茶色。二是水质要活。"泉不活者，食之有害。"不过，激流瀑布之类的活水，也不宜煎茶。"泉悬出为沃，暴溜曰瀑，皆不可食。"（田艺蘅《煮泉小品》）"山水乳泉漫流者为上，瀑涌湍激勿食。"（钱椿年、顾元庆《茶谱》）三是水轻为佳。"第四称试，各种水欲辨美恶，以一器更酌而秤之，轻者为上。"（明末无名氏《茗笈》附泰西熊三拔"试水法"）现代科学证明，每升水含钙镁离子8毫克以下的为软水，反之则为硬水。用软水泡茶，色香味俱佳；用硬水泡茶，汤色变，香味减。软水轻于硬水，含矿物质成分多的水也重，泡茶会使汤味变涩。明人还指出："山顶泉清而轻，山下泉清而重。"（张源《茶录》）四要水泉味甘，"甘，美也；香，芬也。""味美者曰甘泉，气芬者曰香泉。""泉惟甘香，故能养人。"（田艺蘅《煮泉小品》）水味的甘，对饮茶用水很重要，"凡水泉不甘，能损茶味"（钱椿年、顾元庆《茶谱》）。甘甜之水，以江南梅雨为最，"梅雨如膏，万物赖以滋养，其味独甘，梅后便不堪饮"（罗廪《茶解》）。当然，也有的人以无味为至味，泰西熊就认为："水无行也，无行无味，无味者真水。凡味皆从外合之，矿试水以淡为主，味甘者次之，味恶者下。"（无名氏《茗笈》引三拔"试水法"）但这种以淡而无味的水为上等的看法，并不为一般人所接受。五是水要冷冽。古人认为："冽则茶味独全。""泉不难于清而难于寒。""梁溪之惠山泉为最胜，取清寒者。"寒冷的水，尤其是冰水，雪水，滋味最佳。因为"雪为五谷之精，取以煎茶，幽人情况"。不过，对清寒冷冽的水也要具体分析，"濑峻流驶而清、岩奥阴积而寒者，亦非佳品"（均见屠隆《茶说》）。还有的提出："雪水虽清，性感重阴，寒人脾胃，不宜多积。"明代茶书对水清、活、轻、甘、冽的品评，均为经验之谈和感官体验，却较为准确地、全面地从总体上把握了饮茶用水的要求，有些论断已为现代科学所证明。

虽然明人对品茶用水提出了具体要求，但在实际生活中，却很难得到完全符合标准的用水。"贫人不易致茶，尤难得水。"（张大复《梅花草堂笔谈》）名茶固然难得，好水更为不易。这种情况即使士人、官员也是如此。为此，明代茶书载录了一些解决和变通的办法。例如，主张品茶用水要因地制宜。"鸿渐有云：'烹茶于所产处，无不佳，盖水土之宜也。'此诚妙论。况旋摘旋瀹，两及其新邪。故《茶谱》亦云：'蒙之中顶茶，若获一两，以本处水煎服，即能祛宿疾是也。'今武林诸泉，惟龙泓入品，而茶亦惟龙泓山为最。盖兹山深厚高大，佳丽秀越，为两山之主，故其泉清寒甘香，雅宜煮茶。"（田艺蘅《煮泉小品》）又如，主张妥善保存储藏之水。"贮水瓮须置阴庭中，复以纱帛，使承星露之气，则英灵不散，神气常存。假令压以木石，封以纸箬，曝于日下，则外耗其神，内闭其气，水神敝矣。饮茶惟贵乎茶鲜水灵，茶失其鲜，水失其灵，则与沟渠水何异。"（张源《茶录》）再如，提出提高水质的办法。办法也是多种多样的，如"移水取石子置瓶中，虽养水味，亦可澄水，令之不滑"。既能养水味，又能澄清水中杂质，真是一举两得。特别是"择水中洁净白石，带泉煮之，尤妙！尤妙！"（田艺蘅《煮泉小品》）熊明遇也说："养水预置石子于瓮，不惟益水，而白石清泉，会心亦不在远。"（《茶记》）白石清泉，相得益彰。其意不仅在养水味和去杂质，还可以获得美的视觉效果和心理感受，提高审美情趣，则又更胜一筹。以上是沉淀法。还有过滤法："移水以石洗之，亦可以去其摇荡之浊滓。"（田艺蘅《煮泉小品》）还有的在存水瓮中放入烧硬的灶土，"大瓷瓮满贮，投伏龙肝一块（即灶中心干土也），趁热投之"（罗廪《茶解》），据说可以防止水中生孑孓之类的水虫。明人为了保存和改良水质，真是千方百计，费尽了苦心。继承前人，超越前人，是明代茶书的追求。

如果说，明代茶著中关于选茗艺茶、名水评鉴的载录，更多地是在前人基础上的扩展，那么，它们的茶具艺术和烹茶技术的载录，则更多地表现出明人创新的精神。茶具发展是艺术化、文人化的过程，大体依照由粗趋精，由大趋小，由简趋繁，再向返璞归真、从简行事的方向运行。唐代茶具以古朴典雅为特点，宋代茶具以富丽堂皇为上等，明代茶具又返璞归真，转为推崇陶质、瓷质，但又比唐代的更为精致灵巧。明代茶书，记载了由宋至明茶具的变迁。蔡君谟《茶录》云："茶色白，宜黑盏。建安所造者绀黑，纹如兔毫，其坯微厚，之久热难冷，最为要用。出他处者，或薄或色紫，皆不及也。其青白盏，斗试家自不用。此语就彼时言耳。今烹点之法，与君谟不同，取色莫如宣定，取久热难冷，莫如官、哥。"（张谦德《茶经》）"宣庙时有茶盏，料精式雅，质厚难冷，莹白如玉，可试茶色，最为要用。蔡君谟取建盏，其色绀黑，似不宜用。"（屠隆《茶说》）"茶壶，窑器为上，锡次之。茶杯汝、官、哥、定如未可多得，则适意者为佳耳。"（冯可宾《茶笺》）由于明代"斗茶"已不时兴，蔡襄时期的黑釉茶盏已很少使用。明代散茶流行，故"其在今日，纯白为佳"（许次纾《茶疏》），"盏以雪白者为上，蓝白者不损茶色，次之"（张源《茶录》）。绿色的茶汤，雪白的瓷具，清新雅致，赏心悦目，故明代瓷器胎白纹密，釉色光润，后来发展到"薄如纸，白如玉，声如磬，明如镜"，成为十分精美的艺术品。

但是，明代茶具最为后人称道的，不是艺术成就很高的白瓷，而是至今依然身价未减的江苏宜兴紫砂陶制茶壶、茶盏。紫砂壶最迟在宋代就已出现，当时胎质较粗，重在实用，多作煮茶或煮水。到了明代，由于发酵、半发酵茶的出现，特别是自然古朴的崇尚回归，唯美情绪的大力觅求，从一壶一饮中寻找寄托，使紫砂壶得到殊荣。"阳羡名壶，自明季始盛，上者与金玉同价。"（《桃溪客话》）"吴中较著者，必言宜兴壶。"（周宕《宜都壶记》）历史学家王玲先生曾指出：一把好的紫砂壶，往往可集哲学思想、茶人精神、自然韵律、书画艺术于一身。紫砂的自然色泽加上艺术家的创造，给人以平淡、闲雅、端庄、稳重、自然、质朴、内敛、简易、蕴藉、温和、敦厚、静穆、苍老等种种心灵感受，所以，紫砂壶长期为茶具中冠冕之作便不足为奇了。

明代周高起的《阳羡茗壶系》，是记载宜兴紫砂壶的最早文献。周高起字伯高，江阴（今属江苏）人，邑诸生，博闻强识，工古文词。明末，因抗声呵斥清兵的"肆加棰掠"而被杀害。他著有《阳羡茗壶系》和《洞山茶系》，两书常被合印在一起。《阳羡茗壶系》分为序、创始、正始、大家、名家、雅流、神品、别派，最后是有关泥土等杂记，还有周法高的诗二首、林茂之以及愈彦的诗各一首，作为附录。阳羡是宜兴一带的古名。书的开头说："茶至明代，不复碾屑、和香药、制团饼，此已远过古人。近百年中，壶黜银锡及闽豫瓷而尚宜兴陶，又近人远过前人处也。陶曷取诸？取诸其制以本山土砂，能发真茶之色香味。"紫砂壶体小壁厚，有助于保持茶香，

"发真茶之色香味"，故受到欢迎。"至名手所作，一壶重不数两，价重每一二十金，能使土与黄金争价。"当时，宜兴紫砂壶就被珍视宝爱。据《阳羡茗壶系》记载，宜兴壶"创始"于当地金沙寺里的一个和尚，但他的名字已经失传。"僧闲静有致，习与陶缸瓮者处，抟其细土，加以澄练，捏筑为胎，规而圆之，刳使中空，踵傅口柄盖的，附陶穴烧成，人遂传用。"而促使紫砂陶制茶具这项发明走向艺术化的，也是一个无名小辈，他是学使吴颐山的书僮，只留下主人起的名字"供春"。吴颐山在金沙寺读书时，供春随往侍奉主人。劳役之暇，他偷偷仿效老和尚做茶壶的技艺，"亦淘细土抟坯，茶匙穴中，指掠内外，指螺文隐起可按，胎必累按，故腹半尚现节腠"。这种腹上留有指节纹理的茗壶，周高起亲眼目睹后，慨然赞叹："传世者粟色，闇闇然如古金铁，敦庞周正，允称神明垂则矣！"供春制的茗壶，流传于世的不多，号称"供春壶"。后来，他的子孙即以制陶为业，取"供"的谐音，以"龚"为姓。与供春一样被尊称为"正始"，即陶壶开创人的，有所谓"四名家"：董翰、赵梁（亦名赵良）、袁锡（或作元锡、元畅）、时朋（一作时鹏），均为明万历年间制壶高手。董翰"文巧"，其他三家"多古拙"。和"四大家"同时列入"正始"的另一名家李茂林，制小圆式，妍在朴致中，他还"另作瓦囊，闭入陶穴"，使烧火温度均匀，壶身颜色一致，壶面整洁干净，这一发明沿用至今。被《阳羡茗壶系》称为"大家"的，是时朋的儿子时大彬。

他的创作发展过程，该书有较详细的介绍：

> 初自仿供春得手，喜作大壶。后游娄东，闻眉公与琅琊太原诸公品茶施茶之论，乃作小壶。

时大彬如果只是一味模仿"供春壶"，仅仅在做工精良上下功夫，那是不可能被誉为唯一"大家"陶壶大师的，他的高明之处，是在聆听陈继儒等品茗论茶后，悟性极强，豁然开窍，创制了小型陶壶。他的制作，"或陶土，或杂砂土，诸款俱足，诸土色亦俱足，不务妍媚，而朴雅坚栗，妙不可思"。以至于当时人认为："几案有一具，生人闲远之思。前后诸名家并不能及，遂于陶人标大雅之遗，擅空群之目矣。"虽然，时大彬之后没有出现空前绝后的大师，但"陶肆谣曰：'壶家妙手称三人'，谓时大彬、李大仲芳、徐大友泉也"。因为三人排行都是老大。李仲芳以"文巧"著称。徐友泉以"毕智穷工，移人心目"见长。他们两人都是时大彬的高足，被周高起列为"名家"。此外"精妍"的欧正春，"坚致不俗"的蒋时英，"式尚工致"的陈用卿，"坚瘦工整"的陈信卿，以及由仿制入手，渐入佳境的闵鲁生、陈光甫，均列为"雅流"。"重镂迭刻，细极鬼工"的陈仲美，善于造型。"妍巧悉敌"的沈君用，被列为"神品"。至于其他成就稍差的数人，则另为"别派"。周高起凭自己的识见，给明代的紫砂茶具制陶高手排出了座次。

《阳羡茗壶系》不仅成为研究紫砂茶具史的珍贵资料，也成为茗壶收藏家、品茗爱好者的极为重要的参考书。明人对紫砂壶评价极高，视能够得到一把名壶为终身大幸。"往时龚春茶壶，近日时彬所制，大为时人宝惜。"（许次纾《茶疏》）有个名叫周文甫的，藏有"供春壶"，"摩挲宝爱，不啻掌珠，用之既久，外类紫玉，内如碧玉，真奇物也"。周文甫死后，有遗嘱将壶随葬（见闻龙《茶笺》）。生生死死，不愿分离，其爱壶之深，可见一斑。

饮茶风尚的变更，促进了茶具制作的变化；而茶具艺术的变革，又影响着品饮方式的变迁。对于明代的烹茶技术，我们已在谈朱权《茶谱》时做了一些介绍。而明代茶书的记载中，还有几点特别值得令人注意：

一是品茗用的茶壶，由宋代的较大型演变成明代小巧玲珑式。推崇集实用性和欣赏性为一体的茶壶，这是明代茶书的共识。"壶宜小不宜大，宜浅不宜深，壶盖宜盎不宜砥，汤力茗香，俾得团结氤氲。"（周高起《阳羡茗壶系》）"茶性狭，壶过大则香不聚。"（张谦德《茶经》）"茶壶以小为贵，每一客，壶一把，任其自斟自饮，方为得趣。何也，壶小则香不涣散，味不耽阁。"（冯可宾《茶笺》）此后，一直为小壶流传。

二是品饮之前先用水淋洗茶叶，始见于明代人的茶书。钱椿年编（1539年）、顾元庆删校（1541年）的《茶谱》，特在"煎茶四要"列入"洗茶"："凡烹茶，先以热汤洗茶叶，去其尘垢、冷气，烹之则美。"洗茶的作用是洗去混入茶叶的灰尘杂质和贮藏后渗入茶叶的阴冷之气。张谦德也接受了这种见解，他在《茶经》中写道："凡烹蒸熟茶，先以热汤洗两次，去其尘垢冷气而烹之则美。"他还介绍了洗茶的器具"茶洗"："茶洗以银为之，制如碗式而底穿数孔，用洗茶叶。凡沙垢皆从孔中流出，亦烹试家不可缺者。"后来，茶洗多为陶制。周高起《阳羡茗壶系》就记有紫砂陶茶洗，形为扁壶，中间有子似的隔层。冯可宾的《茶笺》记载洗茶较为详细：首先，"先以上品泉水涤烹器，务鲜务洁"。然后，"次以热水涤茶叶，水不可太滚，滚则一涤无余味矣"。同时，"以手筋夹茶于涤器中，反复涤荡，去尘土黄叶老梗净"，于是，"以手搦干置涤器内盖定"。"少刻开视，色青香烈"，就可以"急取沸水泼之"，瀹而饮之。许次纾《茶疏》也认为："烹时不洗沙土，最能败茶。"他提倡的洗茶方式是："必先盥手令洁，次用半沸水，扇扬稍和，洗之。水不沸则水气不尽，反能败茶。毋得过劳，以损其力。沙土既去，急于手中挤令极干，另以深口瓷盒贮之，抖散待用。"他特别强调，洗茶要亲自动手，"洗必躬亲，非可摄代。凡汤之冷热，茶之燥湿，缓急之节，顿置之宜，以意消息，他人未必解事"。看来，洗茶也有许多技巧。这些茶书反复论述洗茶，足见当时颇受重视。

三是煎水的要求不同于前人。"相传煎茶只煎水，茶性仍存偏有味。"（宋苏辙诗）只有水煎得好，才能保存茶性，煎出滋味。煎水，唐人有"三沸"之说，宋人有听声之法，明人则提出"三大辨十五小辨"之论：

> 汤有三大辨十五小辨。一曰形辨，二曰声辨，三曰气辨。形为内辨，声为外辨，气为捷辨。如虾眼、蟹眼、鱼眼、连珠皆为萌汤；直至涌沸如腾波鼓浪，水气全消，方是纯熟。如初声、转声、振声、骤声皆为萌汤；直至无声，方是纯熟。如气浮一缕、二缕、三四缕及缕乱不分，氤氲乱绕，皆为萌汤；直至气直冲贯，方是纯熟。

张源《茶录》的这段话，说明当时对煎水有更细致的观察和讲究。针对明代采用散茶的实际，他还进一步提出：古人把茶碾磨作饼"则见汤而茶神便浮，此用嫩而不用老也。今时制茶，不假罗磨，全具元体，此汤须纯熟，元神始发也。故曰：汤须五讲，茶奏三奇"。时代不同，茶时不同，煎水的要求也应随着改变。

中国人把品茗看成艺术，既讲究饮茶的方法，又追求环境的和谐，这种美学意境是"天人合一"哲学观的曲折体现。

陆羽《茶经》虽未提及品饮环境，但有"九日山僧院，东篱菊也黄"（皎然诗）的经历。唐代文人雅士也留下了许多关于饮茶环境的诗句，如"落日平台上，春风啜茗时"（杜甫诗），"竹下忘言对紫茶"、"一片蝉声片影斜"（钱起诗），大多以清幽为主。

宋代对饮茶环境的要求多极发展。宫廷官府重奢侈讲礼仪，民间茶肆突出欢快气氛，文人墨客要求回归自然。

不过，对品饮环境最为讲究的，是明代的文人墨客；对品茗环境记叙最为详尽的，则是明代的茶书。朱权《茶谱》认为品饮"本是林下一家生活"，故品饮者应该是"鸾俦鹤侣，骚人羽客，皆能志绝尘境、栖神物外"者，自然环境是"或会于泉石之间，或处于松竹之下，或对皓月清风，或坐明窗静牖"，才能"不伍于世流，不污于时俗"。罗廪《茶解》津津乐道的是："山堂夜坐，手烹香茗。至水火相战，俨听松涛，倾泻入杯，云光滟激。此时幽趣，故难与俗人言矣。"徐渭《煎茶七类》主张："凉台净室，曲几明窗，僧寮道院，松风竹月，晏坐行吟，清谈把卷。"所以屠本畯《茗笈》说："煎茶非漫浪，要须人品与茶相得，故其法往往传于高流隐逸，有烟霞泉石磊块胸次者。"他们所论，都把品茶看成风雅而高尚的事情，认为自然环境、人员素质是品饮的基本条件。而给品茶定下严格要求和苛刻条件的，是"自判童而白首，始得臻其玄诣"的许次纾，他撰写的《茶疏》，提出品饮时应当是：

> 心手闲适，披咏疲倦。意绪纷乱，听歌拍曲。
>
> 歌罢曲终，杜门避事。鼓琴看画，夜深共语。
>
> 明窗净几，洞房阿阁。宾主款狎，佳客小姬。
>
> 访友初归，风日晴和。轻阴微雨，小桥画舫。
>
> 茂林修竹，课花责鸟。荷亭避暑，小院焚香。

酒阑人散，儿辈斋馆。清幽寺观，名泉怪石。

《茶疏》还提出"宜缀"，即应停止品茶的情况：

作字，观剧，发书柬，大雨雪，长筵大席，翻阅卷帙，人事忙迫，及与上宜饮时相反事。

品饮"不宜用"的是：

恶水，敝器，铜匙，铜铫，木桶，紫薪，麸炭，粗童，恶婢，不洁巾帨，各色果实香药。

品饮"不宜近"的是：

阴室，厨房，市喧，小儿啼，野性人，童奴相哄，酷热斋舍。

对于来客，也很有讲究：

宾朋杂沓，止堪交错觥筹。乍会泛交，仅须常品酬酢。惟素心同调，彼此畅适，清言雄辩，脱略形骸，始可呼童篝火，酌水点汤。

许次纾所论，不仅指自然环境，还包括社会环境。作为品茗首要条件的，是"心手闲适"，而品茶又能解除疲劳，当"披咏疲倦"时，品茶的意趣和实用就能统一在其中了。许次纾所强调的，包括品茶的心态、最佳时机、最好地点、助兴伴侣、天气选择等众多方面，使普通的饮茶提升到品饮艺术和审美情趣，使人们获得最大的愉悦。当然，品茗因对象不同，条件不同，要求也不同，《茶疏》就介绍了"士人登山临水"和"出游远地"的"权宜"之计。

40多年之后，冯可宾又在《茶笺》中谈到"茶宜"的13个条件。一是"无事"，神怡务闲，悠然自得，有品茶的工夫；二是"佳客"，有志同道合、审美趣味高尚的茶客；三是"幽坐"，心地安适，自得其乐，有幽雅的环境；四是"吟咏"，以诗助茶兴，以茶发诗思；五是"挥翰"、濡毫染翰，泼墨挥洒，以茶相辅，更尽清兴；六是"倘佯"，小园香径，闲庭信步，时啜佳茗，幽趣无穷；七是"睡起"，酣睡初起，大梦归来，品饮香茗，又入佳境；八是"宿醒"，宿醉难消，茶可涤除；九是"清供"，鲜清瓜果，佐茶爽口；十是"精舍"，茶室雅致，气氛沉静；十一"会心"，心有灵犀，启迪性灵；十二"赏鉴"，精于茶道，仔细品赏，色香味形，沁人肺腑；十三"文僮"，僮仆文静伶俐，以供茶役。《茶笺》还提出"禁忌"，即不利于饮茶的七个方面：一是"不如法"，煎水瀹茶不得法；二是"恶具"，茶具粗恶不堪；三是"主客不韵"，主人、客人举止粗俗，无风流雅韵之态；四是"冠裳苛礼"，官场往来，繁文缛礼，勉强应酬，使人拘束；五是"荤肴杂陈"，腥膻大荤，与茶杂陈，莫辨茶味，有失茶清；六是"忙冗"，忙于俗务，无暇品赏；七是"壁间案头多恶趣"，环境俗不可耐，难有品茶兴致。

许次纾和冯可宾提出的宜茶条件和禁忌,具体内容虽然有所不同,但核心都在于"品"。饮茶意在解渴,品茶重在情趣。当然,品茶还有其他讲究,如"以客少为贵,客众则喧,喧则雅趣乏矣。独啜曰神,二客曰胜,三四曰趣,五六日泛,七八曰施"(张源《茶录》)。饮啜之时,"一壶之茶,只堪再巡。初巡鲜美,再则甘醇,三巡意欲尽矣"(许次纾《茶疏》)。

明代茶书反映的由饮茶到品茶的推移,从茶文化的整体发展来说是一种进步和发展的趋势。但是,当把这种追求导向极致,也就由明初的以茶雅志,单纯地走向了物趣,走上了玩风赏月的狭路,故晚明的茶文化呈现出玩物丧志和格调纤弱的倾向。

我们之所以不厌其烦地叙述明代茶书的内容,是由于这一时期的茶书数量多,内容庞杂,且长期被人们所误解,得不到应有的评价。详细地叙说,可以为读者进行一番导读,还可以拨去其蒙上的一些迷雾。总之,明代的茶书反映了茶艺的简约化和茶文化精神与自然的契合;明人撰写的茶书闪现着隽思妙寓的智慧,也是留给后人的宝贵遗产。

第五节 清代茶典

清代,茶叶产量也较明代有大幅度提高,茶叶贸易相当发达,饮茶风气进一步从文人雅士刻意追求、创造和欣赏的小圈里走出来,真正踏进寻常巷陌,走入万户千家,成为社会普遍的需求。

但是,清代茶书的编撰并没有随着茶业的发展与转型、品饮艺术与茶馆文化的深入民间而崛起,反而明显地缺乏生命力。迄今所知的茶书只有10多种,其中有的还有目无书。究其原因,主要是道光末年以来,中国饱受帝国主义侵略,雅玩消闲之举、玩物丧志之思不为广大士人所取,有志者大多胸怀忧国忧民之心,变法图强之志,投身到关心实业、抵御外侮、挽救国家、解救民众的实际活动之中。从学术思想上来看,也许由于源自清初的考据学勃兴,"学士侈于闻见之富,别为风气"(陈登原语),私人购书、藏书、抄书、校书、刻书、编书蔚为风气,茶书的编撰者们也难免受考据学风的影响,沉湎于故纸堆中,很少深入和了解当时生动活泼的民间饮茶风尚,这样就不免使清代茶书大多为整理、编撰、摘录前人之作。只要随手翻翻清代的茶书,就不难看到这种现象。例如:

陈鉴撰《虎丘茶经注补》(1655年),全书约3 600字,是专为很早就有名气的虎丘茶写下的专著。该书依照陆羽《茶经》分为十目,每目摘录有关的陆氏原文,在其下把有关虎丘茶的资料搜集在一起。性质类似或超出陆氏原文范围的,就作为"补"接续在各该目陆氏原文的后面。体例虽然别致,但循规蹈矩于《茶经》,少有新意，内容也很芜杂。

刘源长撰的《茶史》（1669 年前后），洋洋洒洒 33 000 字，虽有一些好数据，却大抵杂引古书。全书共分子目 30，编首有各著述家及陆羽事迹。卷一分茶之原始、茶之名产、茶之分产、茶之近品、陆鸿渐品茶之出、唐宋诸名家品茶、袁宏道龙井记、采茶、焙茶、藏茶、制茶，卷二分品水、名泉、古今名家品水、欧阳修《大明水记》、《浮槎山水记》、叶清臣述煮茶小品、贮水（附滤水、惜水）、汤候、苏廙十六汤品、茶具、茶事、茶之隽赏、茶之辩论、茶之高致、茶癖、茶效、古今名家茶咏、杂录、志地等，内容颇为芜杂。

余怀撰《茶史补》（1677 年左右），全书共 2 000 多字。据说，余怀爱好品茶，原撰有《茶苑》一书，稿子被人窃去。后来看到。

刘源长《茶史》，因删《茶苑》为《茶史补》。余怀虽颇负时名，但《茶史补》却大抵杂引古书，无甚精彩。

江南才子冒襄（辟疆）与金陵名妓董小宛，通过饮茶品茗而引出动人爱情故事。董小宛青春早逝，冒襄作《影梅庵忆语》哀悼，其中记述他们品茶共茗、小鼎长泉、柔情似水、静试对尝的儿女情怀。但冒襄撰写《茶汇钞》（1683 年前后），仅仅 1 500 多字，却有一半是抄来的。

陆廷灿撰有《续茶经》（1734 年）一书。据自述，他曾在福建崇安任知县，县内有武夷山，出产举世闻名的武夷花，"值制府满公，郑重进献。究悉源流，每以茶事下询。查阅诸书，于武夷之外，每多见闻，因思采集为《续花经》之举。囊以簿书鞅掌，有志未遑。及蒙量移，奉文赴部，以多病家居，翻阅旧稿，不忍委弃，爰为序次。"全书长达 7 万字，此书将陆羽《茶经》另列卷目，其体例均按照《茶经》分上、中、下三卷共十目；又因陆羽《茶经》未列"茶法"之目，另以历代茶法作为附录。自唐至清，茶的产地、采制、烹饮方法及用具，均有发展，情况大不相同，《续茶经》则把多种古书数据摘要分录。此书虽非自撰的系统著作，却因征引繁富，便于聚观，颇切实用。

此外，署名"醉茶消客"辑的《茶书》，系南京图书馆馆藏的一册旧抄本，内容全部是有关茶的诗文辑录。因首页已失，又没有序跋，茶书之名也是馆藏编目时所题，原来的书名也不得而知。程雨亭撰的《整饬皖茶文牍》（1897 年），是辑选他在皖南茶厘局任职时的禀牍文告编成。至于鲍承荫的《茶马政要》（1644 年前后）、蔡方炳的《历代茶榷志》（1680 年前后）、潘思齐的《续茶经》、陈元辅的《枕山楼茶略》，因这些著述早已杳无音信，也就无法知道其内容。

另外，与被称为"东方文化金字塔"的《四库全书》相配套的《四库全书总目提要》（1781 年），其卷一百十六，子部谱录类介绍了 18 部历代的茶书，即《茶经》三卷、《茶录》二卷、《品茶要录》一卷、《宣和北苑贡茶录》一卷及附《北苑别录》一卷、

《东溪试茶录》一卷、《续茶经》三卷及附录一卷、《煎茶水记》一卷、《茶寮记》一卷、《茶约》一卷、《别本茶经》三卷、《茶董》二卷、《茗芨》二卷、《茗史》二卷、《茶疏》一卷、《茶史》二卷、《水品》二卷、《煮泉小品》一卷、《汤品》无卷数。对各部茶书所作的提要，大体包括作者情况、内容简介、版本源流、价值影响，这些是当时编纂《四库全书》学者评判历代茶著的珍贵资料。

然而，清代的痴茶、爱茶、醉茶之士，并非完全在传统中作茧自缚，他们也有鲜活的思想和勃发的创造。只是他们茶学的真知灼见，大多融会到诗歌、小说、笔记小品和其他著述之中。

清代茶诗数量众多，也有许多著名诗篇。如高鹗的《茶》诗："瓦铫煮春雪，淡香生古瓷。晴窗分乳后，寒夜客来时。漱齿浓消酒，浇胸清人诗。樵青与孤鹤，风味尔偏宜。"边寿民的《好事近·茶壶茶瓶》词："石鼎煮名泉，一缕回廊烟细。绝爱漱香轻碧，是头纲风味。素瓷浅蓝紫泥壶，亦复当人意，聊淬辩锋词锷，濯诗魂书气。"两首诗词都在淡雅之中，透出无限韵味。

清代最善写茶诗的可能还是乾隆皇帝。茶在这位"康乾盛世"主宰者之一的生活中，是具有重要地位的。相传，当他 85 岁要退位时，一位大臣谄媚地说："国不可一日无君啊。"乾隆皇帝则回答说："君不可一日无茶啊。"就是这位皇帝，撰写过几百首茶诗。他曾命制三清茶，并赋诗记之。他六次南巡，游历杭州，踏赏龙井，题有多首龙井茶诗。如为后人传诵的《观采茶作歌》云：

火前嫩，火后老，惟有骑火品最好。

西湖龙井旧擅名，适来试一观其道。

村男接踵下层椒，倾筐雀舌还鹰爪。

地炉文火续续添，干釜柔风旋旋炒。

慢炒细焙有次第，辛苦工夫殊不少。

王肃酪奴惜不知，陆羽茶经太精讨。

我虽贡茗未求佳，防微犹恐开奇巧。

防微有恐开奇巧，采茶揭览民艰晓。

从采摘到制作，从古代到当今，全诗一气呵成，掌故信手拈来。乾隆对龙井茶推崇备至，"龙井新茶龙井泉，一家风味称烹煎……何必凤团夸御茗，聊因雀舌润心莲"。

《再游龙井作》更是直抒胸臆："入日景光真迅尔，问人花木似依然。斯诚佳矣予无梦，天姥那希李谪仙。"真是何等快意。清代龙井茶风行天下，实在与乾隆褒扬密切相关。

清代小说也有大量的茶事描写，蒲松龄的《聊斋志异》、李汝珍的《镜花缘》、吴敬梓的《儒林外史》、刘鹗的《老残游记》、李绿园的《歧路灯》、文康的《儿女英雄传》、西周生的《醒世姻缘传》等著名作品，无一例外地写到"以茶待客"、"以茶祭礼"、"以茶为聘"、"以茶赠友"等茶风俗。尤其是曹雪芹的《红楼梦》，谈及茶事的就有近300处，描写的细腻、生动和审美价值的丰富，都是其他作品无法企及的。

《红楼梦》全书极力描写的荣、宁两府的兴衰，开卷就以"香销茶尽"埋下伏笔。红楼吃茶，既有妙玉请宝玉、黛玉、宝钗的细饮慢品，又有家常吃茶；既有礼貌应酬茶，又有饮宴招待茶；既有风月调笑茶，又有官场形式场。茶的功用既有消暑、解渴、去味、提神，又有应酬、艺术欣赏；既有一般的物质需要，又有高雅的精神享受。全书提到的茶有枫露茶、六安茶、老君眉、普洱茶、女儿茶、龙井茶、漱口茶、茶面子；沏茶的水有旧年蠲的雨水、梅花雪水；还有茶诗、茶赋与茶联等。书中第四十一回，妙玉论茶道的一段文字最为精彩：

妙玉听如此说，十分欢喜，遂又寻出一只九曲十环一百二十节蟠虬整雕竹根的一个大来，笑道："就剩了这一个，你可吃的了这一海？"宝玉喜的忙道："吃的了。"妙玉笑道："你虽吃的了，也没这些茶糟踏。岂不闻'一杯为品，二杯即是解渴的蠢物，三杯便是饮牛饮驴了'。你吃这一海便成什么？"说得宝钗、黛玉、宝玉都笑了。妙玉执壶，只向海内斟了约有一杯。宝玉细细吃了，果觉轻浮无比，赏赞不绝。妙玉正色道："你这遭吃茶，是托他两个的福，独你来了，我是不能给你吃的"。宝玉笑道："我深知道的，我也不领你的情，只谢他二人便了。"妙玉听了，方说："这话明白。"黛玉因问："这也是旧年的雨水？"妙玉冷笑道："你这么个人，竟是大俗人，连水也尝不出来，这是五年前我在玄墓蟠香寺住着，收的梅花上的雪，共得了那一鬼脸青的花瓮一瓮，总舍不得吃，埋在地下，今年夏天才开了。我只吃过一回，这是第二回了。你怎么尝不出来？来年蠲的雨水，那有这样清浮，如何吃得。"

才华横溢的曹雪芹，以生花妙笔把妙玉品茶写得绚丽多姿，使读者犹如身入其境。

当然，《红楼梦》写的茶和饮茶活动，都是为塑造人物、刻画人物性格、表达人物的内心世界和对人生的认识而服务的。著名红学家胡文彬先生曾在《茶香四溢满红楼——〈红楼梦〉与中国茶文化》的长篇论文中，归纳为：以饮茶表现人物的不同地位和身份，以饮茶表现人物的心理活动和性格，以茶为媒介表现了人物之间的复杂关系，字里行间渗透的强烈的对比，从饮茶、喝茶中看人物的知识和修养。通观全书，真是"一部《红楼梦》，满纸茶叶香"。

茶诗和小说中的茶事描写，虽然极有韵味，但是，全面展现清代品茗概况，最能留下关于茶文化的思想闪光的，还是清代笔记小品和其他著述中的数据，这类数据，起码有数百种之多。这里，我们只想举两个例子。

在清代诗人、美食家袁枚所著《随园食单》一书的"茶酒单"中，对清代的部分名茶的特色、风味、烹茶方法等均有精彩论述，涉及的名茶有武夷茶、六安银针、毛尖、梅片等。书中许多形象、生动的描述，是作者饮茶实践的总结。

他最称道龙井茶："杭州山茶处处皆清，不过以龙井为最耳。每还乡上冢，见管坟人家送一杯茶，水表茶绿，富贵人所不能吃者也。"还将其他茶与龙井比较："阳羡茶深碧色，形如雀舌，又如巨米，味较龙井略浓。""洞庭君山出茶，色味与龙井相同，叶微宽而绿过之，采掇最少。方毓川抚军曾惠两瓶，果然佳绝，后有送者，俱非真君山物矣。"对于烹饮之法，他主张龙井茶须用"穿心罐"煎水，以"武火"使之沸，"一滚便泡"，才能吃到好茶。

对武夷茶，则以小香橼壶、小胡桃杯频频邀饮，先嗅其香，再试其味，徐咀嚼而体贴之，才能"清芬扑鼻，舌有余甘"。如果不掌握正确的冲泡品饮方法，就会废坏茶味。像龙井茶不"一滚便泡"，"滚久则水味变矣，停滚再泡则叶浮矣。一泡便饮，用盖掩之则味又变矣。此中消息，间不容发也"。但只要方法得当，就会有另一种结果。他"向不喜武夷茶，嫌其浓苦如饮药"。而丙午秋（即乾隆五十一年，1786）游武夷，到曼亭峰天游寺诸处，以小杯、小壶徐咽，却"令人释躁平矜怡情悦性"。并且改变了对武夷茶的看法："始觉龙井虽清，而味薄矣；阳羡虽佳，而韵逊矣。颇有玉与水晶，品格不同之故。故武夷享天下盛名，真乃不忝，且可以谕至三次。"《随园食单》的这些经验之谈，可以考见清代名茶的变异、品饮方法的多样。

丰富地载录清代茶事的书，当首推《清稗类钞》。这部书由清末民初人徐珂采录数百种清人笔记，并参考报章记载而辑成，大都是反映清人的思想和日常生活的。该书中关于清代的茶事记载比比皆是，如"京师饮水"、"吴我鸥喜雪水茶"、"烹茶须先验水"、"以花点茶"、"祝斗岩咏煮茶"、"杨道士善煮茶"、"以松柴活火煎茶"、"邱子明嗜工夫茶"、"叶仰之嗜茶酒"、"顾石公好茗饮"、"李客山与客啜茗"、"明泉饮普洱茶"、"宋燕生饮猴茶"、"茶癖"、"静参品茶"、"某富翁嗜工夫茶"、"茶肆品茶"、"茗饮时食肴"等等，成为清代茶道与清人"茶癖"的全景观照。

陆羽《茶经》提倡煎饮之法后，唐代有煎茶法，宋代有"斗茶"，明代有瀹茶法，至清代，煎水烹茶发展到一个新阶段，其集大成和最具特色者，是流行于闽粤一带的工夫茶。清代工夫茶"烹治之法本诸陆羽《茶经》，而器具更精"。最基本的茶具组合为潮汕洪炉（茶炉）、玉书碨（煎水壶）、孟臣罐（茶壶）、若琛瓯（茶盏）。所用茶炉以细白泥制成，壶以宜兴紫砂为最佳，杯、盘多为花瓷，杯、盘、壶典雅精巧，十分可爱。《清稗类钞》记载了清代工夫茶的烹治过程："先将泉水贮之铛，用细炭煎至初沸，投茶于壶而冲之，盖定，复遍浇其上，然后斟而细呷之。"以茶"饷客"时，"先取凉水漂去茶叶尘滓，乃撮茶叶置之壶，注满沸水"。盖好后，再取煎好的沸水，"徐淋壶上"，壶在盘中，俟水将满盘为止。再在壶上"覆以巾"，"久之，始去巾"，主人再"注茶杯中"，以为奉客。"客必衔杯玩味"，拿起茶杯，由远及近，由近再远，先闻其香，然后细细品味，并盛赞主人烹治技艺。如果客人"若饮稍急"，主人就会"怒其不韵也"（《邱子明嗜工夫茶》）。

《清稗类钞》还多方面记载了不同阶层的品饮活动。茶肆饮啜，"有盛以壶者，有盛以碗者。有坐而饮者，有卧而啜"。进入茶肆者，"终日勤苦，偶于暇日一至茶肆，与二三知己瀹茗深谈"者有之，"日夕流连，乐而忘返，不以废时失业为可惜者"亦有之。清代京师茶馆，"茶叶与水之资，须分计之。有提壶以往者，可自备茶叶，出钱买水而已"。平日，茶馆中"汉人小涉足，八旗人士虽官至三四品，亦侧身其间，并提鸟笼，曳长裙，就广坐，作茗憩，与圉人走卒杂坐谈话，不以为忤也。然亦绝无权要中人之踪迹"（《茶肆品茶》）。该书对皇宫中以品茗为雅事、乐事，也有记载：清高宗乾隆皇帝"命制三清茶，以梅花、佛手、松子瀹茶，有诗纪之。茶宴日即赐此茶，茶碗亦摹御制诗于上"（《高宗饮龙井新茶》）。清德宗光绪皇帝平日亦"嗜茶，晨兴，必尽一巨瓯，雨足云茶，最工选择"（《德宗嗜茶烟》）。慈禧太后"宫中茗碗，以黄金为托，白玉为碗"，非常精美。每饮茶，"喜以金银花少许入之，甚香"（《孝钦后饮茶》）。皇宫贵族品茗，无论茶叶和茶具，都是与众不同的。

如果说，上述著作所载仅是残金屑玉，那么，震钧所撰《天咫偶闻》一书卷八的《茶说》，虽是一家之言，既有理论，又有实践经验，同时颇有系统。全文1800多字，前有导语，后分五节：一是"择器"，论烹茶与饮茶的器具；二是"择茶"，论茶的品第及贮藏方法；三是"择水"，谈煎茶用水的鉴别；四是"煎法"，主张唐代的煎茶法，对煎水记述尤为详尽；五是"饮法"，讲品饮之雅趣。

震钧是满族人，生于清咸丰七年（1857），死于民国7年（1918）。《茶说》是清代最后、最系统的品茶之作。作为一个时代总结性的文字，我们不妨把《茶说》全文照录在下面：

煎茶之法，失传久矣，士夫风雅自命者，固多嗜茶，然止于水瀹生茗而饮之，未有解煎茶如《茶经》、《茶录》所云者。屠纬真《茶笺》论茶甚详，亦瀹茶而非煎茶。余少好攻杂艺，而性尤嗜茶，每阅《茶经》，未尝不三复求之，久之若有所悟。时正侍先君于维扬，因精茶所集也，乃购茶具依法煎之，然后知古人煎茶，为得茶之正味，后人之瀹茗，何异带皮食哀家梨者乎。闲居多暇，撰为一编，用贻同嗜。

一择器。器之要者，以铫居首，然最难得佳者。古人用石铫，今不可得，且亦不适用。盖铫以薄为贵，所以速其沸也，石铫必不能薄；今人用铜铫，腥涩难耐，盖铫以洁为主，所以全其味也，铜铫必不能洁；瓷铫又不禁火；而砂铫尚焉。今粤东白泥铫，小口瓮腹极佳。盖口不宜宽，恐泄茶味，北方砂铫，病正坐此，故以白泥铫为茶之上佐。凡用新铫，以饭汁煮一二次，以去土气，愈久愈佳。次则风炉，京师之石灰木小炉，三角，如画上者，最佳。然不可过巨，以烧炭足供一铫之用者为合宜。次则茗盏，以质厚为良，厚则难冷，今江西有仿郎窑及青田窑者佳。次茶匙，用以量水，瓷者不经久，以椰瓢为之，竹与铜皆不宜。次水罂，约受水二三升者，贮水置炉旁，备酌取，宜有盖。次风扇，以蒲葵为佳，或羽扇，取其多风。

二择茶。茶以苏州碧螺春为上，不易得，则杭之天池，次则龙井，茶稍粗，或有佳者，未之见也。次六安之青者，若武夷、君山、蒙顶，亦止闻名。古人茶皆碾，为团，如今之普洱，然失茶之真；今人但焙而不碾，胜古人。然亦须采焙得宜，方见茶味。若欲久藏，则可再焙，然不能来年。佳茶自有其香，非煎之不能见。今人多以花果点之，茶味全失。且煎之得法，茶不苦反甘，世人所未尝知。若不得佳茶，即中品而得好水，亦能发香。凡收茶必须极密之器，锡为上，焊口宜严，瓶口封以纸，盛以木箧，置之高处。

三择水。昔陆羽品泉，以山泉为上，此言非真知味者不能道。余游纵南北，所尝南则惠泉、中泠、雨花台、灵谷寺、法静寺、六一、虎跑；北则玉泉、房山孔水洞、潭柘、龙池。大抵山泉实美于平地，而惠山及玉泉为最，惠泉甘而芳，玉泉则甘而冽，正未易轩轾。山泉未必恒有，则天泉次之。必贮之风露之下，数月之久，俟瓮中澄澈见底，始可饮。然清则有之，冽犹未也。雪水味清，然有土气，以洁瓮储之，经年始可饮。大抵泉水虽一源，而出地以后，流逾远是味逾变。余尝从玉泉取水，归来沿途试之，至西直门外，几有淄渑之别。古有劳薪水之变，亦劳之故耳，况杂以尘污耶。凡水，以甘而芳、甘而冽为上；清而甘、清而冽次之；未有冽而不清者，亦未有甘而不清者，然必泉水始能如此。若井水，佳则止于能清，而后味终涩。凡贮水之罂，宜极洁，否则损水味。

四煎法。东坡诗云"蟹眼已过鱼眼生，飕飕欲作松风鸣"，此言真得煎茶妙诀。大抵煎茶之要，全在候汤。酌水入铫，炙炭于炉，惟恃鞴鞴之力，此时挥扇不可少停。俟细沫徐起，是为蟹眼；少顷巨沫跳珠，是为鱼眼；时则微响初闻，则松风鸣也。自蟹眼时即出水一二匙，至松风鸣时复入之，以止其沸，即下茶叶。大约铫水半升，受叶二钱。少顷水再沸，如奔涛溅沫，而茶成矣。然此际最难候，太过则老，老则茶香已去，而水亦重浊；不及则嫩，嫩则茶香未发，水尚薄弱；二者皆为失饪。一失饪则此炉皆废弃，不可复救。煎茶虽细事，而其微妙难以口舌传，若以轻心掉之，未有能济者也。惟日长人暇，心静手闲，幽兴忽来，开炉火，徐挥羽扇，缓听瓶笙，此茶必佳。凡茶叶欲煎时，先用温水略洗，以去尘垢。取茶入铫宜有制，其制也，匙实司之，约准每匙受茶若干，用时一取即足。煎茶最忌烟炭，陆羽谓之"茶魔"。桫木炭之去皮者最佳。入炉之后，始终不可停扇，若时扇时止，味必不全。

五饮法。古人饮茶，熁盏令热，然后注之，此极有精意。盖盏热则茶难冷，难冷则味不变。茶之妙处，全在火候，熁盏者，所以保全此火候耳。茶盏宜小，宁饮毕再注，则不致冷。陆羽论汤有老、嫩之分，人多未信，不知谷菜尚有火候，茶亦有形之物，夫岂无之？水之嫩也，入口即觉其质轻而不实；水之老也，下喉始觉其质重而难咽，二者均不堪饮。惟三沸已过，水味正妙，入口而沉着，下咽而轻扬，挢舌试之，空如无物，火候至此，至矣！煎茶水候既得，其味至甘而香，令饮者不忍下咽。

今人瀹茗全是苦涩，尚夸茶味之佳，真堪绝倒！凡煎茶止可自怡，如果良辰胜日，知己二三，心暇手闲，清淡未厌，则可出而效支，以助佳兴。若俗见相缠，众言嚣杂既无清致，宁俟它辰。

《茶说》文字浅显易懂，方法简便易行，皆是会心之言，为清代两三百年的茶文化著作画上了圆满的句号。

小　结

有关茶的专著记载，可追溯到 8 世纪左右的唐代。

唐代中叶，陆羽撰成中国的也是世界的第一部茶叶专著《茶经》。《茶经》的出现，开启了茶文化异彩焕发的局面。唐五代之际的茶书，现多半仅存残卷或辑佚本。

随着茶风的兴盛，宋代茶书的编撰也超过了唐代，已知的几近 30 来种。宋代的第一部茶书，是陶谷撰写的《荈茗录》；宋徽宗的《大观茶论》，在茶文化史上的地位不容忽视；蔡襄的《茶录》是一部颇有特色的茶艺专著，标志着茶饮提升到了更为艺术化的程度。

元代饮茶之风简约，茶书亦难得见到。

有明一代，茶书编撰蔚然成风，各种见解异彩纷呈。据不完全统计，现在已知的明代茶书达 50 多部，相当于从唐至清时期茶书的一半。

清代，茶书的编撰者们受考据学风的影响，沉湎于故纸堆中，不免使清代茶书大多为整理、编撰、摘录前人之作。陆廷灿的《续茶经》长达 7 万字，虽非自撰的系统著作，却因征引繁富，便于聚观，颇切实用。丰富地载录清代茶事的书，当首推《清稗类钞》。震钧的《茶说》是清代最后、最系统的品茶之作，为清代两三百年的茶文化著作画上了圆满的句号。

思考题：

1. 陆羽的《茶经》主要包括哪些内容？
2. 宋徽宗的《大观茶论》是如何描述"斗茶"技艺的？

第十二章　茶文学：古今文脉一叶承

第一节　茶文学概说

一、茶文学的定义

截至目前，茶学研究界尚无关于"茶文学"的定义。

我们认为：茶文学是指以茶为物质载体，以语言文字为工具，形象化地反映客观现实的艺术。茶文学是茶文化的重要表现形式，它以诗歌、小说、散文、戏剧等不同的形式（体裁）表现茶人的内心情感和再现一定时期、地域的茶事及社会生活。简言之，茶文学是以茶及茶事活动为题材的语言艺术。

二、茶文学的学科范畴

文学，是一种将语言文字用于表达社会生活和心理活动的学科。其属于社会意识形态之艺术的范畴。文学是社会科学的学科分类之一，与哲学、宗教、法律、政治并驾为社会的上层建筑，为社会经济服务。

茶文学属于文学的题材分支，是文学的组成部分之一。中国茶文学，是中国文学的重要组成部分。

三、中国茶文学的特点

综观中国茶文学的发展全貌，可以看出它具有以下两个显著的特点：

第一，中国茶文学是文献性十分凸显的文学。评价一篇文学作品成就的高低，我们当然首先看重它的审美价值，然后才是以审美为中心的多元价值系统，其中包括它的文献价值。我们发现，在中国古代浩若烟海的茶文学作品中，文学价值上乘的茶文学作品数量不多。更多的茶文学作品，其文献价值往往超越其文学价值而更为凸显。唐代茶仙卢仝的茶诗《走笔谢孟谏议寄新茶》和北宋范仲淹的茶歌《和章岷从事斗茶歌》，既是脍炙人口且流传千古的文学价值很高的文学经典，又是茶学价值颇高的历史文献。这种审美价值与文献价值兼美的文学精品，可谓凤毛麟角。

而且，在茶学研究领域，它们的文献价值甚至更为人们所看重。

第二，在形式和体裁上不断创新的开放型文学。比如，茶诗的发展是由四言诗而五言诗、七言诗，由古体诗而近体诗、格律诗、自由诗。散文的发展是由汉赋、骈文而到"古文运动"中的古文，到了现代，茶散文的种类和形式千姿百态、色彩纷呈。在体裁上，由唐诗、宋词、元曲而明清长篇小说、短篇小说。总之，中国的茶文学的发展表明，我国茶文学在艺术形式和体裁上，总是处在不停的运动中，在不断创新和革新。

第二节　中国茶文学简史[①]

中国历史上有很长的饮茶记录，但却无法确切查明其年代。目前饮茶之源大致有神农时期、西周时期、秦汉时期三种说法。并且有许多现存的证据证明，在世界上很多地方的饮茶、种茶习惯是直接或间接从中国流传过去的。所以，饮茶是中国人首创这一说法目前已被人们普遍接受。饮茶已经成为大多数中国人日常生活中一个不可或缺的调剂品，因为它带给国人的不仅仅只是口感与物质的享受，更为重要的是精神和文化的愉悦。世代积累的饮茶习惯直接导致了一批特殊文学作品的诞生——茶文学，在文人笔下一篇又一篇的作品向世人展示了中国人的饮茶行为和饮茶心理。本文拟就中国古代茶文学的历史形态流变进行一个初步的研究，勾画出中国古代茶文学的演绎轨迹。

一、先秦两晋：中国古代茶文学的滥觞和发展

先秦时期，是中国茶文学作品的萌芽时期。在这一时期，虽然"茶"字仍没有定型，但它所代表的内在意蕴却已确立，这时尽管关于"茶"的文学作品大都表现的是"茶"的本意，"茶"还没有成为文人在文学作品中所表现的创作意象和情感所指，然而它在文学作品中的出现已经为中国文学注入新的血液奠定了基础。据现存文献记载，最早有关于"茶"的文学作品可以追溯到中国诗歌的开山之作——《诗经》。在《诗经》中有少数作品就提到"茶"这一新鲜事物，但当时记载的是"茶"最初的名称："荼"。如《诗经·谷风》中有"谁谓荼苦，其甘如荠"，《诗经·七月》中有"采荼薪樗，食我农夫"，《诗经·绵》中有"周原膴膴，堇荼如饴"，研究者认为上述诗中之"荼"就是指的茶叶。《诗经》从采茶到饮茶开始有了个初步的描述，语言简洁，叙述粗略，但却开创了中国茶文学的历史长河，其后屈原的《橘颂》、王逸的《悼乱》等楚辞

[①] 本节主要参考了司马周、杨财根的《中国古代茶文学历史形态流变初论》（《饮食文化研究》，2005年第1期）一文的观点。

作品中都引入了"茶"这一情感指代物。虽然"茶"在作品中还只是以雏形的面貌出现，但"茶"这一意象从此步入了中国文学的殿堂，逐步成为中国文人笔下的宝贵素材，茶文学的诞生丰富了中国饮食文化的内涵，成为中国饮食文化中一道绚丽的风景线。

伴随着饮茶的出现，人们对茶水药用功能的认识也是逐步深入。在三国之前，人们对茶的药用功能的认识虽然也有提及，如《神农食经》中记载："茶茗久服，令人有力悦志。"然而很多记载都只是零星的。但在汉、晋时期，随着医学技术的发达，茶作为药用的功能越来越多地被人们挖掘，许多医学著作对茶水药用功能的研究也颇为深入，例如东汉华佗所著的《食论》等，其中晋代葛洪的《肘后备急方》一书最具代表性，书中有19处地方提到茶的药用功能，如其卷三中云："气嗽，不问多少时者服之便差方：陈橘皮、桂心、杏仁，去尖皮熬三物，等分捣蜜丸，每服饭后，须茶汤下二十丸。"卷六中云："治风赤眼：以地龙十条，炙干为末，夜卧，以冷茶调下二钱。"把茶的实用功能由饮用提升到药用的角度，茶叶在人们日常生活中的地位得到进一步的增强。

如果说先秦两汉文学中的茶文学还只是初具雏形的话，那么晋代茶文学在此前茶文学的基础上就有了相对的发展，无论是数量还是质量，都比先秦两汉有了一个明显的进步，不少文学作品中开始引入"茶"这一意象，而且在探索运用"茶"意象方面较之先秦两汉的实指意义又向前迈进了一步，"茶"的文学性更强。此时，茶不再是纯粹的饮用品，已经开始融入到文学创作中，成为文人笔下唾手可得的创作喻体，由自然符号过渡到了人为符号，茶文学作品数量与质量的显著提高都标志着饮茶文学在两晋时期开始有了长足发展。不过此时"荼"、"茶"两字在文学作品中仍然互用。如：西晋左思的《娇女诗》："止为荼荈剧，吹嘘对鼎鑪"，描绘了左思两位娇女急切品茗、憨态可掬的神情。还有两首与左思此诗差不多同年代的咏茶诗：一是张载的《登成都白菟楼诗》，用"芳茶冠六清，溢味播九区"的诗句，称赞成都茶的清香；一是孙楚的《出歌》，用"姜桂茶荈出巴蜀，椒橘木兰出高山"的诗句，点明了当时茶叶的原产地。

先秦两汉文学作品中对茶的描写只是涉及，所提及的"茶"亦只是表像的描述，或者仅仅只是刻画主人公形象的点缀品，并没有真正以茶为对象进行描写，从严格意义上来说，它们并不是真正描写茶的文学作品，充其量是茶文学中的边缘作品而已。但在晋代却出现了一篇重要的专门描写茶的赋作——杜育的《荈赋》，这也许是目前所能见到的最早专门歌吟茶事的作品：

灵山惟岳，奇产所钟。厥生芽草，弥谷被岗。承丰壤之滋润，受甘霖之霄降。月惟初秋，农功少休，结偶同旅，是采是求。水则岷方之注，挹彼清流；器泽陶简，出自东隅。酌之以匏，取式公刘。惟兹初成，沫沉华浮，焕如积雪，晔若春敷。

杜育，字芳叔。西晋襄城鄢陵（今河南鄢陵）人。永兴中（304—305年），拜汝南太守。永嘉中进右将军，后为国子监祭酒。永嘉五年（311），京城洛阳将陷时，死于难。著有文集二卷。赋中"荈"实际就是指茶。唐陆羽《茶经》云："其名一曰茶，二曰槚，三曰蔎，四曰茗，五曰荈。"清人陆德明在《经典释文》中指出："荈、槚、茗，其实一也。""荈"是指粗而老的茶叶，苦涩味较重，所以《茶经》称"不甘而苦，荈也"。

在我国现存较早的茶文学作品中，杜育的这篇《荈赋》占有突出地位，在赋中他第一次比较详细地描写了"弥谷被岗"的植茶规模，"是采是求"采掇秋茶的情景，"器泽陶简"的饮茶器具和"沫沉华浮"的茶水特点。它以俳赋的形式和典雅清新、简洁流畅的语言，写出了农夫们采茶、制茶和品茗的优美意境。杜育的《荈赋》是文人作品中首次以茶为叙述主体，予以详细描写的文学作品，也就标志着"茶"开始真正成为文人笔下的抒写对象而被人称颂。

这首《荈赋》和前面三首茶诗，构成了我国古代早期茶文学的基础。同时从这些流传的茶文学作品中也可以了解我国茶业发展的史实，说明汉代除了巴蜀以外，饮茶还未曾普及。到了三国时期东吴孙皓"以茶代酒"的故事虽流传很广，但也只说明三国东吴一带地方茶业有了一定的发展，而在魏国统治的中原尚未见到。不过到了西晋时期，短暂的统一开始把茶叶传到中原如左思这样的官宦人家了，随后又由于南北朝的分裂而打断。直到唐宋以后，茶业才得到全面的发展，茶文学也就开始有了丰硕灿烂的成果，迎来茶文学发展的第一高峰时期。这一时期不仅茶文学作品的数量剧增，而且内容也极为丰富，它们既反映了文人们对茶的珍爱，又反映出饮茶在人们文化生活中的重要性。

二、唐宋：中国古代茶文学的繁荣与鼎盛

唐代作为中国古代封建社会发展的巅峰时期，尤其是"贞观之治"的出现，整个国家国力强盛，疆域阔大，对外经济、文化交流也十分活跃，唐帝国成为当时世界上最强大的具有先进文明的国家。唐代文学也出现了前所未有的辉煌，整个文坛出现了百花齐放、全面繁荣的局面。在唐代，随着茶叶生产与贸易的逐步兴起和发展，饮茶之风普遍兴盛。唐朝初年，饮茶不仅在南方流行，北方有些地方也逐步盛行起来。《封氏闻见记》云："南人好饮之，北人初不多饮。开元中，泰山灵岩有降魔师大兴禅教，学禅务于不寐，又不夕食，皆许其饮茶，人自怀挟，到处煮饮。从此转相仿效，遂成风俗。"于是南北交融带来了茶业的迅速发展。在长期的饮茶实践中，人们发现饮茶可以提高人的思维能力。这无疑让茶受到文人学士的青睐，他们提倡饮茶，乃至成癖，纷纷以茶作为吟诗作赋的题材，于是在茶文学领域开始涌现了大批以"茶"为题材的诗篇，百花齐放，争奇斗艳。无论形式还是内容都异彩纷呈、

炫人耳目。国力强盛下的文人心态一般较为优柔平和，文功武治下的唐朝士人心中更是增添了较多的闲情逸趣，于是茶文学作品中不少描写饮茶时的怡然之情，凸现出那个时代所特有的士人心态。如岑参《暮秋会严京兆后厅竹斋》："瓯香茶色嫩，窗冷竹声干。"钱起《过张成侍御宅》："杯里紫茶香代酒，琴中绿水静留宾。"白居易在《首夏病间》中的几句诗："或饮一瓯茗，或吟两句诗。内无忧患迫，外无职役羁。此日不自适，何时是适时？"道出了品茶的真谛，品茶与吟咏一样，需要有一种闲适的心境。这"闲"，并非仅仅是空闲，而是一种摒弃了俗虑，心地纯净、心平气和的悠闲心境，而这一切也只有在盛世王朝下才能达到。

在唐王朝诗人的笔下，饮茶已渐渐成为一门艺术，越来越多的文人士子注重品评、鉴赏茶饮，对茶业、茶具、茶饮之法都较之以前有了相当的考究。唐代陆羽《茶经》的出现就是顺应时代潮流而诞生的。

《茶经》第一次全面总结了唐以前中国人在茶叶生产方面取得的成就，对茶的起源、历史、栽培、采制、煮茶、用水、品饮等做了全方位精湛的论述，还列举了唐时分辨茶叶优劣的一些基本标准。正如《四库全书总目》云："言茶者莫精于羽，其文亦朴雅有古意。"唐代茶具吟咏比较代表性的作品有陆龟蒙的《和茶具十咏》（《甫里集》卷六）。而对茶的清香的描写也是唐代茶文学艺术化的一个突出表现，因而茶文学作品中描写品茶的清新之感扑鼻而来，令人流连忘返，如王维的《河南严尹弟见宿弊庐访别人赋十韵》云："花醻和松屑，茶香透竹丛。"李泌的《赋茶》诗句："旋沫翻成碧玉池，添酥散出琉璃眼。"齐己《谢中上人寄茶》："春山谷雨前，并手摘芳烟。绿嫩难盈笼，清和易晚天。且招邻院客，试煮落花泉。地远劳相寄，无来又隔年。"诗人身处异乡，惊喜地收到远方朋友寄来的茶叶，连忙招呼邻居用清泉一起煎饮，嫩绿可人的茶叶与清香扑鼻的茶水交相辉映，诗人的暖暖情思荡漾其中，诗情诗境融为一体。正因为茶饮业的发达，文人心态的悠闲雅致，在闲暇之余，聚会品茗也就理所当然地成为唐代文人笔下司空见惯地行为方式。他们在一起相互品赏茗中佳品，吟诗取乐。不仅在无形中推动了中国茶饮的发展，更是为推动中国茶文学的繁荣昌盛做出了不少的贡献。如鲍君徽《东亭茶宴》："闲朝向晓出帘栊，茗宴东亭四望通。远眺城池山色里，俯聆弦管水声中。"就描写了聚会饮茶的欣然之乐；唐僧皎然《惠福寺与陈留诸官茶会》一诗就写出自己与友人饮茶作诗、乐趣丛生的情景；颜真卿等六人所作的《五言月夜啜茶联句》是一首啜茶联句，六人合作，全诗一共七句。在诗中，诗人别出心裁，运用了许多与啜茶有关的代名词。如用"代饮"比喻以饮茶代饮酒，用"华宴"借指茶宴，用"流华"指代饮茶。聚会联诗，这在以前的茶文学中比较少见。

只有在盛唐环境下，诗人们才有足够的闲情逸致去欣赏茶饮，品味茶饮，在茶文学作品中透露出这个时代特有的心境。在丰富茶文学作品的同时，把茶文学推向了一个前所未有的境界，唐代茶文学的发展也正是因为这批诗人的出现才得以达到一个巅峰。所以纵观唐代茶文学作品，不仅形象地描写了饮茶的其乐融融，还有的茶作品更是以鲜活的比喻和生动的文采将煮茶过程展示在读者面前，惟妙惟肖。如著名诗人皮日休有一首诗《茶中杂咏·煮茶》就生动形象地描述了煮茶水的全过程，令人拍案叫绝，诗云："香泉一合乳，煎作连珠沸。时有蟹目溅，乍见鱼鳞起。声疑松带雨，饽恐烟生翠。傥把沥中山，必无千日醉。"诗人从视觉、听觉、色泽三个角度对煮茶进行了描写：观其状，则为"莲珠"、"蟹目"、"鱼鳞"；听其声，则为"松带雨"；察其色，则茶汤的饽沫呈现"翠绿"。诗人最后点明茶的功用：可以醒酒。

宋代黄庭坚的《煎茶赋》与皮日休的诗有异曲同工之妙，其赋云："汹汹乎如涧松之发清吹，皓皓乎如春空之行白云。宾主欲眠而同味，水茗相投而不浑。"

贡茶，即是向皇帝进贡新茶。贡茶之制确立于唐代，唐代贡茶首先取自湖州顾渚的"紫笋"。代宗大历五年（770）在顾渚设贡茶院，李吉甫《元和郡县志》记载："每岁以进奉顾山紫笋茶，役工三万人，累月方毕。"贡茶制度的实行给顾渚当地的茶农带来了生活的痛苦，加重了茶农的负担。中唐诗人袁高，曾在担任湖州太守时，直接负责督造顾渚贡茶，亲眼看到茶农忍着早春的饥寒，男废耕，女废织，攀高山，临深渊，采摘新芽，更目睹了各级官吏如狼似虎催逼缴茶的恶行，痛心地写下一首五言长诗《茶山诗》："氓辍耕农耒，采采实苦辛。一夫旦当役，尽室皆同臻。扪葛上欹壁，蓬头入荒榛。终朝不盈掬，手足皆鳞皴……选纳无昼夜，捣声昏继晨"，表现了诗人对顾渚山人民蒙受贡茶之苦的深切同情。晚唐诗人李郢的《茶山贡焙歌》对官府催迫贡茶的情景也做了精细的描述，同样表达了诗人关注黎民疾苦和内心苦闷的郁郁情怀。在文人的笔下，茶已不再是纯粹的饮用之物，"茶"已经成为一种情感的象征，在茶文学作品中蕴藏着诗人丰富的内心感受和遭遇寄托，而广为后人传诵。

而唐代卢仝的《走笔谢孟谏议寄新茶》（又名《饮茶歌》）堪称唐代茶文学作品的抗鼎之作。卢仝，唐代诗人，自号玉川子，范阳（今河北涿县涿州镇）人，年轻时隐居少室山，不愿仕进。曾因作《月蚀诗》讥讽当时宦官专权，招来宦官怨恨。"甘露之变"时，因留宿宰相王涯家，与王涯同时遇害，死时才40岁左右。他嗜茶成癖，号称"茶痴"。《饮茶歌》，是他品尝友人谏议大夫孟简所赠新茶后的即兴之作，全诗直抒胸臆，一气呵成。诗云：

柴门反关无俗客，纱帽龙头自煎吃。碧云引风吹不断，白花浮光凝碗面。一碗喉吻润，二碗破孤闷。三碗搜枯肠，唯有文字五千卷。四碗发轻汗，平生不平事，尽向毛孔散。五碗肌骨清。六碗通仙灵。七碗吃不得也，唯觉两腋习习清风生。蓬莱山，在何处，玉川子，乘此清风欲归去。山上群仙司下土，地位清高隔风雨。安得知百万亿苍生，命堕在颠崖受辛苦。便为谏议问苍生，到头合得苏息否？

诗人主要叙述煮茶和饮茶的感受。由于茶叶味道鲜美，诗人一连吃了七碗，每吃一碗都有新的感受，吃到第七碗时，顿觉两腋生风，飘飘欲仙。诗的末尾忽然笔锋一转，进入主题，诗人在为苍生请命，希望养尊处优的统治者在享受精美茶叶时，不要忘记是茶农冒着生命危险，攀登悬崖峭壁采摘而来的，诗人对茶农寄予了浓浓的情意，"安得知百万亿苍生，命堕在颠崖受辛苦"同时结语发出呐喊，期待劳苦人民能有个平静祥和的生活环境。可知诗人写这首《饮茶歌》的本意，并不仅仅在夸说茶的奇特功用，背后还蕴藏了诗人对茶农的深刻同情。茶是香的，但唐代的茶农是艰辛的，贡茶制度则是朝廷为茶农套上了沉重的枷锁。全诗挥洒自如，宛然毫不费力，从构思、语言、描绘到夸饰，都恰到好处，能于酣畅中严谨，有节制。卢仝的《饮茶歌》对唐代饮茶风气的普及、茶文化的传播起到推波助澜的作用。由于作者运用了优美的诗句来表现自身对茶的亲切感受，因而此诗脍炙人口，历久不衰。自唐以后，成为人们吟咏饮茶的经典范文。嗜茶、擅烹茶的诗人墨客，常喜与卢仝相比，如宋胡铨的《醉落魄》词中有："酒欲醒时，兴在卢仝碗。"吴潜《谒金门》云："七碗徐徐撑腹了，卢家诗兴渺。"（均见《全宋词》）清代嵇永仁："浪说卢仝堪七碗，武彝梦断雨前茶。"品茶、赏泉兴致盎然时，也常以"七碗"、"两腋清风"代称，如宋人苏轼诗句："何烦魏帝一丸药，且尽卢仝七碗茶。"南宋杨万里诗句："不待清风生两腋，清风先向舌端生。"他的诗句也常被后人化用，像苏轼的《试院煎茶》诗句："不用撑肠拄腹文字五千卷，但愿一瓯常及睡足日高时"，就是化用《饮茶歌》的诗句而成。另外，宋代范仲淹的《和章岷从事斗茶歌》、梅尧臣的《尝茶与公议》、元代耶律楚材的《西域从王君玉乞茶，因其韵七首》等诗中，都充满了对卢仝的崇敬。如果说唐代茶文学在内容上把茶文化推上了一个高峰，那么在形式上同样进行了不少尝试，极大地丰富了唐代茶文学，给中国茶文化带来了清新之感。

唐代茶文学的繁荣使中国茶文学达到了一个高峰，同样，宋代茶文学是中国茶文学发展的另一个高峰时期。宋代的茶文学中引入了"词"这一诗歌形式，因此形成与唐代茶诗双峰并峙的局面。宋人茶诗较唐代还要多，大概有千首之余。这是由于宋代提倡饮茶，贡茶、斗茶之风较之唐代更为兴盛，朝野上下，茶事更多。同时，宋代又是理学思想占统治地位的时期，理学虽有教条、呆滞的弊端，但强调士人自身的思想修养和内省，相当重视人们自身的理性锻炼。而要自我修养，茶就成为了再好不过的伴侣。再者，宋代各种社会矛盾加剧，知识分子常常十分苦恼，但他们又总是注意克制感情，磨砺自己。这使得许多文人常以茶为伴，以便经常保持清醒。

正因如此，宋代社会各阶层的人们对茶也随之变得须臾不能离之，实时人所谓"君子小人靡不嗜也，富贵贫贱靡不能用也"，"夫茶之为民用，等于米盐，不可一日以无"。所以，无论是真正的文学家，还是一般文人儒者，都把以茶入诗词看作高雅之事。在他们作品中对饮茶礼仪多有描述。如李清照《转调满庭芳》云："当年，曾胜赏，生香熏袖，活火分茶。"又史浩《临江仙》："忆昔来时双髻小，如今云鬓堆鸦。绿窗冉冉度年华。秋波娇殢酒，春笋惯分茶。"又洪咨夔《夏初临》："雪丝香里，冰粉光中，兴来进酒，睡起分茶。轻雷急雨，银篁进插檐牙。"（均见《全宋词》）以上诸词都写到"分茶"，这是在饮茶过程中形成的一种技艺。分茶技艺在宋代饮茶习俗中十分盛行，在文人诗词中也就多有反映。

在宋代，茶不仅作为一种重要的经济作物而存在，同时又与诸多生活领域发生了紧密的联系，出现了不少与茶相关的社会现象和风尚习俗，深深影响了社会各阶层的生活行为和意识，其中客来敬茶、客去点汤成了当时社会一种约定俗成的"客礼"，为上至帝王，下至百姓所奉行，这给茶文学的创作提供了广泛的社会基础，开辟了宋代茶文学作品创作的新题材与新领域。如毛滂《西江月·侑茶词》、周紫芝《摊破浣溪沙·汤词》、王安中《小重山·汤》等都是在饮茶席上而作的。在"靖康之变"前的近百年中，宋朝经济有过一段繁荣时期，当时人们更为重视品味茶叶的香味，制作茶叶的技术显著提高，饮茶风气愈盛，嗜好茶的人更加普遍。此北宋茶文学除了在唐代茶文学基础上继续发扬光大之外，还因当时社会环境的特殊性，形成了其独特之处，那就是北宋描写"斗茶"文学作品的盛行，其中尤以范仲淹的《和章岷从事斗茶歌》为后世文人所称道。

范仲淹是北宋有名的政治家、军事家、文学家。他因《岳阳楼记》文和《渔家傲》词而名闻天下。让很多人诧异的是，他还写有一首在茶文化史上可以与卢仝《饮茶歌》相媲美的斗茶诗——《和章岷从事斗茶歌》，章岷是范仲淹同事。"斗茶"之习唐已有之，只是到了宋代由于皇室的提倡而越发张扬。"斗茶"又称为"茗战"，是一套品评、鉴别茶叶优劣的办法，它最先应用于贡茶的选送和市场价格品位的竞争。宋代贡茶出自福建建安的北苑，斗茶之风也因此盛行。而后经蔡襄介绍，朝中上下偕效法比斗，成为一时风尚。每到新茶上市时节，茶农们竞相比试各自的茶叶，评优论劣，争新斗奇，竞争激烈。范仲淹的《斗茶歌》就对当时盛行的斗茶活动给予了精彩生动的描述，可以从中窥见宋代"斗茶"的民俗民风。

茶的普及与流行，使人们在传统饮料酒、浆之外又增添了新的内容，丰富了人们的饮食生活。自茶产生之日起，茶与酒孰轻孰重就一直是人们争论的一个话题。在茶风十分盛行的宋代，茶与酒功过之争尤为激烈，对此的论述也比以往任何一个朝代都要多。这一新颖题材的进入，给中国茶文学注入了鲜活的魅力，丰富了中国茶文学的表现形式。其中最精彩者莫过于王敷的《茶酒论》（载《全宋文》）。《茶酒论》用拟人的笔法，描写了茶与酒的口舌之战，文中作者详细阐述了茶与酒各自不同的功效，最后以水作公道而结，读来妙趣横生，其《序》言曰："暂问茶之与酒，两个谁有功勋？阿谁即合卑小，阿谁即合称尊？今日各须前立理，强者光饰一门。"其文云：

> 茶乃出来言曰："诸人莫闹，听说些些。百草之首，万木之花。贵之去蕊，重之摘芽。呼之茗草，号之作茶。贡五侯宅，奉帝王家。时新献入，一世荣华。自然尊贵，何用论夸！"酒乃出来："可笑词说！自古至今，茶贱酒贵。单醪投河，三军告醉。君王饮之，赐卿无畏。和死定生，神明歆气。酒食向人，终无恶意。有酒有令，仁义礼智。自合称尊，何劳比类。"水为茶酒曰："……人生四大，地水火风。茶不得水，作何相貌？酒不得水，作甚形容？米曲干吃，损人肠胃。茶片干吃，只砺喉咙。万物须水，五谷之宗……感得天下亲奉，万姓依从。犹不说能圣，两个何用争功？从今以后，切须和同。酒店发富，茶坊不穷。长为兄弟，须得始终。"若人读之一本，永世不害酒颠茶疯。

而李正民的《余君赠我以茶仆答以酒》（《大隐集》卷七）同样是一篇描写茶与酒优劣的文章，不过在这里作者不是用拟人的手法进行描述，他借助诗歌表达了自己对茶与酒二者的看法，认为："古今二者皆灵物，荡涤肺腑无纷华。"二物各有所长，亦各有所短，有利有弊，适度饮之为佳。这应该可以看作茶酒论争的理性总结。

北宋经济的繁荣兴旺，使茶文学呈现出国泰民安、欣欣向荣的盛唐气象。然而好景不长，南宋偏安江左，奉行"主和"政策，先后与金签订了三次丧权辱国的和约，民族矛盾成为当时社会的主要矛盾，许多爱国志士愤慨国势削弱，外敌入侵。在报国无门的情况下，借文学创作抒发志趣，"以茶雅志"，因此当时的许多茶文学作品大都是以忧国忧民、自节自砺为情感基调，其中最具代表性的是刘过《临江仙·茶词》："红袖扶来聊促膝，龙团共破春温。高标终是绝尘氛。西厢留烛影，一水试泉痕。饮罢清风生两腋，余香齿颊犹存。离情凄咽更休论。银鞍和月载，金碾为谁分。"

刘过（1154—1206年），字改之，号龙洲道人，吉州太和人。流落江湖间，与陆游、辛弃疾、陈亮等交往，词风豪放。有《龙洲集》、《龙洲词》。刘过在《临江仙·茶词》中别有一种怀抱，他不仅仅是为个人的得失感慨，他关注的是国家安危和收复失地，关心的是国家命运和前途。在品茶完毕，他稍事休整，想到的是应该为重整金瓯（指国家）而驰骋疆场。在这里，是茶给了他金戈铁马、气吞万里、誓夺江山的气势。同时他又借茶喻志，抒发了自己不能为国效力的愤慨。整首词情感壮怀激烈。

茶是和平的象征，愈是在南宋那种战乱、艰难的时刻，文人士子就愈加向往香茗宁静、和谐的好处。这从民族英雄文天祥的茶诗中可以得到明证。其《扬子江心第一泉》诗云："扬子江心第一泉，南金来此铸文渊。男儿斩却楼兰首，闲评茶经拜羽仙。"反对战乱，企盼和平，盼望着有朝一日可以在闲适、平和的气氛中品评香茗，这不仅仅是诗人的愿望，同时也是当时千千万万中华儿女的共同心愿。中华民族是一个爱好和平的民族，他们不怕强敌，敢于"斩却楼兰首"，但更向往清茶、云乳、茗香，崇尚茶仙陆羽的飘逸平和的心境。

唐代是以僧人、道士、文人为主体的茶文学，而宋朝则进一步向各个层面拓展。一方面是宫廷茶文学的出现，另一方面是市民茶文学和斗茶之风的兴盛。宋代饮茶技艺是相当精致的，但很难融进思想感情。由于宋代著名茶人大多数是著名文人，加快了茶与相关艺术融为一体的过程。像徐铉、王禹偁、林逋、范仲淹、欧阳修、王安石、苏轼、苏辙、黄庭坚、梅尧臣等文学家都好茶，所以著名诗人有茶诗，书法家有茶帖，画家有茶画。这使得中国茶文化的内涵进一步得到拓展，成为文学、艺术等纯精神文化直接关联的部分。宋代市民茶文化主要是把饮茶作为增进友谊、社会交际的手段，茶已经成为民间礼节。宋朝人拓宽了茶文学的社会层面和文化形式，茶事十分兴旺，但茶艺也走向繁复、琐碎、奢侈，失去了唐朝茶文学的精神意蕴。

三、元明清：中国古代茶文学的衰落和消歇

元朝时，北方民族虽也嗜茶，但对宋人烦琐的茶艺已经显得相当不耐烦。在异族文化和政治的压制下，文人也无心以茶事表现自己的风流倜傥，更多的是希望在茶中表现自己不事外族的节气，磨炼自己的情操意志。茶艺简约、返璞归真两种茶文学思潮开始暗暗契合，如耶律楚材的《西域从王君玉乞茶，因其韵七首》、王沂《芍药茶》、谢宗可的《雪煎茶》等，其中耶律楚材的饮茶诗一共七首，达390余字，也可称得上茶饮诗中的长篇巨制了。

元代饮茶进一步世俗化，这是元代茶文化的一大特点。由于蒙古人尚武轻文，不少文人生活在社会底层，与普通老百姓有了更多接触，这使得不少诗人以诗表达个人情感，同时也注意到了民间饮茶风尚。如元人李载德曾作《小令》十首，题曰《赠茶肆》，便反映了元代城市茶肆生活的风俗民情。十首之中，虽有与前代茶诗雷同之处，但也不乏新意。如第一首写道："茶烟一缕轻轻，搅动兰膏四座香，烹煎妙手赛维扬。非是谎，下马请来尝。"几句诗，就把茶肆气氛、店主热情待客的场景生动地描绘出来。

明代朝廷推行"以茶制边"政策，对茶的交易控制得非常严厉，贩私茶至边疆者杀无赦。但明代茶文学继续沿着既定的轨道向前发展，但在形式和质量上由于唐、宋两大高峰对峙，它很难有所突破。尽管明代的咏茶诗数量和质量都要比元代发达，但与唐、宋相比却显得有点微不足道。明代随着制茶技术的提高和茶叶质量的改进，煎饮方法及泡茶器皿等也越来越讲究，因此诞生了不少有关饮茶研究的专著，有目录可考者共计55部，散佚4部，有参考研究价值者也有20多部，几乎涉及茶事的

方方面面。但其系统性研究和研究深度均未超出宋代徽宗的《大观茶论》或蔡襄的《茶录》水平。当时著名的茶诗有文征明的《煎茶》、陈继儒的《失题》、陆容的《送茶僧》、周履靖的《茶德颂》、张岱的《斗茶檄》和《阂老子茶》、黄宗羲的《余姚瀑布茶》等。明代社会矛盾加深，许多文人不满当时政治，但在明代时局森严的环境中，他们心中的苦痛不能随意宣泄，文人的处境也不能像盛唐那样怡然自得。再加上明代的社会条件也不允许文人士子久居山林远离都市，去清静地过着自己的隐居生活。在这种情况下，不少文学士子在茶中就表达了自己对隐逸生活的向往，如明人凌云翰有《题画》（《柘轩集》卷一）："童子携饼沽酒，仆夫汲水煎茶。坐对青山扪虱，不妨终老烟霞。"在诗中刻画出一幅怡然自乐、终老烟霞的心境。明谢晋《前晾校理》（《兰庭集》卷下）："家住青山若个边，白云无路树参天。读书声里萝窗午，风散烹茶一缕烟。"表达了同样的心情。不过难得的是，明代还有不少反映民生疾苦、讥讽时政的咏茶诗，但与唐代讽刺时政的咏茶诗相比，在明代时局森严的环境中，不少诗人就可能是因为借茶讥刺时政而受到当局的迫害。如高启《采茶词》："银钗女儿相应歌，筐中摘得谁最多？雷过溪山碧云暖，幽丛半吐枪旗短。归来清香犹在手，高品先将呈太守。山家不解种禾黍，衣食年年在春雨。竹炉新焙未得尝，笼盛贩与湖南商。"诗中描写了茶农把茶叶供官府后，其余全部卖给商人以换取一年的衣食用品，自己却舍不得尝新的痛苦心情，表现了诗人对人民生活极大的同情与关怀，同时对统治者敲诈百姓的行径进行了影射。又如明代正德年间身居浙江按察金事的韩邦奇，根据民谣加工润色而成的《富阳民谣》，揭露了当时浙江富阳贡茶扰民、害民的苛政。这两位同情民间疾苦的诗人，后来都惨遭不幸，高启腰斩于市，韩邦奇罢官下狱，几乎送掉性命，被杀虽然不仅仅是吟茶诗所致，但借吟茶讥讽时政也是他们遭受迫害的原因之一。

晚明到清初，精细的茶文化再次出现，制茶、烹饮虽未回到宋人的烦琐，但茶风已经趋向纤弱，不少文人终生泡在茶里，出现了玩物丧志的倾向。当时，部分茶文学作品在描写茶文化方面偏向琐碎化、浅俗化，使本来兴盛一时的茶文学作品走向低迷，再加上时局的动乱，使得茶文学由鼎盛开始迈向衰落。

当然清代也有部分诗人如郑燮、金田、陈章、曹廷栋、张日熙等的咏茶诗，亦为著名诗篇。特别值得一提的是，由于清代朝廷茶事很多，乾隆皇帝经常举行大型茶宴，每会都产生了大量茶诗，不过终因大多数茶诗都是歌功颂德的作品，没有多少价值。不过清代几位帝王对饮茶的喜爱和歌吟，使得中国茶文化在终结之时昙花一现，带来了短暂的繁荣，但终究挡不住历史的车轮，中国古代茶文学在清末最终迈向了衰败。这几位帝王中，尤其值得称道的是爱新觉罗·弘历，即乾隆皇帝，他不但到茶区观看采茶，而且对烹茶也颇有研究，非常讲究水质和茶具。他六下江南，曾五次为杭州西湖龙井茶作诗，其中最为后人传诵的是1759年游无锡时所作《荷露烹茶》："白帝精灵青女气，惠山竹鼎越窑瓯。秋荷叶上露珠流，柄柄倾来盘盘收。李相若曾经识此，底须置驿远驰求。学仙笑彼金盘妄，宜咏欣兹玉乳浮。"诗中不但赞赏了用无锡泉水冲泡的玉乳名茶和唐宋官窑越瓷茶具，也指斥了汉武帝妄想成仙以秋露为饮之事，更讥讽了李林甫不识玉乳，为讨好皇上而千里劳累选送荔枝的愚蠢。诗中多处用典，将现实与历史融合在一起，既有对前车之鉴的深刻警醒，也有对现实状况的歌颂，高度展示了乾隆皇帝在饮茶方面的渊博知识和过人才华。乾隆其他饮茶诗还有《坐龙井上烹茶偶成》、《观采茶作歌》、《大明寺泉烹武夷茶浇诗人雪帆墓》，都堪称清代茶文学作品中的佳作。乾隆帝卒时享年八十八岁，如此高寿与嗜茶养性不无关系。嘉庆皇帝受其父亲影响，也爱品茶，并写有一些饮茶诗，如《嘉庆御制壶铭茶诗》。皇帝爱饮茶，前代并不少见，像宋徽宗对饮茶就颇有研究，然而皇帝写茶诗，这在中国茶文学史上是比较少见的。他们的出现丰富了中国茶文学作品，也在中国茶文化史上留下了一段佳话。

　　以上就中国古代茶文学的发展流程做了一个简单的回顾，茶文学的历史积淀，并非如此三言两语就可以叙述清楚，权当笔者抛砖引玉，为中国茶文学历史形态演变流程做一番粗略的勾勒，有待专家学者的进一步挖掘。由于中国茶文学作品数量丰富，内涵博大精深，从而奠定了它在茶文化史上的地位，是中国茶文化史上一道绚丽的风景线。

第三节　中国茶诗种种

　　我国既是"茶的祖国"，又是"诗的国家"，因此，茶很早就渗透进诗词之中，从最早出现的茶诗（如左思《娇女诗》）到现在，历时 1 700 年，为数众多的诗人、文学家已创作了不少的优美茶叶诗词。

　　所谓茶叶诗词，大体上可分为狭义的和广义的两种。狭义的指"咏茶"诗词，即诗词的主题是茶，这种茶叶诗词数量略少；广义的指不仅包括咏茶诗词，而且也包括"有茶"诗词，即诗词的主题不是茶，但是诗词中提到了茶，这种茶叶诗词数量就很多了。现在一般讲的，都是指广义的茶叶诗词，而从研究祖国茶叶诗词着眼，则咏茶诗词和有茶诗词同样是有价值的。如南宋陆游的《幽居》诗："雨霁鸡栖早，风高雁阵斜。园丁刈霜稻，村女卖秋茶"。由该诗可见，当时浙江绍兴一带，已有了采秋茶的习惯。我国的广义茶叶诗词，据估计：唐代约有 500 首，宋代多达 1 000 首，再加上金、元、明、清，以及近代，总数当在 2 000 首以上，真可谓美不胜收、琳琅满目了。

一、两晋和南北朝茶诗

　　我国唐代以前无"茶"字，其字作"荼"，因此考察我国诗词与茶文化的联系，最初应从我国早期诗词中的"茶"字考辨起。"荼"字在我国第一部诗歌总集——《诗经》中就有所见，但近千年来，围绕《诗经》中的荼是否是指茶，争论不休，一直延续到今天，仍无统一的意见。对此，只好暂置勿论。《诗经》以后，汉朝的"乐府民歌"和"古诗"中，没有茶字的踪迹，现在可以肯定的最早提及茶叶的诗篇，按陆羽《茶经》所辑，有四首，它们都是汉代以后、唐代以前的作品：

张载《登成都楼诗》："借问杨子舍，想见长卿庐。程卓累千金，骄侈拟五侯。门有连骑客，翠带腰吴钩。鼎食随时进，百和妙且殊。披林采秋橘，临江钓春鱼。黑子过龙醢，果馔逾蟹蝑。芳茶冠六清，溢味播九区。人生苟安乐，兹土聊可娱。"

孙楚《出歌》："茱萸出芳树颠，鲤鱼出洛水泉。白盐出河东，美豉出鲁渊。姜桂茶荈出巴蜀，椒橘木兰出高山。蓼苏出沟渠，精稗出中田。"

左思《娇女诗》："吾家有娇女，皎皎颇白皙。小字为纨素，口齿自清历。……其姊字惠芳，面目粲如画。……驰骛翔园林，果下皆生摘。……贪华风雨中，倏忽数百适。……止为荼荈剧，吹嘘对鼎𬭊。"

王微《杂诗》："待君竟不归，收颜今就槚。"

这四首诗创作年代不详，不知何篇为先，姑将它们全录出来。不过，应当指出，这四首诗都未引全。如张载《登成都楼诗》，共32句，《茶经》引的只是后16句；左思《娇女诗》有56句，《茶经》仅选摘12句；孙楚《出歌》，也明显未引完。除这四首诗以外，晋朝，时间大致在西晋末年和东晋初的这个阶段，还有一首重要的茶赋——杜育的《荈赋》。

《荈赋》载："灵山惟岳，奇产所钟，厥生荈草，弥谷被岗。承丰壤之滋润，受甘霖之霄降。月惟初秋，农功少休，结偶同旅，是采是求。水则岷方之注，挹彼清流；器择陶简，出自东隅；酌之以匏，取式公刘。惟兹初成，沫成华浮，焕如积雪，晔若春敷。"

《荈赋》，是现在能见到的最早专门歌吟茶事的诗词类作品。这篇茶赋加上前面四首茶诗，构成了我国早期茶文化和诗文化结合的例证，也极其典型地具体描绘了晋代我国茶业发展的史实。汉朝"古诗"中不见茶的记载，说明汉时除巴蜀以外，特别是中原，饮茶还不甚普及。三国孙皓时"以茶代酒"的故事流传很广，说明其时茶叶不仅在蜀，在孙吴的范围内也有一定发展，但关于曹魏饮茶的例子，则几乎未见。那么，至西晋时，如上录有关诗句所示："芳茶冠六清，溢味播九区"；"姜桂茶荈出巴蜀"，其时我国茶业的中心虽然依然还在巴蜀，但犹如左思《娇女诗》中所吟："止为荼荈剧，吹嘘对鼎𬭊"，由于西晋的短暂统一，这时茶的饮用也传到了中原如左思这样的官宦人家。也由于这种统一，南方的茶业也如《荈赋》所反映，有些山区的茶园进一步出现了"弥谷被岗"的盛况。不过，可惜的是这种统一、发展的势头不久又为南北朝的分裂和北方少数民族的混战所打断。所以，严格来说，我国诗与茶的全面有机结合，是唐代尤其是唐代中期以后，才显露出来的。

二、唐代茶诗

到了唐代，我国的茶叶生产有了较大的发展，饮茶风尚也在社会上逐渐普及开来，茶在许多诗人、文学家中也成了不可缺少的物品，于是产生了大量茶叶诗词，其中绝大部分为茶诗。大诗人李白首先写了仙人掌名茶诗。杜甫也写过3首茶诗。白居易写得更多，有50余首，他并自称为茶叶行家，"应缘我是别茶人"。卢仝的《走笔谢孟谏议寄新茶》诗犹为脍炙人口，称为千古佳作。僧皎然是咏陆羽诗最多的一个人。齐己上人也写了很多茶诗。皮日休和陆龟蒙互相唱和，各写了10首《茶中杂咏》唱和诗。其他如钱起、杜牧、袁高、李郢、刘禹锡、柳宗元、姚合、顾况、李嘉佑、温庭筠、韦应物、李群玉、薛能、孟郊、张文规、曹邺、郑谷、皇甫冉、皇甫曾、陆羽、颜真卿、陆希声、施肩吾、韦处厚、岑参、李季兰、刘长卿、元稹、韩偓、鲍君徽等，都写过茶诗。

1. 唐代茶诗曾出现过多种形式

古诗：这类茶诗很多，主要有五言古诗和七言古诗，其中有不少咏茶名篇，如李白的《答族侄僧中孚赠玉泉仙人掌茶并序》诗（五言古诗，序略）："尝闻玉泉山，山洞多乳窟。仙鼠白如鸦，倒悬清溪月。著生此中石，玉泉流不歇。根柯洒芳津，采服润肌骨。丛老卷绿叶，枝枝相接连。曝成仙人掌，以拍洪崖肩。举世未见之，其名定谁传。宗英乃禅伯，投赠有佳篇。清镜烛无盐，顾惭西子妍。朝坐有余兴，长吟播诸天。"这首诗写了名茶"仙人掌茶"，是名茶入诗最早的诗篇。作者用雄奇豪放的诗句，把仙人掌茶的出处、质量、功效等，做了详细的描述，因此这首诗成为重要的茶叶历史数据和咏茶名篇。

卢仝的《走笔谢孟谏议寄新茶》则是一首著名的咏茶的七言古诗：

> 日高丈五睡正浓，军将打门惊周公。
>
> 口云谏议送书信，白绢斜封三道印。
>
> 开缄宛见谏议面，手阅月团三百片。
>
> 闻道新年入山里，蛰虫惊动春风起。
>
> 天子须尝阳羡茶，百草不敢先开花。
>
> 仁风暗结珠蓓蕾，先春抽出黄金芽。
>
> 摘鲜焙芳旋封裹，至精至好且不奢。
>
> 至尊之余合王公，何事便到山人家？
>
> 柴门反关无俗客，纱帽笼头自煎吃。

碧云引风吹不断，白花浮光凝碗面。

一碗喉吻润，二碗破孤闷。

三碗搜枯肠，惟有文字五千卷。

四碗发轻汗，平生不平事，尽向毛孔散。

五碗肌骨清，六碗通仙灵。

七碗吃不得也，唯觉两腋习习清风生。

蓬莱山，在何处？

玉川子，乘此清风欲归去。

山上群仙司下土，地位清高隔风雨。

安得知百万亿苍生命，堕在颠崖受辛苦。

便为谏议问苍生，到头还得苏息否？

卢仝用了优美的诗句来表示对茶的深切感受，使人诵来脍炙人口。对其诗中的字字句句，后代诗人文士都广为引用。卢仝诗首先把茶饼喻为月（手阅月团三百片），于是后代茶诗，也把茶饼喻为月，如苏东坡诗："独携天上小团月，来试人间第二泉"，"明月来投玉川子，清风吹破武林春"。卢仝诗中的"唯觉两腋习习清风生"，大家尤其爱用，宋梅尧臣诗："亦欲清风生两腋，从教吹去月轮旁。"卢仝的号——玉川子，也为人们所津津乐道，如陈继儒诗："山中日日试新泉，君合前身老玉川。"被后人常常引用的还有韩愈的《寄卢仝》诗："玉川先生洛城里，破屋数间而已矣。一奴长须不裹头，一婢赤脚老无齿。"如宋秦观诗："故人早岁佩飞霞，故遣长须致茗芽"，即从韩愈诗"一奴长须不裹头"化出。宋陆游诗："赤脚挑残笋，苍头摘晚茶"，即从韩愈诗："一婢赤脚老无齿"化出。

律诗：这一类的茶诗也很多，主要有五言律诗，如皇甫冉《送陆鸿渐栖霞寺采茶》；七言律诗，如白居易《谢李六郎中寄蜀新茶》；还有排律。排律是就律诗的定格加以铺排延长，故名，每首至少十句，有多达百韵的，除首末两联外，上下两句都要对仗，也有隔句相对的，称为扇对，如齐己的《咏茶十二韵》便是一首优美的五言排律：

百草让为灵，功先百草成。

甘传天下口，贵占火前名。

出处春无雁，收时谷有莺。

封题从泽国，贡献入秦京。

嗅觉精新极，尝知骨自轻。

研通天柱响，摘逐蜀山明。

赋客秋吟起，禅师昼卧惊。

> 角开香满室，炉动绿凝铛。
> 晚忆凉泉对，闲思异果平。
> 松黄干旋泛，云母滑随倾。
> 颇贵高人寄，尤宜别柜盛。
> 曾寻修事法，妙尽陆先生。

这类茶诗也不少，主要为五言绝句和七言绝句。前者如张籍的《和韦开州盛山茶岭》，后者如刘禹锡的《尝茶》。

宫词：这种诗体是以帝王宫中的日常琐事为题材，或写宫女的抑郁愁怨，一般为七言绝句。如王建《宫词一百首之七》："延英引对碧衣郎，江砚宣毫各别床。天子下帘亲考试，宫人手里过茶汤。"

宝诗：原称一字至七字诗，从一字句至七字句逐句成韵，或迭两句为一韵，后又增至八字句或九字句，每句或每两句字数依次递增。元稹写过一首咏茶的宝塔诗《一字至七字诗茶》。

联句：旧时作诗方式之一，由两人或多人共作一首，相联成篇，多用于上层饮宴及朋友间酬答。这种联句的茶诗主要见于唐代，如茶圣陆羽和他的朋友耿湋欢聚时所作的《连句多暇赠陆三山人》诗：

> 一生为墨客，几世作茶仙。（湋）
> 喜是攀阑者，惭非负鼎贤。（羽）
> 禁门闻曙漏，顾渚入晨烟。（湋）
> 拜井孤城里，携笼万壑前。（羽）
> 闻喧悲异趣，语默取同年。（湋）
> 历落惊相偶，衰赢猥见怜。（羽）
> 诗书闻讲诵，文雅接兰荃。（湋）
> 未敢重芳席，焉能弄绿笺。（羽）
> 黑池流研水，径石涩苔钱。（湋）
> 何事重香案，无端狎钓船。（羽）
> 野中求逸礼，江上访遗编。（湋）
> 莫发搜歌意，予心或不然。（羽）

耿湋真有眼力，他当年就能预感到陆羽将以他出色的茶学而流芳后世。

唐代确是一个伟大的时代，她产生出两位仙人：一位是文学巨星，李白，号为"诗仙"；一位是茶学泰斗，陆羽，誉为"茶仙"。

2. 唐代茶诗按其题材又可分为 11 类

继李白"仙人掌茶"诗之后，许多名茶纷纷入诗，而数量最多的为紫笋茶，如白居易的《夜闻贾常州、崔湖州茶山境会亭欢宴》、张文的《湖州贡焙紫笋》等。其他如蒙顶茶（白居易《琴茶》）、昌明茶（白居易《春尽日》）、石廪茶（李群玉《龙山人惠石廪方及团茶》）、九华英（曹邺《故人寄茶》）、湖茶（齐己《谢湖茶》）、碧洞春（姚合《乞新茶》）、小江园（郑谷《峡中尝茶》）、鸟嘴茶（薛能《蜀州郑使君寄鸟嘴茶》）、天柱茶（薛能《谢刘相公寄天柱茶》）、天目山茶（僧皎然《对陆迅饮天目山茶因寄元居士晟》）、剡溪茗（僧皎然《饮茶歌诮崔石使君》）、腊面茶（徐夤《谢尚书惠腊面茶》）等。

茶圣陆羽之诗：陆羽写了世界上第一部茶书，他也很会写诗，但保存下来的仅有《歌》、《会稽东小山》两首和诗句三条以及几首联句诗。可是陆羽友人和后人的咏陆羽诗却有不少，有些诗对于研究陆羽很有价值，如孟郊的《陆鸿渐上饶新辟茶山》诗，是陆羽到过江西上饶的佐证，孟郊的《送陆畅归湖州因凭题故人皎然塔陆羽坟》诗，是陆羽坟在湖州的佐证，齐己的《过陆鸿渐旧居》诗，是陆羽写过自传的佐证（齐己诗有"读碑寻传见终初"之句）。

煎茶之诗：以煎茶（包括煮茶、煮茗、碾茶等）为诗题或为内容的诗是大量的，如刘言史《与孟郊洛北野泉上煎茶》、杜牧《题禅院》等。《题禅院》为一七绝诗：

> 觥船一棹百分空，十岁青春不负公。
>
> 今日鬓丝禅榻畔，茶烟轻扬落花风。

诗中的"鬓丝茶烟"句很有名，后人广为引用，如苏东坡《安国寺寻春》诗："病眼不羞云母乱，鬓丝强理茶烟中。"陆游《渔家傲·寄仲高》："行遍天下今老矣，鬓丝几缕茶烟里。"文征明《煎茶》诗："山人纱帽笼头处，禅榻风花绕鬓飞。"

饮茶之诗：以饮茶（包括尝茶、啜茶、茶会、吃茗粥、试茶等）为诗题或为内容的诗，数量也相当多，如卢仝的《茶歌》、刘禹锡的《西山兰若试茶歌》、杜甫的《重过何氏五首选一》。杜甫的这首诗，情景交融，简直可以绘成一幅雅致的"饮茶题诗图"：

> 落日平台上，春风啜茗时。
>
> 石阑斜点笔，桐叶坐题诗。
>
> 翡翠鸣衣桁桁，蜻蜓立钓丝。
>
> 自逢今日兴，来往亦无期。

名泉之诗：唐人饮茶已很讲究水质，常常不远千里地把有名的泉水取来煎茶，这时的惠山泉水已很出名，皮日休有《题惠山二首》，其第一首为："丞相长思煮茗时，郡侯催发只忧迟，吴关去国三千里，莫笑杨妃爱荔枝"。丞相为李德裕，为了用惠山泉水煮茶，命令地方官吏从三千里路外的江苏无锡惠山把泉水送到京城里来。皮日休诗带有"讽喻"之意。

李郢亦有《题惠山》诗。山泉亦为煎茶好水，故也为诗人们所喜爱，如白居易有《山泉煎茶有怀》诗，陆龟蒙有《谢山泉》诗，陆龟蒙在另二诗中也提到"茶待远山泉"、"茶试远泉甘"。白居易诗有"蜀茶寄到但惊新，渭水煎来始觉珍"之句，他认为渭水是煎茶的好水。刘禹锡诗有"斯须炒成满室香，便酌沏下金沙水"之句。金沙水即浙江长兴顾渚山金沙泉之水，唐时与顾渚茶同为贡品。另外，雪水也是煎茶好水，白居易诗有"闲烹雪水茶"之句。

茶具之诗：皮日休与陆龟蒙的《茶中杂咏》唱和诗写了《茶籝》、《茶灶》、《茶焙》、《茶鼎》。徐夤写了《贡余秘色茶盏》诗。秘色茶盏是产于浙江越州的一种青瓷器，作为贡品，十分珍贵，由徐夤的诗可见：

> 捩翠融青瑞色新，陶成先得贡我君。
>
> 功剜明月染春水，轻旋薄冰盛绿云。
>
> 古镜破苔当席上，嫩荷涵露别江濆。
>
> 中山竹叶醅初发，多病那堪中十分。

采茶之诗：皮日休、陆龟蒙的《茶人》诗都是描述采茶的，而姚合的《乞新茶》诗，可以从中了解到当时人们对制造"碧涧春"名茶是如何讲究：

> 嫩绿微黄碧涧春，采时闻道断荤辛。
>
> 不将钱买将诗乞，借问山翁有几人？

诗中表明采茶时要戒食荤辛。荤是荤菜；辛是辣味菜，如葱、姜、蒜、韭之类。

造茶之诗：袁高的《茶山诗》、杜牧的《题茶山》、李郢的《茶山贡焙歌》这三首诗都是洋洋大篇，从各个侧面反映了当时浙江长兴顾渚山上加工紫笋茶的盛况。"溪尽停蛮棹，旗张卓翠苔"（杜牧诗），这是状造茶时节山上的一派繁华景象。而"扪葛上欹壁，蓬头入荒榛……悲嗟遍空山，草木为不春"（袁高诗）、"凌烟触露不停采，官家赤印连帖催，朝饥暮匐谁兴哀"（李郢诗），则是讲造茶人民的艰苦生活。

茶园之诗：从韦应物的《喜园中茶生》，韦处厚的《茶岭》诗，皮日休、陆龟蒙的《茶坞》诗，陆希声的《茗坡》诗等，可见唐代已有了比较集中成片栽培的茶园。如皮日休诗："种莽已成园，栽蔎宁计亩"（这里莽、蔎都是茶的别名）。

茶功之诗：饮茶之功有破睡、益思、醒酒、代药、代酒等。白居易诗："驱愁知酒力，破睡见茶功。"曹邺诗："六腑睡神去，数朝诗思清。"薛能诗："得来抛道药，携去就僧家。"陆龟蒙诗："绮席风开照露晴，只将茶荈代云醆"，云醆：酒器，此处借指酒，即以茶代酒之意。皮日休诗："倪把沥中山，必无千日醉"，即茶可醒酒。

其他类：还有一些茶诗，不能包括在以上 10 类之中，但同样很有价值，如皮日休《包山祠》诗，提到了"以茶祭神"之事："白云最深处，像设盈岩堂。村祭足茗栅，水奠多桃浆……"

"村祭足茗栅"是说村里人用茗、栅来祭祀包山祠之神。茗即茶，栅有两种解释，一说为粽子，一说为馓子。馓子是油炸面食，现在的馓子，形如栅状，细如面条。历史上传说茶曾用来作为祭天地、敬祖宗、拜鬼神的祭祀品，但在诗中提到的却很少，皮日休可能是第一人。杜牧的《游池州林泉寺金碧洞》诗，杜甫的《进艇》诗，都表明古人在旅游时要随带茶叶："携茶腊月游金碧"（杜牧诗）；"茗饮蔗浆携所有"（杜甫诗）。

唐代，特别是中唐以来，正如白居易诗句所说的那样："或饮茶一盏，或吟诗一章"；"或饮一瓯茗，或吟两句诗"，茶和诗一样，成为诗人们生活中不可缺少的一部分或一大乐趣，于是相袭相传，使茶诗、茶词在茶叶和诗词文化中形成、发展为一种别具一格的文化现象。

而唐代茶诗作为一种文化现象的大量出现，对茶叶文化和诗词文化本身的发展，又起到了很大的推动作用。

先以茶对诗来说，如唐人薛能所吟："茶兴复诗心，一瓯还一吟"；"茶兴留诗客，瓜情想成人"；刘禹锡在《酬乐天闲卧见寄》中吟："诗情茶助爽，药力酒能宣"；司空图的诗句也称："茶爽添诗句，天清莹道心"。很多诗人都提到，茶有益思的作用，能激发诗人们的诗兴和创作才华。

第二，由于茶业的发展，作为社会生活中一种新的内容或现象，其对诗词创作艺术的特点、风格等等，也有一定的影响。如很多人熟悉的卢仝《走笔谢孟谏议寄新茶》中的对"七碗茶"的描述，可说是茶诗中一首浪漫主义的代表作；此外，茶诗中现实主义的作品也很多。如李郢的《茶山贡焙歌》、袁高的《茶山诗》，就都是力陈贡茶弊病之作。这里举袁高的《茶山诗》为例：这首诗的一开头，就用"禹贡通远俗，所图在安人；后王失其本，职吏不敢陈；亦有奸佞者，因兹欲求伸；动生千金费，日使万姓贫"这几句，直言不讳地告诉皇帝，贡茶是一桩靡费扰民之举。接着，袁高又以十分同情的笔触，诉说了"一夫且当役，尽室皆同臻；扪葛上敧壁，蓬头入荒榛；终朝不盈掬，手足皆鳞皴；悲嗟遍空山，草木为不春"的劳动艰辛情况。在诗的最后，袁高以问句的形式，提出"况减兵革困，重兹固疲民；未知供御余，谁合分此珍"；责问这种劳民伤财的贡茶，除皇帝外还配给谁喝？在末句，甚至以"茫茫沧海间，丹愤何由申"的问句来束笔。茶诗中这些浪漫主义和现实主义的作品，当然是与这时诗词和具体诗人的风格、特点分不开的，但是，茶作为其时一种新的受人瞩目的物品，对文学中的浪漫主义和现实主义的传承，不会是没有影响的。同样，茶诗作为茶叶文化的一种载体，对茶文化的流传和茶业的发展，也是有其明显的作用的。有人说，古代茶诗，起到茶叶史料的保存作用。其实，茶诗不仅具有历史意义，在当时的现实生活中，对茶业的传播和发展也有积极的促进作用。历史上茶诗的大多数作者，都是各时各地的达官名士，他们对茶的嗜好、崇尚，都起到一种能使社会仿效的作用。如唐朝宜兴、长兴的紫笋茶，宋朝建瓯的北苑茶，本来无名，经一些诗人和诗篇赞吟以后，不只名闻遐迩，并且被唐宋两代定为主要的贡茶。

三、宋代茶诗

宋代茶叶诗词是在唐代基础上继续发展的一个时代。如北宋初年的著名诗人王禹偁，中期的梅尧臣、欧阳修、王安石、苏轼，后期的黄庭坚和江西诗派，南宋的陆游、范成大、杨万里等等，都留下了许多脍炙人口的茶诗和茶叶诗句。宋朝的诗人，非常重视对传统的继承，如北宋前期诗人，最重视学习白居易和韩愈的风格；加之其时大城市的发达和茶馆、饮茶的盛起，诗人们都尚茶、嗜茶，所以茶诗在许多诗人的诗词作品中，往往占有很大的比例。以梅尧臣为例，据不完全的统计，单在《宛陵先生集》中，就写有茶叶诗词25首。爱国诗人陆游，曾写下了300多首茶叶诗词，他并以陆羽自比。苏东坡的茶叶诗词也不少，有70余篇，人们把他比作卢仝，东坡亦以卢仝自许。黄庭坚写了许多宣扬双井茶的诗篇，他的另一些茶诗还引用了佛教的语言。范仲淹的《斗茶歌》可以与卢仝的《走笔谢孟谏议寄新茶》诗相媲美。欧阳修写了许多赞美龙凤团茶的诗，也写了双井茶赞诗。其他如蔡襄、曾巩、周必大、丁谓、苏辙、文同、朱熹、秦观、米芾、赵佶（徽宗皇帝）、陈襄、方岳、杜来、熊蕃等都写过茶诗。

1. 茶叶诗词的形式

与唐代大同小异，但增加了"茶词"这个新品种。

这类茶诗很多，五言古诗如梅尧臣的《答宣城张主簿遗鸦山茶次其韵》、苏轼的《问大冶长老乞桃花茶栽东坡》等。七言古诗如黄庭坚的《谢刘景文送团茶》、葛长庚的《茶歌》等。

律诗：亦有五律、七律、排律。五律如曾几的《谢人送壑源绝品，云九重所赐也》、徐照的《谢徐玑惠茶》等。七律如王禹偁的《龙凤茶》、欧阳修的《和梅公仪尝建茶》等。排律有余靖的《和伯茶自造新茶》。

绝句：亦有五绝、七绝，还有六绝。五绝如苏轼的《赠包安静先生》、朱熹的《茶阪》等。七绝如曾巩的《闰正月十一日吕殿丞寄新茶》、林逋的《烹北苑茶有怀》等。苏轼有六绝一首《马子约送茶，作六言谢之》：珍重绣衣直指，远烦白绢斜封。惊破卢仝幽梦，北窗起看云龙。

宫词：徽宗皇帝赵佶曾写过一首宫词：今岁闽中别贡茶，翔龙万寿占春芽。初开宝箧新香满，分赐师垣政府家。

竹枝词（竹枝歌）：古代歌曲的一种，原是西南地区的民间歌谣，宋代茶诗中亦可看到，如范成大的《夔州竹枝歌》：

> 白头老媪簪红花，黑头女娘三髻丫。
> 背上儿眠上山去，采桑已闲当采茶。

有洪迈、方云翼、黄介、向籓、许子绍五人的《秀川馆联句并序》一首：

> 劝频难固辞，意厚敢虚辱（许）。
> 一一罄瓶罍，纷纷吐菌蕈（方）。
> 茶甘旋汲江，火活乍燃竹（向）
> 聊烹顾渚吴，更试蒙山蜀（洪）。
> 清风生玉川，石鼎压师服（黄）。

这种诗无论顺读、倒读，都可以读通，诗体别致，苏东坡就写过这种体裁的茶诗：《记梦回文二首并叙》。

东坡在诗叙中还讲了一个故事：在十二月十五日，大雪刚过天气转晴，我晚上做了个梦，梦见一位漂亮的女子以雪水烹小团茶给我饮，她还唱着歌。我便在梦中写了回文诗，等到醒来，只记得一句："乱点余花唾碧衫"，于是把它续成两首完整的诗："酡颜玉碗捧纤纤，乱点余花唾碧衫。歌咽水云凝静院，梦惊松雪落空岩。// 空花落尽酒倾缸，日上山融雪涨江。红焙浅瓯新火活，龙团小碾斗晴窗。"

茶词：从宋代开始，诗人们才把茶写入词中，写得最多的为苏东坡、黄庭坚，还有谢逸、米芾等。如苏轼《行香子》：

> 绮席才终，欢意犹浓，酒阑时高兴无穷。共夸君赐，初拆臣封。看分香饼，黄金缕，密云龙。斗赢一水，功敌千锺，觉凉生两腋清风。暂留红袖，少却纱笼。放笙歌散，庭馆静，略从容。

2. 茶叶诗词题材几乎和唐代相同

名茶之诗：宋代名茶诗篇中咏得最多的为龙凤团茶，如王禹偁的《龙凤团茶》、蔡襄的《北苑茶》、欧阳修的《送龙茶与许道人》等。其次是双井茶，如欧阳修的《双井茶》、黄庭坚的《以双井茶送子瞻》、苏轼的《鲁直以诗馈双井茶，次其韵为谢》等。日铸茶，如苏辙的《宋城宰韩夕惠日铸茶》、曾几的《述侄饷日铸茶》等。其他如蒙顶茶（文同的《谢人寄蒙顶茶》）、修仁茶（孙觌的《饮修仁茶》）、鸠坑茶（范仲淹的《鸠坑茶》）、七宝茶（梅尧臣的《七宝茶》）、月兔茶（苏轼的《月兔茶》）、宝云茶（王令的《谢张和仲惠宝云茶》）、卧龙山茶（赵抃的《次谢许少卿寄卧龙山茶》）、鸦山茶（梅尧臣的《答宣城张主簿遗鸦山茶次其韵》）、扬州贡茶（欧阳修的《和原父扬州六题时会堂二首》）等。

茶圣陆羽之诗：宋代诗人常常在茶诗中提到陆羽，这是他们对这位茶业伟人表示景仰之意，尤其是陆游更为倾心，"桑苎家风君勿笑，它年犹得作茶神"，"遥遥桑苎家风在，重补茶经又一篇"，"汗青未绝茶经笔"，"茶荈可作经"等，从这些诗推测，陆游可能也写过茶经。

煎茶之诗：苏东坡的《汲江煎茶》诗写得最好，杨万里对之赞叹不已，他评价该诗说："一篇之中，句句皆奇；一句之中，字字皆奇，古今作者皆难之。"

饮茶之诗：最脍炙人口的是范仲淹的《斗茶歌》，其诗题的全称是《和章岷从事斗茶歌》：

年年春自东南来，建溪先暖水微开。
溪边奇茗冠天下，武夷仙人从古栽。
新雷昨夜发何处，家家嬉笑穿云去。
露芽错落一番荣，缀玉含珠散嘉树。
终朝采掇未盈襜，唯求精粹不敢贪。
研膏焙乳有雅制，方中圭兮圆中蟾。
北苑将期献天子，林下雄豪先斗美。
鼎磨云外首山铜，瓶携江上中泠水。
黄金碾畔绿尘飞，碧玉瓯中翠涛起。
斗茶味兮轻醍醐，斗茶香兮薄兰芷。
其间品第胡能欺，十目视而十手指。
胜若登仙不可攀，输同降将无穷耻。
吁嗟天产石上英，论功不愧阶前蓂。
众人之浊我可清，千日之醉我可醒。
屈原试与招魂魄，刘伶却得闻雷霆。
卢仝敢不歌，陆羽须作经。
森然万象中，焉知无茶星。
商山丈人休茹芝，首阳先生休采薇。
长安酒价减百万，成都药市无光辉。
不如仙山一啜好，泠然便欲乘风飞。
君莫羡花间女郎只斗草，赢得珠玑满斗归。

这首《斗茶歌》，历史上已有过很高的评价，如《诗林广记》引《艺苑雌黄》说："玉川子有《谢孟谏议惠茶歌》，范希文亦有《斗茶歌》，此两篇皆佳作也，殆未可以优劣论。"

斗茶又称茗战，即评比茶叶质量的优劣，盛行于北宋，宋唐庚有《斗茶记》。

王安石的《寄茶与平甫》诗，则反映了唐宋人的一种饮茶习惯：

> 碧月团团堕九天，封题寄与洛中仙。
>
> 石楼试水宜频啜，金谷看花莫漫煎。

王安石对他弟弟平甫（即王安国）说，在"金谷园"看花的时候，不要煎饮茶，因为"对花啜茶"是"煞风景"之事。此在唐代李商隐的《义山杂纂》中曾提到，有16种情况都属于煞风景，如"看花泪下"、"煮鹤焚琴"、"松下喝道"等，"对花啜茶"也为一种。

名泉之诗：宋人非常喜爱惠山泉，因此咏惠泉的诗特别多，尤其是苏东坡。其他有庐山的谷帘泉（王禹偁《谷帘水》）、江西庐山三迭泉（汤巾诗）、安徽滁县琅琊山麓六一泉（杨万里《以六一泉煮双井茶》）、山东济南金线泉（苏辙《次韵李公择以惠泉答章子厚寄新茶》）、江苏扬州大明泉（黄庭坚《谢人惠茶》）、江苏镇江中泠泉（范仲淹《斗茶歌》）、湖北天门文学泉（王禹偁《题景陵文学泉》）、湖北宜昌陆游泉（陆游诗）等。

苏轼诗：《惠山谒钱道人烹小龙团，登绝顶，望太湖》："踏遍江南南岸山，逢山未免更流连。独携天上小团月，来试人间第二泉。石路萦回九龙脊，水光翻动五湖天。孙登无语空归去，半岭松声万壑传。"

汤巾《以庐山三迭泉寄张宗瑞》诗："鸿渐但尝唐代水，涪翁不到绍熙年。从兹康谷宜居二，试问真岩老咏仙。"

汤巾认为三迭泉要超过谷帘泉。

湖北宜昌陆游泉有一段故事，1169年陆游到四川奉节任通判，入蜀时过此汲泉品茗，吟成《三游洞前岩下小潭水甚奇取以煎茶》诗一首："苔径芒鞋滑不妨，潭边聊得据胡床。岩空倒看峰峦影，磵远中含药草香。汲取半瓶牛乳白，分流触石佩声长。囊中日铸传天下，不是名泉不合尝。"

后人为了纪念这位诗人，便把它称为陆游泉，或称陆游井、陆游潭，在湖北宜昌市西陵山上三游洞下百余步的半山腰崖脚处，有"神水"、"琼浆玉液"之赞语。

茶具之诗：有苏轼的茶磨、石銚诗：《次韵黄夷仲茶磨》、《次韵周穜惠石銚》，秦观的《茶臼》诗、朱熹的《茶灶》诗等。

采茶之诗：有丁谓的《咏茶》、范成大的《夔州竹枝歌》等。

造茶之诗：有余靖的《和伯恭自造新茶》、梅尧臣的《答建州沈屯田寄新茶》、蔡襄的《造茶》等。

茶园之诗：有王禹偁的《茶园十二韵》、蔡襄的《北苑》、朱熹的《茶阪》等。

茶功之诗：有苏轼的《游诸佛舍，一日饮釅茶七盏，戏书勤师壁》："何须魏帝一丸药，且尽卢仝七碗茶。"黄庭坚的《寄新茶与南禅师》："筠焙熟茶香，能医病眼花。"

其他之诗：如杨万里的《澹庵坐上观显上人分茶》是一首很有趣的茶诗。分茶，又名茶戏、汤戏，或茶百戏，是在点茶时使茶汁的纹脉形成物象。宋陶谷的《清异录》说："沙门福全能注汤幻茶，成诗一句，并点四碗，泛手汤表。檀越日造门求观汤戏。全自诗曰：'生成盏里水丹青，巧画工夫学不成。却笑虚名陆鸿渐，煎茶赢得好名声。'"《清异录》又说："茶自唐始盛，近世有下汤运七，别施妙诀，使茶纹水脉成物像者，禽兽鱼虫花草之属，纤巧如画，但须臾就散灭。此茶之变也，时人谓之茶百戏。"

苏辙的《茶花二首》、陈与义的《初识茶花》。历代咏茶花的诗比较少，苏、陈可谓别出心裁。

四、元明清的茶诗

元、明、清各个时期，除了有茶诗、茶词之外，还增加一个新品种，即以茶为题材的曲，尤其是元曲，最为盛行。

1.元 代

这个朝代时期不是太长，而且崇尚武功，"只识弯弓射大雕"。所以比之唐宋，咏茶的诗词人要少得多。

元代的咏茶诗人有耶律楚材、虞集、洪希文、谢宗可、刘秉忠、张翥、袁桷、黄庚、萨都刺、倪瓒、李谦亨、马臻、李德载、仇远、李俊民、郭麟孙等。

（1）元代的茶叶诗词体裁，有古诗、律诗、绝句。并出现一个新品种：元曲。如袁桷的《煮茶图并序》、洪希文的《煮土茶歌》。

律诗：如耶律楚材的《西域从王君玉乞茶，因其韵七首》，这首律诗的七首诗，都用了茶、车、芽、赊、霞的几个韵写成，别有风味：第一首："积年不啜建溪茶，心窍黄尘塞五车。碧玉瓯中思雪浪，黄金碾畔忆雷芽。卢仝七碗诗难得，谂老三瓯梦亦赊。敢乞君侯分数饼，暂教清兴绕烟霞。"第七首："啜罢江南一碗茶，枯肠历历走雷车。黄金小碾飞琼雪，碧玉深瓯点雪芽。笔阵陈兵诗思勇，睡魔卷甲梦魂赊。精神爽逸无余事，卧看残阳补断霞。"

有马臻的《竹窗》、虞集的《题苏东坡墨迹》等。

元代盛行元曲，因此茶也就进入了这个领域，如李德载的《喜春来，赠茶肆》小令十首，节录如下：

　　一、茶烟一缕轻轻扬，搅动兰膏四座香，烹煎妙手胜维扬。非是谎，下马试来尝。

七、兔毫盏内新尝罢，留得余香满齿牙，一瓶雪水最清佳。风韵煞，到底属陶家。

十、金芽嫩采枝头露，雪乳香浮塞上酥，我家奇品世间无。君听取，声价彻皇都。

（2）元代茶叶诗词题材：亦有名茶、煎茶、饮茶、名泉、茶具、采茶、茶功等。

名茶诗：有虞集的《游龙井》诗。这首诗把龙井与茶连在一起，被认为是龙井茶的最早记录。"徘徊龙井上，云气起晴画。澄公爱客至，取水挹幽窦。坐我蒼蔔中，余香不闻嗅。但见瓢中清，翠影落群岫。烹煎黄金芽，不取谷雨后。同来二三子，三咽不忍嗽。"诗中提到该茶为雨前茶（不取谷雨后），香味强烈（如蒼蔔，即栀子花那样的香气）。龙井泉水也很清美，你瞧！青翠的群山映照在瓢水中（但见瓢中清，翠影落群岫）。此外，有刘秉忠的《尝云芝茶》诗，李俊民的《新样团茶》诗等。

煎茶诗：有仇远的《宿集庆寺》诗："旋烹紫笋犹含籍。"谢宗可的《雪煎茶》诗："夜扫寒英煮绿尘。"

饮茶诗：有吴激的《偶成》诗："蟹汤负盏斗旗枪。"

名泉诗：有郭麟孙的《游虎丘》诗："试茗汲憨井。"

茶具诗：有谢宗可的《茶筅》诗。

采茶诗：仇远诗："自摘青茶未展旗。"

茶功诗：耶律楚材诗："顿觉衰曳诗魂爽，便觉红尘客梦赊。"

2. 明　　代

明代初期，社会经济曾有过一个比较繁荣的局面，但在茶叶诗词的发展上，明代未能达到唐、宋的高度。写过茶诗的诗人，主要的有谢应芳、陈继儒、徐渭、文征明、于若瀛、黄宗羲、陆容、高启、袁宏道、徐祯卿、徐贲、唐寅等。

（1）茶叶诗词体裁：不外乎古诗、律诗、绝句、竹枝词、宫词和茶词等。

古诗：陈继儒有《试茶》四言古诗一首：绮阴攒盖，灵草试奇。竹炉幽讨，松火怒飞。水交以淡，茗战而肥。绿香满路，永日忘归。

律诗：如居节的《雨后过云公问茶事》诗（五律）。

绝句：如徐祯卿的《煎茶图》、《秋夜试茶》等。

竹枝词：王稚登有《西湖竹枝词》：山田香土赤如泥，上种梅花下种茶。茶绿采芽不采叶，梅多论子不论花。

宫词：金嗣孙有《崇祯宫词》一首：雉尾乘云启凤楼，特宣命妇拜长秋。赐来谷雨新茶白，景泰盘承宣德瓯。

茶词：有王世贞的《解语花——题美人捧茶》，王世懋的《苏幕遮——夏景题茶》等。

（2）茶叶诗词题材：有名茶、茶圣陆羽、煎茶、饮茶、名泉、采茶、造茶、茶功等。

名茶诗：以咏龙井茶最多，如于若瀛的《龙井茶》、屠隆的《龙井茶》、吴宽的《谢朱懋恭同年寄龙井茶》等。其他如余姚瀑布茶（黄宗羲的《余姚瀑布茶》诗）、虎丘茶（徐渭的《某伯子惠虎丘茗谢之》）、石埭茶（徐渭的《谢钟君惠石埭茶》）、阳羡茶（谢应芳的《阳羡茶》）、雁山茶（章元应的《谢洁庵上人惠新茶》）、君山茶（彭昌运的《君山茶》）等。

茶圣陆羽诗：韩奕《山院》诗有："入社陶公宁止酒，品茶陆子解煎茶。"詹同《寄方壶道人》诗："卧云歌酒德，对雨看茶经。"

煎茶诗：有文征明的《煎茶》，谢应芳的《寄题无锡钱仲毅煮茗轩》等。

饮茶诗：如王世贞的《试虎丘茶》，王德操的《谢人试茶》等。

名泉诗：主要是吟惠山泉，如文征明诗："谷雨江南佳节近，惠山泉下小船归。"谢应芳诗："三百小团阳羡月，寻常新汲惠山泉。"吴宽有《饮玉泉》诗："龙唇喷薄净无腥，纯浸西南万迭青。地底洞名凝小有，江南名泉类中泠。御厨络绎驰银瓮，僧寺分明枕玉屏……"此系指"北京玉泉"。清代乾隆皇帝认为水质轻重是评定泉水好坏的标准。他曾下旨特制一只小型银斗，用它秤量过国内许多名泉水，结果是北京玉泉名列首位。乾隆并特地撰写了《御制玉泉山天下第一泉记》。

茶具诗：煮茶用茶炉、石炉、竹炉，运输茶用山笼。唐寅《题画》诗："春风修禊忆江南，酒榼茶炉共一担。"魏时敏《残年书事》诗："待到春风二三月，石炉敲火试新茶。"陈继儒诗："竹炉幽讨。"高启《送芒湖州》诗："山笼输茶至，溪船摘芰行。"

采茶诗：有高启的《采茶词》等。

造茶诗：高启的《过山家》："隔崦人家午焙茶。"

茶功诗：高启的《茶轩》诗："不用醒吹魂，幽人自无睡。"潘允哲的《谢人惠茶》诗："冷然一啜烦襟涤，欲御天风弄紫霞。"

其他诗：有陆容的《送茶僧》等。

3. 清　　代

写过茶叶诗词的主要有曹廷栋、陈章、张日熙、曹雪芹、何绍基、龚自珍、爱新觉罗·弘历（乾隆皇帝）、郑燮、高鹗、陆廷灿、汪巢林、顾炎武等人。

（1）茶叶诗词体裁：有古诗、律诗、绝句、竹枝词、茶词，还有"道情"等。

古诗：如杜芥的《永宁寺试泉》（五古）等。

律诗：如屈大均的《西樵作》（五律），顾炎武的《大同西口杂诗》（五律）等。

绝句：如杨大郁的《敲冰煮茶》、胡虞越的《敲冰煮茶》等。

竹枝词：如郑燮所作的《竹枝词》，是一首爱情诗，通过吃茶表示了一个女子对一个小伙子的深情的爱：溢江江口是奴家，郎若闲时来吃茶。黄土筑墙茅盖屋，门前一树紫荆花。

茶词：郑燮有《满庭芳——赠郭方仪》词一首：……寒窗里，烹茶扫雪，一碗读书灯。

道情：道情为曲艺的一个类别，其特点是以唱为主，以说为辅，也有只唱不说的。郑燮作有"道情十首"，其中第二首提到茶："……黑漆漆蒲团打坐，夜烧茶炉火通红"。

（2）茶叶诗词题材：有名茶、茶圣陆羽、煮茶、饮茶、名泉、茶具、采茶、造茶、茶园、茶功等等。

名茶诗：龙井茶最多，乾隆皇帝南巡到杭州西湖，写下了四首咏龙井茶诗：《观采茶作歌（前）》、《观采茶作歌（后）》、《坐龙井上烹茶偶成》、《再游龙井作》。其次有武夷茶（陆廷灿的《咏武夷茶》）、鹿苑茶（僧全田的《鹿苑茶》）、碧螺春（无名氏作）、芥茶（宋佚的《送茅与唐人宜兴制秋芥》）、松萝茶（郑燮诗）、工夫茶（王步蟾的《工夫茶》）等。

茶圣陆羽诗："桑苎传旧有经"（陆廷灿诗）。"黄泥小灶茶烹陆，白雨幽窗字学颜。"（郑燮《赠博也上人》）

煎茶诗：有王贵一的《观仲儒熹儒煮茗》、杜浚的《弘济寺寻蒲庵》等。

饮茶诗：有杜浚的《北山啜茗》、《落木庵同蒲道人啜茗》等。

名泉诗：清人们已不太注重千里取名泉水，所以从茶诗看到的常常是山泉、冰、雪水等。

"雪罢寒星出，山泉夜煮冰。"（杜浚《北山啜茗》）

"煮冰如煮石，泼茶如泼乳。"（胡虞逸《敲冰煮茶》）

"却喜侍儿知试茗，扫将新雪及时烹。"（曹雪芹《红楼梦·四时即事·冬夜即事》）等

郑燮《李氏小园三首之三》：兄起扫黄叶，弟起烹秋茶……杯用宣德瓷，壶用宜兴砂。

采茶诗：陈章、张日熙均各有一首《采茶歌》。诗中表示对采茶的劳动人民寄予深切的同情。

"催贡文移下官府，那管山寒芽未吐。焙成粒粒比莲心，谁知侬比莲心苦。"（陈章诗）

"布裙红出俭梳妆，茶事将登蚕事忙。玉腕熏炉香茗冽，可怜不是采茶娘。"（张日熙诗）

造茶诗：宋佚的《送茅与唐人宜兴制秋芥》："烟暖焙茶香。"芥为蒣茶，唐代的顾渚紫笋茶发展到明清时代出现了芥茶这个新品种，秋芥即秋季的芥茶。

茶园诗：屈大钧的《西樵作》："绝顶人皆住，茶田满一山。"曹廷栋有《种茶籽歌》："槐根劚泥浅作坎，下子继以大麦掺。糠秕杂土覆之，要令生意交相感。"

它表明了茶籽与大麦混播的一种种茶籽的方法。这是研究我国古代茶树播种方法的一份好材料。

茶功诗：高鹗有《茶》诗，他运用了许多典故来阐明茶的功用，读之觉得诗味无穷。

瓦铫煮春雪，淡香生古瓷。晴窗分乳后，寒夜客来时。

漱齿浓消酒，浇胸清入诗。樵青与孤鹤，风味尔偏宜。

其他诗：宝香山人有一首以茶祭亡友诗《大明寺泉烹武夷茶浇诗人雪帆墓同左臣右诚、西涛伯蓝赋》：

茶试武夷代酒倾，知君病渴死芜城。

不将白骨埋禅智，为荐清泉傍大明。

寒食过来春可恨，桃花落去路初晴。

松声蟹眼消间事，今日能申地下情。

宝香山人，为卓尔堪之号，他系汉军人，工诗，著有《近青堂集》。雪帆：宋晋之号，道光进士。祭亡友的诗实是少见。整首诗犹如一篇祭文，充满着悼念之情。

第四节　小说与茶文化

小说是文学的一大类别，它以人物的塑造为中心，通过完整的故事情节和具体环境的描写，广泛地多方面地反映社会生活。而作为社会生活必需品的茶，自然是小说情节中被描述的对象。

唐代以前，在小说中茶事往往在神话志怪传奇故事里出现。东晋干宝《搜神记》中的神异故事"夏侯恺死后饮茶"；一般认为成书于西晋以后；隋代以前的《神异记》中的神话故事"虞洪获大茗"；传说为东晋陶潜著的《续搜神记》中的神异故事"秦精采茗遇毛人"；南朝宋刘敬叔著的《异苑》中的鬼异故事"陈务妻好饮茶茗"；还有《广陵耆老传》中的神话故事"老姥卖茶"，这些都开了小说记叙茶事的先河。明清时代，记述茶事的多为话本小说和章回小说。在我国古代六大古典小说或四大奇书中，如《三国演义》、《水浒传》、《金瓶梅》、《西游记》、《红楼梦》、《聊斋志异》、《三言二拍》、《老残游记》等无一例外都有茶事的描写。

在笑笑生的《金瓶梅》中，作者借李桂姐的一曲"朝天子儿"，发表了一篇"崇茶"的自白书，词曰："这细茶的嫩芽，生长在春风下，不揪不采叶儿楂。但煮着颜色大，绝妙清奇，难描难绘。口儿里常时呷他，醉了时想他，醒了时爱他，原来一篓儿千金价。"由于作者爱茶、崇茶，因此，在他的小说中就极力提倡戒酒饮茶，如在《四贪词·酒》中写道："酒损精神破丧家，语言无状闹喧哗……切须戒饮流霞。"并进而提出："今后逢宾只待茶。"要大家"闲是闲非休要管，渴饮清泉闷煮茶"。

清代的蒲松龄，大热天在村口铺上一张芦席，放上茶壶和茶碗，用茶会友，以茶换故事，终于写成《聊斋志异》。在书中众多的故事情节里，又多次提及茶事，其中以书痴在婚礼上"用茶代酒"一节，给人的印象尤为深刻。在刘鹗的《老残游记》中，有专门写茶事的"申子平桃花山品茶"一节，其中写到申子平呷了一口茶，觉得此茶清爽异常，津液泪泪，又香又甜，有说不出的好受，于是问仲玙姑娘，此茶为何这等好受？仲玙姑娘告诉他："这茶是本山上的野茶，水是汲的东山顶上的泉，又是用松花作柴，沙瓶煎的。三合其美，所以好了。"她一语中的，说出了要品一杯好茶，必须茶、水、火"三合其美"，缺一不可。在施耐庵的《水浒传》中，则写了王婆开茶坊和喝大碗茶的情景。

在众多的小说中，描写茶事最细腻、最生动的莫过于《红楼梦》了。

《红楼梦》全书一百二十回，其中谈及茶事的有近300处。作者曹雪芹在开卷中就说道："一局输赢料不真，香销茶尽尚逡巡。"用"香销茶尽"为荣、宁两府的衰亡埋下了伏笔。接着叙述林姑娘初到荣国府，第一次刚刚用完饭，就有"各个丫鬟用小茶盘捧上茶来"，直到老祖宗贾母快要"寿终归天"时，推开邢夫人端来的人参汤，说："不要那个，倒一钟茶来我喝。"在整个情节展开过程中，不时地谈到茶。如按照荣国府的规定，吃完饭就要喝茶。喝茶时，先是漱口的茶，然后再捧上吃的茶。夜半三更口渴时，也要喝茶。来了客人，不管喝与不喝，都得用茶应酬，这被看作是一种礼貌。如第二十六回，贾芸看望宝玉时，"只见有个丫鬟端了茶来与他"，贾芸笑道："姐姐怎么替我倒起茶来？"至于宴请时，茶也是不可缺少的待客之物。当林姑娘初到贾府，见到凤姐后，"说话时，已摆了茶果上来，熙凤亲为捧茶捧果"。即使在某些隆重的场合，献茶也是不能少的。如贾政接待忠顺亲王府里的人，也是"彼此见了礼，归坐献茶"。在第十三回秦可卿办丧事，太监戴权来上祭时，"贾珍忙接陪让坐，至逗蜂轩献茶。"第十七回元妃省亲时，"茶三献，元妃降座。"说明茶既是荣、宁两府的生活必需品，又是不可缺少的待客之物。

《红楼梦》中提到的茶，都是茶中极品，其种类很多，各有偏爱。如第八回写宝玉回到房中，茜雪端上茶来，"宝玉吃了半盏，忽又想起早晨的茶来，向茜雪道：'早起斟了碗枫露茶，我说过那茶是三四次后出色的。'"可见宝二爷喜欢的是耐冲泡的枫露茶。在第四十一回中，贾母到栊翠庵饮茶，妙玉捧出一小盖钟茶来，贾母说："我不吃六安茶。"妙玉说："这是老君眉"，可见高龄的贾母不喜欢喝浓香的六安茶，而偏爱清雅的君山银针老君眉。

在第六十三回中写到袭人、晴雯、麝月、秋纹、芳官、碧痕、春燕、四儿八位姑娘为宝玉过生日，夜宴即将开始，不料林之孝家的闯进来查夜，于是宝玉便搪塞说："今日因吃了面，怕停食，所以多顽一回。"于是林之孝家的建议给宝玉"该泡些普洱茶吃"。因为普洱茶最去腻助消化。晴雯忙说："泡了一茶缸子女儿茶，已经吃过两碗了。"说明女儿茶的效用与普洱茶相似。在第八十二回中，宝玉放学到潇湘馆来看望黛玉，黛玉叫紫鹃："把我的龙井茶给二爷泡一碗。"可见这位弱不禁风的千金小姐，爱的是清淡雅香的龙井茶。龙井茶在清代是不可多得的贡品，黛玉用此珍品款待心上人宝玉，也是情理之中的事。特别值得一提的是第五回中写宝玉在秦可卿床上昏昏睡去时，被警幻仙子引去，宝玉一到太虚幻境，"大家入座，小丫鬟捧上茶来。宝玉自觉香清味美，迥非常品，因又问何名？警幻道：'此茶出自放春山遣香洞，又以仙花灵叶上所带之宿露而烹，此茶名曰千红一窟。'"

《红楼梦》中提到的茶具，虽然大多是古代珍玩，多为今人所不知或少知，但在使用上，还是道出了"因人施壶"的奥秘。如在第四十一回，栊翠庵品茗时，妙玉给贾母盛茶用的是"一个海棠花式雕漆填金云龙献寿的小茶盘上，里面放一个成窑五彩小盖钟"。给宝钗盛茶用的是"一个旁边有一耳，杯上镌着'𤫫𤬣斝'三个隶字，后有一行小真字，是'晋王恺珍玩'，又有'宋元丰五年四月眉山苏轼见于秘府'一行小字"。给黛玉用的"那一只形似钵而小，也有三个垂珠篆字，镌着'点犀盉'"。给宝玉盛茶用的是一只"前番自己常日吃茶的那只绿玉斗"。后来又换成"一只九曲十环二百二十节蟠虬整雕竹根的大盏"。给众人用茶是"一色的官窑脱胎填白盖碗"。而将刘姥姥吃过的那只"成窑的茶杯"，就嫌"腌臜了"，搁在外头不要了。至于下等人用的茶具又如何呢？如写到晴雯因生得艳若桃李，性似黛玉，被王夫人视为妖精撵出贾府后，在临终前，宝玉私自去探望她时，晴雯说："阿弥陀佛！你来的好，且把那茶倒半碗我喝。"宝玉问："茶在哪里？"晴雯说："那炉台上。"宝玉看到"虽有个黑煤乌嘴的吊子，也不像个茶壶。只得桌上去拿一个茶碗，未到手，先闻得油膻之气"，两者相比，天地之别。

《红楼梦》中对沏茶用水也有独到的描述。在第二十三回贾宝玉作的春、夏、秋、冬之夜的即事诗中，有三首写到品茶，其中两首写到选水煮茶。如《夏夜即事》诗："琥珀杯倾荷露滑，玻璃槛内柳风凉。"说炎夏以采集荷叶上的露珠沏茶为上；在《冬夜即事》诗中谈道"却喜侍儿知试茗，扫将新雪及时烹"。认为冬天用扫来的新雪为佳。在第四十一回中，当黛玉、宝钗、宝玉在妙玉的耳房内饮茶时，黛玉问妙玉道："这也是旧年的雨水？"妙玉回答道："这是五年前我在玄墓蟠香寺住着，收的梅花上的雪，统共得了那一鬼脸青的花瓮一瓮，总舍不得吃，埋在地下，今年夏天才开了。我只吃过一回，这是第二回来了，你怎么尝不出来？来年蠲的雨水那有这么轻清，如何吃得！"近代科学认为，雪水和雨水，都属软水，用来泡茶，香高味醇，自然可贵。用埋在地下五年之久的梅花上的雪水，更属可贵了。因古人认为"土为阴，阴为凉"，入土五年，其水清凉甘洌自是无可比拟了。这种扫集冬雪，埋藏地下，在夏天烧水泡茶的做法，至今还乐为我国不少爱茶人所采用。

在《红楼梦》中谈到的茶俗也有很多。在第七十八回中，宝玉祭花神赋《芙蓉女儿诔》："维太平不易之元，蓉桂竞芳之月，无可奈何之日，怡红院浊玉，谨以群花之蕊，冰鲛之縠沁芳之泉，枫露之茗，四者虽微，聊以达诚申信。"反映了以茶为祭。在第八十九回中，宝玉因见了往日晴雯补的那件"雀金裘"，顿时见物思人，在夜静更深之际，在晴雯旧日居室，焚香致祷："怡红主人焚付晴姐知之：酌茗清香，庶几来飨"。同样亦是茶祭。在第二十五回中，凤姐笑着对黛玉道："你既吃了我家的茶，怎么还不给我们家作媳妇儿？"这反映了古时的以茶为聘。再如第三回中，林如海教女待饭后过一时再饮茶。第六十四回中，宝玉暑天将茶壶放在新汲的井水中饮凉茶等等，都是饮茶的经验之谈。

此外，曹雪芹在《红楼梦》中还写到茶的沏泡、品饮技艺，以及茶诗、茶赋与茶联等等。所以，有人说："一部《红楼梦》，满纸茶叶香。"

小说是文学的一大类别，它以人物的塑造为中心，通过完整的故事情节和具体环境的描写，广泛地多方面地反映社会生活。而作为社会生活必需品的茶，自然是小说情节中被描述的对象。

小　结

文学，是一种将语言文字用于表达社会生活和心理活动的学科。其属于社会意识形态之艺术的范畴。文学是社会科学的学科分类之一，与哲学、宗教、法律、政治并驾为社会的上层建筑，为社会经济服务。

茶文学是指以茶为物质载体，以语言文字为工具，形象化地反映客观现实的艺术。茶文学是茶文化的重要表现形式，它以诗歌、小说、散文、戏剧等不同的形式（体裁）表现茶人的内心情感和再现一定时期、地域的茶事及社会生活。

茶文学，是以茶及茶事活动为题材的语言艺术。它属于文学的题材分支，是文学的组成部分之一。

中国茶文学，是中国文学的重要组成部分。

中国茶文学具有两个显著的特点：

第一，文献性十分凸显。在茶学研究领域，它们的文献价值甚至更为人们所看重。

第二，在形式和体裁上不断创新的开放型文学。中国茶文学发展表明，茶文学在艺术形式和体裁上，总是处在不停的运动中，在不断创新和革新。

思考题：

1. 茶文学的定义是什么？

2. 中国茶文学的特点？

3. 中国茶文学的发展分为几个阶段？

第十三章 茶画：浓妆淡抹总相宜

五千年华夏文明史，孕育了博大精深的中国茶文化，它历久弥新，耐人寻味。在品茶中文人萌发文思灵感，创作了很多脍炙人口的茶诗、茶文、茶画等。这些诗、画是我国茶文化宝库中璀璨夺目的明珠，就像品茶一样令人回味无穷。茶画，作为中国茶文化的重要组成部分，不仅为这一历程做出了巨大贡献，也为后人看清楚这一历程留下了清晰的轨迹。

第一节 唐五代茶画欣赏

一、（唐）阎立本《萧翼赚兰亭图》

台北故宫博物院收藏南宋摹本

辽宁省博物馆收藏北宋摹本

【欣赏】阎立本（约601—673年），中国唐代画家兼工程学家。他出身贵族，入隋后官至朝散大夫、将作少监。兄阎立德亦长书画、工艺及建筑工程。父子三人都以工艺、绘画驰名隋唐之际。

《萧翼赚兰亭图》描绘了唐太宗遣萧翼赚《兰亭序》的史事。古籍记载：东晋穆帝永和九年（353）三月三日，王羲之与谢安、孙绰等四十一人，在山阴（今浙江绍兴）兰亭"修禊"，会上各人做诗，王羲之为他们的诗写序文手稿。序中记叙兰亭周围山水之美和聚会的欢乐之情，抒发作者好景不长、生死无常的感慨。法帖相传之本，共二十八行，三百二十四字，章法、结构、笔法都很完美，是他五十岁时的得意之作。后人评道"右军字体，古法一变。其雄秀之气，出于天然，故古今以为师法"。因此，历代书家都推《兰亭序》为"天下第一行书"。王羲之死后，《兰亭序》由其子孙收藏，后传至其七世孙僧智永，智永圆寂后，又传于弟子辩才和尚，辩才得序后在梁上凿暗槛藏之。唐贞观年间，唐太宗李世民喜欢书法，尤其酷爱王羲之的字，因为得不到天下第一行书的《兰亭序》而深感遗憾，后来听说《兰亭序》存于辩才和尚那，便下旨召见辩才，可是辩才却推说虽见过此序，但不知其下落，太宗倍感失落，苦思冥想，不知如何才能得到。一天尚书右仆射房玄龄奏荐：监察御史萧翼，此人有才有谋，由他出面定能取回《兰亭序》，唐太宗立即召见萧翼，萧翼向皇上提出，将自己装扮成普通人，带上王羲之杂帖几幅，慢慢接近辩才，有可能拿到真迹的《兰亭序》。太宗觉得此计可行，让萧翼带着几幅王羲之的字画出宫了。萧翼来到寺庙和辩才谈论王羲之的书法，在骗得辩才好感和信任后，辩才把真迹《兰亭序》拿了出来与萧翼一起欣赏，萧翼故意说此字不是王羲之的真迹，辩才信以为真，将《兰亭序》随手放案，然后抽身走了出去。萧翼因此很容易地拿到了《兰亭序》的真迹。后来，萧翼以御史身份召见辩才，辩才恍然大悟，知道受骗但已来不及了。萧翼得真迹后回到长安，太宗予以重赏。辩才和尚痛失真迹，非常难过，不久便积郁成疾，不到一年就去世了。《兰亭序》之原迹，据说在唐太宗死时作为殉葬品永绝于世。

《萧翼赚兰亭图》画面从左到右有5位人物，左下有二人煮茶，中间坐着辩才和尚，对面为萧翼。整幅画人物线条笔法圆劲，气韵生动，能从画中看出人物的性格特点：机智而狡猾的萧翼与疑虑的辩才和尚成鲜明对比。惟妙惟肖的脸部表情，正是阎立本对人物内心细致的传神表达。画面左下有一位老仆人蹲在风炉旁，炉上置一锅，锅中水已煮沸，茶末刚刚放入，老仆人手持"茶夹子"欲搅动"茶汤"，另一旁，有一童子弯腰，手持茶托盘，小心翼翼地准备"分茶"。矮几上，放置着其他茶碗、茶罐等用具。这幅画记载了古代僧人以茶待客的场景，并且再现了唐代在烹茶、饮茶时所用的茶器和茶具，以及烹茶方法和过程。

二、（唐）周昉《调琴啜茗图卷》（听琴图）

【欣赏】周昉，生卒年不详（约8—9世纪初），又名景玄，字仲朗、京兆，西安人，唐代著名仕女画家。初年学张萱，后有自己独特画风，时人称之为"周家样"。他擅画肖像、佛像，其画面的风格特征为"衣裳简劲，彩色柔丽，以丰厚为体"。

台北故宫博物院收藏

《调琴啜茗图卷》用笔朴实、古雅，描绘了五位不同动态的女性调琴品茗的情景。她们那高髻簪花、晕淡的眉目，露胸披纱、丰颐厚体的风貌，突出反映了中唐仕女形象的时代特征。几位仕女，乍看近似，实际各有特点，不但服装、体态，连眉目、表情也不相同。右起第一人身着胭脂色长裙，腰部系白色宽丝带，侧身双手捧茶。她对面的妇人披白色纱罩衫，身体微微侧坐于椅子上，袖手听琴。画面中间的这位仕女，坐在圆凳上，背朝外，注视着琴音，做欲饮之态。她左边的贵妇坐在磐石上，左手抚琴，一侍女捧手托木盘立于其左。画中贵族仕女曲眉丰肌、婀娜多姿，发髻乌黑光亮。仕女们披纱的透明效果，服饰的花纹装点，还有深色纱袖中沿边线而勾勒的白线，在前人工笔画中极少见。画中仕女的服饰、发髻、植物无不精心刻画，精致周密，堪称是一丝不苟的珍品。至于图上主要人物与侍女形象大小的安排，似乎也是基于突出主要角色的绘画目的。从画中仕女听琴品茗的姿态也可看出唐代贵族悠闲生活的一个侧面。

三、（唐）《宫乐图》作者不详

台北故宫博物院收藏。纵48.7厘米，横69.5厘米

【欣赏】这件作品并没有画家的款印，原本的签题标为元人《宫乐图》。仔细观察画中人物的服装样式和发型，我们不难看出，乌黑的发髻有的梳向一侧，是为"坠马髻"，有的把发髻向两边梳开，在耳朵旁束成球形的"垂髻"，有的则头戴"花冠"，都符合唐代女性的装束。另外，绷竹席的长方案、饮酒用的器具，还有琵琶横持，并以手持拨子的方式来弹奏等，亦与晚唐的时尚相吻合。所以，现在画名已改定成唐《宫乐图》。

此图宫嫔妃十人围坐于一张巨型的方桌四周，有的正垂头品茗，也有的在行酒令。中央四人在吹或者弹奏乐器。她们所持用的乐器，自右而左，分别为筚篥、琵琶、古筝与笙。画面左侧站立的的二名侍女中，还有一人轻敲牙板，为她们打着节拍。从每个人脸上都洋溢着喜悦的神情，优美动听的音乐响起，似乎所有的人都陶醉了，连蜷卧在桌底下的小狗，似乎都在安静地侧耳倾听！方桌中央放置一只很大的茶釜（即茶锅），画幅右侧中间一名女子手执长柄茶杓，正在将茶汤分入茶盏里。她身旁的那名宫女手持茶盏，似乎听乐曲已经让她忘记了饮茶。画面左下角的一名宫女则正在细细地品茶汤，侍女在她身后轻轻扶着，似乎害怕她醉茶的样子。

《宫乐图》经历千年，绢底多处破损，然画面的色泽却依旧十分亮丽，这与当时绘图所用纯植物颜料与矿物颜料有关。妇女两颊的胭脂，身上所着的猩红衫裙、帔子等，由于先是用胡粉打底，再赋予厚涂，因此，颜料剥落的情形并不严重；至今，人物衣裳上花纹、竹编桌子的纹理，仍然清晰可辨，这充分印证了唐代工笔重彩的高度成就。画面描述了茶汤是煮好后放于桌上，之前备茶、炙茶、碾茶、煎水、投茶、煮茶等程式应该由侍女们在另外的场所完成；饮茶时用长柄茶杓将茶汤从茶釜盛出，舀入茶盏饮用。茶盏为碗状，有圈足，便于把持。也可以说这是典型的"煎茶法"场景的部分重现。这幅画之留存也成为晚唐宫廷中茶事昌盛的佐证之一。

四、（五代）丘文播《文会图》

【欣赏】丘文播，五代画家，四川广汉人。唐朝灭亡之后，中国历史再一次进入了大割据时代，五代频频的兵戎相见，给百姓带来了极大痛苦和灾难。许多文人雅士只能以山水、隐士的绘画创作题材来表明自己对超凡出尘生活的向往。

《文会图》就是此类题材的代表作之一。画面以大石大树作为背景，曲折的大树前有一四方形坐榻，榻上坐有四人，两位在闲谈、一位在书者、一位在操琴。四人虽都为坐，但姿态各异，神态不同。周围侍者五人，有捧茶碗、酒杯的，捧琴的，抱物的。画中九人把观者目光吸引到画面的中部偏下方，这样构图使画面紧凑，观者的注意力以坐塌为中心。此幅作品描绘了当时文人相会的场景，以饮茶、喝酒、拂琴、书画为乐，抒发了当时士大夫们的悠闲情趣，显现了文人画在表情达意方面的艺术特色。山石的勾皴和罩染，使画面显得空阔而灵动。四位文人坐于榻前，似在享受这难得的宁静。山谷幽清，听琴品茗，将远离尘嚣的隐逸生活展现于画面，也将画者幽远而辽阔的隐逸精神寄托于画内。

台北故宫博物院收藏。纵84.9厘米，横49.6厘米

五、（五代）顾闳中《韩熙载夜宴图（局部）》

【欣赏】顾闳中，约910年生，980年逝世，五代南唐画家。江南人。元宗、后主时任画院待诏。工画人物，用笔圆劲，间以方笔转折，设色浓丽，善于描摹人物神情意态。

《韩熙载夜宴图》传系顾闳中奉后主李煜之命而画，此画卷中的主要人物韩熙载是五代人，字叔言，后唐同光年进士，文章书画，名震一时。其父亲因事被诛，韩熙载逃奔江南，投顺南唐。初深受南唐中主李璟的宠信，后主李煜继位后，当时北方的后周威胁着南唐的安全，李煜一方面向北周屈辱求和，一方面又对北方来的官员百般猜疑、陷害，整个南唐统治集团内斗争激化，朝不保夕。在这种环境之中，官居高职的韩熙载为了保护自己，故意装扮成生活上腐败、醉生梦死的糊涂人，好让李后主不要怀疑他是有政治野心的人以求自保。但李煜仍对他不放心，就派画院的"待诏"顾闳中到他家里去，暗地窥探韩熙载的活动，命令他们把所看到的一切如实地画下来交给他看。大智若愚的韩熙载当然明白他们的来意，韩熙载故意将一种不问世事、沉湎歌舞、醉生梦死的形态来了一场酣畅淋漓的表演。顾闳中凭借着他那敏捷的洞察力和惊人的记忆力，把韩熙载在家中的夜宴过程默记在心，回去后即刻挥笔作画，李煜看了此画后，觉得韩熙载只不过是一个流连于声色犬马生活的人，应该不会有反叛之心，所以暂时放过了韩熙载等人，事情虽已过去，但一幅精品之作却因此而流传下来。

此图在用笔设色等方面也都达到了很高的水平，如韩熙载面部的胡须、每位宾客的神情都不同。人物的衣纹组织既严整又简练，非常利落洒脱，勾勒的用线犹如屈铁盘丝、柔中有刚。敷色上也独有匠心，在绚丽的色彩中，间隔以大块的黑白，起着统一画面的作用。人物服装的颜色用的大胆，红绿相互穿插，有对比又有呼应，用色不多，但却显得丰富而统一。如果仔细观察，可以看出服装上织绣的花纹细如毫发，极其工细。所有这些都突出地表现了我国传统的工笔重彩画的杰出成就，使这一作品在我国古代美术史上占有重要的地位。

《韩熙载夜宴图（局部）》除了在艺术上对后世有影响，在刻画的内容上也非常写实地描绘了当时贵族们的夜生活重要内容——品茶听琴。案几上茶壶、茶碗和茶点散放宾客面前，主人双腿盘坐在榻上，宾客有坐有站，所有的目光都转向弹奏者。左边有一妇人弹琴，宾客们一边饮茶一边听曲。优美的乐曲把所有的人都迷住了，看看左上角那位半掩身子半遮面妇人脸上的神情吧，她是如此的陶醉！

第二节　宋、辽代茶画欣赏

一、（北宋）赵佶《文会图》

【欣赏】赵佶，即宋徽宗皇帝，1101 年即位，在朝 29 年，轻政重文，一生爱茶，嗜茶成癖，常在宫廷以茶宴请群臣、文人，有时兴至还亲自动手烹茗、斗茶取乐。亲自著有茶书《大观茶论》，致使宋人上下品茶盛行。他在《大观茶论》论及茶器时曾说："盏色贵青黑，玉毫条达者为上，取其焕发茶采色也"，"茶筅以箸竹老者为之，身欲厚重，筅欲疏劲，本欲壮而末必眇，当如剑瘠之状"，"瓶宜金银，小大之制，惟所裁给"，"勺之大小，当以可受一盏茶为量"，文中所说这些器具几乎在《文会图》中

台北故宫博物院收藏

均能看到实物。《文会图》具体描绘了北宋时期文人雅士品茗雅集的一个场景。地点应该是一所庭园，旁临曲池，树根显露。四周有护栏，垂柳修竹，树影婆娑。在树下有一方形大案，案上摆设有果盘、酒樽、杯盏等。八九位文士围坐案几四周，或端坐，或仰头谈论，或低头抚须，或两人窃窃私语，儒衣纶巾，意态闲雅。竹边树下有两位文士正在寒暄，一文士拱手行礼，神情和蔼。垂柳后设一石几，几上横仲尼式瑶琴一张，香炉一尊，琴谱数页，琴囊已解，似乎刚刚按弹过。大案前设小桌、茶床，小桌上放置酒樽、菜肴等物，一童子正在桌边忙碌，装点食盘。茶床上陈列茶盏、盏托、茶瓯等物，一童子手提汤瓶，意在点茶；另一童子手持长柄茶杓，正在将点好的茶汤从茶瓯中盛入茶盏。床旁设有茶炉、茶箱等物，炉上放置茶瓶，炉火正炽，显然正在煎水。有意思的是画幅左下方坐着一位青衣短发的小茶童，也许是渴极了，他左手端茶碗，右手扶膝，正在品饮。图中右上有赵佶亲笔题诗："题文会图：儒林华国古今同，吟咏飞毫醒醉中。多士作新知入彀，画图犹喜见文雄。"图左中为"天下一人"签押。左上方另有蔡京题诗："臣京谨依韵和进：明时不与有唐同，八表人归大道中。可笑当年十八士，经纶谁是出群雄。"

煎茶、点茶，一直是中国历代文人雅士消闲人生的最佳方式，也是太平时期中国传统文化和人文精神的具体体现。除了必要的环境和器具外，重要的是要有优雅的情怀和洁净茶心。千百年后当我们真正静下心来，煎一炉水，品一壶茶，焚香展卷，细细品读茶画，或许能从字里行间和点染勾勒处，感受到那份曾经存在过的精致与儒雅吧。

二、（南宋）刘松年《撵茶图》

【欣赏】刘松年，（约 1155—1218 年），南宋孝宗、光宗、宁宗三朝的宫廷画家。

钱塘（今浙江杭州）人。因居于清波门，故有"刘清波"之号，

台北故宫博物院收藏

清波门又有一名为"暗门"，故其俗呼为"暗门刘"。他擅长人物画，与李唐、马远、夏圭合称"南宋四大家"。

《撵茶图》为工笔人物画，画面分两段内容，左端描绘了宋代从磨茶到烹点的具体过程、用具和点茶场面。右端为三位文人坐于案前品茗赏画。画面左下方一带黑帽仆人坐在矮几上，正在转动碾磨磨茶，桌上有茶罗（筛茶）、茶盒（贮茶）等。画面中景左面有一大桌，旁边伫立一人，此人手提汤瓶点茶（泡茶），他左手边是煮水的炉、壶和茶巾，右手边是贮水瓮，桌上是茶筅、茶盏和盏托。画面右侧有三人，一僧坐在长条形文案前执笔作书，传说此僧就是书圣"怀素"。有一长袍老者与之相对而坐，另一人坐在稍远处，似在观赏僧人作书，此三人位置成三角形分布，暗示着构图之稳。《撵茶图》充分展示了贵族讲究品茶的生动场面，是宋代茶叶品饮的真实写照。几株半侧的棕榈树，空旷的背景，弥漫的茶香，让观者沉浸于画面幽情远思的隐士生活中。

三、（南宋）刘松年《卢仝烹茶图》绢本着色

【欣赏】宋以来的历代画家们，以卢仝为题材，创作了许多作品。卢仝是唐代诗人，

自号玉川子，范阳（今河北涿县）人，家境贫穷仍刻苦读书，不愿入仕，以好饮茶誉世。刘松年绘制的《卢仝烹茶图》就是目前能见到的传世最早的作品。画面上古松老槐交错，幽篁摇曳，嶙峋的石头后有一座木构茅屋蔽荫其间。山石的表现以勾皴和罩染相结合，屋外的古树交错穿插有致。简笔之中显出一派自然静谧的氛围。屋内卢仝拥书而坐，身后赤脚奴婢正执扇烹茶，屋外长须翁肩瓢汲泉去。整幅画面凸突显卢仝的清贫淡泊和超凡出尘的意趣。

四、（宋）刘松年《斗茶图卷》

【欣赏】这幅画生动地描绘了唐代民间斗茶的情景。画面上有7个平民，似乎三人为一组，各自身旁放着自己带来的茶具、茶炉及茶叶，左边三人中一人正在炉上煎茶，一卷袖人正持盏提壶将茶汤注入盏中，另一人手提茶壶似在夸耀自己茶叶的优异。右边三人中两人正在仔细品饮，一赤脚者腰间带有专门为盛装名茶的小茶盒，并且手持茶罐做研茶状，同时三人似乎都在注意听取对方的介绍，也准备发表斗茶高论。此幅画用白描勾勒手法，有些地方稍加墨色渲染如品茗者的帽子、发髻、篓子等。饮茶并不是避世消闲，而是为了和乐与奋进。整幅画面人物刻画逼真，人物表情刻画得栩栩如生。从这幅画可以看到茶并不只是文人的象征，百姓日常生活中也融入了茶之主题，而且此幅图画也是首次反映我国民间俗饮情况的茶画。

五、（宋）钱选《卢仝烹茶图》

【欣赏】《卢仝烹茶图》，纸本设色，钱选作。钱选，字舜举，号玉潭，浙江湖州人，宋代画家。好游山玩水、读书弹琴、吟诗作画，曾有诗云：

　　"不管六朝兴废事，一樽且向画图开。"故其传世之作多以隐逸为题材。

台北故宫博物院收藏

据传,该画描绘了卢仝得好友朝廷谏议大夫孟简送来的新茶,并当即烹尝的情景。
这幅《卢仝烹茶图》,图中那头顶纱帽,身着白色长袍,仪表高雅悠闲席地而坐的
当是卢仝。观其神态姿势,似在指点侍者如何烹茶,一侍者着红衣,手持纨扇,正
蹲在地上给茶炉扇风,另一侍者旁立,其态甚恭,似送新茶来的差役。画面上以芭蕉、
湖石为小景点缀,远离尘嚣的隐逸生活大概是卢仝向往的吧,幽幽空境,品茗足以。

六、(辽)作者不详《张文藻墓壁画——童嬉图》

1993年,河北省张家口市宣化区下八里村7号辽墓出土。纵170厘米,横145厘米

【欣赏】此幅壁画为工笔人物画,墨线勾勒人物五官、衣着、装饰物等,衣服
和桌子稍加朱膘或黑墨罩染。图中右边有四个人物,最右侧一髡发男童跪坐于地上,
一束髻童子双足踏其肩上,双手伸向空中吊篮取桃。稍左方一契丹男童正站立着,
目光凝视取桃男童,手中紧紧拽着提衣襟兜。稍远处的桌旁有一年轻女子,右手捧桃,
左手指向取桃男童。这四人中间放茶碾一只,船形碾槽中有一锅轴。旁边有一黑皮
朱里圆形漆盘,盘内置曲柄锯子、毛刷和绿色茶碾。盘的上方置茶炉,炉上坐一执壶。

画中间桌上放些茶碗、贮茶瓶等物，画左侧有四个淘气童子悄悄地躲在柜后，似在偷看取桃之人。此幅壁画反映了辽代人普通的生活场景，小孩的嬉闹，烹茶用具都描绘得栩栩如生，细致真实，这对研究茶学具有史料价值。

七、（辽）作者不详 张世古墓壁画（局部）——《瀹茶敬茶图》

河北宣化下八里张世古墓出土

【欣赏】壁画表现了辽人屋内的普通生活场景的一个小片段。画面左侧一朱红的八仙桌上摆放着叠扣的几只小茶碗，小茶碗的前方放有一白色大碗，碗内装有一只朱红色的木勺。八仙桌后站着两个胡人，一个梳小辫，为仆人，一个头戴官帽，应为这家的主人。仆人手中持茶壶，壶中之水顺势倾斜流入主人手中端着的茶碗里。中桌子上放着大碗、茶碗，一人正在将茶汤从壶中注入另一人端着的茶碗中。墓室壁画的功用之一是，将主人生前的荣华富贵描绘下来，让这种富裕的生活一直伴随墓主死后能继续享用。所以这幅壁画不仅只是一件艺术品，它还具有很高的史料价值。

八、（辽）作者不详 张恭诱墓壁画（局部）——《煮汤图》

河北宣化下八里张恭诱墓出土

【欣赏】壁画中左侧一小童正弯腰执扇在扇火，火中煮水，炉火正红，炉子右后方有一朱红色四方桌，桌上有白色的小茶碗两叠，白色盖碗三对和五个堆起来的圆盒，圆盒上面为朱红色，侧面为黑色。桌子后方站有一男一女两人。男子头戴黑色小帽，身着橘黄色圆领长袍，头微向右转，双手端一白色茶盘，盘中有茶二盏，男子右边的妇女，头发束起，身穿赭石长袖上衣，下身着朱色长裙，双手呈作揖状，似在感谢男子为其捧茶。此图描述的也是生活场景中的一个小片段，夫妻捧茶，小童煮茶，平淡之中透着温馨。

九、（辽）作者不详 下八里村6号墓壁画——《茶作坊图》

1993年，河北省张家口市宣化区下八里村6号辽墓出土

【欣赏】壁画详细描绘了茶工们在作坊做茶的生活场景。画面左下角有一着朱色袍子的小童正坐于地上碾茶，他的斜上方一着赭石薄衫的男子蹲坐于炉前，双手放在两腿中间，眼睛目视前方的火炉，他正在仔细查看这炉上的壶水。他的身后站立着三人，一人点茶，一人抱壶，一人侧目看向后方。此图反映了当时的煮茶、撵茶的生活场景。

十、（辽）作者不详 下八里村1号墓壁画——《点茶图》

河北宣化下八里1号墓出土

【欣赏】壁画描绘了两人配合正在点茶的情景。左边一身穿黄色长袍的男子正弯腰揭盖，而他对面的男子则右手持壶，将茶往容器里倒。朱红色的桌子上还摆有一白色大茶碗、小茶杯，以及黑色的容器若干件。

第三节　元明清茶画欣赏

一、（元）赵原《陆羽烹茶图》

台北故宫博物院收藏。纵27.0厘米，横78.0厘米

【欣赏】赵原，元代，寓居姑苏。《陆羽烹茶图》藏中国台北"故宫"博物馆，淡牙色纸本，淡着色，该画以陆羽烹茶为题材，环境幽雅，远山近水，有一山岩平缓突出水面，堂上一人，按膝而坐，傍有童子，拥炉烹茶。画前上首押"赵"字朱文方印，题"陆羽烹茶图"，后款以"赵丹林"。画题诗："山中茅屋是谁家，兀会闲吟到日斜，俗客不来山鸟散，呼童汲水煮新茶。"

二、（元）赵孟頫《斗茶图》

台北故宫博物院收藏

【欣赏】赵孟頫（1254—1322年），字子昂，号松雪，松雪道人，又号水精宫道人、鸥波，中年曾做孟俯，汉族，吴兴（今浙江湖州）人。元代著名画家。赵孟頫博学多才，能诗善文，懂经济，工书法，精绘艺，擅金石，通律吕，解鉴赏。特别是书法和绘画成就最高，开创元代新画风，被称为"元人冠冕"。他也善篆、隶、真、行、草书，尤以楷、行书著称于世。

宋代是一个极其讲究茶道的时代。上起皇帝，下至文人雅士，无不好此。据宋、明人写的笔记记述，斗茶内容大致可包括：斗茶品、行茶令、茶百戏。《斗茶图》画面上四茶贩在树荫下斗茶。人人身边备有茶炉、茶壶、茶碗和茶盏等饮茶用具，随时随地可烹茶比试。左前一人手持茶杯、一手提茶桶，意态自若，其身后一人手持一杯，一手提壶，做将壶中茶水倾入杯中之态，另两人站立在一旁注视。斗茶者把自制的茶叶拿出来比试，展现了宋代民间茶叶买卖和斗茶的情景。

三、（元）作者不详《茶道图》

内蒙古赤峰市元宝山区沙子山 2 号墓壁画

【欣赏】画面再现了元代的饮茶习俗饮茶场面。长桌上有内置长匙的大碗、白瓷黑托茶盏、绿釉小罐、双耳瓶。桌前侧跪一女子，左手持棍拨动炭火，右手扶着炭火中的执壶。桌后三人：右侧一女子，手托一茶盏；中间一男子，双手执壶，正向旁侧女子手中盏内注水；左侧女子一手端碗，一手持红色筷子搅拌。

四、（明）文征明《惠山茶会图》

【欣赏】文征明（1470—1559年）是"吴门"风格的大画家，他初名璧，字徵明，以字行，江苏长洲（今苏州）人。他与祝允明、唐寅、徐祯卿四人合称"吴中四才子"，画史上又将他与沈周、唐寅、仇英合称"吴门四家"，擅长山水、人物、花鸟画。他年少时欲求仕途，但屡试不第。曾荐授翰林院待诏，不久，即致仕归田。毕生致力于诗书画，成为享誉大江南北的画坛高手。究其诗风，清丽抒情，接近唐人柳宗元、白居易，而书法初师李应祯，后遍学前辈名迹，尤长行书与小楷，法度谨严，

北京故宫博物院收藏。纵 21.9 厘米，横 67 厘米

颇有晋唐书风。然数其绘画最有成就，尤以山水最佳，其笔法远学李咸源，兼慕郭熙、赵孟頫和"元四家"，近追沈周。就其演变风格察之，则以元诸家的笔意为尚。明代董其昌把他推为"南宗"正统。

《惠山茶会图》描绘的是明代文人山间聚会畅叙友情的情景，展示茶会即将举行前茶人的活动。清明时节，文征明同书画好友蔡羽、汤珍、王守、王宠等游览无锡惠山，在惠山山麓的"竹炉山房"饮茶赋诗。它是可贵的明代茶文化资料。画面人物共有七人，三仆四主，两位主人围井栏坐于井亭之中；一人静坐观水，一人展卷阅读。还有两位主人正在山中曲径之上攀谈，一少年沿山路而下。幽静的处所，盘曲的松树，峥嵘的山石，一切情景都可以让观者领略到明代文人茶会的艺术化情趣，可以看出明代文人崇尚清韵追求意境的茶艺风貌来。

五、（明）文征明《品茶图》

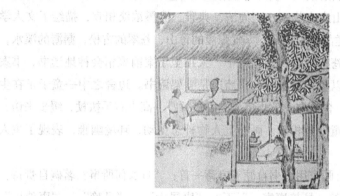

台北故宫博物院收藏

【欣赏】该画作于嘉靖辛卯（1531年），屋中品茶叙谈者正是文征明、陆子傅二人。这就如当今拍照留念一样。画中茅屋正室，内置矮桌，文征明、陆子傅对坐，桌上只有清茶一壶二杯。侧尾有泥炉砂壶，童子专心候火煮水。根据书题七绝诗，末识："嘉靖辛卯，山中茶事方盛，陆子傅对访，遂汲泉煮而品之，真一段佳话也。"

六、（明）唐寅《事茗图》

北京故宫博物院收藏。纸本设色，纵31.1厘米，横105.8厘米

【欣赏】唐寅（1470—1523 年），明代画家，文学家。字子畏、伯虎，号六如居士、桃花庵主，自称江南第一风流才子。吴县（今江苏苏州）人。出身商贩家庭，少时读书发愤，青年时中应天府解元，后赴京会试，因舞弊案受牵连入狱，出狱后又投宁王朱宸濠幕下，但发现朱宸濠有谋反之意，即脱身返回苏州。从此绝意仕途，潜心书画，形迹放纵，性情狂放不羁。擅山水、人物、花鸟，其山水早年随周臣学画，后师法李唐、刘松年，加以变化，画中山重岭复，以小斧劈皴为之，雄伟险峻，而笔墨细秀，布局疏朗，风格秀逸清俊。人物画多为仕女及历史故事，师承唐代传统，线条清细，色彩艳丽清雅，体态优美，造型准确；亦工写意人物，笔简意赅，饶有意趣。其花鸟画，长于水墨写意，洒脱随意，格调秀逸。除绘画外，唐寅亦工书法，取法赵孟頫，书风奇峭俊秀。有《骑驴思归图》、《山路松声图》、《事茗图》、《王蜀宫妓图》、《李端端落籍图》、《秋风纨扇图》、《枯槎鸲鹆图》等绘画作品传世。

《事茗图》是横轴山水人物画，画面清新典雅、泼墨浓淡相宜，描绘了文人学士悠游山水间，夏日相邀品茶的情景：雾气弥漫的青山，苍翠的古松，潺潺的溪水，正是品茗的佳境。翠竹苍松环绕，草堂之中一人正坐于案前聚精会神地读书，书案一头摆着茶壶、一本书以及茶盏、茶具，墙边是满架诗书。边舍之中一童子正在生火料理，煮茗烹茶煽火。舍外右方，小溪上横卧板桥，一高士右手执杖，缓步来访，身后一着白色袍子的书童抱琴相随。画卷上人物神态生动，环境幽雅，表现了主人客人之间的亲密关系。

《事茗图》画卷后有画家用行书自题五言诗一首："日长何所事？茗碗自赍持，料得南窗下，清风满鬓丝。吴趋唐寅。"下有"唐居士"、"吴趋"、"唐伯虎"三印。诗中道出了在长夏之日，自以饮茶为事，虽有怡情惬意，但也带有点点愁思，是描绘当时文人学士山居闲适生活的真实写照。

除《事茗图》处，《品茶图》与《烹茶图》浓缩了唐寅闲居生活中的茶缘，两幅图都藏于台北故宫博物院。

《品茶图》：峰峦叠嶂，一泉直泻，山下林中茅舍，一老一少。老者悠闲地坐着品茶，少者为一童子，蹲在炉边扇火煮茶。画上有自题诗："买得青山只种茶，峰前峰后摘春芽；烹煎已得前人法，蟹眼松风候自嘉。"

《烹茶图》：一隐士在高山修竹旁，坐一躺椅上，右边一小童正蹲在炉前煮茶，旁边的茶几上摆着各种茶具。隐士手拈胡须，似乎与轻风高山修竹浑属一体，在短暂而易逝的生命中，超越了万物。

七、（明）王问《煮茶图》

台北故宫博物院收藏

【欣赏】王问（1497—1576年），江苏无锡人，明代画家，嘉靖进士。这是继王绂《竹炉煮茶图》后的又一以竹炉煮茶为题材的画。此卷为横构图，画面绘有三个人，从左至右分别为一书童、两老者。画面最左边为一书童展开书画卷，给一老者欣赏。这位老者坐于竹席，竹席偏后方立着一些瓷器。竹席的左侧摆有一四方形的煮茶炉，炉外用竹编成。茶炉旁正有一束发老者守茶煮水。此幅画面简单明了地描绘了文人煮茶赏画的场景。

八、（明）丁云鹏《玉川煮茶图》

【欣赏】丁云鹏，明代人，字南羽，号圣华居室，休宁（今安徽休宁）人。瓒子，詹景凤门人。画善白描人物、山水、佛像，无不精妙。白描酷似李公麟，丝发之间而眉睫意态毕具，非笔端有神通者不能也。供奉内廷十余年。董其昌赠以印章，曰毫生馆。其得意之作，尝一用之。

《玉川煮茶图》描述了卢仝坐蕉林修篁下，自看雪汤生玑珠，手执团扇，目视茶炉，聚精会神候火定汤。图左下一长须仆，拎壶而行，似是去取水；右前方一赤脚婢，双手捧果盘而来。此图人物衣着线条紧实，不同的白描曲线勾勒出了三个人的胖瘦特征，反映出画者精湛的勾线能力以及对人物体态、神情的微妙洞察力。此图系丁氏万历四十年（1612）在虎丘为陈眉公而作。清代曹寅有题画诗云："风流玉川子，磊落月蚀诗。想见煮茶处，顾然麾扇时。风泉逐俯仰，蕉竹映参差。兴致黄农上，僮奴若个知。"

九、（明）丁云鹏《煮茶图》

无锡市博物馆收藏。纵 140.5 厘米，横 57.8 厘米

【欣赏】《煮茶图》为竖构图卷轴，描绘了卢仝坐榻上，榻边置一煮茶竹炉，炉上茶瓶正在煮水，榻前几上有茶罐、茶壶，置茶托上的茶碗等，旁有一长须仆正蹲地取水。榻旁有一老婢双手端果盘正走过来。丁云鹏把这位好茶成癖、诗风浪漫的"茶仙"——卢仝表情表现得惟妙惟肖，他全神贯注盯着茶似乎忘记了身边的一切。画面中人物的背景为盛开的白玉兰，还有一深色的假山石与一些杂花草。

十、（明）陈洪绶《停琴品茗图》

【欣赏】陈洪绶（1599—1652 年），明末画家。字章侯，号老莲。诸暨（今浙江诸暨）人。性情孤傲倔强，崇祯时为监生，召为内廷供奉，不就；明亡后，清兵入浙东，出家为僧，号悔迟、老迟。善诗，工书法，长于绘画。擅人物、山水、花鸟、竹石等，以工笔人物著称。其人物初师蓝瑛、李公麟，而又能变化发展。所画人物躯干伟岸，衣纹线条细劲清圆，晚年则形象夸张，或变态怪异，性格突出。花鸟等描绘精细，设色清丽，富有装饰味。亦能画水墨写意花卉。

上海朵云轩藏品

　　《停琴品茗图》描绘了两位高人逸士相对而坐，画面最下端的宾客背朝观画者，脸为左侧，他前方以青石为案，摆着刚刚套上琴罩的古琴，琴罩上印有碎花小点，隐喻着"停琴"之意；另一人面朝观者席地坐于蕉叶之上，身旁置茶炉、茶釜、茶壶，显见是主茶之人此幅画人物衣着线条顿挫有力，略施淡彩，表现出高人雅士之淡泊名利的隐逸之情。琴弦收罢，茗乳新沏，良朋知己，香茶间进，手捧茶杯，边饮茶边谈古论今，加之雅气十足的珊瑚石、莲花、炉火等，如此幽雅的环境，把文人淡雅的品茶习俗及超然物外的情怀，渲染得既充分又得体，给人以美的享受。

十一、（清）薛怀《山窗清供图》

　　【欣赏】薛怀，清乾隆年间人，字竹君，号季思，江苏淮安人。擅长花鸟画。《山窗清供图》以线描绘出大小茶壶和盖碗各一，最前面为一扁圆壶，后端并排为一盖碗和大茶壶，在圆壶暗部稍加线条晕染，增加了壶的立体感。画面左上方自题五代诗人胡峤诗句："沾牙旧姓余甘氏，破睡当封不夜侯。"另有当时诗人、书家朱显渚在画面左侧题六言诗一首："洛下备罗案上，松陵兼到经中，总待新泉活水，相从栩栩清风。"茶具入画，反映了茶乃清代人日常中的一部分，茶具因此也成为生活用品之一。

十二、[清] 董诰《复竹炉煮茶图》

【欣赏】董诰（1740—1818年），字雅伦，西京，号蔗林，一号柘林，谥文恭，董邦达长子，浙江富阳人。乾隆二十八年（1763），中顺天乡试举人，明年成进士，殿试各列一甲第三，乾隆帝以其系大臣子，改置二甲第一，为传胪，授翰林院庶吉士，充国史三通馆协修，武英殿纂修。散馆年改任编修。

明代王绂曾作《竹炉煮茶图》遭毁后，董诰在乾隆庚子（1780年）仲春，奉乾隆皇帝之命，复绘一幅，因此称"复竹炉煮茶图"。此卷为横构图远景山水画。画面前端有茅屋数间，屋前几上置有竹炉和水瓮。围绕着房屋的是几株苍翠的松树，房屋后面是远景的小山丘和湖水。画右下有画家题诗："都篮惊喜补成图，寒具重体设野夫。试茗芳辰欣拟昔，听松韵事可能无。常依榆夹教龙护，一任茶烟避鹤雏。美具漫云难恰并，缀容尘墨愧纷吾。"画正中有"乾隆御览之宝"印。

小　结

"文人七件宝，琴棋书画诗酒茶"，茶已成为风雅文人生活的一部分。文人们将烹茶、品茶、斗茶融入生活，融入他们的精神世界，唐、五代以来的大画家、隐士们以茶为"画题"为后世留下了许多精美的作品，这些作品不仅真实地反映了当时的生活场景，也将文人们的精神寄托于内。唐代以前，我国的茶叶生产发展缓慢，茶叶只是传统农业的附庸而已。唐代中叶以后，随着茶叶生产和贸易的空前发展，在茶叶文化和饮茶习俗上有了不少发展，从《调琴啜茗图卷》、《宫乐图》、《斗茶图卷》不难窥见，唐、五代时，茶已成为宫廷、百姓日常生活的一部分，茶在唐五代时与娱乐相结合的动人场景，也强有力地说明了当时人们饮茶的盛况。

宋代经济文化的蓬勃发展，造就了文化艺术的高度繁荣，也促使茶画进入一个崭新的时期。宋代的绘画较之唐代，宫廷品茶图少了，而隐逸题材与生活题材稍多，这与当时历史背景和文人心态有关。辽代是由契丹族耶律部落建立起来的地方民族政权，文化底蕴较浅，但长期与汉族毗邻，受先进的中原文化影响，形成了融中原文化、草原文化及佛教文化于一体的自身文化。简单地说，辽代的茶画图像艺术比较起宋代，更显得粗犷、大气和雄浑。宋代和辽代的茶画相比较，不难看出，宋人饮茶、品茶、烹茶更为讲究，所用的器皿更为繁复。

古往今来，文人墨客总与茶结缘，元明清的文人们也不例外。由于元、明、清社会历史的关系，文人们更重视茶与画的结合，在茶画中开拓出具有美妙意蕴的新篇章。元代的茶画以山水、人物居多，人物较小，景较大；明代的茶画中，以名人烹茶的题材最为画家所喜爱，注重对人物内心的细致刻画，场景也转化为人物为大，景为辅的构成关系。清代茶画题材更为自由和简练。

思考题：

1.《韩熙载夜宴图》画面描绘的情景哪些和茶有关？
2.赵佶的《文会图》和周昉的《调琴啜茗图卷》在内涵上有何不同？
3.具体叙述《斗茶图卷》描绘的场景？
4.以陆羽烹茶为题材的茶画，每个画家描绘重点有何不同？

第十四章　茶道：玄雅的非常之道

第一节　什么是茶道？

受老子"道可道，非常道。名可名，非常名"的思想影响，"茶道"一词从使用以来，历代茶人都没有给它下过一个准确的定义。直到近年对茶道见仁见智的解释才热闹起来。

周作人先生则说得比较随意，他对茶道的理解为："茶道的意思，用平凡的话来说，可以称作为'忙里偷闲，苦中作乐'，在不完全的现世享受一点美与和谐，在刹那间体会永久。"①

吴觉农先生认为：茶道是"把茶视为珍贵、高尚的饮料，因茶是一种精神上的享受，是一种艺术，或是一种修身养性的手段"②。

庄晚芳先生认为："'茶道'就是一种通过饮茶的方式，对人们进行礼法教育、道德修养的一种仪式。"③

陈香白先生认为：中国茶道包含茶艺、茶德、茶礼、茶理、茶情、茶学说、茶道引导七种义理，中国茶道精神的核心是'和'。中国茶道就是通过茶事过程，引导个体在本能和理性的享受中走向完成品德修养，以实现全人类和谐安乐之道。④ 陈香白先生的茶道理论可简称为："七艺一心"。

丁以寿先生认为："茶道是以养生修心为宗旨的饮茶艺术。简而言之，茶道即饮茶修道。"⑤

台湾学者刘汉介先生在其出版的《中国茶艺》中提出："所谓茶道是指品茗的

①　周作人.喝茶 [A].张菊香编.周作人斯文选集 [M].天津：百花文艺出版社，1987：117.

②　吴觉农.茶经述评 [M].北京：中国农业出版社，2005：185.

③　庄晚芳.中国茶史散论 [M].北京：科学出版社，1988：198.

④　陈香白.中国茶文化·2版（修订版）[M].太原：山西人民出版社，2002：44.

⑤　丁以寿.中华茶道 [M].合肥：安徽教育出版社，2007：67.

方法与意境。"① 蔡荣章先生以为："如要强调有形的动作部分，则用茶艺；强调茶引发的思想与美感境界，则用'茶道'。指导茶艺的理念就是'茶道'。"②

其实，给茶道下定义是件费力不讨好的事。茶道文化的本身特点正是老子所说的："道可道，非常道。名可名，非常名。"同时，佛教也认为："道由心悟"如果一定要给茶道下一个定义，把茶道作为一个固定的、僵化的概念，反倒失去了茶道的神秘感，同时也限制了茶人的想象力，淡化了通过用心灵去悟道时产生的玄妙感觉。用心灵去悟茶道的玄妙感受，好比是"月印千江水，千江月不同"，有的"浮光耀金"，有的"静影沉璧"，有的"江清月近人"，有的"水浅鱼读月"，有的"月穿江底水无痕"，有的"江云有影月含羞"，有的"冷月无声蛙自语"，有的"清江明水露禅心"，有的"疏枝横斜水清浅，暗香浮动月黄昏"，有的则"雨暗苍江晚来清，白云明月露全真"，月之一轮，映射各异。"茶道"如月，人心如江，在各个茶人的心中对茶道自有不同的美妙感受。

我们认为，茶道是一种以茶为媒、修身养性的方式，它通过沏茶、赏茶、饮茶，达到增进友谊、学习礼法、美心修德的目的。茶道的核心精神是"和"。它是茶文化的灵魂，与"清静、恬澹"的东方哲学契合，也符合佛道儒的"内省修行"的思想。

第二节　中国茶道的内涵

茶道发源于中国。中国茶道兴于唐，盛于宋、明，衰于近代。宋代以后，中国茶道传入日本、朝鲜，获得了新的发展。今人往往只知有日本茶道，却对作为日、韩茶道的源头，具有1 000多年历史的中国茶道知之甚少。这也难怪，"道"之一字，在汉语中有多种意思，如行道、道路、道义、道理、道德、方法、技艺、规律、真理、终极实在、宇宙本体、生命本源等。因"道"的多义，故对"茶道"的理解也见仁见智，莫衷一是。笔者认为，中国茶道是以修行得道为宗旨的饮茶艺术，其目的是借助饮茶艺术来修炼身心、体悟大道、提升人生境界。

中国茶道是"饮茶之道"、"饮茶修道"、"饮茶即道"的有机结合。"饮茶之道"是指饮茶的艺术，"道"在此作方法、技艺讲；"饮茶修道"是指通过饮茶艺术来尊礼依仁、正心修身、志道立德，"道"在此作道德、真理、本源讲；"饮茶即道"是指道存在于日常生活之中，饮茶即是修道，即茶即道，"道"在此作真理、实在、本体、本源讲。

下面予以分别阐释。

① 刘汉介.中国茶艺[M].台北：礼来出版社，1983.
② 蔡荣章，林瑞萱.现代茶思想集[M].台北：台湾玉川出版社，1995.

一、中国茶道：饮茶之道

唐人封演的《封氏闻见记》卷六"饮茶"记载："楚人陆鸿渐为茶论，说茶之功效并煎茶炙茶之法，造茶具二十四式以都统笼贮之，远近倾慕，好事者家藏一副。有常伯熊者，又因鸿渐之论广润色之，于是茶道大行，王公朝士无不饮者。"

陆羽《茶经》三卷，分一之源、二之具、三之造、四之器、五之煮、六之饮、七之事、八之出、九之略、十之图十章。四之器叙述炙茶、煮水、煎茶、饮茶等器具二十四种，即封氏所说"造茶具二十四式"。五之煮、六之饮说"煎茶炙茶之法"，对炙茶、碾末、取火、选水、煮水、煎茶、酌茶的程序、规则做了细致的论述。封氏所说的"茶道"就是指陆羽《茶经》倡导的"饮茶之道。"《茶经》不仅是世界上第一部茶学著作，也是第一部茶道著作。

中国茶道约成于中唐之际，陆羽是中国茶道的鼻祖。陆羽《茶经》所倡导的"饮茶之道"实际上是一种艺术性的饮茶，它包括鉴茶、选水、赏器、取火、炙茶、碾末、烧水、煎茶、酌茶、品饮等一系列的程序、礼法、规则。中国茶道即"饮茶之道"，即是饮茶艺术。

中国的"饮茶之道"，除《茶经》所载之外，宋代蔡襄的《茶录》、宋徽宗赵佶的《大观茶论》、明代朱权的《茶谱》、钱椿年的《茶谱》、张源的《茶录》、许次纾的《茶疏》等茶书都有许多记载。今天广东潮汕地区、福建武夷地区的"工夫茶"则是中国古代"饮茶之道"的继承和代表。工夫茶的程序和规划是：恭请上座、焚香静气、风和日丽、嘉叶酬宾、岩泉初沸、孟臣沐霖、乌龙入宫、悬壶高冲、春风拂面、熏洗仙容、若琛出浴、玉壶初倾、关公巡城、韩信点兵、鉴赏三色、三龙护鼎、喜闻幽香、初品奇茗、再斟流霞、细啜甘莹、三斟石乳、领悟神韵。

二、中国茶道：饮茶修道

陆羽的挚友、诗僧皎然在其《饮茶歌诮崔石使君》诗中写道："一饮涤昏寐，情思爽朗满天地；再饮清我神，忽如飞雨洒轻尘；三饮便得道，何须苦心破烦恼……熟知茶道全尔真，唯有丹丘得如此。"皎然认为，饮茶能清神、得道、全真，神仙丹丘子深谙其中之道。皎然此诗中的"茶道"是关于"茶道"的最早记录。

唐代诗人玉川子卢仝的《走笔谢孟谏议寄新茶》一诗脍炙人口，"七碗茶"流传千古，卢仝也因此与陆羽齐名。"一碗喉吻润，两碗破孤闷。三碗搜枯肠，唯有文字五千卷。四碗发清汗，平生不平事，尽向毛孔散。五碗肌骨清，六碗通仙灵。七碗吃不得也。唯觉两腋习习清风生。"唐代诗人钱起《与赵莒茶宴》诗曰："竹下忘言对紫茶，全胜羽客醉流霞。尘心洗尽兴难尽，一树蝉声片影斜。"唐代诗人温庭筠《西陵道士茶歌》诗中则有"疏香皓齿有余味，更觉鹤心通杳冥"。这些诗是说饮茶能让人"通仙灵"，"通杳冥"，"尘心洗尽"，羽化登仙，胜于炼丹服药。

唐末刘贞亮倡茶有"十德"之说，"以茶散郁气，以茶驱睡气，以茶养生气，以茶除病气，以茶利礼仁，以茶表敬意，以茶尝滋味，以茶可行道，以茶可雅志"。饮茶使人恭敬、有礼、仁爱、志雅，可行大道。

赵佶《大观茶论》说茶"祛襟涤滞，致清导和"，"冲淡闲洁，韵高致静"，"天下之士，励志清白，竟为闲暇修索之玩。"朱权《茶谱》记："予故取烹茶之法，米茶之具，崇新改易，自成一家……乃与客清谈欺话，探虚玄而参造化，清心神而出尘表。"赵佶、朱权以帝王的高贵身份，撰著茶书，力行茶道。

由上可知，饮茶能恭敬有礼、仁爱雅志、致清导和、尘心洗尽、得道全真、探虚玄而参造化。总之，饮茶可资修道，中国茶道即是"饮茶修道"。

三、中国茶道：饮茶即道

老子认为："道法自然"。庄子认为"道"普遍地内化于一切物，"无所不在"，"无逃乎物"。马祖道一禅师主张"平常心是道"，其弟子庞蕴居士则说："神通并妙用，运水与搬柴"，其另一弟子大珠慧海禅师则认为修道在于"饥来吃饭，困来即眠"。道一的三传弟子、临济宗开山祖义玄禅师又说："佛法无用功处，只是平常无事。屙屎送尿，着衣吃饭，困来即眠。"道不离于日常生活：修道不必于日用平常之事外用功夫，只须于日常生活中无心而为，顺任自然。自然地生活，自然地做事，运水搬柴，着衣吃饭，涤器煮水，煎茶饮茶，道在其中，不修而修。

《五灯会元》南岳下三世，南泉愿禅师法嗣，赵州从谂禅师，"师问新到：曾到此间否？曰：曾到。师曰：吃茶去。又问僧，僧曰：不曾到。师曰：吃茶去。后院主问曰：为甚么曾到也云吃茶去，不曾到也云吃茶去？师召院主，主应诺，师曰：吃茶去"。从谂是南泉普愿的弟子，马祖道一的徒孙。普愿、从谂虽未创宗立派，但他们在禅门影响很大。茶禅一味，道就寓于吃茶的日常生活之中，道不用修，吃茶即修道。后世禅门以"吃茶去"作为"机锋"、"公案"，广泛流传。当代佛学大师赵朴初先生诗曰："空持百千偈，不如吃茶去。"

《五灯会元》南岳下四世，沩山祐禅师法嗣，仰山慧寂禅师，"……又问：和尚还持戒否？师曰：不持戒。曰：还坐禅否？师曰：不坐禅。公良久。师曰：会么？曰：不会。师曰：听老职僧一偈：滔滔不持戒，兀兀不坐禅，酽茶三两碗，意在攫头边"。仰山慧寂是沩山灵祐的嗣法弟子，师徒二人共同创立了禅宗五家中的沩仰宗。慧寂认为，不须持戒，不须从禅，唯在饮茶、劳作。

道法自然，修道在饮茶。大道至简，烧水煎茶，无非是道。饮茶即道，是修道的结果，是悟道后的智慧，是人生的最高境界，是中国茶道的终极追求。顺其自然，无心而为，要饮则饮，从心所欲。不要拘泥于饮茶的程序、礼法、规则，贵在朴素简单，于自然的饮茶之中默契天真，妙合大道。

四、中国茶道：艺、修、道的结合

综上所说，中国茶道有三义：饮茶之道、饮茶修道、饮茶即道。饮茶之道是饮茶的艺术，且是一门综合性的艺术。它与诗文、书画、建筑、自然环境相结合，把饮茶从日常的物质生活上升到精神文化层次；饮茶修道是把修行落实于饮茶的艺术形式之中，重在修炼身心、了悟大道；饮茶即道是中国茶道的最高追求和最高境界，煮水烹茶，无非妙道。

在中国茶道中，饮茶之道是基础，饮茶修道是目的，饮茶即道是根本。饮茶之道，重在审美艺术性；饮茶修道，重在道德实践性；饮茶即道，重在宗教哲理性。

中国茶道集宗教、哲学、美学、道德、艺术于一体，是艺术、修行、达道的结合。在茶道中，饮茶的艺术形式的设定是以修行得道为目的的，饮茶艺术与修道合二而一，不知艺之为道，道之为艺。

中国茶道既是饮茶的艺术，也是生活的艺术，更是人生的艺术。

第三节　茶道的哲理表征

羊大为美。鱼羊乃鲜。居家七件宝：柴、米、油、盐、酱、醋、茶，都是饮食用品。可见，国人的美学观念与饮食文化息息相关。

浸透在中国茶道中的哲理观，主要表征无非两条：和为贵、适口为美。

陈香白先生认为："中国茶道精神的核心就是'和'。'和'意味着天和、地和、人和。它意味着宇宙万物的有机统一与和谐，并因此产生实现天人合一之后的和谐之美。"和"的内涵非常丰富，作为中国文化意识集中体现的"和"，主要包括：和敬、和清、和寂、和廉、和静、和俭、和美、和蔼、和气、中和、和谐、宽和、和顺、和勉、和合（和睦同心、调和、顺利）、和光（才华内蕴、不露锋芒）、和衷（恭敬、和善）、和平、和易、和乐（和睦安乐、协和乐音）、和缓、和谨、和煦、和霁、和售（公开买卖）、和羹（水火相反而成羹，可否相成而为和）、和戎（古代谓汉族与少数民族结盟友好）、交和（两军相对）、和胜（病愈）、和成（饮食适中）等意义。一个'和'字，不但囊括了所有'敬'、'清'、'寂'、'廉'、'俭'、'美'、'乐'、'静'等意义，而且涉及天时、地利、人和诸层面。请相信：在所有汉字中，再也找不到一个比'和'更能突出'中国茶道'内核、涵盖中国茶文化精神的字眼了。"[①]香港的叶惠民先生也同意此说，认为"和睦清心"

---

① 陈香白.中国茶文化·2版（修订版）[M].太原：山西人民出版社，2002：43.

是茶文化的本质，也就是茶道的核心。[1]

"和"乃是中国茶道乃至茶文化的哲理表征。

中国茶的焙制目标，以适口为美。适口是辩证的，因时、因地、因材、因人而异。操作虽有规程，但又必须随品种、温度、湿度的变化而"看茶做茶"。

适口为美首先要合乎时序。在制茶的原料选择上，春茶一般在谷雨后立夏前开采，夏茶在夏至前采摘，秋茶在立秋后采摘。为了保证岩茶质量，对采摘嫩度也有严格要求：过嫩，则成茶香气偏低，味道苦涩；太老，则香粗味淡，成茶正品率低。钱塘人许次纾 1597 年撰《茶疏》，提出了"江南之茶……惟有武夷雨前（茶）最胜"的看法。他认为："清明谷雨，摘茶之候也。清明太早，立夏太迟，谷雨前后，其时适中。若肯再迟一二日期，待其气力完足，香烈尤倍，易于收藏。梅时不蒸，虽稍长大，故是嫩枝柔叶也。"

第四节　中国茶道的诗性

"在中华民族的生活与政治之间，存在着一种微妙的精神联系。一方面，人们的生活总是要借助与政治的某种联系，才能刺激出社会再生产所需要的压抑和生命意志的冲动，从而使渺小而普遍的个体获得历史意义。另一方面，这种联系一旦浓得化不开，个体的情感与审美需要则会成为牺牲品。只有协调这两方面的矛盾，才能在这个民族中打开一种既现实又超越、既符合社会规律又满足精神利益的日常生活程序。"[2] 这个在北方尚武崇酒的文化圈中愈演愈烈的矛盾，却在江南尚智嗜茶的文化中得到了较好的解决。

中国南方远离政治的中心，有一种由于政治伦理浓度相对较低因而过得十分滋润的日常生活。这种诗化的日常生活，可以看作是南中国茶区的主旋律。

在传统的乡土社会，村民间的信息交流主要是在户外展开。百姓于劳作之余，同样需要一种情感交流和宣泄的休闲形式。于是，始于唐、盛于宋的饮茶风习渐次深入到社会的各个阶层，渗透到日常生活的各个角落。从皇宫欢宴到朋友聚会，从迎来送往到人生喜庆，到处洋溢着茶的清香，到处飘浮着茶的清风。如果说，唐代是茶文化的自觉时代，那么，宋代就是朝着更高阶段和艺术化迈进了，如被宋代茶人、著名文学家范仲淹的《和章岷从事斗茶歌》所描写的形式高雅、情趣无限的斗茶，就是宋人品茶艺术的集中体现。

这种把所有生命机能与精神需要都停留在最基本的衣食本能中的原生态里，一切政治伦理的异化及其所带来的生命苦痛，实际上被消解得一干二净。这就是众里

---

① 茶艺报 [M]. 香港茶艺中心，1993：19.

② 刘士林. 江南文化的诗性阐释 [M]. 上海：上海音乐学院出版社，2003：150.

寻她千里度而不得的与江南的日常生活须臾不可分离的日常生活的诗性精神。

中国茶道,从两个方面阐释了这种诗性日常生活的要义:一是生活理念,二是生活实践。从根本上讲,南北文化的差异主要表现为审美主义和实用主义生活方式的对立。北方文化的价值观的最高理念是"先质而后文",其具体表现为"食必常饱,然后求美"。这种建立在克勤克俭的基础上的生活观念和风尚一旦走向极端,也就等于一笔勾销了有限的生命个体在尘世间享受的可能。而南方茶文化及茶道文化,其折射出的日常生活理念和艺术实践方式,不外乎二:一是勤于动脑动手。如何对待你的日常生活,即一个人到底愿意在不直接创造财富的消费和享受上投入多少时间和精力,是在通常的物质条件下,要过一种更富有的人生所必须突破的一个心理瓶颈。二是赋予茶以形式和韵味的高超技术,使之不仅实现它最直接的实用功能,更同时实现包含在它内部的更高的审美价值。这就涉及关于武夷岩茶的工艺美术或技术美学理念的落实和表现。这不仅需要足够的知识,更要要一种审美的眼光。

第五节　中华茶道精神

台湾中华茶艺协会第二届大会通过的茶道的基本精神是"清、敬、怡、真",释义如下:

"清",即"清洁"、"清廉"、"清静"及"清寂"之清。"茶艺"的真谛,不仅求事物外表之清洁,更须求心境之清寂、宁静、明廉、知耻在静寂的境界中,饮水清见底之纯洁茶汤,方能体味"饮茶"之奥妙。英文似 purity 与 tranquility 表之为宜。

"敬",敬者万物之本,无敌之道也。敬乃对人尊敬,对己谨慎,朱子说:"主一无适",即言敬之态度应专诚一意,其显现于形表者为诚恳之仪态,无轻藐虚伪之意,敬与和相辅,勿论宾主,一举一动,均始有"能敬能和"之心情,不流凡俗,一切烦思杂虑,由之尽涤,茶味所生,宾主之心归于一体,英文可用 respect 表之。

"怡",据说文解字注"怡者和也、悦也、桨也"。可见"怡"字含意广博。调和之意味,在于形式与方法;悦桨之意味,在于精神与情感。饮茶啜苦咽甘,启发生活情趣,培养宽阔胸襟与远大眼光,使人我之间的纷争,消弭于形。怡悦的精神,在于不矫饰自负,处身于温和之中,养成谦恭之行为,英语可译为 harmony。

"真",真理之真,真知之真,至善即是真理与真知结合的总体。至善的境界,是存天性,去物欲,不为利害所诱,格物致知,精益求精,换言之,用科学方法,求得一切事物的至诚,饮茶的真谛,在于启发智慧与良知,使人人在日常生活中淡泊明志,俭德行事,臻于真、善、美的境界。英文可用 truth 表之。

我国大陆学者对茶道的基本精神有不同的理解,庄晚芳先生提出"廉、美、和、敬"并解释为："廉俭育德，美真康乐，和诚处世，敬爱为人。"

林治先生认为："和、静、怡、真"是中国茶道的四谛。"和"是中国这茶道哲学的核心，"静"是修习中国茶道的方法，"怡"是修习中国茶道的心灵感受，"真"是中国茶道的终极追求。

小　结

中国茶道是以修行得道为宗旨的饮茶艺术，其目的是借助饮茶艺术来修炼身心、体悟大道、提升人生境界。

中国茶道是"饮茶之道"、"饮茶修道"、"饮茶即道"的有机结合。"饮茶之道"是指饮茶的艺术，"道"在此作方法、技艺讲；"饮茶修道"是指通过饮茶艺术来尊礼依仁、正心修身、志道立德，"道"在此作道德、真理、本源讲；"饮茶即道"是指道存在于日常生活之中，饮茶即是修道，即茶即道，"道"在此作真理、实在、本体、本源讲。

茶道发源于中国。中国茶道兴于唐，盛于宋、明，衰于近代。宋代以后，中国茶道传入日本、朝鲜，获得了新的发展。

浸透在中国茶道中的哲理观，主要表征无非两条：和为贵、适口为美。

中国茶道，从两个方面阐释了与日常生活须臾不可分离的诗性精神的要义：一是生活理念，二是生活实践。

茶道的基本精神是"清、敬、怡、真"。

思考题：

1. 何谓中国茶道？
2. 中国茶道的核心内容是什么？

第十五章 方兴未艾的茶文化旅游

20世纪50年代，美国文化人类学家斯图尔德创立了"文化生态学"的概念。目前，国内学界对文化生态旅游尚无统一的概念，但学术界普遍认为生态旅游资源不仅仅包括自然旅游资源，同时应将人文生态旅游资源纳入其分类体系。开展文化生态旅游，体现人类迈向生态文明的新步伐，同时使自然环境与人文环境在大尺度、多维度上互动、持续、和谐发展。近年来以茶产地，尤其是名茶产地的山水景观和人文景观、茶的历史发展、茶区人文环境、茶业科技、千姿百态的茶类和茶具、饮茶习俗和茶道茶艺、茶书茶画诗词、茶制品等为内容的旅游，构成了茶文化旅游。

随着经济收入的提高和闲暇时间的增多，特别是国家实行双休日休息和"五一"、"十一"长假制度以来，人们对物质文化生活的需求向更高层次和多元化的方向发展。人们的价值观念、消费观念和美学观念都在发生变化，旅游已成为大众的新的消费方式之一，且势头发展强劲。在这种背景下茶文化旅游作为旅游的一种新形式开始发展起来。从旅游资源学的角度来讲，茶文化作为一个地区旅游资源的组成部分、各种旅游资源形式中的一种，并未引起足够的重视；而从茶文化研究角度来看，茶文化旅游又是我国茶产业的一种比较新颖的发展形式，尚未形成相当的研究积累。

第一节 茶文化旅游的概念

旅游资源是旅游活动的客体，是满足旅游者旅游愿望的客观存在。传统上我们喜欢把旅游资源分为自然景观资源和人文景观资源两个大类。茶文化旅游资源同样也可按此方法分为物质文化资源和非物质文化资源，也称为硬资源和软资源。天然的茶山、产茶区、茶叶种植加工工具、茶叶成品、茶具、茶书、茶画等物质形式的资源属于硬资源，而茶歌舞、茶艺、茶诗、茶俗、茶典故、茶叶发展史等非物质形式的资源属于软资源。

茶文化旅游是指这些资源与旅游进行有机结合的一种旅游方式。它是将茶叶生态环境、茶生产、茶文化内涵等融为一体进行旅游开发，其基本形式是以秀美幽静的环境为条件，以茶区生产为基础，以茶区多样性的自然景观和特定历史文化景观为依托，以茶为载体，丰富的茶文化内涵和绚丽多彩的民风民俗活动为内容，进行科学的规划设计，而涵盖观光、求知、体验、习艺、娱乐、商贸、购物、度假等多种旅游功能的新型旅游产品。

茶文化与旅游之间存在众多共通之处，而这恰恰是茶和旅游能够结合的原因，现说明如下。

1. 产茶区与风景区的结合

旅游是知识的探求、美的寻访，从这一角度说，在产茶地区发展旅游有先天的优势。茶的自然属性决定了茶的生长环境往往是风景秀丽的地区。我国的茶区多分布于南方的丘陵，这里气候湿润、植被丰富、环境清新，具有很高的审美价值。我国茶树品种繁多，叶色、叶形多种多样，树姿、树冠可塑性大，茶花颜色有洁白和粉红，为茶园园林造景提供了基础。许多名茶的产地同时也是著名的景区，如产西湖龙井的杭州、产黄山毛峰的黄山、产庐山云雾的江西庐山、武夷岩茶的产地福建武夷山等。这些景区不仅以自然景观的优美见长，更有着丰富的历史人文积淀，文化遗产众多，成为旅游者青睐的寻访地。

2. 茶俗是民俗的一部分，民俗旅游是旅游形式的一种

民俗旅游以见识各地风俗为目的，旅游者在旅游活动中参与丰富多彩的民俗活动，领略不同民族、不同地区之间生活、文化的差异。在我国多数茶乡有悠久的种茶历史，采茶的歌舞手口相传，极具地方特色；饮茶的习俗、茶的传说、茶礼是长期积淀的精神财富；不同民族对茶叶的使用方法各异，保留有大量的历史文物遗存；所有这些现象都是一个地区民俗的鲜活表现，也能够成为民俗旅游的特色形式。

3. 茶文化满足人们在旅游过程中对文化、历史、审美的需求

从旅游心理的角度来讲，人类到居住地之外的地方旅行，往往带着冲破精神枷锁，获得心灵超越的目的；现代生活给人们带来的压力、困惑、痛苦、疲倦在旅行活动中能得到一定程度的释放。而追求宁静淡泊的茶文化在历史上常常都是人生失意者的心灵抚慰剂，此类文献作品所传达的人生观、价值观、审美观与旅行者的心理需求能够统一。从这个角度讲在旅游中穿插茶文化可以使游客获得某种程度上心灵的慰藉。我国各地区都有传统茶文化的历史遗迹，成于各个历史时期的茶具、地方名茶、茶诗、茶文以及生产茶具的官窑遗址、茶事摩崖石刻、壁画等不仅有很强的审美特征，同时还是传统茶文化的实证依据。茶，这种原本普通的植物最终被赋予文化意蕴的品格，体现了中华民族宁静、恬淡、和谐、圆融的性情。从某种程度上说，那些历史遗迹也是人类这种价值观念、审美情趣的体现。寻访这些历史遗迹使游人获得精

神的陶冶。

从物质形态到文化意蕴，茶文化可以和旅游找到多个契合点，这给发展茶文化旅游提供了基础。

第二节　茶文化旅游的类型

就世界范围而言，茶文化旅游方兴未艾。日本有名的冈山后乐茶园是日本三大名园之一，园内茶树分行修剪成浪状，与濑户内海的水面十分协调，每年吸引了无数游客，大大促进了茶叶消费和弘扬了茶文化。泰国、韩国、印度、肯尼亚近年也大力开发茶文化旅游，扩大了当地茶叶的消费市场和提高了茶叶价格。甚至在惜土如金的新加坡，也看到茶文化旅游的优势，开辟观光旅游茶园，取得可观的经济效益。在我国茶文化旅游近年来也有所发展，就各地的茶文化旅游发展现象来看，可以按照旅游资源的特征可分为：自然景观型、茶乡特色型、农业生态型、人文考古型、修学求知型、都市茶馆体验型等模式。

1. 自然景观型

我国在开发旅游事业之初，主要是以风景秀丽的名山大川为主要旅游资源。随着旅游事业自身的不断发展，单一的旅游产品无法满足人们日益增长的旅游文化需求，面对高层次、多元化的旅游市场的变动，原本开发较成熟的旅游区纷纷开始改造第一代以观光为主的旅游产品，设计开发内容丰富形式多样，参与性强的第二代第三代旅游产品。例如黄山市旅游局立足黄山有多支历史名茶，茶业为本市支柱产业的基础，将茶文化作为地方特色旅游资源加以开发，早在1998年即规划建设立体生态茶公园，兴建茶文化特色街，开辟"茶家乐"旅游专线，打造紧随时代发展的旅游城市形象。杭州是名茶西湖龙井的产地，有"十八颗御茶树"和关于西湖龙井茶的文化积淀，有我国最早建立的茶文化机构"茶人之家"，最高级别的茶文化研究团体中国国际茶文化研究会，有全国最高级别的茶叶研究机构，也有中国茶叶博物馆，同时杭州历年不断举行各种各样的茶文化活动，提出"茶为国饮，杭为茶都"的发展目标，无论政府还是文化领域抑或普通居民对茶文化的认知度都很高。近年来，杭州市发展旅游的过程中，加快一堤（杨公堤）、一村（梅家坞茶文化村）、一区（龙井茶文化景区）、一市（辐射长三角、上规模、高档次的茶叶市场）建设。维护龙井茶品牌，提升质量，通过多种形式大力宣传"茶为国饮、杭为茶都"，打造以龙井茶为主题的旅游产品，与本市的特色茶艺馆有机结合起来发展成为我国重要的茶文化旅游专线之一。

2. 茶乡特色型

我国的茶叶产区虽并不尽是名胜，但胜在环境优美。一些产茶县在意识到文化对经济的带动作用后，纷纷把眼光投向茶文化事业上来。茶文化历史资源经过创新发展，再注以旅游的新鲜活力，呈现出茶文化与茶产业双赢的局面。

安溪是出产乌龙茶的产茶大县，当地的安溪铁观音是国家级的茶叶名品。近年来当地积极发展茶文化推动茶产业，在此过程中也发展了茶文化旅游。2000年12月安溪举办了茶文化旅游节，旅游的主要亮点是茶叶大观园、茶叶公园、铁观音探源和茶园生态探幽。借助安溪铁观音发源的"王说"、"魏说"的传说，从宋代就兴盛起来的"斗茶"传统，创新的安溪茶艺等茶文化资源，以试验茶园、假日旅游区、生态茶山为场地，用茶歌、茶艺表演、茶菜品尝等形式为游人提供全方位的享受。目前，安溪茶文化旅游已被确定为中国三大茶文化旅游黄金线和福建茶乡特色的旅游专线。2002年仅1—10月共接待国内游客120.38万人次，境外游客5.86万人次，旅游总收入5.78亿人民币，其中创汇0.32亿美元。

新昌是我国新发展起来的产茶强县，茶产业的繁荣与茶文化的发展同步。趁上海国际茶文化节之际，通过举办茶乡摄影采风、茶乡游、承办闭幕式的形式，奠定了当地茶文化旅游的基础。新昌强调当地有浙东名茶市场、浙江第一大佛和知名连续剧拍摄外景地等特征，结合当地茶艺表演、茶叶制作，茶文化旅游的热度正在升高。新昌从1996年开始打造大佛龙井的茶叶品牌以来，不断拓展该品牌在北方地区的市场，通过成功进入山东济南的茶叶市场，使新昌以及大佛龙井在我国北方的知名度日益提高，而这种良好局面也给当地茶文化旅游发展带来积极影响。新昌环境优美、离大都市上海较近，当地政府在文化事业、茶产业发展上也投入了较大力量，在今后的茶文化旅游发展中会有可观的前景。

余杭位于国际风景旅游城市杭州和国际大都会上海之间，是杭州通往沪、苏、皖的门户。其地三面环抱杭州西湖，南望宁波，东接上海。历史悠久，人文荟萃，经济发达，交通便捷，境内茶文化旅游资源丰富，实为旅游胜地。位于余杭区径山镇的径山是著名的茶文化景点。山上有唐代古刹，建于742年（天宝元年）。相传法钦和尚来此传教，被赐封为"国一禅师"；至南宋，宋孝宗亲书"径山兴圣万寿禅寺"；嘉定年间又被列为江南"五山十刹"之首。鼎盛时，殿宇楼阁林立，僧众达3000，被誉为"东南第一禅寺"。宋理宗开庆元年，日本南浦昭明禅师来径山寺求学取经，学成回国后，将径山茶宴仪式以及当时宋代径山寺风行的茶碗一并带回日本，由此日本很快形成和发展了以茶论道的日本茶道，径山寺也因此被曰为日本茶道之源。径山镇内有双溪陆羽泉，因茶圣陆羽在此汲泉烹茗而得名，据记载，760年，陆羽曾在双溪结庐，历时4年，著写了世界上第一部茶叶专著《茶经》。余杭区开发双溪漂流、坐牛车乡村访古、品尝农家菜等旅游项目。结合当地茶文化的深厚背景，余杭区政府于2002年4月开始在双溪竹海漂流景区举办每年一度的中国茶圣节。此项节庆活动以茶文化历史及人文景观为号召力，以当地生态旅游活动为支柱，结合新开发的少儿茶艺表演、采茶路线游等形式成功举办了四年，提高了余杭旅游的区位水平。近年来随着余杭茶文化旅游的发展，当地的茶区游、休闲游以及每年四月期间组织的茶文化活动大有整合提升的趋势，相信不久的将来余杭的茶文化旅游能够发展成为主题明确、独具特色的茶文化专线旅游产品。

在茶乡发展茶文化旅游目前存在的问题在于：部分茶乡的交通条件、住宿状况不能和旅游的快速发展相配套；茶乡的旅游市场处于初建阶段，追求经济利益的目的大于发展当地文化事业的动机，在旅游产品设计开发、旅游人才数量和质量上处较落后水平；一些地区在开发当地茶文化旅游资源时未能挖掘地方特色，对旅游产品的定位不够准确，对旅游产品的规划存在盲目效仿的倾向，甚至某些地区存在将原有特色茶文化资源庸俗化的问题。

3. 农业生态型

生态旅游是旅游类型中比较新的一类，但发展空间很大。世界旅游组织认为，目前生态旅游收入占世界旅游业总收入的比例为15%—20%。据2002年在巴西召开的世界生态旅游大会介绍，生态旅游给全球带来了至少200亿美元的年产值。据估算，生态旅游年均增长率为20%—25%，是旅游产品中增长最快的部分。农业生态旅游是生态旅游的一个重要领域。农业生态旅游资源可以是自然环境、生态资源、生产资料、生产活动、乡土文化和生活方式等方方面面。特别是保留着较原始风格的生产活动对现代都市的人们有更大的吸引力。在我国农业生态旅游是旅游事业一个新发展的领域。存在的问题表现为对生态旅游的理解停留在到自然中参观的低水平层面，忽略文化环境，也较少考虑到可持续发展的远景，对自然环境造成不同程度的破坏。针对这种情况，在我国一些茶乡发展茶文化生态旅游是不错的选择。茶叶是农产品中文化品位最高的一种，开发茶文化生态旅游可以提供良好的自然环境——茶园、茶山，生产资料——茶叶，生产活动——采茶、锄草、炒茶，生活方式——对茶歌、茶舞、品茗、品尝茶菜茶宴，农业文化——茶的知识、典故、赏鉴。以广东英德、广东梅州和重庆永川为例。广东英德是广东省最大的茶叶商品出口基地，生产英德红茶是当地茶产业的主要支柱。在农业生态旅游发展的带动下，英德于1998年建立了农业生态旅游园地——茶趣园，以茶叶良种示范基地为基础，设计了观赏茶园风景、讲解茶文化知识、安排采茶、做茶、表演茶艺、品尝茶餐、销售名茶和茶具等一系列活动。自开放以来，每天接待游客百人以上，假期高峰时达到千人以上，与英德市其他风景名胜组成旅游线路，可谓相得益彰，相映成趣，能使游客在陶醉风景名胜的同时领略到现代的茶园风光，感受到从事茶事劳动（活动）所带来的新乐趣。

广东梅州雁南飞茶田度假村按照"茶田风光、旅游胜地"为发展方向，把昔日的荒山野岭变成集农业生产、参观旅游、度假娱乐于一体的新兴旅游胜地。通过茶叶种植、加工、茶艺、茶诗词等形式营造了浓厚的茶文化内涵，将当地的客家文化融于其中，既有自然风光，又有农业开发、度假功能。永川是重庆西部的地区性中心城市，历来是重庆西部和川东南地区重要的物资集散地、文化教育中心。永川境内箕山山脉是我国古老的产茶区，箕山上现存的 2 万亩连片茶园，规模居亚洲第一。永川市的茶山竹海景区的 5 万亩竹海与 2 万亩的连片茶园相互映衬，融为一体，形成独特的茶竹旅游景观，景区内有集休闲、观光为一体的大型观光茶园——中华茶艺山庄，游客可以在此观赏传统的茶艺、茶道表演，可以亲自参与采茶、制茶，可以品尝当地名茶——永川秀芽以及竹系列的特色菜肴，可以在茶博览馆里领略茶的起源、茶的品种和茶文化知识。当地的竹园曾作为电影《十面埋伏》的拍摄地，形成了一定的知名度。目前在茶山竹海已成功举办了多届茶竹文化旅游节。因为这种优势，国际茶文化研讨会才将 2003 年、2005 年的"国际茶文化旅游节"定于永川举办。

4. 人文考古型

茶文化的形成历史悠久，茶与宗教的关联、茶人的逸闻趣事、具有考古价值的茶具、茶文化的交流传播并不受产茶与否的限制。茶在每个时代几乎都与一种或几种艺术形式相结合，呈现美的特征。这类资源多是精神的、无形的，具有较高的文化品位。与观光型和生态型相比，这类旅游资源能更好地满足人们旅行时增长见识、文化寻根、体会异样文化的需求。

我国陕西扶风县在 1987 年从法门寺地宫出土了一系列唐代宫廷金银茶具，为证实唐代茶文化及宫廷茶道的存在提供了珍贵的实物资料。由此法门寺博物馆开创了"法门学"研究，并通过举办学术研讨会、建立"茶文化历史陈列厅"、恢复"清明茶宴"、编排"宫廷斗茶"表演的方式把法门寺茶文化旅游办成非产茶区具有极高文化品位的旅游产品。

在浙江长兴顾渚山发现的唐代贡茶院遗址、金沙泉遗址和茶事摩崖石刻三组九处等一大批历史悠久、富含文化底蕴的景点，形成了以茶文化为主体的独特旅游资源，现已被列为省市重点文物保护和旅游开发区。此外福建建瓯发现并考证的宋代"北苑贡茶"摩崖石刻碑文以及武夷山以"大红袍"为中心的众多摩崖石刻、茶树名丛和重修的御茶园等茶文化景观；河北宣化出土的辽代古墓道煮茶、奉茶、饮茶的壁画等都是中国茶文化的历史见证，如今已成为众多国内外专家考察的对象，也是旅游观光的新景观。

5. 修学求知型

自唐朝我国茶文化鼎盛繁荣以来，茶文化通过宗教、贸易等形式传播到世界各地，其中尤以当时的日本和朝鲜更甚，在这两个国家分别形成自己的茶文化，都将其茶文化的源头归于中国。因此，每年都有来自日本和韩国的游客专程赶赴茶文化的一些景观地进行修学游。此类地点诸如浙江余杭的径山、台州的天台，陕西扶风的法门寺等。另外，由于同样具有茶文化的背景，韩国、日本的一些茶文化爱好者和茶界人士时常有赶赴中国学习茶艺、茶叶审评等进修的活动。在我国实行职业资格认证制度以后，更有不少韩国和日本的进修者专门参加茶艺师和评茶员的培训和考试，这些活动在近四五年间愈加频繁，在杭州的浙江大学茶学系、中国茶叶博物馆都曾多次组织过此类培训。游学者在学习的过程中往往伴有访问当地旅游景点尤其是与茶相关的景点，因此这些旅游活动被称作修学求知游，是新兴的一种茶文化旅游形式。这种旅游形式目的性强，旅游地以学术发达的茶文化研究单位所在地为主，多为外国游客，在未来将会有良好的发展空间。而发展此类旅游的一个重要问题是解决好培训进修和住宿、出行、饮食方面的问题。仅就培训而言，面对国外游客，讲述中国的茶文化就绝非简单的外语翻译和普通茶文化学者所能胜任。而旅游者游学期间承受学习压力的情况下，能否解决好饮食、住宿和出行将会是影响到旅游满意度的大问题。

6.都市茶馆体验型

在我国各地都有特色的茶馆，诸如北京的老舍茶馆，上海的湖心亭茶楼，杭州的湖畔居、和茶馆，成都的顺兴老茶馆等。这些茶馆往往是体验城市生活的一个窗口。由于是体验，所以不同的城市宜有所区别。比如，远来的观光客游杭州，短短数日旅游线路自然以西湖、灵隐等名胜为先，"孵茶馆"要在这些安排之后另有余闲。再如，到北京，普通游客的首选自然是故宫、颐和园、长城等景点，而坐茶馆恐怕要对北京非常熟悉之后加之对茶更有偏爱才会成行。对于成都这样以休闲见长的城市，到茶馆中体验，恐怕是游客了解成都的首选。所以，都市茶馆体验型就全国而言，无法一言以蔽之，还是就某个城市具体讨论为宜，故在此不详加叙述。

上述六种类型仅代表了笔者对当前茶文化旅游的一种总结，而在现实发展中某个地区的茶文化旅游往往集中了多种形式，或者某个主题某条专线的茶文化旅游涵盖了若干个地区。而这样的结合正是为了满足旅游者在旅游活动中的多重需要，为了提升旅游产品价值才出现的。

法国评论家普鲁斯特曾说过："历史隐藏在智力所能企及的范围以外的地方，隐藏在我们无法猜度的物质客体中。"我们这个民族的价值观念、人生哲理、审美取向总是在这些历史景观、精美的器物和那些被我们熟知的传统中隐藏。旅行者正是在一次次贴近"物质客体"的过程中受到文化的熏陶从而提升自我实现心灵的超越，这或许就是旅游的意义所在。茶和旅游的结合，不仅是旅游领域的拓展，也给茶在现代社会找到了新的文化表现形式。当诗词歌赋等文学形式不再被人们熟练掌握时，旅游给茶文化的表达提供了一种新的选择。

从旅游经济学的角度讲，吸引游客进行旅行活动的是一个地区的旅游资源。而这种旅游资源无论是有形还是无形，都必须具有独特性和观赏性。换言之，旅游资源与其他资源的区别在于它们给游客以符合生理、心理需求的美的享受，使人们的精神、性格、品质等在最有美质的旅游资源中找到对象化的表现。审视一个地区茶文化旅游资源时，独特性和观赏性是非常值得重视的。一件完善的旅游产品是旅游管理者凭借旅游资源、旅游设施和旅游交通，向旅游者提供用于旅游活动综合需要的服务总和，是一个整体的概念，因此单纯有好的茶文化资源尚并不足以发展茶文化旅游，我国不少茶区处于偏远山区，交通不便，信息闭塞，这是发展旅游的不利条件。另外由于茶叶的自然属性决定了茶事活动往往集中在每年的一定时期，在此之外的时间旅游的配套设施极有可能陷入闲置，这也是开发茶文化旅游所要考虑到的。开发一个地区的茶文化旅游产品，如果缺乏科学的规划、旅游设施的数量、档次或布局不合理，或者对茶文化资源的定位不准确，茶文化特征不鲜明，即使在短期内产生一些经济效益，也无法实现当地旅游的长久发展，甚至还破坏当地的茶文化资源，因此在决策之初须慎之又慎，在发展规划时更要务实科学。目前我国茶文化旅游正待进入成熟期阶段，发展茶文化旅游应该多考虑如何与本地其他旅游资源良好地整合，既要突出茶的特色也要保证旅游产品的丰富完善性，我国的茶文化旅游事业才可能真正健康地壮大起来。

第三节　茶文化旅游的开发①

茶文化旅游开发的关键是制定标准化、可操作的科学的旅游规划。我们凭借对茶文化旅游的初浅认识，提出以下旅游规划开发策略上的建议。

1. 政府的正确引导

政府的引导主要集中在：第一，茶文化旅游的宏观规划。组织专家论证发展方向和发展目标，进行茶文化旅游资源本底调查评价和市场分析，制定茶文化生态旅游的宏观规划。第二，政策倾斜。第三，资金支持。茶文化旅游的开发、运作需要的资金投入可以从政府财政投入、企业资金注入、社会集资、社会捐款等方式获得；第四，宣传促销。对外政府牵头以好客文化为标志大打茶文化旅游品牌。对内，要求从业人员学习茶文化，在行动上体现茶文化精神，营建和谐、健康的投资平台和极具吸引功能的旅游环境。

政府的正确引导、宏观调控可以避免造成资源、资金、人力、市场的浪费。可

---

① 本节主要参考了李维锦《茶文化旅游：一种新的文化生态旅游模式》(《学术探索》2007年第11期)一文的观点。

以有效控制开发的数量和规模，避免盲目开发，以及开发中的无政府状态下市场混乱、恶性竞争、质量下降等造成的对旅游地形象的破坏。

2. 原生态开发与商业开发两种开发形式

综合考虑茶文化旅游地的可达性、经济发展状况、游客数量和购买力等因素，以原生态开发和商业开发相结合的形式，进行重点开发和分期分批开发。在旅游干线上的茶马古道历史文化名村名镇，既可进行保持原生态文化背景的开发，也可以进行商业开发。对偏僻和经济贫困的地区进行原生态开发。同时集中有限资金，集中建设重点项目，以旅游干线上的历史文化名村名镇为开发建设重点，最后推广到更大范围面上的开发。

3. 开发以茶为主的组合型旅游产品、开展多种形式的茶文化生态旅游活动

茶文化旅游开发应避免单一形式的开发。可以茶为主与其他类型的旅游资源相组合进行开发。或把茶文化旅游开发作为整体开发的一部分进行综合开发；开展多种形式的茶文化旅游活动。如马帮巡演、骑马、赛马大会、品茶评茶、观看茶艺表演、学习茶艺、参观茶园生态风光、领略采茶制茶的劳作生态、感受茶乡风土人情生态、游客亲身体验采茶制茶的过程、走茶马古道、购买茶产品、购买与茶相关的商品和纪念品等。

4. 从法律、法规、制度上建立健全茶文化生态旅游健康发展的社会机制

茶文化旅游开发中亟待整治和规范的是茶叶市场和旅游市场。提质增效是旅游市场普遍需要解决的问题。目前中国茶叶市场良莠不齐，至今仍没有统一的国家标准。茶行业提倡的精品茶店、绿色茶、茶展销会、茶论坛等活动又都缺乏推广力度、执行力度，规范性、强制性较弱。茶市场作为中国茶文化旅游开发过程中的重要市场，急需制定国家法律、地方法规以及强有力的行业规章制度来规范市场，以此正本清源，树立中国茶品牌，多出产品、多出精品、多出名品。

小　结

茶文化旅游是指这些资源与旅游进行有机结合的一种旅游方式。它是将茶叶生态环境、茶生产、茶文化内涵等融为一体进行旅游开发，其基本形式是以秀美幽静的环境为条件，以茶区生产为基础，以茶区多样性的自然景观和特定历史文化景观为依托，以茶为载体，丰富的茶文化内涵和绚丽多彩的民风民俗活动为内容，进行科学的规划设计，而涵盖观光、求知、体验、习艺、娱乐、商贸、购物、度假等多种旅游功能的新型旅游产品。

按照旅游资源的特征，我国的茶文化旅游可以分为自然景观型、茶乡特色型、农业生态型、人文考古型、修学求知型、都市茶馆体验型六种模式。

茶文化旅游开发的关键是制定标准化、可操作的科学的旅游规划。

思考题：

1. 什么是茶文化旅游？我国的茶文化旅游大致可以分为那六种类型？
2. 我国茶文化旅游的开发策略路径是什么？

参考文献

[1] 陈祖椝，朱自振. 中国茶叶历史资料选辑 [M]. 农业出版社，1981.

[2] 安徽农学院. 茶叶生物化学（第二版）[M]. 北京：农业出版社，1984.

[3] 王玲：中国茶文化［M］. 北京：外文出版社，1998.

[4] 刘修明. 中国古代饮茶与茶馆 [M]. 台北：台湾商务印书馆，1998.

[5] 吴旭霞. 茶馆闲情 [M]. 北京：光明日报出版社，1999.

[6] 关剑平. 茶与中国文化 [M]. 北京：人民出版社，2001.

[7] 洪升. 唐宋茶叶经济 [M]. 北京：社会科学文献出版社，2001.

[8] 阮耕浩. 茶馆风景 [M]. 杭州：浙江摄影出版社，2003.

[9] 宛晓春. 茶叶生物化学 [M]. 北京：中国农业出版社，2003.

[10] 姚国坤著. 茶文化概论 [M]. 杭州：浙江摄影出版社，2004.

[11] 陈文华. 长江流域茶文化 [M]. 武汉：湖北教育出版社，2004.

[12] 刘勤晋. 茶文化学 [M]. 中国农业出版社，2005.

[13] 徐晓村. 中国茶文化 [M]. 北京：中国农业大学出版社，2005.

[14] 王从仁. 中国茶文化 [M]. 上海古籍出版社，2005.

[15] 宛晓春主编：中国茶谱 [M]. 北京：中国林业出版社，2006.

[16] 刘清荣. 中国茶馆的流变与未来走向 [M]. 北京：中国农业出版社，2007.

[17] 周巨根，朱永兴. 茶学概论 [M]. 北京：中国中医药出版社，2008.

[18] 陈椽. 茶业通史（第2版）[M]. 北京：中国农业出版社，2008.

[19] 朱自振. 茶史初探 [M]. 北京：中国农业出版社，2008.

[20] 陈宗懋主编. 中国茶经 [M]. 上海：上海文化出版社，2008.

[21] 关剑平. 文化传播视野下的茶文化 [M]. 北京：中国农业出版社，2009.

[22] 周圣弘. 武夷茶：诗与韵的阐释 [M]. 北京：旅游教育出版社，2011.

[23] 丁以寿. 中华茶文化 [M]. 北京：中华书局，2012.

[24] 刘仲华等. 红茶和乌龙茶色素与干茶色泽的关系 [J]. 茶叶科学，1990（1）.

[25] 丁以寿. 中国饮茶法源流考 [J]. 农业考古，1992（2）.

[26] 刘学忠. 中国古代茶馆考论 [J]. 社会科学战线，1994（05）.

[27] 李拥军，施兆鹏. 茶叶防癌抗癌作用研究进展 [J]. 茶叶通讯，1997（4）.

[28] 陈香白，陈再. 潮州工夫茶艺概说 [J]. 广东茶业，2002（4）.

[29] 陈睿. 茶叶功能性成分的化学组成及应用 [J]. 安徽农业科学，2004（5）.

[30] 余悦. 中国茶文化研究的当代历程和未来走向 [J]. 江西社会科学，2005（7）.

[31] 沈冬梅. 茶馆社会文化功能的历史与未来 [J]. 农业考古，2006（5）.

[32] 王鸿泰. 从消费的空间到空间的消费——明清城市中的茶馆 [J]. 上海师范大学学报（哲科版），2008（5）.

[33] 胡付照. 紫砂壶的选择探究 [J]. 中国茶叶，2010（7）.

后　记

《中国茶文化教程》的编写肇始于 2009 年秋天。

是年，笔者作为专业负责人申报的"茶学（茶文化经济）"本科专业获得教育部批准设置并开始招生；执笔申报的"茶学（茶文化经济）专业"获批立项为教育部高等学校"特色专业"。随后，我又陆续承担了"中国传统文化"、"中国茶文化"、"中国茶文学"等课程的教学工作；为了在大学生中开展茶文化教育，又开设了四轮的校级通识课"中国茶文化"，选课人数常常爆满。

在教学过程中，笔者萌生了编写一本既方便教学又方便学生自学的茶文化通识课教材的想法。心动即开始行动。在确定了编写纲目、搜集了必需的文献资料、形成初稿之后，我邀请了我所在学校的一群茶学科班出身的均具有硕博士学位的意气风发的青年教师们共襄盛举。他们是马小玲、王芳、王飞权、冯花、肖玉蓉、罗爱华、易磊。

周圣弘、罗爱华执笔全书的初稿撰写。周圣弘负责前言、第一章、第二章、第三章、第九章、第十二章的补撰修改；罗爱华负责第五章、第十一章、第十四章、第十五章的补撰修改；马小玲、冯花、肖玉蓉、王飞权、王芳、易磊分别负责第四章、第六章、第七章、第八章、第十章、第十三章的补撰修改。最后，由周圣弘统稿、定稿。

因为工作岗位和工作单位的变动调迁，已然成稿并与北京某出版社签订了出版合同的《中国茶文化教程》的出版事宜，延宕至今方提上日程。

本教材的出版，得到了我的同事和朋友眭红卫、雷雪峰的大力支持，特此鸣谢。

周圣弘

2016 年 3 月 31 日

于武汉商学院茶学工作室